China
Environment and
Development Review

中国环境与
发展评论（第四卷）

——全球化背景下的中国环境与发展

张晓　主编

中国社会科学出版社

图书在版编目（CIP）数据

中国环境与发展评论：全球化背景下的中国环境与发展．
第四卷／张晓主编．—北京：中国社会科学出版社，2010.8
ISBN 978 – 7 – 5004 – 8858 – 3

Ⅰ.①中…　Ⅱ.①张…　Ⅲ.①环境 – 问题 – 研究 – 中国
Ⅳ.①X – 12

中国版本图书馆 CIP 数据核字（2010）第 114065 号

责任编辑　孔继萍
责任校对　刘　娟
封面设计　弓禾碧
技术编辑　李　建

出版发行　中国社会科学出版社
社　　址　北京鼓楼西大街甲 158 号　　邮　编　100720
电　　话　010 – 84029450（邮购）
网　　址　http：//www. csspw. cn
经　　销　新华书店
印　　刷　北京奥隆印刷厂　　　　装　订　广增装订厂
版　　次　2010 年 8 月第 1 版　　印　次　2010 年 8 月第 1 次印刷
开　　本　710×1000　1/16
印　　张　24.25　　　　　　　　插　页　2
字　　数　406 千字
定　　价　49.00 元

目　录

总　论

全球化挑战可持续发展

第一部分　全球化

关于如何看待全球化的思考

第二部分　气候变化

公共问题需要人类的新智慧

第三部分　全球化与中国环境和发展

第四部分　贸易与可持续性

Contents

General Discussion

Part I: On Globalization

Part II: Climate Change and China

Part III: Globalization and China's Environment and Development

Part IV: Trade and China's Sustainable Development

序　言

郑玉歆

　　《中国环境与发展评论》的又一个新成员——《中国环境与发展评论》（第四卷），与大家见面了。《中国环境与发展评论》如同其名所示，是关于中国环境与经济社会协调发展的综合评论性丛书。按照对近年我国环境与发展出现的重点和热点问题进行回顾和评论的既定宗旨，本卷选择了"全球化背景下的中国环境与发展"的主题。

（一）

　　很少有人怀疑经济全球化对经济发展具有积极影响，特别是在以GDP作为经济发展的主要指标进行衡量时，尤为如此。然而，当人们把目光转向其对于诸如环境和社会公正等一些非经济目标的影响时，其结论便不那么确定和一致了。

　　改革开放以来是中国工业化获得巨大进展的时期，同时也是经济全球化在世界范围迅速发展的时期。毫无疑问，中国经济所取得的巨大成功与全球化的进程和中国实行对外开放密切相关。重要的一点在于对外开放使中国的后发优势得以更好、更充分地发挥。

　　然而，全球化对中国的发展既是机会，也是挑战。2001年中国加入WTO，中国经济越来越深地融入到世界经济体系中。中国的产业布局在一定程度上已成为跨国公司在全球配置资源的结果。中国经济对国际经济的依赖以及受国际经济景气的影响越来越大。这直接影响到中国经济的稳定。近两年中国经济遭遇到国际金融危机的巨大冲击，清楚地说明了这一点。

　　中国在经济快速发展的过程中付出了巨大的环境和资源代价。目前，中国国内正面临着严重的环境问题。全球化和对外开放对中国的环境问题同样既有正面影响，也有负面影响。有着"世界工厂"之称的中国，在实现外贸出口、换回外汇的同时，把污染排放留给了自己；中国在吸引外资以及一些有利于环境保护的技术的同时，也接受了相当规模的污染排放的转移。

与经济全球化同时并进的一个重要趋势是环境问题国际化。和大多数发展中国家相似，中国在国内严重的环境问题尚未解决的情况下，同时不得不面对全球性的环境问题。中国迅速发展的经济及其以煤为主的能源结构，使中国对全球环境的影响备受关注。特别是中国成为二氧化碳最大排放国以来，在温室气体减排问题上，中国正在受到来自发达国家的巨大压力。中国环境问题的影响在国际贸易过程中也正在凸显，绿色壁垒以及非关税壁垒的发展使中国在经济上直接承受着来自发达国家的越来越大的挤压。美国环境署于2009年12月正式宣布将二氧化碳等6种温室气体列入有害气体的名单。无疑，碳排放将会成为国际经济政治的一个新规则，并成为未来国际政治外交的焦点问题。在这种情况下，涉及气候变暖成因的科学问题似乎已经显得不那么重要了。

更值得关注的是，全球化对中国的一个深层影响是使中国难以摆脱发达国家曾经走过的老路。在中国，生产方式、消费方式以及商业运行模式向发达国家看齐之势看来已难以阻挡。中国面临着环境资源巨大压力的根本原因是中国仍在走发达国家的老路，同时又无法享受发达国家当年工业化时曾享受的资源环境容量。而当今发展中国家与发达国家之间在全球变暖问题上利益冲突的实质很大程度上在于全球的资源环境容量不允许发展中国家向发达国家的消费水平看齐，而发达国家仍在继续着自己不可持续的生产方式和消费方式，并在全球发挥着示范作用。

随着对外开放的进程，特别是中国加入WTO，中国在发展模式上的选择余地受到越来越多的制约，包括WTO规则的制约，以及更为根本的传统生产方式和消费方式的制约。随着中国经济的快速发展，有可能使得路径依赖日益强化。如何对此保持清醒的头脑，更加自觉地探索新的发展途径，转变发展模式，努力创建新的可持续的生产方式和生活方式……无疑是对中国的巨大挑战。

（二）

2009年9月，中国政府引人注目地主动作出进行碳减排的承诺。中国制定长期降低碳排放强度的目标，除了有策略上的考虑外，更重要的是战略上的考虑。当今世界正处于科学技术发生革命性变革的前夜，"石油见顶"和全球气候变暖正催生着一场向着绿色、可持续能源转变的产业革命。中国积极发展低碳经济，积极参与国际合作，根本上是要抓住国际经济转型的机遇、解决中国自己的长远发展问题。中国能源突出的问题是能源结构中煤炭占比过高（约70%）以及对进口石油的依赖过强（50%以上并呈迅速提高之势）。前者是中国污染严重的重要原因，后者关系到国家的能源安全问题。严格的碳排放约束是发展低碳经济的重要条件，这样的约束会有效推动化石能源消耗的减少、绿色技术的使用以及可再生能源等替代能源的开发和使用，有利于中国向减少对进口石油的依赖、能源供给绿色化的战略目标迈进。

在中国对国际社会作出降低碳排放强度的正式承诺之后，碳排放无疑将成为中国节能减排的另一个约束性指标。降低碳排放强度目标作为一个重大的战略决策被提出，意味着中国发展低碳经济的大幕正式揭开。可以预见，中国将在"十二五"规划期间大力推进低碳经济，把低碳经济作为契机来推动中国的生态资源环境与经济的协调发展。

在不承担温室气体减排义务的情况下，中国主动作出降低碳排放强度的承诺，并非意味着中国对温室气体的重视程度应高于对传统污染物的关注。由于发展阶段的不同，中国的环境问题和减排所关注的问题与发达国家有很大不同。中国目前的环境污染问题仍主要在传统污染物的排放上，中国减排的重点主要是减少工业污染和生活污水的排放。如，烟尘、工业粉尘、二氧化硫等大气污染物，化学需氧量、石油类、氰化物、砷、汞、铅、镉、六价铬等废水污染物，以及工业固体废物、特别是危险废物等，而非温室气体。

从公平角度出发，全球气候变暖主要是发达国家的历史责任，另外，对于现实的排放也要对其性质加以区别，中国和其他发展中国家是发展排放，而发达国家是奢侈排放。而且，从现实的人均能源消费和人均二氧化碳排放量看，发达国家也比中国大得多，2006年美国分别是中国的5.19倍和4.45倍，日本分别是中国的2.89倍和2.22倍。中国等发展中国家不承担减排义务是完全合理的。

治理传统污染物带来的污染在中国具有现实的紧迫性，与温室气体减排问题在责任和利益相关方面有很大不同。中国经济持续快速增长，使中国工业化具有在时间维度上高度压缩的特点，加上中国正处于污染密集的重化工业大发展阶段，使中国环境资源形势非常严峻。污染物的排放无时无刻不在侵蚀着我们的家园、危及着人民的健康，是现实中迫切需要解决的问题，政府有责任对环境进行更有效的保护和治理。

（三）

与我们编辑第一卷的时候相比，中国在发展理念上已经发生了很大的变化。从中国的高层领导到广大普通百姓，全面、协调、可持续发展的意识都有了明显提高。想当初在第一卷里，我们主要做的是对中国的环境现状、已有的环境政策和经济政策进行梳理和评论，在揭示严峻的环境形势的同时，对政策存在着不完善、不一致和不协调之处进行分析和评论，期待着我国在政策一体化以及更加有效方面有更大的进展。在第二卷，则主要围绕环境和可持续发展涉及的深层次的制度因素、理念及价值取向展开，探讨了环境资源的价值、法律、社会监督等重点领域的问题，并较集中地探讨了与"三农"有关的生态环境资源问题和公共资源的管理体制问题，从政策层面向制度层面深化。第三卷是在我国努力实践科学发展观的大背景下编辑出版的，对我国在可持续发展新阶段中理论和实践的新进展进行了回顾，涉及更多的深层次问题。如环境法治问题，战略环境问题，环境政策绩效的考评，绿色 GDP，环境与公民社会，生态保护和人文发展，循环经济、区域发展的资源约束与创新问题，等等。前三卷内容上的变化清楚地反映出我们国家在发展中不断走向成熟，也反映出我们的认识在不断深化。

改革开放使中国经济实力显著增强，中国的国际地位不断提高。尽管当今世界的国际经济政治仍然是由发达国家主导，但中国的迅速崛起及其产生的国际影响已今非昔比。一方面，中国对世界的影响和责任也越来越大，另一方面，世界对中国的影响也越来越深刻。《中国环境与发展评论》（第四卷）在这样的背景下讨论全球化对中国可持续发展的影响，其目的就是要通过分析和讨论减少盲目性、提高自觉性，以更好地应对全球化给我们带来的机遇与挑战。

《中国环境与发展评论》的前三卷都是由郑易生研究员担任主编。从本卷开始主编由张晓研究员担任。本卷评论共分为五部分，即"总论"、"全球化"、"气候变化"、"全球化与中国可持续发展"和"贸易与可持续性"。

延续前三卷的惯例，本卷的总论作为全书的主旨报告，由主编撰写，题目为《全球化挑战中国可持续发展：基于国际贸易与贫困的视角》。该文以独特的视角讨论全球化如何影响处于弱势的生态环境和贫困人群，指出全球化加剧了贫富差距以及生态环境、资源利用的不平衡。对这些问题全球应给予充分的关注，才能促进人类共同的真正可持续发展。

第一部分"全球化"为赵京兴研究员的专稿《关于如何看待全球化的思考——中国经济发展中的国家与市场》。该文首先运用马克思关于资本的有关理论对全球化的实质、进程及其特征进行了深入的分析，并结合第二次世界大战后全球化的发展说明了市场经济在全球化中的基础作用、提出全球化过程中国家与市场关系问题。该文还结合中国改革开放前后的实际及当前发展面临的问题，提出了积极发挥国家作用，正确处理国家与市场关系的结论，为全书各部分进一步展开作了很好的铺垫。

本卷第二部分主要围绕全球气候变暖问题展开。这部分共选入7篇文章。由郑易生研究员撰写的《新公共问题需要人类的新智慧——为什么在应对全球气候变化问题中人类不能同舟共济？》一文被作为首篇。这篇文章展现了作者对全球气候变暖问题诸多新的思考。作者对人类在全球气候变暖的共同危机面前难以同舟共济的种种表现及其背后的原因进行了形象而深刻的剖析。作者对来自不确定性的，来自理念，思想方法上的，来自现实的利益冲突，以及来自更深层的制度、伦理方面等不同层次的广泛原因所进行的分析，对于人们理解气候变暖问题的复杂性大有裨益。作者提出的"深度公平"以及人类在新公共问题面前需要新智慧、新人生观、新文明范式等命题，也给人以深刻启迪。

本部分的其他6篇则是从不同的角度讨论了中国如何应对全球气候变暖的问题，涉及中国应对全球气候变暖问题的方方面面。既有对中国温室气体排放现状及未来情景的讨论与展望（李玉红），也有关于如何应对国际谈判以及如何从战略高度捍卫中国的发展权的讨论（陈迎、中国社会科学院环境与发展研究中心课题组）；既有如何在中国发展低碳经济、推动中国经济社会的战略转型的讨论（杨泽军、张世秋），也有具体到如何推进发达国家向发展中国家转让先进低碳技术的讨论（邹骥、王海芹）。衷心希望这些讨论能够为读者理解和把握全球气候变化问题提供有益的参考。

本卷第三部分选入了一篇对全球化背景下如何改进中国节能减排工

作的若干思考的文章（郑玉歆）和一篇对二十国集团（G20）国家经济环境效率进行比较分析的文章。希望这两篇风格各异的文章对读者拓宽视野、加深对问题的理解有所帮助。

本卷第四部分主要围绕国际贸易对中国环境资源的影响展开，这部分共选入4篇文章。这组文章的共同特点是具体进入到专业领域把中国环境资源的配置放在全球背景下进行讨论，包括对能源需求和环境质量的影响（张友国），水资源供给的影响（张晓），林业生态资源的影响（孙昌金、陈立桥、陈立俊），以及对可持续发展的影响（樊明太、郑玉歆）等。其中，关于国际贸易对中国能源需求和环境质量的影响的讨论和对中国对外贸易对中国水资源供给的影响及其政策含义的讨论，均建立在投入产出分析的基础上；关于贸易自由化对中国可持续发展影响的讨论则是建立在动态一般均衡分析的基础上。国际贸易对环境资源的影响非常复杂，当需要对问题有更准确的把握时，这些借助严格理论假定和数量模型基础上的研究常常是必要的。本卷选入这几篇较为学术性的文章，在一定程度上是想让读者有机会对社会科学工作者的研究方法有所了解。

和前三卷一样，来自不同领域的专家学者参加了本卷的撰写工作。除了中国社会科学院的学者外，还有来自高校、科研机构和政府管理部门的专家、学者和管理层的人士，以及长期在基层实践的科研人员。尽管大家的知识和工作背景不同，但他们都具有一个共同的特点，那就是所有作者都对所撰写的内容有长期的关注和研究。我们中心向参加本书编写工作的各方面的专家在撰写过程中所表现出的严谨科学的态度、认真负责的精神表示衷心的感谢。

应该指出的是，参加撰写工作的17位作者，从写作风格到对问题的看法，都有各自的特点和特色，书中各个部分难免存在不一致之处。另外，书中对不少问题的讨论具有探索性质，难免有不够成熟之处。对于书中的不足，希望专家学者以及广大读者不吝批评指正。同时也衷心希望能得到有关专家学者的回应以展开讨论和交流。

前　言

张　晓

　　《中国环境与发展评论》（第四卷）秉承前三卷的风格，延续独立、客观、严谨的治学态度，诚挚邀请了国内一些思想活跃的学者、专家和管理者，针对全球化背景下的环境与发展问题展开讨论。全书十几篇文章各具特色，字里行间充满了作者的思想智慧、使命感与学术追求。我们奉献给读者的不是思考的碎片或片段，而是长期思考、研究的累积成果。愿心血的凝聚能铸成通往中国可持续发展大道的砖石。

　　本书《中国环境与发展评论》（第四卷）由张晓策划并形成全书框架。中国社会科学院环境与发展研究中心郑玉歆、郑易生、张晓、张友国、李玉红以及数量经济与技术经济研究所赵京兴参与审稿。

　　本书得到了福特基金会、中国社会科学院"经济政策与模拟"重点研究室的资助。对此我们致以谢忱。

　　特别感谢中国社会科学院数量经济与技术经济研究所汪同三所长、李雪松副所长、福特基金会白爱莲女士对本书的支持。

　　对于长期关注、支持《中国环境与发展评论》的各位同行和仁人志士我们一并致谢！

2010 年 1 月 20 日

作　者

（以文章顺序为序）

郑玉歆　中国社会科学院环境与发展研究中心，主任，研究员
zhengyuxin@ cass. org. cn

张　晓　中国社会科学院环境与发展研究中心，副主任，研究员
zhangxiao@ cass. org. cn

赵京兴　中国社会科学院数量经济与技术经济研究所，研究室主任，研究员　zhaojingxing@ 263. net

郑易生　中国社会科学院环境与发展研究中心，副主任，研究员
zhengys@ cass. org. cn, zhengyishengcass@ 263. net

杨泽军　中央财经领导小组办公室，局长，博士　zejunyang@ so-hu. com

张世秋　北京大学环境科学与工程学院、环境与经济研究所，教授
zhangshq@ pku. edu. cn

陈　迎　中国社会科学院可持续发展研究中心，副主任，副研究员
cy_ cass@ yahoo. com. cn

邹　骥　中国人民大学环境学院，教授

王海芹　中国人民大学经济学院，博士后　haiqinwang2002 @ ya-hoo. com. cn

李玉红 中国社会科学院环境与发展研究中心，副研究员 liyuhong@cass.org.cn

李文军 北京大学环境管理系，教授 wjlee@pku.edu.cn

李 静 中国社会科学院数量经济与技术经济研究所，博士后；合肥工业大学人文经济学院，副教授 leewinjing@126.com

张友国 中国社会科学院环境与发展研究中心，秘书长，副研究员 zhyouguo@cass.org.cn

樊明太 中国社会科学院数量经济与技术经济研究所，研究室副主任，研究员 fanmt@cass.org.cn mtfan@mx.cei.gov.cn

孙昌金 中国社会科学院生态与环境经济研究中心，原主任，博士，独立学者 cjsun@livelong.com.cn

陈立桥 国家林业局管理干部学院，主任，助理研究员

陈立俊 国家林业局管理干部学院，助理研究员

How Globalization Challenges Sustainable Development? A Perspective of Ecological Environment and Poverty

ZHANG Xiao

【Abstract】 The consequence of globalization is not only economic and income growth, but also ecological and social imbalance (e. g. poverty). Highlighting the frangibility of ecological environment and needy groups, this paper investigates the impact of globalization on sustainable development. The relationship between trade and poverty is first discussed, and then negative effects of globalization on worldwide environmental and natural resource usage imbalance are analyzed. This paper concludes that globalization aggravates the imbalance of ecological and resource usage among countries, and the rich-poor gap within countries, thus tends to impede a sustainable world.

【Key words】 Globalization; Sustainable Development; Ecological Environment; Resource Usage; Poverty

Rethinking Globalization: Government and Market during China's Economic Development

ZHAO Jingxing

【Abstract】 According to Karl Marx's theory of capital, the nature of globalization is the expansion of capitalism across the world. In the era of globalization, market economy system has been established as a universal rule of the world economy, which blurs the geographical borders of countries, thus presents challenges to nations' economic sovereignty, including rule making, monitoring and macroeconomic policies. The author recommends that the government of China should play a more important role in tackling some urgent problems such as imbalance of income distribution and environmental pollution, which can not be addressed solely by the market.

【Key words】 Globalization; Capitalism; Marxism; National Sovereignty

A New Public Issue Calls for Greater Wisdom: Why Mankind Cannot Cooperate to Tackle Climate Change

ZHENG Yisheng

【Abstract】 As a new public issue, climate change has placed the whole world in two dilemmas: in one, human beings' determination to remodel their behaviors boggles at its "low-probability high-impact" characteristic; in another, the urgency of reconciling conflicts between developing and developed countries is challenged by their sincerity to cooperate. Commercial rationality dominating our world cannot resolve such dilemmas, and greater wisdom is desperately needed. The global society should cooperate to investigate broader causality about climate change, understand the relationship between global equity and the environment (especially Deep Equity), and establish new civilized norms and value system.

【Key words】 Climate Change; Uncertainty; No-regrets Policy; Deep Equity

What Low-carbon Economy Means to China's Sustainable Development: Advantages and Disadvantages

YANG Zejun

【Abstract】 As the world's biggest emitter of carbon dioxide, China will inevitably and has actually become the focus of international concern. The author analyzes China's advantages and disadvantages of developing low-carbon economy, and concludes that the former outweigh the latter because those disadvantages are also impetus for China's sustainable development. Cognizant of the necessity and urgency of a more sustainable economy, the Chinese government has well prepared to remodel its economic growth pattern, and transform its economy into a green and low-carbon one.

【Key words】 Sustainable Development; Low-carbon Economy; Advantages; Disadvantages

China's Low-carbon Economy: One Solution to Both Climate Change and Air Pollution

ZHANG Shiqiu

【Abstract】 This paper discusses the interaction between air pollution and climate change, and argues that improving air quality is bound up with mitigating climate change. Confronted with severe crises of air pollution at home and mounting pressures for curbing CO_2 emissions from abroad, China should transform its economy into a low-carbon one which is characterized by low consumption, low emission and high output. This will help China cope with local, regional and global environmental challenges, and achieve co-benefits of controlling air pollution and reducing greenhouse gases emission.

【Key words】 Climate Change; Air Pollution; Environmental Diplomacy; Sustainable Development; Low-carbon Economy

Recent Developments of International Negotiations on Climate Change and China's Challenges of Implementing Low-carbon Economy

CHEN Ying

【Abstract】 The Copenhagen conference ended up with limited and disappointing achievements. Will international negotiations on climate change come to a halt? Is China's pledge of GHG reduction reliable and feasible? The author evaluates the achievements of the Copenhagen conference, reviews recent developments of international negotiations on climate change before and after this conference, and indicates the outlook of future negotiations. Challenges and difficulties in advancing low-carbon economy in China and fulfilling its pledge to the international community are also analyzed, and some suggestions for better implementation are put forward. This article argues that it is a voluntary and advisable choice for China to reduce its "carbon intensity" by 40%—45% by the year 2020, compared with 2005 levels.

【Key words】 International Negotiations on Climate Change; Copenhagen Conference; Low-carbon Economy; Carbon Intensity

International Transfer of Low-carbon Technologies Based on Trade: An Effectiveness Assessment and Implications for the Post-Copenhagen Era

ZOU Ji and WANG Haiqin

【Abstract】 Based on a case study of China's importation of gas turbines from developed countries, this paper evaluates the role and limitation of international trade to promote international transfer of low-carbon technologies. The results show that international trade brings little spillover effect of low-carbon technologies to China, thus can hardly satisfy China's great thirst for those advanced technologies. In the post-Copenhagen era, China should reform its current government-dominated technology import system, and explore a new international cooperation mechanism to import low-carbon technologies.

【Key words】 International Trade; Low-carbon Technology; Technology Transfer; Spillover Effect

Preliminary Estimate of China's Greenhouse Gas Emission and Review on Relevant Scenarios

LI Yuhong

【Abstract】 This paper estimates China's CO_2 emission from fuel combustion and industrial production process during 2004—2008, and reviews current scenario studies on China's Greenhouse Gas Emission. The findings are: (1) Since 2004, China's CO_2

emission has increased by 300—500 million tons every year, and reaches a total amount of 6. 1 billion tons in 2007 which means 4. 9 tons per capita. （2）The elasticity of China's CO_2 emission has increased gradually, which indicates that the Chinese economy has been heading for a carbon-intensive industrial structure. （3）In baseline scenario studies, China's CO_2 emission in 2030 increases to a double amount of current emission while in mitigation scenario studies, it will be 20% —70% less than that in baseline scenario. （4）Different from developed countries confronted mainly by the problem of climate change, China is challenged by a series of environmental problems. Current scenario studies give sole attention to energy while ignore the limitation of environmental carrying capacity and the availability of natural resources in the future, which makes the scenarios less unreliable. Further studies should be organized by experts from multiple disciplines and fields.

【Key words】 Energy; Resource; Environment; CO_2 Emission

Tackling Climate Change: Experience and Lessons Learned from Arid Herding Areas of Inner Mongolian

LI Wenjun

【Abstract】 This paper draws lessons from the arid herding areas of Inner Mongolia through an aly zing the role of indig enous knowledge and informal in stitutions in supporting adaptation to climate change Results show that the local system in these areas, in cluding its traditional modeof production, social relations and in stitutional arrang ements, is in fact effective in adapting to extreme climate change and environmental uncertainty. The main implications for tackling climate changeare: (1) extemal actors, such as the intemational community and govemment, should not unduly intervene in these local systems to avoid inadvertently causing systemic failure; (2) resp ect and utilization of indig enous knowledge and informal institutions may actually offer the most fund amental mean s for humanity to adaptto climate change; (3) in uncertain environments, conformity may in cur significantly fewer costs than resistance. If IPCC predictions are correct, then climate change will further in crease climatic uncertainty. Acceptance of this uncertainty and identification of more appropriate strategies for human adaptation are likely bemore effective than resistance and struggles to achievegreater certainty.

【Key words】 Climate Change, Adaptation, Arid Grassland, Indigenous Knowledge, Informal Institutions

Our Position on Climate Change: Defend and Cherish China's Rights of Development

Research Team at the Center for Environment and Development, Chinese Academy of Social Sciences

【Abstract】 This report makes three judgments about the relationship between global climate change and China's economic development: (1) It is likely that developed countries will manipulate climate change and energy technological revolution to inhibit China's development. (2) Even if there is no external pressure for reducing CO_2 emission, China's current development model still cannot be sustainable. (3) Relying on foreign low-carbon technologies can be counterproductive. Based on these judgments, the authors, scholars from the Chinese Academy of Social Sciences, announce their position: China should not only defend but also cherish its rights of development. On the one hand, China should claim impartial rights of development among international community, and win more emission space for future economic development; on the other hand, wherever future international cooperation in mitigating climate change goes, China should take active and voluntary GHG reduction as a part of a comprehensive transformation into an independent and sustainable economy.

【Key words】 Global Climate Change; GHS Emission; Energy; Sustainable Development

Reflections on China's Energy Conservation and Emission Reduction

ZHENG Yuxin

【Abstract】 China's pledge to reduce carbon intensity announces the inauguration of a low-carbon economy. It is expected that carbon emission will become another mandatory target in China's government proposals on energy saving and pollution discharge reduction, and China will promote low-carbon during its Twelfth Five-Year Plan period. This paper analyzes the differences between carbon intensity and energy intensity as well as between carbon emission and carbon consumption, and argues that it is wise for China to replace energy intensity with carbon intensity. In order to achieve the targets of energy saving and emission reduction, China should make more efforts to transform its current development pattern into a more sustainable one. First, when encouraging energy saving, the government should pay more attention to consumption rather than production, and adopt more effective measures on demand side management. Second, the key to saving and environment friendly society is to establish a more sustainable economic growth mode. Third, China should improve not only the efficiency of transforming energy and resource into wealth, but also that of transforming wealth into social goals.

【Key words】 Energy Conservation and Emission Reduction; Carbon Intensity; Low-carbon Economy; The Twelfth Five-Year Plan

Comparing G20's Eco-efficiency: A Data Envelopment Analysis Approach

LI Jing

【Abstract】 This paper employs Directional Distance Function, an approach to Data Envelopment Analysis, to study and compare the Eco-efficiency of 30 countries among G20 during 1980-2005. The main findings are: (1) There is a positive correlation between these countries' per capita GDP and their Eco-efficiency; the richer a country is, the higher its Eco-efficiency is. (2) Eco-efficiency is more sensitive to the government's emphasis on economic growth than on environmental protection. (3) Eco-efficiency tends to decline if the country implements more rigid environmental regulations, which implies that severer environmental protection measures can lead to lower economic output in the short run.

【Key words】 G20; Data Envelopment Analysis; Eco-efficiency; Directional Distance Function; Environmental Regulation

Impact of International Trade on China's Energy Consumption and SO_2 Emission: 1987—2006

ZHANG Youguo

【Abstract】 This paper complies China's supplementary input-output tables from 1987 to 2006, and uses them to evaluate the impact of international trade on China's energy consumption and SO_2 emission. The estimation shows that since 1987 China's energy consumption and some main pollutants (CO_2, SO_2 and COD) emission embodied in export has increased rapidly, and now account for 30% of total energy consumption and pollutants emission caused by production sectors, respectively. Because energy consumption and pollutants emission embodied in export grew faster in past years than those embodied in import, China has become a net export country of energy resource and pollutants emission. Structural decomposition analysis shows that this rapid growth mainly resulted from increasing export scale; however, it is restrained by technique effect of export. Composition effect was relatively small, thus the structure of export had little effect on energy consumption and SO_2 emission. This paper suggests that the Chinese government should reinforce environmental regulations to counteract trade's negative impact on the environment.

【Key words】 Trade; Energy Consumption; Pollutants Emission; Input-output Analysis; Structural Decomposition Analysis

Trade Liberalization and China's Sustainable Development: A Dynamic CGE Model

FAN Mingtai and ZHENG Yuxin

【Abstract】 Applying the PRCGEM to China's pledges during post-WTO transition period (2006—2010), this study investigates the economic and environmental impacts of China's trade liberalization. The main findings are: (1) China's pledges to promote trade liberalization during 2006—2010 will lead to more pollutants emission, which is mainly driven by scale effect and composition effect and cannot be offset by technique effect. (2) If combined with effective environmental regulations, trade liberalization can promote China's sustainable development. This combination includes advancing trade liberalization of environmental goods and services and reinforcing international cooperation on environmental regulations. Therefore, China should not neglect its environmental expenses to cater to foreign pressure on trade liberalization. On the contrary, China's course to trade liberalization should be subject to its environmental protection and sustainable development.

【Key words】 Trade Liberalization; Sustainable Development; PRCGEM; WTO; Environmental Regulations

China's Forest Products Trade and Its Impact on Global Environment

SUN Changjin, CHEN Liqiao and CHEN Lijun

【Abstract】 The integration of global forest products chain has perforated the territories of individual countries, thus magnified richer countries' demand for timbers and placed some poorer countries under pressure of disafforestation. As a responsible and important participant in this chain, China should take effective measures to resolve these unsustainable problems inherited in global forest products Trade. On the one hand, illegal timber trade should be prohibited and more outward FDI on forestry industry should be encouraged. On the other hand, domestic forestry property rights should be reformed to release its productivity.

【Key words】 Forest Products Trade; Goods Chain; Environmental Impact; Countermeasures

Virtual Water Embodied in Trade of China: Estimation and Implications

ZHANG Xiao

【Abstract】 Using input-output analysis, this paper estimates the virtual water flow embodied in China's foreign trade in 1995, 2002 and 2005. China's net exports of total virtual water increase from 1995 to 2005 at a higher speed than the ratio of net exports to GDP does. In 2005, China's direct virtual water net exports are 8000 million cubic meters, and total net exports are 43300 million cubic meters. It is evident that China, a waterdeficient country, has exported a lot of water through foreign trade. One implication of our analysis is that China should reform its trade policies to provide incentives for more virtual water imports and increase costs for further virtual water exports.

【Key words】 Virtual Water Trade; Input-output Analysis; Water Resource Utilization; International Trade

总　论

全球化挑战可持续发展

——基于生态环境与贫困的视角

张 晓

【内容摘要】 本文基于特殊视角——全球化中处于弱势的生态环境与贫困人群，讨论全球化对中国可持续发展的影响。全球化的表现可能是经济意义的，然而影响却不仅限于此，我们不能一叶障目。如果本轮或未来的全球化对于生态环境和贫困人群的影响是破坏性甚至是毁灭性的，那么它注定是不能持续的。本文重点分析讨论全球化中贸易的不平衡与贫困的关系；全球化背景下的生态环境、资源使用的不平衡和贫富差距。虽然这一研究仅为非主流的一家之言，且无政策的良方妙计，但提出的问题和思考愿能引起更多关注。

【关键词】 全球化；可持续发展；生态环境；资源；贫困

一 为什么是全球化与可持续发展？

我们选择了一个似乎已经被谈"滥"了的题目作为本卷《中国环境与发展评论》（以下简称"评论"）的背景主题——全球化。显然，这不太讨好。毫无疑问，全球化是过去和未来数年里被滥用得最多、界定最少、最容易被误解、最模糊且政治上最有影响力的词语（贝克，2008，第23页）。尽管关于全球化与可持续发展的讨论已经持续了一段时间，但是我们认为，面临不断变幻的新现实，仍然有许多问题还未涉及、仍然有一些问题还不够深入，仅凭这两点的存在，我们就有继续组织讨论的必要，就有继续研究的空间。

1. 问题讨论的基本出发点

关于本轮全球化的特征，详细内容请参见本书第一部分赵京兴教授的讨论。我们认为，至少有几个基本点需要特别把握：

第一，研究当下的中国环境与发展问题，需要有全球视野，需要有全球性思考。

全球视野和全球性思考不是空泛的、一般意义上的数量概念，而是宏观的（而非局部的、微观的）、针对过程的（而非针对结果的）、动态的（而非静态的）观察和思考。这种观察和思考的突出特点是，没有现成的结论、没有可参照的蓝图，需要认真独立的思考、分析和判断。全球视野和全球性思考的好处是，看森林而不是仅看树木，将问题置于更大的范畴，而不是拘泥于一个区域或一个国家，这样，我们揭示问题、寻求解决问题的思路，或者是寻求适应问题的方式，就可能具有更合理的出发点和立足点。

全球化致使资本、产品、人员在全球范围内大规模跨国流动，这些流动带来的副产品，不断地给人类社会提出新的安全问题。在物质日益丰富的今天，人类目前对于安全的追求已经成为继温饱之后主要的诉求。从历次形形色色的危机中，人们深刻地认识到，对安全的追求已经成为现代国家最重要的追求之一。全球化过程中应特别关注生态环境安全。1992年以来，世界科学组织多次声明，全球大多数环境系统都在承受严重的压力，并且发达国家是"主犯"（希尔曼、史密斯，2009，第8页）。2005年发表的《千年生态系统评估报告（综合报告）》①指出，诸如大气、水和气候的稳定性等维持地球上生命的生态系统，约60%正在退化或不能持续利用。水资源供应是减少贫困的中心任务，然而，据联合国2003年世界水资源发展报告——《水为人类，水为生命》②，全球60亿人口中的11亿人没有安全的饮用水。这一问题导致每天与水有关的死亡有600例，其中大部分是5岁以下的儿童。希尔曼和史密斯（2009，第65页）尖锐地指出，中国现存和未来的水资源问题，特别是大多数主要河流的毒化，是为西方富裕国家生产消费品的要求所导致的。

---

① Millennium Ecosystem Assessment—Synthesis, www. millenniumassessment. org/en/Synthesis. aspx.
② UNESCO-WWAP 2003, World Water Assessment Programme (WWAP), Water for People, Water for Life 2003—Executive Summary, http：//unesdoc. unesco. org/.

安全不仅仅意味着避免或减少死亡、疾病和物理伤害，更重要的是人类越来越重视对自身心理上的影响。参与全球化，参与生产更廉价物品的竞争以及劳动力的自由流动，这中间充满着否定雇员的安全和尊严，降低了他们的社会地位（希尔曼、史密斯，2009，第124页）。

怎样在全球化的进程中使原本处于弱势的贫困人群及生态环境系统，避免陷入更加无尊严和不安全的境地，进而使其处境得到改善，这些应该成为全球化研究的重要领域之一。

第二，讨论中国的环境与发展问题，需要跳出既有的经济第一、增长第一的纯粹经济主义思维模式，进行发展模式的战略转型。

表面上，对于全面地、协调可持续发展模式没有人提出疑义，但是，值得注意的是，市场经济通过对消费主义的信仰控制着民众（希尔曼、史密斯，2009，第125—126页），市场经济和消费主义不断地制造社会的相对贫困，让人们思想深处充满无法缓解的地位焦虑、充满对个人财产永远增长的期望。即使人们认识到存在着不公平、不平等，但发财的梦想和机会像彩票一样总是存在着。再者，持有货币可度量的财富总让一部分人感觉很好。所以，一事当前，自下而上、从上到下，大多数人更愿意不要想那么远，不要想那么多，先挣钱、先增长了再说。

面对环境与发展问题，理性的经济学家一般只能从经济学的角度来考察，这就是为什么《斯特恩报告：气候变化经济学》可能比 IPCC（联合国政府间气候变化专门委员会）的长篇科学报告具有更大影响力。经济学者一般不认为世界是一种社会构建，而是一种经济构建，人都是经济学意义上的理性经济人。效用最大化原则指导经济学者考察世间所有人际、人与自然的关系。然而，现实是，个人和国家的理性行为的后果却是破坏公共生态环境的。有些国家为了自身的直接经济利益过度使用或污染"世界公地"（人类健康和福利所必需的土地、海洋、空气和淡水等资源的稳定性），导致其他国家的长期利益被损害，以他国的贫困及不可持续发展换取自身的、局部的发展可持续性。正如希尔曼和史密斯（2009，第113页）指出的，人类社会重要的碰撞将不是文明之间的，而是价值观之间的。对市场经济和消费的信仰及思想排斥了对人类世界未来命运和长期利益的真实关切：企业正成为一种制度，政治家成为短期利益的看护人和求职者。全球化的市场体系不仅破坏着"世界公地"，也正在对公民社会产生破坏。

对既有的、现成的发展模式的批判，揭示并正视其内在的缺陷，是探寻中国可持续发展途径的重要步骤。

第三，中国的可持续发展不仅仅是城市面临的问题，更重要的是农村的可持续发展以及减少贫困。

关注农村贫困问题，减少贫困，与保护和改善生态环境同样是可持续发展的重要内容。虽然"二元经济结构是经济发展过程中难以避免的一个阶段"（赵京兴，2009，第25页），但是在全球化的背景下，社会中弱势群体日趋弱化，已经成为全球社会不得不共同关注的重大问题。在总体平均意义上，改革开放以来，我国业已存在的农民收入与城市居民的收入差距有扩大趋势：1978年，农村居民家庭人均纯收入占城镇居民家庭人均可支配收入的38.9%，2006年这一数字降低至30.5%[①]。与世界上的大部分穷人相类似，我国的两千多万贫困人口几乎都是非城镇人口，而且中国农民的实际收入与农业生产特别是粮食生产的收成状况几乎没有直接关系（中国21世纪议程管理中心可持续发展战略研究组，2005，第47—48页）。根据统计资料（国家统计局农村社会经济调查司，2006，第3页），2005年农村居民人均纯收入中家庭经营农业纯收入占45%，家庭经营收入增速自20世纪80年代中期以来持续回落，其主要原因是由于第一产业中农业和牧业收入回落所致；2005年农村居民人均纯收入中以务工收入为代表的工资性收入增长，仍是农民增收的主要来源，占36%。

2005年农村常住户中外出务工劳动力占农村劳动力的比重为20.2%（国家统计局农村社会经济调查司，2006，第3页），处于边缘状态的城市农民工生活状况日益令人担忧，他们大多从事城市人不愿意干的建筑业、矿业和服务业等危险和脏累工作，缺少安全、健康和最低生活保障（中国21世纪议程管理中心可持续发展战略研究组，2005，第48页）。

伴随着全球化进程中的产业转移，生态退化和环境污染已经极大地冲击着作为弱势产业的农业和弱势群体的农民。它们逐步地、以隐蔽或公开的方式瓦解中国农业的基础，对农民的生计造成系统性破坏（中国21世纪议程管理中心可持续发展战略研究组，2005，第55页），甚至危及农民的生命健康。在中国农村，生态环境问题加剧了本已存在的贫困，使得减缓贫困变得异常复杂和困难。

关注社会贫困人口、弱势群体发展的可持续性，是衡量一个社会文

①　国家统计局编：《中国统计摘要2007》，中国统计出版社2007年版。

明进步程度、能否追求和谐安康幸福的基本标志。实际上，落实这些关注，本不需要支付很多，无非是富人少喝一杯咖啡、少打一场高尔夫而已。重要的是富人的良知与自省，以及决策者的政治勇气与治理智慧，一旦真正建立了社会共识，制度安排、资金与技术保障、执行过程监督等其实都属于操作层面。

2. 讨论的基本框架结构

除总论外，本书分为四部分，第一部分的分主题是"全球化"，主要就全球化对中国的影响及其途径以及由此产生的主要问题进行讨论。这一讨论对全球化的分析清晰深刻，明显超越了国内一些学者的分析与判断，这源于作者对马克思主义思想以及对中国现实社会经济运行的双重理解和把握。该部分内容将国家与发展的关系、政府与市场关系放在全球化背景下考虑，高屋建瓴地观察、综合了现存的许多争论，识别西方经济教科书主导兴国大业的可笑与可悲，有助于从表层或情绪中跳出来看待问题，为本书后面文章的讨论展开奠定了厚实的理论开端。

第二部分是本书的重点，针对目前全球环境与发展的重大问题——气候变化，我们组织学者、专家和官员就此问题展开了多角度的分析讨论，(1) 针对全球气候变化的中心问题：发达国家与发展中国家利益的复杂矛盾冲突，提出新公共问题的"深度公平"应对思维。在提出大思路的同时，中国社会科学院环境与发展研究中心课题组给出了中国在捍卫并珍惜自己发展权利的前提下，制定应对气候变化、同时立足于自主的、具有超前意识的、跳出短期利益的长期发展战略的思考。(2) 探讨热门话题——低碳经济，主要讨论它与中国发展模式转变、中国应对气候变化背景下的区域大气污染、中国应对国际气候谈判、基于贸易的技术转移等问题的关系。 (3) 针对中国温室气体排放的情景研究进行评价。

第三部分主要讨论对中国节能减排政策的理解和评论；还对世界一些国家的经济效率，在加入了环境因素后重新进行了新经济环境效率意义的比较。

第四部分也是本书的重要组成部分，涉及全球化的重要内容——国际贸易与（能源、环境、资源）可持续性的关系。这部分内容几乎都是基于数量模型分析的，因此学术味道似乎更加浓郁，结论也很有现实政策意义。

二　全球化与贫困的关系解读

我们同意这样的定义：目前的全球化只是经济领域的全球化。在许多语境中，全球化指的是"经济全球化"（张宇燕，2007，第55页）。经济全球化的一个重要特征是，商品、资本、技术、信息与劳务等因素的流动跨越了民族国家的界限（吴洪英，2002）。在衡量经济全球化的标志性指标方面，我们主要考察国际贸易、外国直接投资及跨国公司规模等两个方面。

1. 对全球化标志性指标的考察

根据世界银行的数据资料，几十年以来，不论低收入、中等收入还是高收入国家①，贸易（进口＋出口）占GDP的份额都呈现增长趋势（参见表2的数据），例如：低收入国家从1990年的47％增加到2007年的70％；中等收入国家从39％增加到64％。具有深意的是，高收入国家一直是中低收入国家出口物品的目的地，以2007年为例，中等收入国家（经济体）出口货物的70％以及低收入国家（经济体）的67％进入了高收入国家（经济体）（The World Bank，2009）。

2007年，私人资金流的55％以外国直接投资（FDI）的形式流向发展中国家。私人资本流向发展中国家的总量呈现增加态势：从2003年的2080亿美元增加到2007年的9610亿美元。对于许多发展中国家而言，FDI是他们能够得到的最大私人资金源，特别是对于那些极少有机会在国际资本市场融资的低收入国家，FDI尤其重要。2000年到2007年间，FDI净流入低收入国家的总量翻了一番，从占GDP的1.7％增加到4.2％。值得注意的是，高收入国家得到FDI的比例较高，以2007年为例，高收入国家得到了全球FDI流的75％；12个最大的发展中国家得到16.5％（中国占据其中26％的份额）；而低收入国家仅得全球FDI的1.5％（The World Bank，2009）。

不仅全球的资本在全球化环境下向高收入国家流动，全球的收入也向高收入国家转移。2003年；高收入国家的9.55亿人口占有全球总收入的81％，而低收入国家的27.35亿人口仅占全球总收入的1.2％（The

---

①　按照世界银行关于人均国民收入（GNI）的计算划分，下同。

World Bank，2003）。全球最贫困的人口占世界人口总量的五分之一，他们的收入占全世界人口总收入的份额从 1960 年的 4% 下降至 1990 年的 1%，而 358 位亿万富翁所拥有的财富比世界人口一半的总收入还多（贝克，2008，第 155 页）。而在各国内部，收入差距越来越大。高收入国家以德国为例，20 世纪 80 年代至 90 年代，劳动所得收入仅提高了 2%，而同期资本所得收入上升了 59%。显然，在全球化时代，劳动越来越廉价，而资本越来越紧俏、昂贵。与之相应地，劳动收益不断减少，资本收益不断增加（贝克，2008，第 155 页），这不仅导致国家内部的贫富分化趋势，更加快了世界范围的贫富分化和差距。

2. 经济全球化引发经济发展的不平衡性（非中性）

全球化的非中性即意味着其成本与收益可能是不对称的（张宇燕，2007，第 68 页）。全球化使得一些国家的财富（以 GDP 为代表）增长速度快于人口增长速度，经济的繁荣似乎成为人人可以享用的"全球化大餐"。然而，进一步的问题是，这些新增加的财富是如何分配的？对所谓全球化带来的"双赢"，需要进一步考察各方赢得的比例是否存在严重失衡。

这里需要区分两种不平衡性。第一种是发达国家内部的不平衡。以美国为例，经济增长只使得 10% 最富有的人更加富有，这 10% 的人获得了 96% 的新增财富。在德国，企业的利润增加了 90%，而工资仅增加了 6%，可是个人所得税在过去 10 年里翻了两倍。与此同时，法人税降低了一半，仅占总税收的 13%，而这一数字在 1960 年时为 35%，在 1980 年时为 25%（贝克，2008，第 7 页）。对此，贝克（2008，第 66 页）指出，在发达国家，企业的利润增加了，但是，他们并不为国家尽义务，他们不仅不提供劳动岗位、不纳税，而且还将失业和文明发展的成本转嫁给他人。只有国家和工薪阶层，必须长期支付富人们也共同分享的第二次现代化的"豪华"生活，如：高度发达的学校和大学、井然有序的交通体系、被保护的自然风景、丰富多彩的城市生活等。

第二种是发达国家与发展中国家之间的不平衡。所谓发达国家与发展中国家的"双赢"，是指通过国际贸易，刺激了竞争导致成本下降，一些国家通过出口促进就业、赚取收入，一些国家可以消费进口的更为廉价商品，最终出口和进口双方都从中获利。贝克（2008，第 121 页）指出，这里显然混淆了两种不同的降低成本的方式：一是以采用先进技术和组织管理提高经济效益；二是以低工资和恶劣的劳动生产标准降低生产成本获得经济效益。实际上，在一些发展中国家，企业正是以损害公共社会和环境利益、牺牲工人健康安全和福利来争夺资本和市场。面对如此残酷的"双赢"现实，经济学再以李嘉图式的自由贸易模式进行分析，就显得异常苍白无力和自欺欺人。

综上，不论是发达国家内部的不平衡，还是发达国家与发展中国家之间的不平衡，其利益损失者，始终是那些相对低收入群体或相对贫困人群；而富人，不论身处何处，在全球化的环境下，始终是收益较多者。

3. 全球化挑战全球贫困

经济全球化通过全球经济规则（如世界贸易组织，WTO）伤害穷人利益。博格（2009）引用 1999 年 9 月 25 日《经济学人》的一篇文章，例如，在 WTO 的乌拉圭回合中，富国所削减的关税比穷国少。从那时起，富国已经找到了关闭本国市场的新方法，特别是把反倾销关税强加于他们认为"不正当"的廉价进口商品上。在许多发展中国家最具竞争力的领域，如农业、纺织品和服装等，富国都实行保护主义。结果，据 Hertel 和 Martin 的研究，富国对穷国进口制造品征收的平均关税比对富国征收的高 4 倍。这对穷国而言当然是巨大的负担。另据 UNCTAD 估算，如果富国能开放更多的市场，到 2005 年，穷国每年能多出口 7000 亿美元的商品。此外，许多穷国对自己在乌拉圭回合中签订的内容知之甚少；穷国还受到信息不对称的困扰。无知让穷国付出了巨大代价。据 Finger 和 Schuler 估算，建立改进贸易程序的补充条款和建立技术知识产权标准的费用，超过了最穷国一年的发展预算，因而，穷国根本不可能承受。更何况，穷国在本可以从世界贸易规则中获得好处的那些领域却经常无法获益。有些成员国甚至负担不起提交给 WTO 的诉讼费。因此，在乌拉圭回合达成的协议加重了全球的贫困。

现存的世界贸易体制使得一些富裕国家在贸易保护主义方面得以成功坚持，对贫困国家的就业、收入、经济增长和税收产生巨大影响，而贫困国家的许多人生活在贫困的边缘。世界贸易体制下的发达国家市场开放的不是过多而是太少，让富裕国家在从自由贸易中获益的同时抑制穷人的发展（博格，2009）。

今天，有越来越多的国家选择市场经济体制，似乎只有市场经济体制才能加快本国经济发展速度、提高国际竞争力（张宇燕，2007，第23页）。各国在经济体制上的趋同、全球规则和制度的趋同都已经成为事实。正在实行的全球经济规则本质上导致了贫困的发生。

测算贫困的方法不同，其结果数据可以非常不同，对实际情况的刻画可能并不准确。不同方法和标准测算的全球贫困发生情况如表1所示。据 Chen 和 Ravallion（2008）的研究，自20世纪80年代初以来，除了以每天每人1美元的最低标准测算而有所改善外，全球贫困人口的绝对量，没有根本的减少（对于每人每天2美元的标准，2005年比1981年增长0.8%），甚至有增加趋势（对于每人每天2.5美元的标准，2005年比1981年增长12.8%），如果不包括中国的数据在内，除最低标准外，全世界贫困人口的数量呈现较大幅度增加（对于每人每天2美元的标准，2005年比1981年增长34%；对于每人每天2.5美元的标准，2005年比1981年增长48.3%）。显然，全球贫困人口变动趋势呈现出与全球总量和人均经济增长极不相称的态势。

为什么新的市场经济全球秩序对穷人如此苛刻？这是因为：首先，选择市场经济体制是强势国家集团不断倡导和推进的结果，强势国家（例如：美国）要竭力维护自身的既得利益，通过制定国际规则，达到目的，而其他国家只能主动或被迫接受游戏规则，丧失了选择其他制度创新路径的可能性（张宇燕，2007，第22—23页）；其次，在细节上，博格（2009）指出，新的全球秩序所实行的国际规则是通过国际谈判确定的。在国际谈判中，谈判代表致力于使每一项协议符合企业的利益最大化，而不会考虑全球穷人的利益。谈判代表以其高超的讨价还价能力，发现对手身上的弱点、无知和腐败，争取各自的最大利益。在这样的谈判中，富裕国家可以相互妥协，但不会向弱者妥协。因此，许多谈判和协议的累积结果是非常倾斜的，即：不公正的、倾斜的制度安排最终形成全球经济增长的大部分收益流向本已经很富裕的国家。与之相应地，人类社会中更为贫困的那部分人被剥夺了在全球经济增长中应得的份额。

虽然对于贸易量（出口＋进口）是否引起不平等的问题还存在多种不同的分析讨论，但是有研究（Lundberg & Squire，2003）发现，较高的贸易量趋势会增加不平等。更有一些研究（Milanovic，2005；Pavallion，2001）进一步发现，在低收入国家，较高的贸易量正在增加着不平等，而在高收入国家却呈现相反情况。表2—表4给出了世界进出口贸易的总体情况和一些国家的具体数据。

表 1　　　　全球贫困人口变动（亿人，2005 年购买力平价，PPP）

贫困标准	年份			
	1981	1990	1999	2005
低于 1 美元/人·天	15.2	12.9	11.5	8.8
低于 2 美元/人·天	25.4	27.6	28.7	25.6
低于 2.5 美元/人·天	27.3	30.7	33.2	30.8
低于 1 美元/人·天[①]	7.8	7.9	8.4	7.7
低于 2 美元/人·天[①]	15.6	18.0	21.0	20.9
低于 2.5 美元/人·天[①]	17.6	21.1	25.5	26.1
长期营养不良[②]	—	8.0	—	8.5

注释：①不包括中国。②以 2004 年数据代。

资料来源：Chen and Ravallion，2008；UNDP，2005。

表 2　　　　　　　　世界进出口贸易　　　　　　　　（单位：%）

经济体分类[①]	货物与服务进口（占 GDP 百分比）		货物与服务出口（占 GDP 百分比）	
	1990 年	2005 年	1990 年	2005 年
高收入经济体	19	24	18	24
中等收入经济体	21	33	22	36
低收入经济体	16	29	13	25
全世界	19	26	19	26

注释：对全球经济体按高、中等、低收入分类，依照世界银行的分类标准，下同。参见 www.worldbank.org。

资料来源：UNDP，2008。

表 3　　　　　　　一些国家进出口贸易情况　　　　　（单位：%）

国家	货物与服务进口（占 GDP 百分比）		货物与服务出口（占 GDP 百分比）	
	1990 年	2005 年	1990 年	2005 年
美国	11	15	10	10
加拿大	26	34	26	39
巴西	7	12	8	17
德国	25	35	25	40

续表

国家	货物与服务进口（占 GDP 百分比）		货物与服务出口（占 GDP 百分比）	
	1990 年	2005 年	1990 年	2005 年
法国	23	27	21	26
英国	27	30	24	26
中国	16	32	19	37
日本	10	11	10	13
印度	9	24	7	21

资料来源：UNDP，2008。

表 4   一些国家占世界全球进出口总量份额变动状况   （单位：%）

国家		1983 年	1993 年	2003 年	2007 年
美国	出口	11.2	12.6	9.8	8.5
	进口	14.3	15.9	16.9	14.5
加拿大	出口	4.2	4.0	3.7	3.1
	进口	3.4	3.7	3.2	2.8
巴西	出口	1.2	1.0	1.0	1.2
	进口	0.9	0.7	0.7	0.9
德国	出口	9.2	10.3	10.2	9.7
	进口	8.1	9.0	7.9	7.6
法国	出口	5.2	6.0	5.3	4.1
	进口	5.6	5.7	5.2	4.4
英国	出口	5.0	4.9	4.1	3.2
	进口	5.3	5.5	5.2	4.4
中国	出口	1.2	2.5	5.9	8.9
	进口	1.1	2.7	5.4	6.8
日本	出口	8.0	9.9	6.4	5.2
	进口	6.7	6.4	5.0	4.4
印度	出口	0.5	0.6	0.8	1.1
	进口	0.7	0.6	0.9	1.6
世界总量（亿美元）	出口	18380	36750	73750	136190
	进口	18820	37870	76910	139680

资料来源：WTO，2008。

4. 扩大外贸规模与减少中国贫困

1980 年以来，中国对外贸易的总规模显著扩大，图 1 显示年度对外贸易总量（进口 + 出口）占当年 GDP 比重的变动情况。与此同时，中国减少贫困的政策和实施效果也很显著：在贫困标准不断调高的前提下，2005 年，中国农村绝对贫困人口数比 1978 年净减少 2.26 亿人，贫困人口占农村人口比重降低 28%。中国农村贫困人口数字变动如表 5。然而，Pavallion（2006）的数量分析表明，中国较高增长的对外贸易规模与减贫之间并无显著的影响关系，倒是许多其他的 "非贸易" 改革因素促进了中国农村的减贫，比如：相对平等的土地配置政策、提高国内农产品价格、降低农业税以及稳定的宏观经济等。此外，城市化进程使得农村人口减少（1978 年中国农村人口数量占全国总数的 82%，2006 年这一数字减少为 56%[①]），城市化过程吸纳农村劳动力成为城市农民工，其工资性收入的增加等都是减少中国农村贫困人口数量的关键因素。

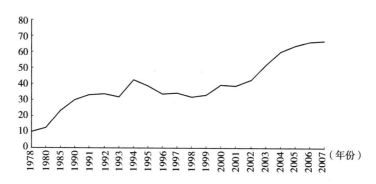

图 1　中国贸易量占 GDP 比重的年度变动（1978—2007）（%）

表 5　　　　　　中国农村贫困人口变动（1978—2005）

年份	贫困线（元/人·年）	贫困人口（万人）	占农村人口比重（%）	年份	贫困线（元/人·年）	贫困人口（万人）	占农村人口比重（%）
1978	100	25000	31.6	1983	179	13500	16.7
1980	130	22000	27.7	1984	200	12800	15.9
1981	142	15200	19.0	1985	206	12500	15.5
1982	164	14500	18.1	1986	213	13100	16.1

① 《中国统计摘要 2007》。

年份	贫困线 （元/人·年）	贫困人口 （万人）	占农村 人口比重 （%）	年份	贫困线 （元/人·年）	贫困人口 （万人）	占农村 人口比重 （%）
1987	227	12200	14.9	1997	640	4962	5.9
1988	236	9600	11.7	1998	635	4210	5.1
1989	259	10200	12.3	1999	625	3412	4.2
1990	300	8500	10.1	2000	625	3209	4.0
1991	304	9400	11.1	2001	630	2927	3.7
1992	317	8000	9.4	2002	627	2820	3.6
1993①	—	—	—	2003	637	2900	3.8
1994	440	7000	8.2	2004	668	2610	3.4
1995	530	6540	7.6	2005	683	2365	3.2
1996①	—	—	—				

注释：① 缺少数据，下同。

资料来源：国家统计局农村社会经济调查司，2006 年，第 45 页；《中国统计摘要 2007》，第 39 页。

三、全球化与资源环境的贫富差距

1. 全球资源消耗与生态环境退化的不平衡

资源消耗与生态环境退化已经成为全球性问题，而全球问题与全球化密切相关。有两种影响资源消耗和生态环境的势力，一种是因获取财富造成的资源消耗和破坏生态环境，这种势力遍布全球；另一种是因贫困造成的，这种势力主要集中于贫困地区，在日益贫困化的国家，人们会充分地开发和利用资源环境，直到资源和环境容量枯竭（贝克，2008，第 44—46 页）。

据联合国开发署（UNDP）2006 年人类发展报告的资料，全球水资源使用呈现富国与穷国的不平衡，其差异程度可以日常生活用水进行简单比较。大多数欧洲国家的人们日均用水量为 200—300 升，而一些发展中国家，如莫桑比克人均日用水量不足 10 升。按照用水的国际标准，一个五口之家的日最低用水量为 100 升（饮用和基本个人卫生）。当考虑洗澡和洗衣等需求因素后，会将个人用水底线提高至日均 50 升。世界上有 11 亿人口，他们的用水量经常少于每天 5 升。

信奉全球化的人们，无限依赖世界市场，甚至认为生态环境保护也可以通过自由贸易取得进展。事实是，不仅贫富差距加大以及贫困人口增加与全球化同步，发展中国家或中低收入国家的资源消耗及生态环境退化也与全球化同步。

Andersson 和 Lindroth（2001）认为，现有的国际贸易模式实际上混淆了生产者与消费者对生态环境影响的责任。

（1）生态足迹刻画和评价全球资源与环境利用的贫富不均

表 6 列出的是全球生态足迹①的总体评价，表 7 给出了一些国家生态足迹和水足迹②的数据。

表示生态足迹的数量指标是土地面积，但是它揭示的是特定人群，按照一定的生活方式所消费的、自然生态系统提供的各种商品及服务，以及在消费过程中所产生的废弃物所需要的环境容量。生态足迹所度量的是人类对自然资源的需求。生态足迹取决于人口规模、物质生活水平、技术条件和生态生产力。生态足迹的计算方法和计算结果明确给出了一个国家或地区使用自然资源的数量状况。考察不同收入的经济体的总体数据（表 6）可以发现，2005 年，高收入国家具有最高的生态赤字③，是全球平均水平的 4.5 倍，且为低收入国家的 27 倍；而中等收入和低收入国家具有较低水平或无生态赤字。这显示出，收入的贫富差距深刻地包含着全球生态资源使用的巨大不平等。一些国家具有比其他国家更大的生态足迹数值（表 7），这揭示了在资源和环境方面的不平等程度（White，2007）。依照表 7 提供的数据，美国、澳大利亚、加拿大、英国、法国、日本、德国等国家生态足迹较大；进一步的数据表明，北美国家人均资源消耗水平约为欧洲国家的 2 倍，为亚洲和非洲国家的 4 倍以上。西方社会正在以难以持续的消费水平消耗着自然资源。据 2008

① "生态足迹"（ecological footprint）是一个标识人类社会可持续发展的指标（Rees，1992，1996；Rees & Wackernagel，1994）。它是指个人或社区（可以是村庄、城市、国家）平均拥有的"生物生产性空间"，其衡量为面积单位"公顷"。总生态足迹由 6 部分组成：可耕地面积、草原面积、林地面积、建设用地面积、生产性海洋面积、吸纳人类排放的二氧化碳的森林面积（Hoekstra，2009）。
② "水足迹"（water footprint）是指个人或社区在生产产品和服务过程中使用和消耗的水资源量（Hoekstra & Hung，2002；Hoekstra & Chapagain，2007）。
③ 生态剩余 = 生物生产能力 - 生态足迹，若生态剩余 < 0，则意味着产生了生态赤字（单位：全球公顷或全球公顷/人）。

年地球生存报告①（Living Planet Report 2008，Global Footprint Network，2009）估计，2005 年，在全世界 74 个人口超过 100 万的国家中，中国的人均生态足迹为最低的 2.1 全球公顷/人。

值得注意的是，生态足迹只是一种衡量人类对地球生态系统与自然资源需求的方法，如果一个国家的资源消耗超过了自身的资源再生能力，必然要造成本国或全球的环境恶化，然而，它可以通过国际贸易的方式进口原材料或制成品，将生态危机转移到其他国家；通过产业转移的方式，将污染转移到其他国家。因此，全球化使得一个国家消耗的资源和环境容量，未必一定都发生在本国境内，而往往可以从其他国家输入。这些，早已超越了贸易的狭义内涵。

Andersson 和 Lindroth（2001）通过对生态足迹和进口贸易量的变化，深入讨论了一个国家如何通过国际贸易保护本国的国家自然资源（资本）。我们将 Andersson 和 Lindroth 的讨论浓缩成表（如表 8 所示），以便更清晰地得到逻辑比较结果。根据表 8 的划分，参考表 7 所列各国的数据，我们可以得出判断，加拿大（13.0gha/cap）、澳大利亚（7.6gha/cap）、巴西（4.9gha/cap）和俄罗斯（4.4gha/cap）因其生态剩余大于零且高于全球平均水平而成为目前生态资源保存完好的国家；美国（-4.4gha/cap）、英国（-3.7gha/cap）和法国（-1.9gha/cap）虽然已经出现了生态赤字，并且都大于全球平均水平（-0.6gha/cap），但结合考察表 3 的数据可以发现，这三国同为净进口货物和服务的国家，我们有理由相信，其进口贸易是有利于增加他们的生态资本的；另据 Andersson 和 Lindroth 的研究，一些北欧国家，如：瑞典（4.9gha/cap）、芬兰（6.5gha/cap）等国的生态剩余大于零，并且仍然净进口生物量，说明这些国家既没有奢侈地过度使用本国生态资源，同时还使用外部生态资源，因而具有良好的生态资本。

White（2007）对生态足迹组成部分的进一步分析表明，在世界平均水平上，能源（包括薪柴燃料、化石燃料和核能用地）占生态足迹份额的 54%，环境用地占 4%（详见表 9）。White（2007）以生态足迹替代收入估计的基尼（Gini）系数、集中度指数及不平等程度如表 10。表 10 的数据表明，在能源、食品、森林和环境 4 类生态足迹组成部分中，全球生态足迹分布最大的不平等是能源使用，其次是食品消费的不平等。

———————

① "Living Planet Report" 另译为"地球生命力报告"。

（2）水足迹刻画全球资源消费和利用的贫富不均

水足迹反映了特定人群，按照一定的生活方式所消费的所有产品和服务所需要的水资源数量。这包括人类生活必需的食物、日用品等所消耗的水，也包括生活用水及环境用水。水足迹的概念与生态足迹一样，是与消费相关的水使用指标。水足迹由两部分构成：国内水资源使用（内部水足迹）和境外水资源使用（外部水足迹）。外部水足迹因消费进口产品而发生。表 7 中的水足迹构成未包含隐含在出口产品中的水资源量。

表 7 的数据显示，中国、印度等发展中国家的消费水足迹水平较低；发达国家则较高，其中美国以年人均消费约 2500 立方米居全球首位，这一数字是中国的 3.5 倍。据全球足迹网络（Global Footprint Network，2009）2008 年地球生存报告估计，全世界有 27 个国家的水足迹中外部水足迹比重超过 50%，他们包括北欧国家挪威、丹麦、瑞典；西欧国家英国、荷兰；亚洲国家日本、韩国等。一个国家总消费水足迹中较大的外部水足迹比重，固然可以表明其具有有效利用外部水资源的战略，但是也同时意味着其对外部（其他国家）环境影响较大。全球虚拟水贸易受到来自全球产品市场及农业政策的影响，而对于虚拟水出口国家而言，虚拟水出口贸易可能带来环境、经济和社会代价。

（3）国际贸易加大可持续性的贫富差距

生态足迹和水足迹分析都涉及国际贸易，因此，国际贸易与生态环境、自然资源的使用和消耗密切相关，已经深刻地融入了非经济收入的新内涵。以生态足迹为例，富裕国家有足够的支付能力可以花钱保护或改善本国的生态资源（资本），其中一个途径就是从穷国进口生物生产能力。高收入国家通过从中低收入国家进口产品，实质上是进口了相对贫困国家的虚拟土地资源、虚拟水资源和环境容量，更多地占有和消费了全球资源，从而降低或消除自己的"生态赤字"。而中低收入国家，在全球化的国际分工中成为世界工厂，通过出口产品，更多地出卖本国自然资源和环境容量，与此同时，还背负着加速本国生态环境退化和环境污染的道德谴责。

在这样的全球贸易模式下，富裕国家当然认为自己的生活方式和发展模式是可持续的，因为他们的生态资源（资本）不仅没有损害、耗尽的趋向，反而得到保护、改善；然而，他们发展的可持续性是建立在穷国的生态资源逐步被损害、破坏，因而其发展不可能持续的基础之上的。

在本轮全球化的这种贸易分工模式下，不仅加大了生态环境的贫富差距，而且损害、削弱了中低收入国家未来的可持续发展能力。

表6   全球生态足迹变动

经济体	生态足迹（Ⅰ） （全球公顷/人）①		生物生产能力（Ⅱ）② （全球公顷/人）		生态赤字（Ⅱ—Ⅰ） （全球公顷/人）	
	1961 年	2005 年	1961 年	2005 年	1961 年	2005 年
高收入	3.6	6.4	5.3	3.7	1.7	− 2.7
中等收入	1.8	2.2	4.1	2.2	2.3	0
低收入	1.3	1.0	2.4	0.9	1.1	− 0.1
全球	2.3	2.7	4.2	2.1	1.9	− 0.6

注释：①全球公顷/人：英文缩写为 gha/cap。②Biological capacity，一译"生物承载力"。

资料来源：Global Footprint Network，2009。

表7   一些国家生态足迹（2005 年）和水足迹评价

国家	生态足迹 （全球公顷/人）	生物生产能力 （全球公顷/人）	生态赤字 （全球公顷/人）	消费水足迹 （m³/人/年） （1997—2001）
中国	2.1	0.9	− 1.2	702
印度	0.9	0.4	− 0.5	980
日本①	4.9	0.6	− 4.3	1153
澳大利亚	7.8	15.4	+ 7.6	1393
巴西	2.4	7.3	+ 4.9	1381
美国	9.4	5.0	− 4.4	2483
加拿大	7.1	20.0	+ 13.0	2049
法国	4.9	3.0	− 1.9	1875
德国①	4.2	1.9	− 2.3	1545
英国	5.3	1.6	− 3.7	1245
俄罗斯	3.7	8.1	+ 4.4	1858
全球人均	2.7	2.1	− 0.6	1243

注释：①2004 年数据。

资料来源：Global Footprint Network，2009。

表8 生态足迹与进口贸易评价国家自然资源的保护

	生态剩余＞净进口生物量[①]	生态剩余＜净进口生物量
生态剩余＞0	Ⅰ－1：生态资源（资本）保存完好或有所增加	Ⅱ：生态资源（资本）正在减少
	Ⅰ－2 当净进口生物量＞0时，改善本国生态资源	
生态剩余＜0（生态赤字）	Ⅲ：生态资源（资本）正在减少	Ⅳ：生态资源（资本）正在有所增加

注释：①净进口生物量：折合成生态生产土地量的净进口货物。

资料来源：Andersson and Lindroth（2001）。

表9 2003年全球生态足迹及其构成

构成	总生态足迹（百万全球公顷）	人均生态足迹（全球公顷/人）	占总量的份额（%）
能源	7315.3	1.18	53.7
食品	4691.5	0.76	34.4
森林	1058.3	0.17	7.8
环境	553.8	0.09	4.1
总量	13619.0	2.20	100.0

资料来源：White（2007）。

表10 全球生态足迹分布的基尼系数和集中度指数

构成	基尼系数	集中度指数	不平等份额
能源	0.553	0.545	0.655
食品	0.272	0.260	0.201
森林	0.663	0.641	0.112
环境	0.390	0.349	0.032
总量	0.446	0.446	1.000

资料来源：White（2007）。

2. 全球气候变化挑战贫困

谈到全球环境问题，不能不面对全球气候变化。应对气候变化的威胁，人类社会的各个层面都面临挑战。而最基本的挑战是，气候变化对人类社会关于"进步"的看法提出了质疑：创造经济财富、取得经济增长，在使得富人更富有、穷人更贫困的同时，还使得人类生存的星球面临灾难，这是人类社会的进步还是倒退？因此，经济增长、积累财富与社会进步根本是两回事情。在现行的经济、能源政策下，经济越是繁荣发展，当前人类发展就会面临越来越多的威胁和风险。

（1）两种发展动力：保持富裕奢侈角逐摆脱贫困

我们应该区分两种不同的追求经济增长的动力模式：一种是由西方工业化国家引领了几百年之久的碳密集型经济增长预示：现行的促进经济增长的经济发展模式导致富裕国家为了维持奢侈的生活方式，恣意消耗资源、破坏环境，这不仅在生态上是不可持续的，同时也是加剧世界贫富差距的重要原因。另一种发展动力是，一些后发国家正在接力高碳增长模式，试图利用世界市场主要商品生产活动的转移，走出贫困、走向富裕，这种脱贫致富的推动力，也导致资源的低效率使用和环境污染，与此同时加剧了国内的贫富差距。因此，如何将人类的经济活动及消费行为与全球生态现实相结合是人类社会面临的最大挑战。

（2）排放责任与风险的逆向关系

区分清楚不同收入水平的国家（穷国和富国）在二氧化碳排放方面的历史责任，有助于在减缓二氧化碳排放的全球行动中，敦促工业化国家向后发国家进行资金和技术支持，取得科学合理的全球二氧化碳减排进展。表11是全球按收入经济体分组的二氧化碳排放变动情况。表12是一些国家的二氧化碳排放总量变动以及1850年至2004年人均二氧化碳累积排放量。

1990年以来，尽管一些发展中国家二氧化碳排放的总流量呈现加大的趋势（如表12所示的中国、巴西和印度的数据），但是一部分发达国家的排放总流量也在继续增加，如美国、加拿大、日本、法国和意大利等国家（参见表12）。然而，考察二氧化碳排放的存量，我们会有重要发现，富裕国家在排放累积总量中占绝大部分，自工业化时代起，发达国家的排放量占累积总量的70%，其中美国、英国的人均历史累积排放量是中国的20倍以上（参见表12）。显然，高收入的发达国家对当前大气中二氧化碳的累积负有重要责任，而正是由于大气中二氧化碳以及温室气体的累积排放量造成了气候变化。此外，未来排放的可用的生态"空间"取决于过去的行为（UNDP，2008）。发达国家对累积排放量的"巨大贡献"，也深刻地反映出他们背负的"碳债务"（UNDP，2008）：一直以来，他们对地球大气恣意过度滥用，不仅造成了今日的全球气候变化问题，而且事实上挤占、剥夺了发展中国家的排放空间。是债务当然应该还。

事实是，富裕的发达国家人口占世界总量的15%，二氧化碳排放量却占全球总量的45%；而低收入国家人口占世界总量的33%，二氧化碳排放量仅占全球总量的7%。这是巨大而严重的失衡。不仅如此，世界上最贫困的人口生活在抵抗力极差的农村地区和城市贫民区，极易受到天气变化的威胁，但就引起这种威胁的责任而言，他们负有的责任（不论存量还是流量）却是最小的（UNDP，2008），这就引出了排放责任与风险的逆向关系。

（3）减排与减贫

表面上看，发达国家与发展中国家的二氧化碳排放流量日益趋同（参见表12），因此，总排放流量的趋同时常被当作要求发展中国家迅速采取减排行动的依据。然而，除了这种趋同程度被大大高估了（UNDP，2008）之外，还必须密切关注的是，大部分发展中国家内部仍然存在处于摆脱贫困、争取基本能源服务[①]（如照明用电、使用电视机等）等较低发展水平的人群，这些构成了减贫的重要内容，也是与发达国家保持富裕奢侈生活水平不变而完全不同的发展目标。在发展中国家内部发展水平极端不平衡的情况下，要求发展中国家即刻采取减排行动，很有可能减缓推进基本能源需求的社会公平进程，从而进一步拉大贫富差距，造成新的不公平，最终妨碍减排的进展。

表11　　　　　　　　全球二氧化碳排放变动

经济体	二氧化碳排放量（亿吨碳）		年度变化（%）1990—2004
	1990年	2004年	
高收入	105721（46.6%）[①]	129751（44.8%）	1.6
中等收入	89715（39.5%）	121629（42.0%）	2.5
低收入	13234（5.8%）	20839（7.2%）	4.1
全球	227025	289827	2.0

注释：①括号内数字为占全球排放比重。
资料来源：UNDP，2008。

我们认为，涉及不同经济收入经济体的二氧化碳减排方案和行动，一定要优先考虑处于弱势的贫困人群以及寻求社会基本服务人群的利

① 例如，在二氧化碳排放总流量不断增大的印度，能源服务使用方面存在巨大的差异，约有5亿人口目前还用不上电，有些家庭甚至没有灯泡，做饭靠烧柴和动物粪便（UNDP，2008）。

益，防止出现在减缓气候变化的同时，造成有些人永远难以摆脱贫困、永远处于弱势的困境。这需要从不同视角出发的思考和研究，进而形成优先的制度安排以及与之相应的优先资金和技术方案。

表 12   一些国家二氧化碳排放情况

国家	二氧化碳排放流量（百万吨二氧化碳）		人均二氧化碳排放累积量（1850—2004，吨碳/人）
美国	4818.3	5696.8	586.54
英国	579.4	536.5	476.16
加拿大	415.8	528.8	406.24
德国	980.4	823.5	280.61
法国	363.8	377.5	211.17
俄罗斯	1984.1	1587.2	167.12
南非	331.8	342.0	159.90
日本	1070.7	1212.7	125.72
意大利	389.7	448.0	102.39
墨西哥	313.3	270.3	46.27
中国	2398.9	5605.5	22.89
巴西	209.5	332.4	22.46
印度	681.7	1249.7	10.30

资料来源：潘家华等，2010 年，第 15 页；Chinese Academy of Sciences 等，2009 年，第 3 页。

参考文献

[1] [德] 乌尔里希·贝克：《什么是全球化？全球主义的曲解——应对全球化》，常和芳译，吴志成校，华东师范大学出版社 2008 年版。

[2] [美] 托马斯·W. 博格：《重新设计全球经济安全与正义》，见 [英] 戴维·赫尔德、安东尼·麦克格鲁编：《全球化理论：研究路径与理论争论》，王生才译，社会科学文献出版社 2009 年版，第 242—264 页。

[3] 国家统计局农村社会经济调查司：《中国农村住户调查年鉴（2006）》，中国统计出版社 2006 年版。

[4] [美] 莱纳·莫斯利：《全球化的政治经济学》，见 [英] 戴维·赫尔德、安东尼·麦克格鲁编：《全球化理论：研究路径与理论争论》，王生才译，

社会科学文献出版社 2009 年版，第 116—140 页。

［5］潘家华、陈迎、庄贵阳、杨宏伟：《2008—2009 年全球应对气候变化形势分析与展望》，中国社会科学院科研局主办：《学术动态（研究报告版）》2010 年第 2 期（总第 1265 期）。

［6］吴洪英：《第三世界发展的时代特征》，见谈世中、王耀媛、江时学编：《经济全球化与发展中国家》，社会科学文献出版社 2002 年版，第 50—58 页。

［7］［澳］大卫·希尔曼、约瑟夫·韦恩·史密斯：《气候变化的挑战与民主的失灵》，武锡申、李楠译，社会科学文献出版社 2009 年版。

［8］张宇燕：《全球化与中国发展》，社会科学文献出版社 2007 年版。

［9］赵京兴：《中国经济发展的过去、现在和未来》，见汪同三、李雪松编：《宏观经济效应及前景分析》，经济管理出版社 2009 年版，第 1—26 页。

［10］中国 21 世纪议程管理中心可持续发展战略研究组：《全球化与中国"三农"》，社会科学文献出版社 2005 年版。

［11］Andersson, Jan O. and Mattias Lindroth. 2001. Ecologically unsustainable trade. *Ecological Economics* 37 (2001), 113—122.

［12］Chen, Shaohua and Martin Ravallion. 2008. The Developing World is Poorer than We Thought, but no Less Successful in the Fight Against Poverty. *The World Bank Policy Research Working Paper*, Report No. WPS4703. http://go. worldbank. org/NJNRF6AJX0.

［13］Chinese Academy of Sciences, Chinese Academy of Social Sciences, Development Research Centre of the State Council, National Climate Centre, Tsinghua University. 2009. *Carbon Equity*: *Perspective from Chinese Academic Community*. Dec. 10, 2009.

［14］Global Footprint Network. 2009. Living Planet Report 2008. www. footprintnetwork. org/.

［15］Hoekstra, A. Y. and A. K. Chapagain. 2007. Water Footprints of Nations: Water use by People as a Function of Their Consumption Pattern. *Water Resource Management* 21 (1), 35—48.

［16］Hoekstra, A. Y. and P. Q. Hung. 2002. Virtual Water Trade: a Quantification of Virtual Water Flow between Nations in Relation to International Crop Trade. *Research Report Series* 11, UNESCO-IHE, Delft.

［17］Lundberg, M. and L. Squire. 2003. The Simultaneous Evolution of Growth and Inequality. *Economic Journal*, 113, 326—344.

［18］Milanovic, M. 2005. Can We Discern the Effect of Globalization on Income distribution? *World Bank Economic Review.* 19 (1), 21—44.

[19] Pavallion, Martin. 2001. Growth, inequality and poverty: Looking beyond averages. *World Development* Vol. 29, No. 11 1803—1815.

[20] Pavallion, Martin. 2006. Looking beyond averages in the trade and poverty debate. *World Development* Vol. 34, No. 8, 1374—1392.

[21] Rees, W. E. 1992. Ecological footprint and appropriated carry capacity: what urban economics leaves out. *Environment and Urbanization* 4 (2), 121—130

[22] Rees, W. E. 1996. Revisiting carry capacity: area-based indicators of sustainability. *Population and Environment* 17 (3), 195—215.

[23] Rees, W. E., M. Wackernagel. 1994. Ecological footprint and appropriated carry capacity: measuring the natural capital requirements of the human economy. In Jansson, A. M., M. Hammer, C. Folke, and R. Costanza (eds.) *Investing in Natural Capital: The Ecological Economics Approach to Sustainability.* ISEE/Island Press, Washington, D. C., 362—390.

[24] The World Bank. 2003. *World Development Report* 2003. New York: Oxford University Press.

[25] The World Bank. 2009. 2009 *World Development Indicators.* http://web. worldbank. org/.

[26] UNDP. 2005. *Human Development Report* 2005. http://hdr. undp. org/.

[27] UNDP. 2006. *Human Development Report* 2006. http://hdr. undp. org/.

[28] UNDP. 2008. *Human Development Report* 2007/2008. http://hdr. undp. org/.

[29] White, Thomas J. 2007. Sharing resources: The global distribution of the Ecological Footprint. *Ecological Economics*, 64 (2007), 402—410.

[30] WTO, 2008. *World Trade Development in* 2007. www. wto. org/.

第一部分

全 球 化

关于如何看待全球化的思考

——中国经济发展中的国家与市场

赵京兴

【内容摘要】 按照马克思关于资本的有关理论，全球化实质是资本主义在世界范围的扩展；同时全球化又是资本世界性扩展的一个特殊阶段，其中处于核心地位的特征就是以市场经济在世界范围的确立为基础，并因此对民族国家的传统主权提出挑战，由此产生了所谓全球化与国家的问题。本文认为，该问题体现在：(1) 市场规则的全球化意味着国家行使经济主权能力的弱化；(2) 跨国公司使国际经济联系趋于微观化，跨国的经济活动越来越成为了企业内部交往的一种形式而摆脱了国家的监控；(3) 国际金融体系也使国家对本国宏观经济的调控能力受到限制。沿着这一思路，本文提出，在全球化背景下，中国在收入差距、资源与环境等迫切需要解决的问题上应该积极发挥国家作用，而不能单纯依靠市场，这样才能保持经济的持续快速可持续发展。

【关键词】 全球化；资本主义；马克思主义；国家主权

本文的论述目的是希望通过讨论如何看待全球化这一问题，就全球化对中国的影响及其途径以及由此产生的主要问题提出笔者的看法。自20世纪90年代以来，国内学术界在全球化以及全球化与中国这两大领域已作了大量研究，出版的论文和专著数以千计，涉及其中方方面面的问题，本文选择这一论述的目的，主要是考虑到它可能更贴近本书的主题——"全球化背景下的中国环境与发展"。①

---

① 本书编者邀请笔者为本书撰写一篇有关全球化背景的文章，原因大概是笔者近两年来一直参与王洛林同志主持的一项名为"全球化与中国"的课题，并因此而阅读了一批相关的文献。对于这一领域，笔者只能说是刚刚入门，本文也只是阅读中的一点心得，目的主要是提出问题并与读者进行交流。希望得到读者的批评指正。

为了实现上述论述目的，本文将讨论以下三个问题：一、全球化的性质；二、全球化与国家；三、中国经济发展中的国家与市场。

全文的基本思路和观点如下：本文认为全球化实质是资本主义在世界范围的扩展，这是它的一般性，它的内在动力来自资本自身的运动，就此本文运用马克思关于资本的有关理论对其作了简要说明；同时全球化又是资本世界性扩展的一个特殊阶段，具有不同的特点，其中处于核心地位的特征就是以市场经济在世界范围的确立为基础，并因此对民族国家的传统主权提出挑战，由此产生了所谓全球化与国家这一问题。本文认为这一问题的集中体现，就是国家与市场的关系问题。沿着这一思路，本文探讨了全球化背景下，中国应对这一问题需要和可能采取的对策。

一　全球化是资本主义世界范围扩展的新阶段

据笔者所见，在西方学术界，占据主流地位的观点并不避讳提全球化就是资本的全球化。倒是中国学术界有些人往往避讳这一点。理由是全球化是一个客观过程，以此反对把全球化定义为资本的全球化。这种见解虽然有其苦衷（无法从理论上协调社会主义中国和资本全球化的关系），但难以成立则是显而易见的。即使从形式逻辑看，全球化的客观性与它的资本主义性质也并非对立关系，全球化作为一个客观社会现象，并不排除它可能具有的资本主义性质。

不论从历史、现实还是理论分析上都不难得出全球化就是资本全球化这一认识，而且此类论著众多，所以没必要再进行详细论证。但是为了深化这一认识，我们仍然想对马克思的资本理论，特别是关于资本运动动力及其形态特点的理论作一简单回顾。这或许可以为深化对全球化的认识提供一个新的理论思路。遗憾的是至今为止不论从理论上还是从理论与现实的结合上对它们的研究认识还很不够。

早在 1848 年马克思和恩格斯在《共产党宣言》中就指出了资本所具有的世界性特征，及其向全球发展的必然性。"不断扩大产品销路的需要，驱使资产阶级奔走于全球各地。它必须到处落户，到处创业，到处建立联系。""资产阶级，由于一切生产工具的迅速改进，由于交通的极其便利，把一切民族甚至最野蛮的民族都卷入到文明中来了。它的商品的低廉价格，是它用来摧毁一切万里长城、征服野蛮人最顽强的仇外心理的重炮。它迫使一切民族——如果它们不想灭亡的话——采用资产阶级的生产方式；它迫使它们在自己那里推行所谓的文明制度，即变成资产者。一句话，它按照自己的面貌为自己创造出一个世界。"①

马克思的上述论断和预言体现了马克思理论独具的洞察力，而这一洞察力正是来自他对资本的认识。

在马克思看来，资本的运动之所以是无界、无限的，源自资本的本质特征：资本是自行增值的价值。借用现代复杂性理论的术语，它是一个自我维持、自我发展的自组织系统。正是因为资本具备了这样的自组织能力，所以它才能从欧洲一隅发展为目前这种具有全球规模的资本主义世界体系。

马克思不仅通过资本的概念指出了资本主义世界范围扩张的动力，而且通过对资本循环的分析，为认识资本扩张动力的实现机制以及其中的种种矛盾提供了方法论基础。借助这一分析，我们不仅可以分析资本在形态与功能上的特点，分析蕴涵于其中的资本与劳动的矛盾，而且可以分析资本之间所结成的不同关系以及它们之间的矛盾运动。正是这些矛盾，在推动资本主义在全球扩张的同时，也催生了社会主义的理论与实践。一句话，社会主义是作为资本主义自身矛盾运动的产物而得以产生和发展的。社会主义的生命力来源于资本自身无法解决的矛盾。这正是它在资本居于统治地位的世界得以产生和发展的理由。指出这一点对于说明中国在全球化背景下将如何对待国家与市场的关系是有意义的。

马克思提出的资本循环公式基本形式是：

$$G—W < \begin{matrix} A \\ P_m \end{matrix} \cdots P \cdots W'—G'$$

式中：G 表示货币，W 表示商品，在这里分别代表货币资本和商品资本，一撇代表价值增值，P 表示生产，这里代表生产资本，A 和 P_m 分别代表劳动力和生产资料。

资本之所以具有持续的扩张性，其秘密就存在于这一循环之中。因为是循环，就是说终点就是新一轮运动的起点，所以它是持续不断的；因为每一轮运动都带来价值增值并在新一轮运动中使其再资本化，所以它是不断扩张的。

用现代观点看，我们会立即注意到资本具有的这种无限循环性与它所对应的生产力之间的深刻矛盾。如同农业是封建主义产生和发展的基

① 《马克思恩格斯选集》第 1 卷，人民出版社 1972 年版，第 254、255 页。

础一样，资本主义产生和发展的基础是制造业（最早表现为手工业）。由此必然会产生这样的问题，处于生产关系层面的资本所具有的循环性能够同时存在于与之对应的生产力之中吗？现代科学技术的回答可能是肯定的。但这就需要在人类与自然的物质交换过程中，即在生产力层面建立起同样具有可循环特征的过程。而要使这种循环成为可能，现代工业就不仅要建立产品的生产与消费系统还要为生产与消费过程中产生的废弃物（包括固体、液体、气体废弃物）建立回收与再利用系统，而到目前为止，即使号称进入后工业社会的最发达国家也没有为工业建立这样的回收与再利用系统。而没有这样的系统，人类社会就会像一个肾衰竭患者一样，无法健康生存，会被自己的排泄物淹没。接下来的问题是，即使可能建立这样一个回收与再利用系统，在唯利是图的资本主义生产关系中能够实现吗？随着资本主义生产方式的发展，资源和环境容量的有限性与资本循环的无限性之间的矛盾将越来越具有现实性，使其成为一个迫切需要回答和解决的问题。

当然，在马克思生活的年代，人们可能还用不着考虑这个问题。马克思分析的是包含在这一循环中的资本自身面临的种种矛盾。

首先看到的是 G、W、P 这种不同的资本存在形式在形式上的差异，而差异本身就意味着矛盾。不同形式的资本是互相排斥的，即存在于这种形式就不可能同时存在于另一种形式，但同时它们又是相互依存的，要想成为资本即自行增值的价值，就需要完成自身的循环，就必须不断地采取这三种形式。这一规定决定了资本与其形式上存在的矛盾是共生的。由于其中每一种形式的资本都执行着不同的功能，所以具有不同的行为方式，每一种形式的资本，都需要不同的条件。在其人格化形式上也就会表现为不同的机构和不同的人群，从而形成不同资本集团之间的利益冲突。其次，资本的增值即剩余价值需要在不同形式的资本以及不同资本个体之间进行分配，这意味着资本与资本间的竞争，它同样意味着资本间的利益冲突。再次，生产过程中存在的利润与工资之间对立的分配关系会带来资本与劳动的利益冲突。最后，资本循环的基本条件是商品价值包括增值后的商品价值的实现，这意味着需要一个不断扩大的市场，这一条件的缺失将意味着整个循环的中断，而这种中断的深层含义则是资本生命力的丧失。它带来的后果，一是无法继续执行任何一种经济组织都要承担的最基本的职能：实现生产要素的结合，从而意味着劳动者脱离生产过程处于失业状态，二是资本的闲置即资本丧失价值增值的功能。而更进一步的分析表明，这种矛盾实际根植于资本自身。

　　资本是自行增值的价值，这一概念本身表明的是一种矛盾性关系，既是价值又是增值的价值。它的运动要受双重规律即价值规律和剩余价值规律的支配。价值规律是一般商品生产或者叫做市场经济的规律，资本作为自行增值的价值本来就生长在市场经济这片沃土之上，按照马克思的说法，资本主义是普遍化了的商品经济。但是以增值为目的的资本占有方式与市场经济存在着内在的冲突。本文认为这种冲突正是马克思经典作家所说的资本主义基本矛盾即生产社会化和资本主义私人占有矛盾的具体表现。具体分析这一冲突有助于我们对资本主义基本矛盾含义的认识。

　　市场经济作为组织人类生产的一种方式，其历史意义就在于推动劳动分工，并通过分工实现生产效率的提高。在这一意义上，市场经济是推动生产社会化的一种历史形式。它不仅使生产各个组成部分的相互依赖日益加深，而且日益把全部社会劳动作为一个整体分配到各个生产领域。这就是所谓生产社会化的基本含义。显然；这一分配社会劳动的方式要求劳动按比例地分配于各个生产领域。价值规律起到的正是这种作用，它通过价格变动调节供求关系进而调节生产要素（归根结底是劳动，包括活劳动和物化劳动）在各个生产领域的分配。但是，资本占有方式的规律是剩余价值规律，目的是获取最大的剩余价值（所谓利润最大化）。因此，在这里作为起统治作用的生产调节方式是剩余价值规律而不是普通意义上的价值规律。对剩余价值的追逐支配了生产以及生产要素在各个领域的分配。由此导致两个重要后果，一是生产规模与有支付能力的消费规模的失调，二是各个生产部门的比例失调。原因在于，首先，为了获取更多的剩余价值，资本有一种出自本性的压低劳动报酬的冲动。由此导致了产生第一种后果的可能性。其次，生产力发展是不平衡的，但是生产力发展的这种自然规律一旦与资本主义生产方式相遇，就会产生各个生产部门之间比例失调的后果，原因就是这里盛行的是剩余价值最大化的法则。其中的基本机制是，由于生产力发展的不平衡，所以各个生产者乃至各个部门的生产率事实上是不同的。表象地说，由于生产率不等必然带来成本的不等，当它们的产品按照同一价格在市场上出售时就意味着利润的不等。而这种不等并非是供求关系的反映，但对于资本主义生产者它则具有与之同样的含义，从而驱使资本按照供求法则涌入这些生产领域，最终的结果必然是产品乃至部门间的比例失调。以上二者都会表现为生产过剩，从而造成资本循环过程的中断。在马克思时代或者说资本主义发展的早期，在一国范围内，这些矛盾的表现自然首先就是资本与劳动之间矛盾的激化。

但是，资本主义从其产生那天起，它就是一种世界性的生产方式，它的发展要以世界市场为前提。[1] 因此，它必然要越过国界。推动资本世界性发展的动力与形式在各个历史时期是不同的，原因是它们虽然都根源于资本自身的矛盾运动，但如上所述资本自身的矛盾有着多种表现，而且具有内在的联系。当矛盾表现为一国之内资本与劳动间矛盾的激化时，通过世界市场解决国内矛盾就成为驱使资本国际化扩张的重要动力。正如列宁《帝国主义是资本主义最高阶段》一书提到的一个帝国主义者所说的那样："如果你不希望内战，就应该成为帝国主义者！"在这里，像通常一样，矛盾的外部化成为了解决矛盾的形式。它与推动资本主义初期世界范围扩张的重商主义一起把世界上的前资本主义国家卷入到了资本主义世界体系。

这一结果使资本主义国家的内在矛盾外部化了，演变为一种世界范围的矛盾，形成了19世纪至20世纪初的帝国主义与殖民地半殖民地国家的矛盾，应该说，这一矛盾按其发生的性质，天然具有资本与劳动对立的性质。正是这一矛盾使社会主义以一种马克思未曾料想到的方式得到发展。所谓"未曾料想到"包括两个方面的含义：一是，社会主义性质的革命没有在先进国家爆发而首先在落后国家爆发，二是无产阶级反对资产阶级的斗争采取了一种以殖民地半殖民地国家人民反抗帝国主义宗主国为表现形式的斗争。因而，原本作为工人阶级反抗国内资本压迫的社会主义理论和实践诉求变成了受压迫民族和国家反抗世界范围内资本压迫的理论和实践诉求，并促使其演变为一种社会组织及实践斗争的方法和政策，从而使其不再仅仅是一种社会运动，而是真正进入了一些国家现实的社会经济生活，并演变为一种制度化的存在，进入到国家组织层面，成为了支配国家机器的一种力量。这一结果对当今的全球化产生了深远的影响。

按照主角的不同，本文参照沃勒斯坦的世界体系理论，[2] 把资本主

① "商业的突然扩大和新世界市场的形成，对旧生产方式的衰落和资本主义生产方式的勃兴，产生过压倒一切的影响……世界市场本身形成这个生产方式的基础"，马克思：《资本论》第3卷，人民出版社1975年版，第371页。

② ［美］沃勒斯坦：《现代世界体系》1—3卷，高等教育出版社2004年版。

义世界化的历史过程分为两个阶段。第一阶段从资本主义世界体系诞生的 1500 年到第二次世界大战结束，为了方便可以称其为资本主义世界化的帝国主义阶段；第二阶段从第二次世界大战结束一直到现在，亦即所谓的全球化阶段。当然在每个阶段内部还可以划分为不同的小阶段，但是就本文的论述目的而言这样的划分已经够了，除非必要不再探讨其进一步分期问题。

在第一阶段，走在前台推动资本走向世界的力量是国家，不论是早期的重商主义还是后来的帝国主义，起到核心作用的力量都是国家。① 所谓的民族国家体系也正是在这一阶段产生和形成的。这一阶段的积极成果一是把资本主义带到了世界各个角落，把原来的处于前资本主义发展阶段的国家带入了资本主义世界体系。二是产生了一批社会主义国家。

在帝国主义阶段，资本走向世界面对的是大量处于前资本主义阶段的国家，面对的是前资本主义社会的生产方式、社会结构和统治者。在这里起主要作用的资本是商业资本和建立其上的金融资本。② 由于商业资本特殊的运行方式，它可以在保存前资本主义国家落后生产方式的同时，吸吮它们的血液，它们对前资本主义方式虽然起到破坏和瓦解的作用，但不会带去新的生产方式，发挥革命性作用。它的以领土为标志的瓜分势力范围的方式不仅导致了帝国主义国家间的战争，也带来了殖民地半殖民地国家中人民的反抗。最终这种形式的帝国主义伴随其霸主——英国的衰落而崩溃。

在第二阶段，国家依然起作用，但已经成为幕后的起支持作用的力量，走在前台的主角变成了跨国公司。由此也形成了资本向世界范围扩展的一系列新特征，成为了资本走向世界的一个新阶段——全球化阶段。

全球化阶段，资本在世界范围的扩张是以普遍化的市场经济为基础的，跨国公司赖以活动的舞台是世界范围的市场，它要以各个国家实行同一规则的市场经济为前提，市场经济的规则为跨国公司的活动提供了制度保障而不必再依靠母国提供的暴力。作为跨国公司，它们是产业资本即以生产资本为基础的资本的一部分，会直接影响东道国的产业结构

---

① ［英］大卫·哈维：《新帝国主义》，社会科学文献出版社 2009 年版。

② 参见［澳］琳达·维斯、约翰·M.霍布森著《国家与经济发展——一个比较及历史性的分析》，吉林出版集团有限责任公司 2009 年版，第 243—246 页。

和生产方式。跨国公司推动了以价值链为特征的新的分工体系，从而使资本在国与国之间的作用微观化了。[①] 正是在这种微观化的资本作用下，国家似乎丧失了发挥作用的舞台，国界似乎消失了。也正是在这个意义上，人们才直观地把这一轮资本世界化过程称为全球化——世界作为一个社会概念与国别相对，而全球本来是一个地理概念，其中的含义就是突出地域性而非国别性，因而似乎使国家概念失去了存身之处。

二 全球化与国家

对于全球化有两种错误认识，一是过分强调全球化的特殊性，而抹杀其资本世界化的一般性，把全球化看作是一个个别的历史事件而割断了它的历史联系；二是强调其一般性而抹杀其特殊性，把全球化等同于一般的资本世界化。这两种认识都不利于对全球化特征、意义及其后果的把握。

作为人们关注的一个社会现象，全球化兴起于 20 世纪 80 年代，而于 90 年代得到大规模发展。但是大体同样的现象在发达国家之间自第二次世界大战以后就已经得到长足发展，特别是作为全球化标志性的跨国公司的发展直到 20 世纪 80 年代主要都是在发达国家之间展开的，只是由于中国的改革开放，发达国家在发展中国家的投资才有了大幅度增长。作为一种国际分工新形式的价值链分工在 20 世纪六七十年代也已经开始。[②] 它们的共同特点就是都是在市场经济国家间展开的。而这种市场经济的运行又都是基于二战后由美国主导建立的国际经济体系，又称布雷顿森林体系。[③] 二战后美国的国民生产总值占到世界国民生产总值的一半以上，制造业产值占世界的 40%，黄金储备占到世界的 70%多，在美国经济发展过程中它又构建了一个以企业特别是大企业为市场主体的发达市场经济体系。战后资本主义国际经济体系体现的正是美国这种竞争优势。1973 年布雷顿森林体系的崩溃及后布雷顿森林体系的建立不但没有削弱反而增强了美国的竞争优势，为美国利用美元本位这一

---

① 参见金芳《全球化经营与当代国际分工》，上海人民出版社 2006 年版。
② 参见金芳《全球化经营与当代国际分工》，上海人民出版社 2006 年版；［日］迈克尔·Y. 吉野、［印］U. 斯里尼瓦萨·朗甘《战略联盟——企业通向全球化的捷径》，商务印书馆 2007 年版。
③ ［澳］罗·霍尔顿：《全球化与民族国家》，世界知识出版社 2006 年版。

地位攫取世界财富创造了条件。中国的改革开放和苏联东欧社会主义阵营的解体迅速把这一市场体系推向了全球范围，所以才形成了20世纪90年代的全球化浪潮。

全球化过程中的市场经济体系正是战后国际资本主义市场体系在全球的扩展。在这个意义上说，全球化是美国主导的全球化，甚至说全球化就是美国化也是不过分的。

正如以上所说，市场经济实际是推动分工从而推动生产社会化的一种历史形式，全球市场经济体系的建立推动了全球范围的生产社会化。在这一过程中形成了以价值链分工为特点的新的分工形式。正是得益于这种价值链分工，中国以劳动密集型产品为主要内容的出口得到迅速发展并加快了整个国民经济的发展。在这一意义上中国成为了全球化主要受益国之一。

中国能够成为全球化的受益国当然离不开中国以市场为导向的改革，中国的改革，不仅为中国加入全球化创造了体制条件，而且是全球化重要的推动因素。它由此也成为影响全球化与中国关系的基本途径，并使国家行为能力受到挑战。

这种挑战来自两个方面，一方面，市场规则的全球化意味着国家行使经济主权能力的弱化，另一方面，跨国公司使国际经济联系趋于微观化，跨国的经济活动越来越成为企业内部交往的一种形式而摆脱了国家的监控。同时，国际金融体系也使国家对本国宏观经济的调控能力受到限制，这种限制集中体现为所谓的"蒙代尔不可能三角"定理。①

全球化对传统民族国家主权的上述冲击使得某些人得出了全球化将

---

① 20世纪60年代，蒙代尔和J.马库斯·弗莱明提出的蒙代尔—弗莱明模型，对开放经济下的ISLM模型进行了分析，该模型指出，在没有资本流动的情况下，货币政策在固定汇率下影响与改变一国的收入方面是有效的，在浮动汇率下则更为有效；在资本有限流动情况下，整个调整结构和政策效应与没有资本流动时基本一样；而在资本完全可流动情况下，货币政策在固定汇率时在影响与改变一国的收入方面是完全无能为力的，但在浮动汇率下，则是有效的。由此得出了著名的"蒙代尔不可能三角"定理，即货币政策独立性、资本自由流动与汇率稳定这三个政策目标不可能同时达到。1999年，美国经济学家保罗·克鲁格曼根据上述原理画出了一个三角形，他称其为"永恒的三角形"，从而清晰地展示了"蒙代尔三角"的内在原理。在这个三角形中，货币政策独立性和资本自由流动，固定汇率和资本自由流动，货币政策的独立性和固定汇率。这三个目标之间不可调和，最多只能实现其中的两个。这就是著名的"三元悖论"。

导致国家消亡的结论。①

国家终将消亡是马克思科学社会主义理论的核心观点之一。但是，马克思所说的国家消亡是建立在阶级消亡基础之上的，与全球化直接导致国家消亡的理论完全不是一回事。

事实表明，虽然从表面上看，全球化似乎弱化了国家主权，甚至出现了欧盟那样的国家联盟，但实际上它们都没有也不可能导致国家消亡。这只要看看哥本哈根全球气候大会上各国代表的争吵就够了。

国家存在的根本理由之一就是目前国际上存在的等级国家秩序。这既是资本主义发展不平衡的反映也是上述第一阶段以帝国主义形式出现的资本世界化的遗产。

市场经济的同一性规则虽然提供了一个形式上平等竞争的舞台，但无法克服由于竞争实力不平等造成的事实上的不平等，这种不平等的竞争使得后发展国家在全球化过程中处于利益受损的状态。在这种状态下，一方面必然形成不同的民族利益，另一方面，仅凭市场的自发力量是无法扭转上述竞争格局的，除了国家，发展中国家没有其他武器与发达的资本主义国家抗衡。所以，全球化不但没有促使国家消亡，反而加剧了不同国家利益的对立而使作为国民利益代表的国家得到强化。

各国资本主义发展的历史表明，资本主义的发展从来就没有离开过国家的扶持，从最早的英国到晚期加入发达国家行列的日本，无一例外在发展过程中都得益于国家各种形式的扶持。现代民族国家本身就是资本主义发展的产物。按照这一历史经验，后发展中国家的发展同样离不开国家的扶持。但是就在这个时候，出现了以同一市场规则为基础的全球化，它对国家作用构成了严重的限制。

所以，虽然不能说全球化会导致国家消亡；但是也要看到，全球化对发展中国家确实是一个挑战。

三　中国经济发展中的国家与市场

中国是一个发展中国家，在国家与市场关系上当然也面对着同样的挑战。特别是，由于在过去一个阶段我们是全球化的主要受益国，因而

---

① ［英］克利夫·克鲁克：《全球化与国家的未来》，载《马克思主义与现实》1998 年第 2 期。

容易仅从积极意义看待全球化，而忽视全球化带来的挑战。为了应对全球化带来的挑战，我们必须把正确处理国家与市场的关系作为一个重大课题，加以高度重视。

首先，我们应该看到，中国之所以能够得益于全球化，是与中国在加入全球化进程前所奠定的社会经济基础分不开的，而这一基础的集中体现就是现代国家的建立，以及为之服务的相对完整的工业体系和由国家推进的社会进步。

在总结改革开放的成就时，一些人总是自觉不自觉地贬低新中国前30年取得的成就，从而忽视了前30年成就对整个国家发展所具有的重大意义。他们往往用单纯的经济标准衡量这一时期的发展成绩。实际上，这样的评价是不全面的。如果正确理解前30年的发展目标就会发现，虽然这一时期的发展经历了挫折和失误，但取得的成绩并不亚于改革开放以来的成绩。

国家作为一种组织承担着诸多职能，而要完成这些职能当然需要一定的物质条件。在经济发展的不同时期，用来提供这些物质条件的生产方式是不同的。

自从现代大工业产生以来，先行实现工业化的国家就把国防和交通通信等国家职能赖以实现的物质条件建立在大工业基础之上了。

中国作为一个后起的国家，一直到1949年，不论是国防还是国内的交通通信等基础设施仍然缺少大工业的支撑。

由于众所周知的国际国内环境，1949年后，摆在中国新生政权面前的最为紧迫的任务就是为实现维护国家独立和统一这一国家的最基本职能建立起大工业的物质基础。为了实现这一目标，一方面，需要建立起最基本的国防工业，另一方面需要建立足以连接全国的铁路、公路、邮电、通信等交通通信系统。而为了完成这些任务，对中国这样一个大国而言，就需要建立一个独立的相对完整的工业体系，特别是作为基础的重工业体系。

这一时期的建设成绩可以清楚地反映出这一时期工业化的特征。20世纪60年代以后，中国不仅在常规武器方面，逐步完成了由仿制到自行研制的转变。而且在尖端武器方面，以"两弹一星"为标志取得了极大成功。在基础工业方面，钢铁、原煤产量大幅度增长，并形成了以国防工业为主要内容的较为完整的机械工业体系。在铁路公路基础设施建设方面也实现了成倍甚至十几倍的增长。其中特别能说明问题的是川藏公路和青藏公路的建设。1949 年前西藏没有可以通行汽车的公路，与内地交通往来极为不便。不论民国时期还是 20 世纪 50 年代初期，中央派往西藏的代表都需要绕道印度再前往拉萨。1950 年底至 1954 年 12 月，经过 4 年的建设，四川至拉萨、西宁至拉萨的川藏、青藏公路同时建成通车。为维护国家统一提供了重要的物质条件。

与此同时，随着国家能力的增强，各项社会事业也取得明显进步，人民的受教育程度和医疗卫生条件得到极大改善。作为一项综合反映经济社会进步的指标，中国人口的人均预期寿命从 1950 年的 35 岁提高到 1981 年的 67.7 岁。新中国的成立永久地结束了中国受列强欺辱的历史，结束了旧中国军阀混战的历史。

这些成绩为对外开放提供了良好的社会环境和基础设施条件，而且由于前 30 年建立的工业基础，使得中国的自主发展能力和产品配套能力明显优于一般发展中国家。

正如《亚当·斯密在北京》一书中所说："与普遍的看法相反，中华人民共和国对外资的主要吸引力并非其丰富的廉价的劳动力资源。全球有很多这样的资源，可没有一个地方像中国那样吸引如此多的资本。"在探讨中国改革开放成功的经验时，作者发现"改革的成功很大程度上基于中国革命早前所取得的成就"，"包括农村移民在内的劳动力与印度相比的教育水平、好学精神和纪律…… '与后来的市场改革毫无关系'"。[①]

其次，改革开放以来，中国之所以能够成功应对 1997 年的亚洲金融危机和 2007 年的国际金融危机，也是得益于国家所掌握的巨大经济实力。亚洲金融危机期间，为了保持经济较快增长，从 1998 年到 2003 年，中国财政平均每年都通过增发国债向基础设施和技术改造领域投资上千亿元。2008 年末为了在国际金融危机期间保持经济 8% 的增长，中国政府又通过国家财政推出了高达 4 万亿元的刺激措施，从而保证了经济的稳定。

最后，就是市场化改革本身也是国家采取的自觉行动。中国的改革是一场自上而下的采取渐进方式进行的改革，如何从计划经济体制过渡到市场经济体制，本身就是一道世界性难题。难就难在如何跨过横亘在两种体制之间的那条河。按照西方经济学家的理解，人们不可能分几步

---

① ［意］乔万尼·阿里吉：《亚当·斯密在北京》，社会科学文献出版社 2009 年版，第 354、373 页。

迈过同一条河。在中国，有赖于国家作为前后体制的支撑力量，使这种渐进式改革得到成功。国家在其中事实上起到了桥梁和中介的作用。

事实同样证明，按照所谓"小政府、大社会（实际是大市场）"的改革思路则会导致改革的失败，例如医疗体制改革。实际上鼓吹这一论调的发达国家本身就不是什么小政府。发达国家的财政支出大多占国内生产总值的35%以上就是一个有力证明。但这并不意味着发达国家的市场不发达。这一事实表明，政府与市场的关系并不是你大我必然小这样非此即彼的关系，完全可以形成强政府和强市场的搭配。

对尚处于工业化发展阶段的我国，我们面对着诸多社会经济问题都需要国家的强力干预，仅靠市场是无法解决的，而是需要国家与市场共同发挥各自的作用，才能解决，才能保持经济的持续快速可持续发展。其中特别迫切需要解决的问题有宏观经济失衡问题、收入差距问题、资源与环境问题。这些问题的解决，哪一样都需要国家的积极干预，而不能单纯依靠市场。事实上，其中一些问题正是市场自身问题的反映，如收入差距问题、环境问题。

四 结论

本文结合如何看待全球化这一问题，首先讨论了全球化的性质，从马克思的资本理论出发说明了资本全球化的动力及机制；其次结合第二次世界大战后全球化的发展说明了市场经济在全球化中的基础作用，并提出全球化过程中国家与市场关系问题；最后，结合中国改革开放前后的实际及当前发展面临的问题，提出了积极发挥国家作用，正确处理国家与市场关系的结论。

虽然超出了本文的论题，但笔者认为仍有必要指出的是，虽然目前的全球化是资本的全球化，但这并不表明它就能缔造出资本主义的千年王国。深入研究中国革命史和新中国经济史会发现，中国革命和新中国成功发展的秘诀就在于，她是用一种社会主义的方法来解决和完成资产阶级革命和资本主义发展（包括全球化）所要完成的历史任务。笔者相信，全球化过程中发展中国家的实践将继续证明这一发展道路的有效性。随着占全球人口大多数的发展中国家的现代化和资本主义国家内部阶级矛盾的重现（它们实际是同一事物的两个方面，这在近年来的全球化中已经有所显现），历史的辩证法必然使资本主义全球化走向它的反面，社会主义的全球化必将取代资本主义的全球化。这种取代虽然可能是和平的、渐进的，表现为一种理念和制度对另一种理念和制度的包容，但实质仍然是革命性的。

参考文献

[1] ［澳］琳达·维斯、约翰·M. 霍布森：《国家与经济发展——一个比较及历史性的分析》，吉林出版集团有限责任公司 2009 年版。

[2] ［意］乔万尼·阿里吉：《亚当·斯密在北京——21 世纪的谱系》，社会科学文献出版社 2009 年版。

[3] ［澳］罗·霍尔顿：《全球化与民族国家》，世界知识出版社 2006 年版。

[4] 马克思：《资本论》1—3 卷，人民出版社 2004 年版。

[5] ［美］沃勒斯坦：《现代世界体系》1—3 卷，高等教育出版社 2004 年版。

[6] ［美］威廉·格雷德：《资本主义全球化的疯狂逻辑》，社会科学文献出版社 2003 年版。

[7] ［美］芭芭拉·思多林斯主编：《论全球化的区域效应》，重庆出版社 2002 年版。

[8] ［法］弗朗索瓦·沙奈：《资本全球化》，中央编译局 2001 年版。

[9] ［法］弗朗索瓦·沙奈等著：《金融全球化》，中央编译局 2001 年版。

[10] 赵京兴：《中国经济的现在、过去和未来——中国的分层工业化道路》，载汪同三主编《全球化与中国：宏观经济效应及前景分析》，经济管理出版社 2009 年版。

[11] 王子先主编：《中国改革开放与对外经贸 30 年》，经济管理出版社 2008 年版。

[12] 王逸舟主编：《中国对外关系转型 30 年》，社会科学文献出版社 2008 年版。

[13] 梅俊杰：《自由贸易的神话——英美富强之道考辨》，上海三联书店 2008 年版。

[14] 金芳：《全球化经营与当代国际分工》，上海人民出版社 2006 年版。

[15] 邱尊社主编：《马克思主义与当代经济全球化问题研究》，北京大学出版社 2006 年版。

[16] 张振江：《从英镑到美元：国际经济霸权的转移（1933—1945）》，人民出版社 2006 年版。

[17] ［美］罗伯特·吉尔平：《全球政治经济学——解读国际经济秩序》，上海人民出版社 2006 年版。

第二部分

气候变化

公共问题需要人类的新智慧

——为什么在应对全球气候变化问题中人类不能同舟共济?

郑易生

【内容提要】 全球气候变化是一种新型的公共问题。它的"小概率、大灾难"性质挑战人类改变自己行为的决心,它在人与人关系上更是触及了发达国家在与发展中国家交往中的核心底线。现阶段人类社会应对气候变化的方法不足以应对这些挑战。相对于新公共问题,占主导地位的狭隘商业智慧太小了。这就是导致我们对自身长期的、整体的利益无所作为的原因。人类社会需要重新建立人与自然的关系和人与人之间的关系。这包括理解更广阔的因果关系、进一步理解世界范围的公平与环境的关系,即维护全球环境系统需要世界范围的"深度公平",而国际合作的"共同但有区别原则"的历史意义恰在于它是通向世界深度公平的桥梁。应对气候变化需要的大智慧实为新的文明范式。一旦人们发现一些"治标的方法"不能解决问题,而气候变化问题变得更加严重的情景出现,人类应对气候变化的努力就会进入新的阶段。

【关键词】 气候变化;不确定性;无悔政策;深度公平

引 言

如果一个火星人来到地球,他/她肯定会为地球人在意识到共同危险的同时却无所作为而感到震惊——即使面对越来越多的人承认气候变化的风险,人类社会至今仍没有以一个真正利益共同体的态度来对待。不论是主动还是被动地,他们仍旧用大部分智慧相互博弈,致使问题无限地复杂化。人类在气候变化问题上的行为常常透露出一种三心二意、暧昧、狡诈、侥幸和深深的自相矛盾。作为其表象，国际间合作进程的断断续续、进一步、退两步……前景难料。

为什么人们改变既有生存方式如此困难？为什么气候变化国际合作如此困难？是否气候变化问题本身的特点与时下的思维方式有些不匹配呢？

本文着重于从经济角度分析这个问题。依次讨论如下观点：（1）全球气候变化是一种新型的公共问题，对人类社会提出了前所未有的深刻挑战。（2）现阶段人类社会应对气候变化的方法不足以应对这些挑战。（3）人类社会需要能够解决整体的长期问题的大智慧。

一　全球气候变化是一种新公共问题

从经济学角度看，气候是全球公共物品（Global Public Good）。气候变化问题有两个特别令人头痛的性质：第一个是它处处显露出自然与人类间关系的不确定性，第二个是它深深触动了"非同质性"社会之间关系的传统，如发达国家与发展中国家。迄今人类为应对气候变化而改变自身行为的决心，以及人类内部合作的诚意，一直被拖累和纠缠于这两者尖锐的挑战之中。我们分别称之为第一个挑战与第二个挑战。

1. 第一个挑战：灾难，但是带着不确定性

（1）气候变化问题中的不确定性有何特点

①在考虑气候变化政策时，每一个思考环节都要面临不确定性。由于气候变化的复杂性，有些变化机理还没有搞清楚。另外，科学家只能告诉我们，观测到的 20 世纪中叶以来大部分的全球平均温度的升高，很可能（大于90%的概率）是由于观测到人为温室气体浓度增加所导致的（IPCC，2007）。还有一些科学家对此否认或怀疑，但是支持他们观点（不同的解释或假设）的论据还没有说服大多数科学家。"科学的不确定性"（scientific uncertainty）首先出现在关于排放情景、碳循环对这些排放的反应、气候对这个碳循环变化的敏感性、每一个全球气候情景的区域含义等。即使真能准确了解 2050 年的气候是怎样的，我们还面临其影响的不确定性。此外，人们选择怎样的政策来适应和减缓气候变化影响又是一个不确定性的来源（Heal and Kriström，2002）。

②有人会不以为然地说：对付未来的成本、收益、贴现率等的不确定性不是什么新问题。因为金融教材（关于投资决策）中早就有对付不确定性的"标准方法"：只需设法搞个"期望值"就行了。然而在这里，不确定性的复杂程度大有不同。一是气候变化的成本和效益函数高度的非线性。这在存在环境突变"触发点"的情况下是非常重要的，但是我们并不知道准确的函数形状。二是环境政策常涉及重大的不可逆转性，它又以复杂的方式与不确定性互动。这种情况令决策者狐疑：如果是政策投入具有较大不可逆性，也即沉淀资本或机会成本太大，那么最好等一等再说。如果是环境破坏具有较大的不可逆转性，如大气中温室气体的积累影响滞后许多年，这又意味着早采取行动更好。问题是这两种情况都是不确定的，而传统的成本效益分析对此往往无所作为，或甚至作出恰恰相反的指示。三是气候变化涉及非常长的时间段。时间超长加剧了政策的成本与效果的不确定性，很难预测其长期影响。这使得贴现率的不确定性变得特别重要。综上所述，气候变化问题的上述特点使得不确定性的复杂性大大增加，并被视为气候政策的核心问题（Pindyck，2007）。

③Weitzman认为气候变化的经济问题的独特性不只是今天的决策具有难以挽回的长远影响，也不是难以肯定随机过程的结果，而是在我们用贴现值分析预期效用时，同时面临着全球变暖的科学中深度的结构性不确定性和现有经济分析方法对它的无能性。气候科学告诉人们：某一个系统范围发生灾害性垮塌的概率是不可忽视的，即使我们并不准确地了解这个很小的概率。

这种用"厚尾分布"概括的结构性不确定性对理解气候变化问题的含义是：小概率、大灾难（Weitzman，2008）。

（2）不确定性的挑战之深刻性

"我们面对的是这样一些危险，它们既无影又无踪，但是现在的后果又是灾难性的"（吉登斯，2009）。全球气候变化一方面带来灾难的危机感，另一方面又以吊诡的不确定性来干扰、动摇人们采取行动的决心。这一双重性质使人类社会深陷一种两难处境。在此境遇下，行动还是不行动？怎样行动？政治家戈尔、社会学家吉登斯分别用"温水里的青蛙"、"吉登斯悖论"来表达不确定性带来的决策困境：当有机会采取行动时人们缺乏共识，当问题显现出来时一切又都晚了。

气候变化问题反复提示我们：人类必须在不确定性下决策某些重大

问题。严格说这是一种不确定性与非线性、不可逆性、长期性相结合的、事关人类命运的大问题。对这种"大问题"的决策，远远超过了人们已经习惯的那种个体的、短期的、线性的、可逆的、确定性的思维方式的把握能力。在应对气候变化上的激烈争论和行动上的混乱与自相矛盾恰恰反映了"大问题"的出现对思维方式的挑战。

①方法论上的挑战——以对贴现率的争论为例。

2006年10月英国政府支持的"斯特恩报告"用成本效益计算表明气候变暖对人类社会未来造成的损失巨大（22世纪初达GDP的5%—20%），而只有及早采取行动才是理性或合算的（支出2%的GDP）。报告引起了极大反响与争论，一些经济学家批评该报告"及早行动"的结论不是凭借新的经济学、新的科学或新的模型，而是依赖武断的参数假设——一个接近于零的时间贴现率得到的。认为以此取代今天市场的真实的利率和储蓄率用于支持极端激进的行动没有那么容易，气候变化政策的核心问题（我们究竟应做多少、多快、以多大成本合适?）并不因此就解决了（Nordhaus, 2007）。然而，更值得注意的是，这场争论"催化了一个对气候变化行动的经济思考的深刻反思"（Heal, 2008）。一些经济学家指出，认识这类深度不确定性问题没有简单的指导原则和现成的工具（Pindyck, 2007）：例如人们注意到有些条件下我们需要迅速和强有力的行动而在另一些情况下这样做就不对。即使一些条件令我们有足够理由持对气候变化做出强烈的行动的立场，也难以简单地从相关的经济学来获得支持（Heal, 2008）。Weitzman之所以说"斯特恩报告的要求及早行动的结论是正确的，但是它基于错误的方法"（这是指我们在总量模型中假设极低的贴现率，而又对不确定性下气候变化问题应当用什么样的贴现率了解甚少），是想提醒人们：借助对问题的了解更加直觉地论证对于我们应对这种大的（即难以量化的）不确定性是特别重要的思路（Weitzman, 2007）。他后来进一步论证了原有的成本效益分析方法对付不了"小概率、大灾难"问题①。

小结：贴现率争论反映的另一层含义是：一些现有经济学方法和概

---

① Weitzman指出"厚尾型灾难"的经济学提出了一些概念性的困难，它引起的分析看起来不像应用成本效益分析那样给人以"科学的结论性"的感觉，显得更"主观"。但如果世界原本就有这类难以把握的事情，我们只能承认它。总不能本末倒置，硬将它当作"细尾"概率分布的问题处理（仅仅因为这样做可以煞有介事地应用成本效益分析）（Martin L. Weitzman, 2008）。

念已经不适应气候变化这类新问题的挑战。对此，一些学者表现出一种求实和敏锐：面对问题深刻的不确定性质，更加关注问题的特征而不是削足适履地用现成的方法与概念扭曲真实的问题本身。但是迄今人们也还没有拿出有力的新方法。这显然不是令人满意的状态，却可能正是新思维方式产生的阶段。

②与现在流行的理念冲突。

方法论的争论背后是不同的理念。Ackerman 归纳了应对气候变暖所需要的新的理念，它们显然不同于现在广为流行的思维方式。他强调：第一，你不应当再认为后代的生命是比你次要的。市场利率只适合于中短期的私人投资问题，如果像一些经济学家那样将它（较高的贴现率如10%）用于气候变化问题，就等于假设未来的后代一定会比我们富裕而不需要帮助。如果你真的认为所有的后代都应当一样的富裕，难道还需要对未来贴现吗？难道仅仅因为你的孙女出生晚于你的女儿就具有更少的价值吗？只要她们的生命有同样价值，就根本不应对未来做贴现（贴现率应为零）。气候变化将这一选择逼到我们这一代人之前，我们发现面对（对我们没有效用的）后代，以最大化自己可享受的效用的经济理性做出减少后代人生命价值做法是危害星球的。第二，从"逐利思维"转向（为自己的星球）"保险思维"。经济学家是按照平均（发生灾难）的概率决定"最优"行动，而担心受灾难的人则关注于防止最坏情况发生（保险遵从的思维方式）。我们对待气候变化可能导致灾难的问题就不应是如何获得预期的最大效用或效益，而是一个怎样明智对付整体灾难问题。尽管逐利与避灾都需要权衡得失的考虑，但是两者毕竟是不同的问题。由前者转到后者需要克服一味逐利的思维方式。第三，气候变化带来损害的代价是如此之大，以至于根本没有价格。一切都用市场角度去衡量的思维方式必须收敛于自己的界限。成本效益分析要求将好事坏事统统赋予一个价格。但是在这个世界上，有些东西具有相对的珍贵性或价格，而其他的东西则只具有内在的珍贵性，如尊严。当我们面对的是生命、是人的尊严（康德所强调的）、是自然界，难道它们的宝贵性也是可以用"支付意愿"之类的调查来确定吗？进而，如果我们注意到几乎所有这类评价看起来都取决于人的收入——难道这可以合理地认定富人的生命更加珍贵吗？成本效益分析在这里的失灵之处就在于它企图给人的尊严和自然界规定一个价格。一个浸透着市场经济人理性的视角看来是容纳不下拯救我们星球的任务的。第四，需要更大范围的成本—收益意识。投资减缓气候变暖影响不仅可以挽回更大范围的损失，还可以创造新技术路径，这里的得失与从短期局部的商业判断不可同日而语（Ackerman，2009）。

③困惑孕育着内在的变化。

尽管气候变暖很可能是人为因素造成的，但是这不能排除它主要是其他因素造成的可能性。那些反对"人为因素说"的科学家虽然目前不是主流认识，但是真理有时候掌握在少数人手里。对此，处于专业之外的我们更别有一种困惑与无奈。面对这种以不确定性为特征的"大问题"，除了寄希望于进一步的研究成果包括认识气候变化机理和减缓适应的知识积累之外，我们可能还需要另一方面的进步。这就是更恰当地、甚至重新认识人类与自然的关系（在中国传统文化看来，这种将两者分开的认识方式就有问题）以及人与人的关系。正如上面所述，即使是对此不很敏感的经济学家也因气候变化问题更多讨论选择价值和政策灵活适应性问题，许多思考已经涉及对基本价值的反思。气候变化不确定性的挑战——当然不只是气候变化——已经触动了那些较为敏感的人的世界观，令他们怀疑当下主导性的行为范式及其秩序的正当性。也许这就是人类的"内涵进化"（拉兹洛，2002），也许这种深度的困惑最终是在呼唤一个更加和谐共存的世界……

2. 第二挑战：要求改变发达国家与发展中国家关系

上一个挑战主要涉及人与自然这两者的关系（也可理解为代际关系），而第二个挑战则在此基础上又涉及不同人群之间的关系。人类在气候变化问题上并不是一个利益共同体——不同国家、不同富裕程度群体等的存在使问题大为复杂了——老子说："一生二、二生三、三生万物。"气候变化问题的博弈从目前看有两个特点：第一，焦点不是在一个国家内的公民之间，也不是在同类或同等发达程度国家之间，而是在发达国家与发展中国家之间。第二，这种"跨类"的关系的内容是新的：即人类社会必须为了共同利益而进行合作。

（1）"共同但有区别原则"隐含着对发达国家与发展中国家关系的重大挑战

一个基本事实是：发达国家历史累计的排放量是今天气候变暖的主要原因，而今天越来越多的排放来源于发展中国家，如中国、印度等。基于发达国家对发展中国家"生态欠债"的认可和发展中国家与发达国家能力的巨大差距，国际社会在不同发展水平国家之间的气候合作已经有了一个共识——"共同但有区别原则"。从发展机会上考虑，给发展中国家更大的排放空间；从能力考虑，给发展中国家技术经济支持。注意新原则下的合作既不同于市场交换，也不同于慈善援助，而是履行气候责任和义务。在发达国家"能者多劳"和"偿还历史欠债"的基础上发展中国家也将限制或减少排放。也许当年提出与赞同"共同但有区别原则"的人也没意识到它对传统与现实是一个多么伟大和深刻的挑战：回顾历史，发达国家与发展中国家之间只有征服与被征服的关系、非市场交易或市场交易关系，没有这种被公益责任指定的技术经济合作关系。总体而言，迄今上述关系的后果大都是发达国家获利。即使有双赢的情况，往往也是发达国家获得更大利益。因为一般而言，无论使用暴力或者交易方式，主动性都在发达国家，游戏规则也是由它们决定而且玩得很熟练。否则，为什么发达国家实际支配的世界资源（包括环境容量）越来越多，生活质量越来越高呢？考虑到这一背景，"共同但有区别原则"对于发达国家的许多人来说，确实是前所未有的"强制性让步"了。在这些人看来，该原则令发达国家的发展机会（碳排放空间分配）和商业利润（技术转移）"出让给"发展中国家而居然没有回报，甚至利益与资源理论上有可能出现"倒流"，即从发达国家流向发展中国家，而这等"不合乎理性"的事居然要在"共同拯救我们的星球"的名义之下发生——这简直是反了！

（2）"免费搭车悖论"

我们注意到，鉴于实践经验教训，在研究气候国际合作的许多文献中，抑制国际间"搭便车"行为成为制度安排、机制设计的关键问题（王军，2008）。"当一些国家减排时，温室气体密集产业将转移到其他国家，导致他们的排放增加。从实业家角度看，这意味着'竞争力'的损失；从环境主义者角度看，这意味着'（碳）泄漏'。无论从哪个角度——为了阻止搭便车（free riding）或是防止泄漏——都需要建立相应的国际协议"（Barrett，2009）。"搭便车"的确破坏合作，但是如果笼统地说很容易混淆它与"共同但有区别原则"。须知"共同但有区别原则"对发展中国家的"照顾"不是人们熟知的市场交易的失败或公共事务管理的漏洞（即"免费搭车"），而是对发达国家与发展中国家之间历史不公、能力不等前提的必要调整。给予发展中国家更大的排放空间，肯定"发展中国家获得比商业交易更优惠的技术进步"——这本身就是促进世界走上低碳之路的成本有效（cost-effective）政策——正是"共同但有区别原则"的应有之义。无视发展中国家增加低碳化的基础能力与减排效果不能分开的现实，就会将自己的责任混同于发展中国家的"免费搭车"，使"共同但有区别原则"名存实亡。

于是气候变化国际合作会出现一个实践的悖论：如果给予发展中国家的"区别待遇"的条件是"不许经济竞争力提高"，那么只有两个可能：要么"区别"的原则根本不兑现，发展中国家在减排中经济能力更加脆弱而陷入更深困难，要么发展中国家不能减排。这就使发达国家与发展中国家的实质性的合作陷入无穷的扯皮过程，注定变成一个无解的问题。

总之，文不对题地滥用"免费搭车"概念反映了许多人对实践"共同但有区别"这一新原则并没有思想准备，有些人还自觉或不自觉将这个合作的新原则拉回到旧式"商业＋慈善"轨道（将在下面谈到）。

（3）气候变化问题触及了发达国家与发展中国家间关系的"硬核"

我们看到一个比戈尔先生宣传的关于气候变化的警示影片更加"令人不愿看到的事实"（inconvenient facts），即：在不确定情况下，一些人对"利益倒流"（指发达国家向发展中国家提供实惠，特别是向那些发展迅速的发展中国家）的恐惧大于对全球共同灾难的恐惧。"共同但有区别原则"正在面临的不幸遭遇表明气候变化问题触及了阻碍"跨类"合作的深层原因：在这里，有一个不便言明的国际关系的底线：富国可以做任何好事，如慈善行为等，但不可以让发展中国家对发达国家的竞争劣势缩小。这意味着在一些发达国家的人的心底实际存在着一个身份认同的分界线，在这个分界线之内的公民伙伴之间他们承诺坚持各种正义的法律和义务，不论面对的是什么性质的问题；而在这个分界线之外的国家及其国民，则只是战略上的竞争对手，即使是经济合作也力求使之成为资源和人力的供给者或经济寄生的宿主。当然，属于"自己的"利益共同体或俱乐部的成员范围也可超越国界或扩大，可以是同等发达程度的国家、可以是后代，甚至可以是可爱的动物，但不可以是发展中国家及其国民。他们愿你清洁而不一定愿你健康，最理想的是实现没有发展后劲的低碳化。至于这些不发达国家自身会有什么难处，对不起，那是阁下的事。"维持自己优势实际第一、全球公共利益口头第一。"世界富有的国家这一双重原则恐怕正是阻碍气候变化合作的硬核，是气候变化问题上有这么多虚情假意、暧昧、自相矛盾的来源。气候变化的挑战实际上是一个历史的质问,直接针对富国——它们令人想起历史上那些曾经奴役其他地球村民的蓄奴者和殖民者——是否你们承认发展中国家的人属于与你们同舟共济的"地球兄弟"?

3. 新公共问题

较之其他公共问题,气候变化问题更加明确地挑战了人类社会现有的一些思维习惯,触及了代际和当代人之间关系的最深层面,产生了思想的混乱和"吉登斯悖论"、"免费搭车悖论"。在这个意义上,我们认为全球气候变化问题是一种新公共问题。围绕气候变化问题的许多现象可以归结为旧有的思维模式及其物质利益结构对这个新公共问题挑战的回应。下面我们回顾迄今人类社会所做的努力有什么特点。

二　迄今人类社会应对气候变化的努力和结果

1. 理想与现实:"同舟共济方案"与"无悔政策"

如果人们像自己说得那样真的认为气候变化对人类的威胁特别严重而且真的从全人类的利益考虑,我们很难拒绝一个"同舟共济方案"的设想——其思路非常简单:用最能拯救我们星球的方法行动。它有如下四个原则:第一个原则:优先领域原则。即温室气体排放较强、速度增长较快、成本较低的地区。这就是包括中国在内的发展中国家。第二个原则:从解决关键问题入手。既然技术落后是关键的原因,那么要解决它们使用先进适用能源技术的"可获得性"问题。第三个原则:解决发展中国家中新技术使用与更新的可持续性问题。一个国家没有培养出综合经济技术能力(包括专门人才、健康的经济结构等),即使是"输血"式的技术引进也很可能是短时间的减缓问题,甚至可能因此引起的副作用引出新的困难。不仅如此,这个综合能力需要一个更健康的经济结构做基础,而这个经济结构要尽力避免发展中国家经济失衡,为此需要调整现在的国际经济关系。第四个原则:明确地要求人类社会转向可持续生活方式,坚决压制奢侈性消费。发达国家带头转变生活方式减少能源与资源消耗,而发展中国家富裕的群体决不能模仿发达国家现在奢侈生活方式。要鼓励多样的、幸福的、高生活质量但是低碳的生活方式。

这个思路的基本性质,一是在现有世界上的技术、经济条件下它是完全可行的,二是它不会因治标不治本而重复"局部改善而整体恶化"

的全球环境治理上的教训。需要提醒一下立即指责它是"乌托邦"的朋友："同舟共济方案"中的大多数思路已经不同程度上写在有关国际公约、宣言等之中，只不过在这里表达得明确而不含糊罢了。

那么，为什么这样一个实事求是的方案离我们如此遥远？人类有什么更大的必要性、更大的困难或更神圣的理由来拒绝那些（包括这个方案）指向最有效解决问题的思路呢？原因就是前面所说的我们现有的、与面临挑战不匹配的思维方式。

一方面，人们对气候变化的不确定性的理解还停留于过分实用主义的水平[①]，另一方面，发达国家与发展中国家没有突破传统的商业—慈善合作模式。两者合力形成了这一时期人类社会应对气候变化方针的特征——普遍的、短期型无悔政策。"无悔政策"简单说就是既有利于环境又有利于经济效益的政策选项，这无疑是合理的人之常情，但是放在解决全球气候变化问题上的时候，似乎就没有那么简单了。

2. 现实中应对气候变化的特点

普遍化的短期型"无悔政策"使得现阶段温室气体减排责任的安排与减缓气候变化的途径选择方面有一些特点。

（1）围绕减排责任的讨价还价远离"共同但有区别原则"

20世纪70年代后陆续出现了不同的全球环境协议。与其中一些全球环境合作议程的命运类似，气候变化问题也开始呈现出"高开低走"的态势。1997年《京都议定书》规定了发达国家减排的责任，体现了"共同但有区别原则"。不久之后（2001年）美国宣布退出，理由是"美国不能在自己可接受的成本下完成议定书的指标[②]，而且强迫美国工

[①] 例如，小布什总统的拟稿者告诉总统："我们发现气候变化问题是当今政策远程中最复杂的题目之一。……在新的世纪将排放削减一半以上。许多专家认为稳定人类对气候系统压力所必须实现的目标，意味着要求这样一个能让人信服的政策：为了在遥远的将来才能见到的充满不确定性的好处而要今天的社会付出代价。然而，跨越代际的时间范围超过了政府大多数行动的时间考虑范围。这问题不仅是超常的复杂，还面临极端相反观点的冲突……"于是小布什总统的拟稿者这样建议总统："公众对气候变化的风险和冲突的观点的深度困惑，既是政策出错的风险加大，又是一种机会——可以让公众的观点沿着最符合您偏好的政策的方向形成"（Victor，2004）。另一种过于实用主义的态度正好相反：一些政治家为了强调人类采取行动的必要性而采用"摘樱桃"的方法，即用夸张、简单化的手段回避科学或其他领域的不确定性。严肃的科学家认为从长远看这样的"忽悠"公众是危险的（穆勒，2009）。

[②] 2012年比1990年水平减排7%。

业在一个没有要求所有国家都做出像样的减排的世界经济中竞争是不公的"（Victor, 2004）。然而,《京都议定书》签订 10 年后, 在附件一国家中, 大多数国家没有完成任务。实践表明, 是各国的成本效果考虑支配和决定温室气体减排的任务完成与否而不是相反（此即"无悔政策"）。当那些一贯的积极促进者似乎已经不情愿地滑进"提出减排承诺—不完成承诺—改变承诺"的轨道; 当更富足的美国压根就反对这些承诺, 坚持与中国排放总量（而不是"人均排放"更不是"历史累计排放"）比较, 根本不承认"历史责任"时,"共同但有区别原则"已经注定要被淡化和模糊化了。况且, 不论是摆脱还是推翻束缚自己的《京都议定书》的减排原则, 一些发达国家都需要预先设定替罪羊, 将中国的排放问题当作主要话题。因此, 尽管 2009 年哥本哈根峰会热闹非凡、变化多端、混乱空前, 其实它令人失望的结果早在预料之中。我们已经说过, 似是而非的"免费搭车"观念反复被用来削弱"共同但有区别原则"。注意, 这将是不想在"区别"上付出真金白银的富国永恒的、可以不断更新的借口。照此逻辑, 只要发展中国家存在差距和缺陷, 他们就永远有理由指责你, 让你在压力下屈服而让人们忘记他们的主要责任。还有一个现象是减排的远期愿景高但是近期承诺低, 而即使是远期的设想提议, 也并非像看起来那样慷慨。例如哥本哈根会议上有发达国家提出的建议是到 2050 年全球减少排放 50% 而发达国家减排 80%。有学者注意到在达到这一局面时, 发达国家人均排放仍然比发展中国家多, 这还没考虑历史排放和发达国家通过购买排放权减少在本土的排放量。

此外,"堤内损失堤外补"——美国已通过碳边界贸易税, 而一些学者提出了全球统一碳税。前者试图从发展中国家找回他们可能执行排放义务的损失, 而后者（统一碳税）实际上与"共同但有区别原则"是有矛盾的, 客观上有助于模糊其"区别性"（沈可挺, 2010）。围绕减排的历史表明人们对"共同但有区别原则"在理解上相差甚远, 而且始终有一种力量欲将这个被寄予希望的新原则置于死地。"零和博弈"较之合作仍在起主导作用。

（2）优先选择的路径和行动

除了避免自己多减排, 在减缓气候变化的路径选择上, 人们更多地在探索通过市场交易和技术创新的路径, 而不是探索改变生活方式的方法。

1）碳交易市场在积极探索与试行之中。

自从应对气候变化挑战的事业出现，就一直有人想用商业策划替代它。一些发达国家特别是美国，一直希望将减排的事纳入国际市场交易的轨道（注意不仅仅是在国内发挥市场机制的作用）。他们强调全球碳交易市场被创造出来，可以引导资本流向那些"成本效益"最佳的减排部门，减少减排的成本，增大减排的激励。然而也有评论者指出，由于碳排放的一系列特点，如不易监管、价格难定，等等，全球碳交易市场有可能成为投机者的新天地而人们又难以监管其环境效果究竟如何。因此，将交易安排与不同的规则联系产生的反而是鼓励"竞劣"行为：将资本转移到那些环境保护最弱和管制最松的减排活动中。设计将"碳的衍生物"像过去"金融创新"那样纳入世界交易市场。一旦国家实行碳排放限额，这将是一个大约数十万亿美元规模的最大的交易市场。考虑到迄今为止碳交易对环境保护的成效不大，考虑到近两年金融危机的惨痛教训，有人担心这样做的最终结果很可能仅仅是富了华尔街的银行而将地球的安危置于另一个风险之中①。这个问题值得我们认真观察与慎重考虑。

2）力图摆脱人间扯皮的"单纯技术路线"。

与减排的犹豫和三心二意形成鲜明对照的是，有能力的国家，特别是发达国家对大规模投资新技术开发出奇地果断慷慨，因为它是"无悔政策"的选择——不仅有公益的意义，更有国家竞争的内容——占领新能源技术的战略高地。小布什总统拒绝签署《京都议定书》的行为与他强化对开发新能源技术的投资并行不悖，而奥巴马旨在改变美国能源依赖石油格局，占领世界新能源高技术的《清洁能源法》顺利获得通过，然而对涉及温室气体减排的法案则遇到了很大阻力，至今还没有结果。各国之间、公司之间为新能源时代的来临已经全力准备，俨然是一波空前的军备竞赛。此外，近年来引起争论的大胆的"气候工程"方案纷纷提出并得到一些经济学家的赞扬（Levitt and Dubner，2009）。对于减缓气候变化的影响，重大技术进步的作用绝对重要。如果能够用有限投资的新技术径直解决问题固然最理想，也是人们的期待，但是我们怀疑它在商业操控下能否实现一些人这样的希望：绕过"改变生存方式"和"对发展中国家让步"的麻烦而直接解决气候变化威胁呢？或者它能够

---

① Chan, Michelle. Carbon Markets and Financial Risk, Briefing Paper, 2009.12.16.

并且也仅仅能够创造新技术的商业垄断奇迹而不是拯救星球的伟业？另外一个问题是发达国家将发展中国家当作影响巨大的新技术试验的"小白鼠"的可能性。美国一些智囊是这样理解与发展中国家的技术合作的："对国际技术合作的需要中有一些特别大的、但对你（总统）来说不便公开承认的理由：某些新技术风险太大，或太有损声誉，以至于不能在先进的工业化世界开发。"（Victor，2004）

3. 阶段成果小结

"无悔政策"是新公共问题与当前流行的人类社会及其既得利益之间碰撞的最初产物。在这个阶段，新旧两种思维模式都在起作用，但是更多有权力的人还局限于在旧式商业理性的空间中寻求出路，而以富国富人的既得利益为不动点。

不难理解在这样的约束下，人类应对气候变化的成效不大。第一，各国实际温室气体的减排成果不佳。由于改变生产方式与生活方式没有提上日程，2009 年哥本哈根会议时的形势是：发达国家几乎都没有完成《京都议定书》承诺减排的指标。而正处于发展较快阶段的发展中国家如中国、印度按国际协定虽没有这种责任，但排放量增加很快，也面临转变发展方式的考验。第二，"共同但有区别原则"一直是一些发达国家的眼中钉，并用种种手段将它削弱和瓦解。例如：（将区别政策）架空法、（对发达与发展中国家两者差别）模糊法、（对援助）附加条件法、市场替代法、技术专利等。这一原则的前景面临严峻考验。

困境源于狭隘的商业智慧与新公共问题的矛盾。实践表明，人类社会迄今的努力并没有减少气候变化带来的风险，反而凸显出我们习以为常的思维模式的局限性。狭隘的商业智慧与新公共问题的矛盾是：首先，它总是要求将长期的、整体性的、不确定性的问题化为一个短期的、局部的、确定性问题来处理。我们已经强调指出：适应简单问题的成本效益分析根本缺乏对付新公共问题所需要的眼界与胸怀。另外，狭隘的商业智慧总是要求将人与人的关系化约为获利的利益交换，而且往往以市场价格为价值标准。它不仅将存在市场的东西做交易，而且在不存在市场的或不应当用市场价格处理的东西（如生命的尊严、自然的价值、人类的共存）也这样做。它不能理解也不能容忍对于不同于自己的其他地球人，除了从他们那里获利外，还有什么其他实质性的责任和关系。相对于新公共问题，占主导地位的狭隘商业智慧太小了。这就是导致我们对自身长期的、整体的利益无所作为的原因。

三　人类应对气候变化问题需要更大的智慧

改变我们对自身长期的、整体的利益无所作为的状况需要新的智慧。它应有助于突破狭隘的商业智慧的约束，重新建立人与自然的关系和人与人之间的关系。

1. 我们需要理解更广阔的因果关系

一个奇怪的现象是：对于气候变化复杂成因，自然科学家的谨慎与政治家、经济学家的自信形成鲜明的对比：我们看到不少经济报告对发展中国家排放增加的情景作了尽量详尽的描述，却很少深入研究这一现象背后的因果链条，更没有兴趣发现气候与各国之间的互动联系。对此，我们不妨听一听一位环境学家的告诫。斯特朗先生近年在总结人类挽救环境的努力没有成功的教训时，意识到考虑环境不能忽视"人类复杂进程"的影响——他说他之所以开始关注这个与"全球化"相联系的进程，是"因为我们必须从更广阔的因果关系的角度看待这些（环境）问题"①。显然，我们不能将每个国家的碳排放情况孤立地研究，而应当将气候变化问题的产生与解决放入经济全球化的背景中理解。

（1）碳排放与国际贸易关系表明生产与消费不能割裂开来理解

近年来，许多学者研究和计算了国际贸易中的"碳转移"问题，对生产者与消费者在碳排放问题上的不对称地位进行研究。这是"污染天堂假设"的新案例：在国际贸易中，工业化国家将产生严重污染的产品或产业转到发展中国家生产，使之承受环境污染之双重害处（包括名声）而将清洁的产品输出给自己。例如张友国（2009）的研究表明，

---

① 作为担任联合国人类环境会议（1972 年）和联合国环境与发展大会（1992 年）的秘书长、联合国前副秘书长的环保主义者，莫里斯·斯特朗先生注意到与"全球化"相联系的进程"在造就了文明的富裕的同时扩大着胜利者与失败者之间的差距"。他认为对于深切关注人类社会的环境和可持续发展的人来说，这一点之所以重要，是"因为我们必须从更广阔的因果关系的角度看待这些问题"。"我们尚未接受这样一个事实，即全球化的本质是系统性的，而我们的管理机制和制度却不是。"对管理和决策中采用更系统、更综合和跨学科的方法的必要性，已有大量的讨论，而且也取得了一些有用但有限的进展。尽管如此，目前的管理和决策过程与真实的世界因果系统之间存在巨大脱节（张海滨，2008）。

2004 年以来中国出口所引起的能源消耗和碳排放已明显超过因进口所节约的能源消耗和碳排放，这一差距迅速扩大，2006 年时已接近整个生产部门能源消耗和碳排放的十分之一。

考虑到中国是一个人均环境容量相对很小的国家，这种以自己的环境换取外汇的代价是很大的。那种仅仅以排放量大而指责中国是"世界工厂"的国家是片面的。正如一面鼓励藏羚羊绒毛交易一面杜绝偷猎活动是很难的。因此，从有效减缓温室气体排放和公平分摊碳排放权的角度来说，消费者的碳排放责任是一个值得探讨的问题。

（2）温室气体排放是世界工业化的产物

中国、印度等加速发展的国家的温室气体排放量增加不过是大力模仿西方国家工业化的结果。从表层看，温室气体排放增长在发达国家正在逐渐放慢，像波浪的那些趋向缓和或开始低落下去的部分，而在中国、印度的情况则正在恶化，像是一些浪头正在涌起。但是这其实是同一个"振动运动"过程。那个策动一系列冲击波的振源就像一只握着长鞭使之在抖动中传向远方的无形之手——这就是当前不受制约的经济全球化过程。在经济全球化不断推进的态势下，大多数国家已经或者正在部分地，甚至完全地被纳入国际分工体系。资本可以在自由流动中将各国的（特别是发展中国家的）资源——包括环境容量——进行使资本增值的配置，并在这个"优化"过程中将这些国家的经济和环境态势无形中不同程度上锁定了。世界环境问题也在"局部改善、整体恶化"的动态转移中越来越集中于发展中国家。减排绝不是简单的技术更新问题：它在相当大程度上取决于与外部环境的关系[①]。比如，中国 2006 年开始对高耗能产品的出口征税，但是出口的下降减少了经济增长，引起就业等一系列问题，结果又不得不恢复了出口退税。

（3）消费主义也源于跨国资本的流动

具有讽刺意味的是：发达国家从来不想将自己奢侈的高碳的生活方式作为议题，而它的环境主义者大声指责同时它的公司和政府大力推进

---

① 国外一项关于中国温室气体排放情景的研究多少可以表明国内外因素的互动。它显示：有利于减排的长期选择是技术进步，但是这需要另一个条件支持：社会发展公平。而这又与纳入全球化的情况有关：在经济过分依靠全球化市场和经济效率推动的两个情景（S2 和 S4）中，温室气体减排的成绩是最差的（21 世纪累计碳排放为 1110 亿吨。较之比较注重内需投资和减少发展差距的情景，分别增大 58% 和 23%）（Wang and Watson，2008）。

的事恰恰是：这一生活方式越来越成为发展中国家模仿的目标。这种双重标准背后深藏着（在地球村里）"特权村民"意识。消费的发展看似消费者的权利，但很大程度上是生产公司诱导和成功占领（甚至垄断）发展中国家市场的产物。"在当今的世界经济秩序中，发达国家在全球化的经济发展态势中的确占据着主导地位，这就是说，如果发达国家不在转变消费经济模式上做出表率，发展中国家很难单凭其力解决环境问题，因为它们还承受着更大的社会压力（贫穷问题等）和国际竞争压力"（鲍德里亚，2000）①。

总之，全球化的本质是系统性的。严格来说，单个国家不能完成生产方式的转变。至少一个国家没有理由指责别人而自己就是这些问题的主要原因之一。既然气候变化是世界系统的产物，将因果关系完全隔断的方法不能理解问题的成因，而建立在"谁现在排放多谁的责任大"这一现象层次的责任逻辑就不利于对症下药解决问题——如果你承认人类社会整体有些毛病的话。如果我们诚实地正视气候变化尽管是各国的决策造成，而其驱动力来自全球系统的现实，为什么不能从这里入手找到解决问题的出路呢？为什么不能首先理解气候变化与世界的社会机制之间的关系及其历史，并在此基础上为最有效解决问题而分工合作呢？

那种以狭隘商业智慧中的法律诉讼观念拒绝尊重真实因果关系的做法是肤浅和虚伪的。它太不适应全球气候变化风险下紧迫的大问题了。不管调门与姿态有多高，其后果难免"只治标、不治本"，正如爱因斯坦所说："你不能用造成问题的思维方式去解决问题。"

2. 我们需要进一步理解世界范围的公平与环境的关系

（1）维护全球环境系统需要世界范围的"深度公平"

无法制衡少数人贪婪与占有行为的经济政治制度是不稳定的来源，是世界范围内环境整体恶化的来源，也是造成全球气候变化问题可能被少数人引到继续多吃多占并奴役他人的邪路上的制度漏洞。绝对的权力产生绝对的腐败。世界金融危机表明最富有的国家不一定是最有道德的国家，因为不能指望它们的自觉的自制力。在哥本哈根会议上，中国等发展中国家抵制发达国家推卸自己责任的做法遭到一些西方舆论指责。其实，这种抵制对于形成一个健康的国际关系是完全必要的。

---

① 转引自张容南、卢风《消费主义与消费伦理》，《思想战线》2006 年第 2 期。

试想有两种可能：一个格局是拥有大多数人口的发展中国家经济水平与发达国家悬殊，在当前国际经济关系下难以摆脱现有增长方式，面临环境、社会、经济失衡压力，还有一些发展中国家在世界和国内的两极分化中已经失衡；另一个格局是各国发展更为平衡——从长远看，究竟哪一个局面更有利于世界的和平、资源的公平利用和共同治理，从而脱离现在环境"局部改善、整体恶化"的态势呢？我们认为是后者而不是前者，因为清洁的世界环境需要健康的世界经济结构。因此作为一个人类社会的基本的能力建设，一切有助于遏制、减缓与改变全球发展不平衡的努力，都含有对从根本上减缓世界环境危机（包括气候变化问题）的贡献，都应加以支持。不论这一走向"深度公平"的过程是多么艰难，不论那些（地球村的）"特权村民"如何转移视线，我们都不应忘记：制约恣意妄为的特权不仅是大多数人口改善生活的条件，也是保护世界环境问题的必需。

气候变化要求增加各国系统性合作、减少恶性竞争，这实际上是在要求发达国家与发展中国家之间开始一种新型关系——让发展中国家和人民不仅获得帮助，更要获得发展的能力和自由。"己所不欲，勿施于人"，不能"走自己的路，让别人无路可走"。面对气候变化这样如此充满变数而又实在令人担忧的潜在灾难，一个发展更加平衡与和平的世界将会减免多少恶性博弈！在任何情况下，一个"有福共享，有难同当"的人类社会难道不是能够让最大多数的人从容而愉快地共同"巧妙管理不可预见的事，以便活得更好"吗？……我们地球村的"特权村民"是否在一直回避这样的思考呢？难道历史没有过先例告诉他们：只有将更多被奴役的人解放出来，才可能救助和解放自己吗？

当前正在遭受打击的"共同但有区别原则"正是人类健康力量推进社会进化、走向深度公平的第一架桥梁。

（2）深度公平需要突破一些旧公平观念的束缚

1）放弃固化既得利益的公平逻辑——质疑帕累托原则。

建立在效用主义原则上的传统福利经济学的公正概念较之一些哲学概念更有影响。它判断行为是否正当的标准是看结果——是否能带来最大的"社会总效用"（也即效率）。这种联系着结果的公正原则在气候变化公平讨论中也有重要影响（IPCC，2007）。"帕累托均衡"被定义为公平（也即有效率）状态：一件事做完，没有人比过去福利更少（失败者也从赢家得到补偿）而社会总福利最大（赢者多得）。"帕累托改进"

的标准是：原有的利益（福利、效用）只能增不能减，无论发生什么变化。帕累托效率（即公平）与现实结合会出现许多理论问题（如加总问题、用市场价值度量的福利是否正确等），但是重要的是"既得利益不能减少"（这对应着成本效益分析中净收益必须大于零）已变成真实世界公平信念的一个预设前提。气候合作的公平原则——按照帕累托效率逻辑——应当是减缓总效果达到最大，同时任何一方的原有利益也不能减少。这看似理所当然——实际上也是一些国际合作设计的预设前提，但是这正是需要质疑的：如果我们处在一个面临紧迫的共同风险中，而气候变化问题的复杂特点难以确保减缓危机的同时让每个成员相对地改善自身利益，我们是否仍要坚持"既得利益不得减少"的原则呢？如果所有国家所有人都以此原则作为不容置疑的"硬核"参加谈判，要实现无论从长期还是短期则必须都是"无悔政策"，那么这样的"气候合作方程组"是否根本就不可能有解呢？这里的"无解性"正是"既得利益不变"主宰公正原则的后果。

2）以权利为基础的公平观要与时俱进。

权利为基础的公平原则源于一种道德观。它是以符合"社会契约"来判断社会行动的正当性。现代哲学家认为重要的不是效用而是更基础的东西（即除了收入，还要包括权利、自由、机会等一切能让人自尊的社会基础）。罗尔斯进一步强调需要考虑弱者，认为社会正义要用社会上处境最差的成员的生活幸福水平来判断，这种表面的"不平等"是为了正义的实现。这是支持"共同但有区别原则"的正义观。

国内外学者曾以人均排放或历史累计人均排放量作为地球人公平发展空间权利的体现（潘家华、陈迎，2009）。从现实气候谈判中的表现看，他们所持的权利公平原则远未达到罗尔斯的要求，而是极端保守、僵化的权利观念。例如那种只关注财产权的观念，被能源强度高的国家利用来鼓吹基于"祖父原则"的排放额分配方案，给历史排放大户更多排放许可。这个思路受到批评，但是变相的"祖父原则"还很多，例如知识产权问题。

谈判僵局之一是发达国家不愿承诺向发展中国家提供低碳技术。知识产权成为主要的理由。面对威胁全球环境安全的气候变化问题，人们自然要改革或改变"见死不救"的现行的知识产权制度。例如有学者要为"与气候变化相关的知识"确立其公共性质的法律地位（强世功，2009）[1]。还有学

---

① 强世功：《"碳政治"：新型国际政治与中国的战略抉择》，2009，www.wyzxwz.com。

者鉴于 IT 领域的开源和免费软件运动经验，提出了"面对全球变暖这一人类文明的严重威胁，在减排技术领域或可持续发展技术领域也迫切需要一场开源运动"（文佳筠，2009）。

3）让以能力为基点的公平观推动"深度公平"的实现。

阿玛蒂亚·森强调要关注个人在选择他认为有价值的生活时的能力因素。能力是指构建可选择的生活方式安排的主观条件。特别是作出选择、从事社会和市场交易活动的自由正是权利自身应有之物。因此森不仅批评效用原则不考虑其过程只从结果判断各种观点，还批评权利为基点的保障公平方法没有考虑"个人之间的差异"。他指出，即使（按照罗尔斯最大最小原则）给予弱者特定权利后，实际后果也会发生不同的变化。所以权利必须在能力的背景下来认识。在我理解，能力为基点的公正原则虽然是从社会不同个人角度观察提出的，但是对一个发展水平及能力都极不平衡的全球社会的公正来说，具有很大的相关性。气候变化要求我们必须同时关注宏观环境结果和各国"低碳化"带来的生存与发展问题——而作为这两者的保障，我们必须真实地而不是一时地解决"能力瓶颈"问题，而这必然需要不同经济区域间的新型的关系——有选择的自由，有均等的教育，大体一样的生活水平——就像一些区域发展问题解决较好的发达国家那样，尽管有差异，但区域之间不会太悬殊，人可以自由流动而不是只许资本流动。深度公平就是将利益共同体的范围扩大。这是一个合理也合情的历史趋势。

（3）新智慧需要新人生观

若要达到更妥善分配世界基本资源的目标，我们的经济制度非改革不可，但若是社会关键大众的价值观和取向不变，便不可能有改革（拉兹洛，2002）。

1）可持续消费需要新的生活道德。

深度公平最终体现在消费模式，它涉及深藏的"特权情结"：发达国家的许多人将自己的生活方式看得神圣不可侵犯①，实际在很大程度

---

① 布莱尔先生说："努力改变我们的生活方式，使之成为可持续的生活方式，是 21 世纪最重要的挑战之一。气候变化的现实最好地告诉我们无视这些挑战带来的后果将是什么。"注意这个思想早在《21 世纪议程》（1992）就提出来了："全球环境不断恶化的主要原因是不可持续生产方式与消费方式。特别是工业化国家。"（第四章）然而 17 年来这个声音不仅没有进入主流，反而变得更弱了。

上是不放弃或未意识到这是已经过时的不平等占有与消耗地球资源的特权。欧文·拉兹洛指出：在新的文明转型中，必须在这已遭受破坏的环境中，找到适合 60 亿人生活和活动的方式，可以促成一种新行为模式。这就是用"让我们以让别人也能生活的方式来生活"的新道德原则。取代今天（富人的）"自己活着，也让别人活着（只要不干涉我）"的原则以及穷人的"让我像有钱人一样生活"的向往。关键不在于使用地球资源的人数多寡，而是在于使用的方式如何。诚如甘地所说的，我们这个世界足以供应人类所需，但无法满足人类的贪婪。"活得简单些，只为了让别人也能生存"（拉兹洛，2002）。

2）许多研究的前提假设需要改变。

自 20 世纪环境运动以来，人类对他与自然的关系已经有越来越多的新认识。环境思想进化已经有许多成果，有望聚合成为深入人心的潮流。"地球意识"、发展的 B 模式……无不主张重新评价自然的价值。全球气候变化经济学家也从气候变化的"小概率、大灾难"性质出发，再一次提出这些思想，一些经济学家意识到对于全球气候变化这类新问题，人们再也不能用评判小事情思路和方法的成本效益方法来处理大问题。而一些学者更是从中国传统文化寻找走出西方文明误区的智慧，或是在更高层面上探索世界走向和谐的精神力量。

3）对新智慧的需求即新文明范式来临之前兆。

"我们生存在深层转型的时代，文明转变的迹象与症候随处可见。""事实上，理性的人类文化和文明，所以能够持续存在和进化，乃是由于时时有更为顺应时势的意识兴起的缘故……古今许多无法留存的文明，莫不是未能适应日益变化的环境的牺牲者（拉兹洛，2002）。"创造了经济繁荣和一系列深刻问题的工商文明智慧不足以应对包括新公共问题在内的一系列挑战，应当被新的文明所取代。

四 结语

本文提出的观点是：目前人类社会在应对气候变化问题上仅仅是处于第一个阶段。国际合作"进一步、退两步"，进展不大，以及其他诸多不如意之处，在很大程度上可以归结为人类是在用旧的思维模式解决全球气候变化这一新公共问题。狭隘的商业理性主导着这一阶段气候变化问题的进展方式，而事实表明它缺乏处理该问题的深刻性和复杂性的能力。遗憾的是，人类对面临渐渐酝酿的灾难的反应历来有极大惰性，而最大既得利益者的思维模式往往恰恰不是最先进的。"先易后难"的选择难以避免。在外交手段、项目投资、技术更新、经济结构、生产方式、生活方式、利益结构、社会范式这一系列可能需要的变动中，人们总是优先选择局部的、可控制的、浅层次的途径。一个习惯、制度，在没有穷尽其全部潜力和适应能力之前是不会被轻易改变或放弃的。在更深刻的变革之前，将会有无数试图绕过它的尝试。这正是迄今这些并不理想的实践的意义：它们在穷尽现今社会已经具有的应对公共灾难风险的潜能和科技的创造力，其成功与失败都是为新的阶段创作条件。

尽管我们不幻想一下子能够跳到前面述说的"同舟共济方案"的做法，但我们应当尽快缩小目前应对气候变化的方法与该问题深刻性的脱节。因为科学家警告说留给我们的时间已经不多。

"当今的问题是：未来与今天不同"——我们很难装作知道不确定性下未来变化之轨迹，重要的是不要固守偏见。一旦人们发现一些"治标的方法"不能解决问题，而气候变化问题变得更加严重的情景出现，人类应对气候变化的努力就会进入第二个阶段。这将是一个人类从文明层次深刻自省的阶段，一个走向深度公平的阶段：在这里，深度的公正是可持续发展的条件，它确保每个国家、社区和个人的发展自由。我们是欢迎还是不希望这一转折的来临呢？

也许在一些虔诚善良的人看来，上帝用气候变化这样如此吊诡的问题难为人类，是看透了人类的弱点，要教育它走上正道。正如一位日本学者在表示了对 1997 年京都会议的实践后果的失望后所说的："今天看来京都协议后会出现那样一个结局，完全是因为我们根本忽视了'伦理'问题而将问题之焦点放在权衡利弊这一点上了。"（佐佐木毅、金泰昌，2009）十几年过去，我们这个感受更强烈了。

本文更多地讨论了主导气候变化进程的发达国家的问题，这是以后我们讨论中国等发展中国家问题的重要前提：中国应当为世界应对全球气候变化做出伟大的贡献，而这包括改变自己的某些认识和自身的某些积习，也包括改变世界的不平衡关系。

参考文献

［1］［英］安东尼·吉登斯：《气候变化的政治》，曹荣湘译，社会科学文献出版社 2009 年版。

［2］［美］R. A. 穆勒理：《未来总统的物理课》，李泳译，湖南科学技术出版社 2009 年版。

［3］［美］欧文·拉兹洛：《巨变》，杜默译，中信出版社 2002 年版。

［4］潘家华、陈迎：《碳预算方案：一个公平、可持续的国际气候制度框架》，见王伟光、郑国光主编《应对气候变化报告》，社会科学文献出版社 2009 年版。

［5］沈可挺：《碳关税争端及其对中国制造业的影响》，《中国工业经济》2010 年第 1 期。

［6］王军：《气候变化经济学的文献综述》，《世界经济》2008 年第 8 期。

［7］文佳筠：《单边碳关税与知识产权：全球气候合作的两大障碍》，《绿叶》2009 年第 10 期。

［8］张海滨：《环境与国际关系：全球环境的理性思考》，上海人民出版社 2008 年版。

［9］张友国：《中国对外贸易中的环境成本——评估与对策研究》，中国社会科学院数量经济与技术经济研究所研究报告，2009。

［10］［日］佐佐木毅、［韩］金泰昌：《地球环境与公共性》，韩立新、李欣荣译，人民出版社 2009 年版。

［11］ Ackerman, Frank. *Can We Afford the Futureö—The Economics of a Warming World*, Zed Books, 2009.

［12］ Heal, Geoffrey and Bengt Kristr M. Uncertainty and Climate Change, *Environmental and Resource Economics*, Vol. 22（1—2），2002.

［13］ Heal, Geoffrey. Climate Economics：A Meta-Review and Some Suggestions, *NBER Working Paper* 13927, April, 2008.

［14］ IPCC-working Group 1. *Climate Change* 2007：*the Physical Science Basis*.

［15］ IPCC-Working Group 3. *Climate Change* 2007：*Mitigation of Climate Change*.

［16］ Levitt, Steven D. and Stephen J. Dubner. What do Al Gore and Mount Pinatubo Have in Common? In SuperFreakonomics, Chapter 5, 2009.

［17］ Nordhaus, William. A Stern Review on the Economics of Climate Change, *Journal of Economic Literature*, Vol. XLV, September 2007.

［18］ Pindyck, R. O. Uncertainty in Environmental Economics, *Review of Environmental Economics and Policy*, 2007 1（1）.

[19] Victor, David. *Climate Change*: *Debating America's Policy Options*, Council on Foreign Relations Press, 2004.

[20] Weitzman, Martin L. A Review of the Stern Review on the Economics of Climate Change, *Journal of Economic Literature*, Vol. XLV, September 2007.

[21] Weitzman, Martin L. On Modeling and Interpreting the Economics of Catastrophic Climate Change, *the Review of Economics and Statistics*, Vol. 91 (1), June, 2009.

低碳经济对中国可持续发展的
机遇与挑战[*]

杨泽军

【内容摘要】　作为全球碳排放第一大国，中国必然而且已经成为国际社会关注的焦点。为了保持我国经济可持续发展，同时也为减少全球温室气体（GHG）排放做贡献，加速发展低碳经济是我国今后一个时期面临的重大课题。我国现阶段发展低碳经济既有机遇，也面临挑战，机遇大于挑战。对于我们这样的发展中大国，挑战就是一种迫力和动力。总体来说，中国已经充分认识到了当前经济发展进程所面临的环境和条件，也做好了加快转变经济发展方式、积极推进绿色经济和低碳经济发展的充分准备。

【关键词】　可持续发展；低碳经济；机遇；挑战

气候变化正在影响和改变着地球的现状。我们正在面临着一个现实：冰山正在缓慢消失，海平面逐渐升高，能源资源瓶颈制约强化，自然灾害频发并加剧，动植物疫病"日新月异"，人类及各类生物的生存面临着挑战和威胁，气候变化已经成为全球关注的焦点。自人类社会进入工业时代以来，全球平均气温已经上升了约 0.7℃（1.3 ℉），而且随着全球化、工业化、城市化步伐的推进，今后全球平均气温正在以每 10 年上升 0.2℃ 的速度变化[①]。随着地球气候变暖，发展低碳经济已经成为国际大趋势。根据国际能源机构（IEA）测算，我国自 2008 年开始已经成为全球碳排放第一大国，并且随着经济总量的不断加速增长，中国必

---

[*] 本文是作者 2009 年 1—4 月在英国爱丁堡大学参加低碳经济培训研讨班的学习和实践，并结合我国经济社会发展的实际和未来发展趋势，简要表述了作者本人的一些学习体会和个人的基本观点，如有不当之处，敬请读者批评指正。

[①]　UNDP 人类发展报告 2007/2008，Sven Lindqvist：《21 世纪气候变化》。

然而且已经成为国际社会关注的焦点。为了保持我国经济可持续发展，同时也为减少全球温室气体（GHG）排放做贡献，加速发展低碳经济是我国今后一个时期面临的重大课题。

一 发展低碳经济已经成为世界性主题

为了减少由于气候变暖对人类生存的威胁，从 20 世纪 90 年代初，世界各国就开始积极推进应对气候变化的一系列举措。1990 年 12 月，第 45 届联大决定制定《联合国气候变化框架公约》（以下简称《公约》）（UNFCC），并于 1992 年 5 月 9 日通过了《公约》，使世界各国在气候变化领域有了基本遵循。1997 年 12 月，《联合国气候变化框架公约》第三次缔约方大会在日本京都举行，149 个国家和地区的代表通过了旨在限制发达国家温室气体排放量从而有效抑制全球变暖的《京都议定书》，建立了旨在减排温室气体的三个灵活合作机制，即国际排放贸易机制、联合履行机制和清洁发展机制，为在世界范围内减缓气候变暖、建立低碳发展机制形成了基本制度保障。

英国早在 21 世纪初就提出了低碳经济理念，在气候变化研究和发展低碳经济技术方面处于世界领先地位，明确提出了建设低碳经济国家的战略。所谓低碳经济是以碳排放为度量的人类经济活动，是以低能耗、低污染、低排放为基础的经济模式。从经济活动来说，碳排放问题涉及国民经济的各个行业和人类活动的各个领域，因此我们谈发展低碳经济，实际上就是强化以碳减排为准则的国民经济发展。有低碳经济学专家提出，建立低碳经济需要走三条新路径，一是改变传统的生活方式，包括人们比较奢侈的吃穿住行模式；二是优化传统的粗放式的产业结构，特别是发展节能环保型高新技术产业和现代服务业；三是提高能源使用效率和新能源开发利用，重点是发展节能产业和加快发展可再生能源[1]。

美国在 2007 年 7 月也提出了《低碳经济法案》，并且将发展低碳经济作为推动美国领导未来世界经济潮流的新的战略选择。日本政府明确提出构建"低碳社会"的发展思路，并于 2007 年 7 月通过了"低碳社

---

[1] 英国气候变化委员会（CCC）主席 Lord Turner 2009 年 2 月 9 日在爱丁堡大学建设低碳经济论坛上的讲话内容。

会行动计划"，力图引领世界低碳革命的浪潮。韩国政府 2009 年也制定了《低碳绿色增长基本法》，树立国家绿色发展的国际形象。俄罗斯 2003 年发布了《俄罗斯 2020 年前能源发展战略》，旨在将实施生态安全政策作为重要的能源战略组成部分。

随着全球气候变暖加剧，人类的生存环境正在逐渐恶化，国际气候组织加大了全球性协调活动，世界各国也都开始采取积极应对措施。

1. 强化制度建设

英国政府 2008 年通过了《气候变化法》，在这个法律框架下，将原来的能源部和气候变化部合并为能源和气候变化部（DECC）。成立了独立于政府部门之外的具有政策权威的气候变化委员会（CCC），主要职能是：为政府设立碳预算和达到预期目标提供独立的建议；监管减排和实现目标的过程；从事独立的气候变化研究和分析；与议会沟通分享研究成果和相关信息分析。同时，建立跨政府部门间的气候变化协调机制，气候变化办公室设在 DECC。国家根据各地区和各企业实际排放情况科学实施碳预算，明确 2050 年比 1990 年减排 60%。有关分析提出[1]，全球完成 50%—60% 减排目标，意味着人均排放 2.1—2.6t 二氧化碳。按照这个人均排放水平，要求英国到 2050 年至少减排 80%。为实现这一目标，英国政府研究提出了一系列相应的措施：在建筑和产业方面创新新型材料和改善能效；电力行业实施低碳化发展（重点是到 2030 年期间）；交通部门减轻碳排放强度；热力行业推行低碳化措施；工业行业实施低碳化技术（特别是在水泥、钢铁行业加大碳捕获和储存技术投入）。

2. 建立和完善碳交易市场

一是欧盟排放交易机制（EU ETS）。在这个世界上最大的跨国界排放交易机制内，各成员国在《京都议定书》框架下承诺相应的排放目标，并建立相应的碳排放份额现期交易市场和远期交易市场。减排效果好的企业可以在额度内在市场上出售排放份额以获取更多的经济利益，相反如果无法完成排放目标就需要从市场购买一定的份额以求平衡。该机制自 2005 年实施以来，虽然存在一些问题，包括国家和地区间排放

---

① 英国 CCC 研究机构完成的分析报告。

额度分配不合理等问题，但总体上看效果显著，有效促进了企业技术进步和强化了减排力度。英国还建立了与 EU ETS 并行的国内碳减排承诺（CRC）计划，这一机制要求从 2009 年开始所有在 2008 年度耗电超过 6000 兆瓦的机构都必须购买碳排放指标，进一步强化了英国国内企业减排的压力和内在动力。

二是联合履行机制（JI）。主要是指在《京都议定书》缔约国（Annex I 国家）之间进行排放权交易的一种机制，即一国通过在另一国投资有效的减排项目取得相应的排放额度，同时可以进入市场交易。这一措施实际上是在工业化国家之间进行了同等量的排放额度转移，并由投入方取得相应支配权。

三是清洁发展机制（CDM）。这主要是发达国家通过在非 Annex I 国家实施减排项目投资并经联合国有关机构核准后所取得排放额度的一种机制，项目的内容包括风能、水能、太阳能、生物能等可再生能源建设和提高能源使用效率，以及造林、湿地建设、碳捕获和储存（CCS）等项目。我国目前是世界上实施 CDM 项目最多的国家，这主要是由于我国正处于经济高速增长时期，相对投资成本较低。

此外，一些国家和跨国的区域性碳交易市场正在发展和建设，如美国的二氧化硫排放交易市场在 1990—2007 年间实现了 43% 的减排。随着世界各国对碳排放交易市场建设的重视和推进，将会逐步形成一个全球性碳交易网络。

3. 加大排放制约手段和政策支持力度

一是征收碳税。包括欧盟在内的一些国家为减少二氧化碳排放研究和实施征收碳税，希望以此达到削减二氧化碳排放的目的。二氧化碳排放测算是非常复杂的，每种燃料都有其特定的碳含量，需要根据其按"英热单位"计算出的热量含量来确定税率。为方便操作，一些国家根据不同规格分类的燃料消耗量（或购进量）按照相应税率征收。在征收碳税的实际研究和操作过程中，国际上也存在着一些争议，认为征收碳税使一些排放大户的排放合法化，不利于全球碳排放总量减少。

二是政府行为市场化。政府是通过市场化操作实施自己的意图和设计，即政府实施节能减排的某些政策措施和项目并不是由政府部门直接操作，而是通过政府出资成立相应的完全独立于政府部门之外的节能减排公司，公司通过市场行为推动全社会和企业节能减排。如英国政府通过 DECC 出资建立了碳基金（Carbon Trust）和节能基金（Energy Saving Trust）两家完全独立的非营利性民营公司，公司的职能是通过支持技术进步、碳足迹研究管理或有关项目合作等内容推进相关企业和公共部门节能减排，并从中寻求发展低碳技术的商业机会和低碳经济的投资机会。从近几年的实践效果看，通过公司的市场化运作，有效地贯彻政府的思路，引导社会的投资方向，节能减排的成效比较显著。

三是规范引导自愿市场（Voluntary Market）。自愿市场是企业在政府主导的碳交易市场外按照互利自愿原则进行的碳排放交易，这种场外交易市场交易成本低，而且涉及领域广，交易方式相对灵活，对节能减排发挥了积极作用。随着交易规模的不断扩大，已经引起了社会各界的关注。政府在充分肯定其正面效应的同时，也在研究支持和鼓励的政策，促进其健康发展。

四是建立适应性机制（Adaptation）。重点是针对由于气候变化引发的干旱、水灾、冰雪等各类自然灾害，甚至地形地貌变化和海平面上升等，国家采取适应性应对措施，例如在水资源、生态环境等方面实施长期观测、政策研究、制度建设、技术投资、空间规划和防御措施等，并加强相应的监督管理体制建设。

五是采取多种激励措施。在可再生能源和清洁能源建设、碳减排技术研发项目、企业低碳技术开发和碳足迹管理、低碳技术和市场服务等，给予不同形式的财政投入或减免税支持。对中小企业发展低碳经济给予财政和金融服务，特别是鼓励和支持各类促进低碳经济发展的投融资服务业发展。支持的方式有直接注资方式、减免税间接方式、通过信托公司项目建设合作方式。

六是发挥非政府组织的作用。英国在气候变化和低碳经济领域方面形成了政策研究、信息开发、市场指导、金融中介等各类非政府组织，并对政府部门起到了强大的补充作用。碳排放披露项目（CDP），就是一个典型的应对气候变化的非政府组织，与政府气候变化管理部门具有紧密的联系，同时为投资者或企业提供碳排放信息和交流平台。CDP 在世界范围内建立了广泛的企业碳排放数据库，在监督重点企业碳排放及其对气候变化的影响等方面发挥了重要的作用。

二 我国推进低碳经济面临着重大挑战

在工业化和城市化时期，必然伴随着大量能源资源的消耗，甚至带来对自然环境的损害。欧洲、日本在 20 世纪四五十年代，都经历了一个痛苦的过程，财富的积累伴随着人们生活环境的恶化，使经济社会发展走了很长一段弯路。我国正处在一个工业化城市化高速发展阶段，面临着同样一个命题，我们不能走西方发达国家工业化"掠夺式"、破坏式发展的老路，但是我们也必须面对现实，从实际出发探索新的发展途径。发展低碳经济是国际社会发展形成的新的理念，也是未来世界经济发展的大趋势，发达国家在发展低碳经济中已经具备了自身的能力和优势，而发展中国家特别是中国经济发展相对落后，特别进入 21 世纪以来，我国经济发展中的资源环境约束不断增强，这也使我国在要不要发展，要什么样的发展，怎样发展等各个方面面临着诸多抉择。可以说，发展低碳经济，对中国经济发展存在着多方面的压力和挑战。

第一，中国正处在一个相对低水平的经济高速增长阶段。我国仍是一个发展中国家，人均 GDP 还很低，发展仍然是第一要务。一方面，经济发展方式相对粗放。改革开放三十年来，我国用能源资源的高投入和生态环境的高代价取得了目前的经济增长成效，实事求是地说，有些代价是经济发展阶段所必须付出的，但是有些代价我们是可以避免的。但由于国家总体经济技术发展水平有限，短时期内还难以从根本上彻底改变这种依靠高投入推进经济增长的模式，如何走出一条低消耗、低排放、高增长的路子，将是我们今后一个时期面临的一个重大课题。另一方面，我国又是一个"世界工厂"。近几年来，我国对外贸易持续保持快速增长，贸易顺差大幅度扩大。2008 年，我国货物进出口总额中加工贸易所占比重为 41.1%，而在出口总额中加工贸易所占比重达到 47.3%。这些情况充分表明，中国作为世界工厂的地位不断上升，中国利用自己的土地及能源资源消耗为世界经济做出了贡献。但是原始的粗放型世界工厂模式也难以为继，"世界工厂"的转型也将为中国经济和社会发展带来新的挑战。同时，我国区域经济发展极不平衡，西部地区与东部地区差距较大，人均 GDP 水平最高的上海是最低的贵州的 8 倍多。这种状况必然造成地区之间在经济社会发展的目标要求以及政策取向等方面存在着较大的不同，部分西部欠发达地区在接纳东部发达地区产业转移过程中，仍然以经济增长为目标而忽略资源环境的保护，甚至以自身对碳排放的容纳空间还很大为由，继续大规模投资高能耗、高排放行业，存在着走东部地区改革开放初期粗放增长方式老路的迹象。因此，转变经济发展方式，提高经济增长的质量和效益，我们还有很多路要走。

第二，能源消费过多依赖煤炭资源。我国能源结构基本上是以煤炭为主要资源，在能源的生产和消费结构中比重都在70%以上（见下表），化石燃料占比在90%以上，我国能源结构的这一特点也是随着我国经济总量的提升导致碳排放增长过快的关键原因之一。煤炭资源丰富是保障我国经济发展的优势之一，充分发挥好资源优势也是实现可持续发展的必然要求。因此，如何优化能源结构和大幅度改善能源使用效率，也就成为我国发展低碳经济必须解决和处理好的一个重大课题。

中国能源的生产和消费结构

项目	1978 年	2000 年	2008 年
能源生产（百万吨）	62.77	129.0	260
煤炭（%）	70.3	72.0	76.7
石油（%）	23.7	18.1	10.4
天然气（%）	2.9	2.8	3.9
新能源（%）	3.1	7.2	9.0
能源消费（百万吨）	57.14	138.55	265.48
煤炭（%）	70.7	67.8	68.7
石油（%）	22.7	23.2	18.7
天然气（%）	3.2	2.4	3.8
新能源（%）	3.4	6.7	8.9

注：新能源主要包括水电、核电、风电等。

资料来源：《中国统计摘要 2009》。

第三，科技创新能力相对薄弱。随着低碳经济的国际化发展趋势，国际间争夺碳排放权的利益之争将会日趋激烈。但是，总体上讲提高节能减排成效的关键环节在于技术创新，这也是我国当前面临的薄弱环节。虽然近年来我国实施了国家创新战略，提升了技术创新的能力和水平，但目前我国宏观环境的激励机制和企业创新的动力机制还没有完全形成，特别是相应的低碳经济市场尚未发育，必然形成了我国当前发展低碳经济的"短板"，也对我国未来低碳经济发展提出了更高的要求，同时还将面临发达国家在经济技术和发展战略上的长期制约。

第四，国际技术贸易壁垒有所强化。加强低碳技术国际交流与合作是应对气候变化、发展低碳经济的重要途径，也是各国之间面对世界共同课题应该相互理解与合作的根本立足点。随着国际金融危机的持续深化，以碳排放为借口的世界范围内的技术贸易壁垒有所强化，对国际贸易开始产生而且必将产生极为深刻的影响。近几年来，在某些国家和某些领域已经出现一些关于实施"碳关税"措施来强制干预产品进出口贸易等方面的研究和提案，引起了世界各国的关注，其目的是为了占据"道德高地"，巩固发达国家在国际经济领域的控制力和影响力。总体来看，这一倾向不利于国际间技术交流与合作，特别对技术落后的发展中国家发展低碳经济不可避免地产生深刻影响，也可能从新的角度导致新一轮的贸易战。技术贸易壁垒，显然已经成为发达国家与发展中国家之间在气候变化领域加强合作与谈判面临的一个焦点问题。

第五，外部压力和挑战增强。中国作为全球目前的碳排放大国之一，必然受到来自世界发达国家各方面的捧压。一方面，把中国作为发展中国家的代表，将中国政府推向第一线，给中国戴上各类"救世主"的高帽子，迫使中国承担脱离中国实际的国际责任。另一方面，发达国家又在贸易、技术、资金等方面强化对中国的壁垒，并且经常会在资金和技术援助等方面做出一些不负责任的承诺。此外，发达国家在气候变化领域对中国还有着更多的具体要求，强化了低碳经济领域对中国的压力和挑战[①]。

一是希望中国政府在减排承诺方面态度更加积极。英国政府认为，2009 年底在哥本哈根召开的世界气候变化大会是今后一个时期国际气候变化规划制定的一个重要转折点，中国政府的态度将起着十分关键和重要的作用。一些政府高级官员和机构组织充分肯定中国政府在节能减排领域所做出的积极贡献，并且希望中国政府能够继续积极参与国际气候变化各项活动，并在国际气候变化领域中发挥更大的作用，特别是在承诺减排目标方面要表现出更加积极的态度。

---

① 下面列出的几点是作者于 2009 年 1—4 月在英国参加低碳经济培训研讨班期间，在与英国首相高级顾问、政府有关部门（包括 DECC、CCC、财政部等）高层官员、碳排放业界高层管理人士之间交流进程中对方正式提出的一些观点。这些观点和要求都是单方面提出的，有些是客观的，有些是片面的和脱离实际的，但对中国在国际领域应对气候变化和发展低碳经济方面，提供了深层次需要关注和思考的问题。

二是加强国家之间技术转让协商。英国政府高级官员明确提出，愿意在资金和技术方面帮助和支持中国实现节能减排，但资金通常是与技术相配套的。由于涉及知识产权保护等内容，一方面，需要与拥有相关技术的企业加强沟通，通过市场行为实现技术转让；另一方面，希望中国在技术转让要求方面提得更具体更明确，如哪些具体领域的哪些具体技术等，可以避免不必要的误会，并保障技术转让的有效实施，特别是明确提出应避免转让技术用于其他目的。

三是要求加强排放监测制度建设。一些高层人士认为，中国目前在碳排放监测方面存在一定的"水分"，既有客观技术方面的原因，也有主观操作方面的原因，这种状况不利于国际合作和援助。有政府高层官员提出，希望中国政府加强对碳排放监测领域实施全方位的系统性制度建设，遵守公正透明的游戏规则，切实保证排放监测过程的客观公正性和准确性。

四是在CDM管理方面实施更加务实的政策。一些企业高层管理者和投资者提出，中国在减排领域具有巨大的投资市场，欧盟等在碳减排技术领域领先的发达国家有动力在中国投资CDM项目。由于国际交易市场交易价格走低，而中国价格管理方面不够灵活，投资方认为利润空间被压缩而可能影响投资积极性。

2009年12月哥本哈根世界气候变化大会前后，中国政府充分表示出了积极应对全球气候变化的姿态，明确提出到2020年比2005年单位GDP减排40%—45%的目标，不仅为发展中国家也为发达国家做出了表率。中国提出的减排目标是实实在在的，也是需要艰苦努力才能完成的，这就需要我们必须积极地面对和迎接各方面的挑战，完成历史赋予的神圣使命。

三 推进我国低碳经济发展也面临着重要机遇

低碳经济是一个新的经济领域，是经济社会发展的一次新的历史性革命和飞跃，也是世界进步的必然趋势，它为全球人类可持续发展带来了新的机遇。中国改革开放三十年来，经济社会发展取得了举世瞩目的进步，低碳经济时代的到来恰逢其时，新一轮经济革命将为中国实现经济社会的跨跃式发展提供新的发展机遇。

积极发展低碳经济，将从以下几个关键环节和关键领域为我们创造更好的发展机遇和发展空间。

第一，有利于加速我国制度创新。发展低碳经济必然要求体制机制的转变。首先是促进观念的转变。要充分认识到，低碳经济是引领世界未来发展的潮流，要适应低碳经济发展的历史潮流，必然需要确立国家低碳经济发展战略，并作为国家中长期规划的重要内容。其次是促进法律制度体系的完善。低碳经济发展要求完善的法律法规体系作保障，通过建立一套促进低碳经济发展的倒逼机制，逐步形成高效的市场保障体系和运行机制。再次是促进政策激励机制的完善。把宏观经济政策与低碳经济发展战略有机结合起来，逐步建立健全一个良好的政策环境和空间，形成社会主体推进低碳经济发展的动力机制。

第二，有利于调整和优化宏观经济结构。低碳经济对粗放型发展模式提出了挑战，特别是很多生产方式、流通方式、生活方式等都不适应低碳化发展要求。随着传统生活方式包括消费观念及消费结构等方面的改变，粗放式产业结构包括产品生产及销售方式等方面的优化，以及能源使用效率和新能源开发利用程度的大幅度提高，促使宏观经济结构和社会活动方式朝着低碳经济模式转变。

第三，有利于推进企业技术创新。创新是国家发展的不竭源泉，技术创新也是企业生存和发展的生命力。推进企业技术创新既要有政府引导即政策导向，更要有市场引导即利益驱使。随着低碳经济社会的发展和成熟，必然对企业技术创新提出更高的要求，也使国有企业深化改革显得更为迫切。特别是碳排放交易市场的建立以及国际化发展，将会加速企业竞争程度，推动企业自主创新能力的提高。

第四，有利于推动金融市场繁荣与创新。英国政府利用本国完善的金融创新监管制度积极推进和参与全球碳交易市场和碳金融市场的发展，建立了比较完善的碳排放现期和远期交易市场和网络，积极支持和鼓励私营部门碳融资，推动了金融市场的繁荣和金融产品的丰富，使其在碳金融市场方面保持了全球的领先地位。我国金融市场相对比较薄弱，发展低碳经济并逐步建立我国相对独立的碳交易、碳融资市场，对于完善我国金融市场、创新金融市场产品，是一个很好的机遇。同时，在创新碳交易市场的过程中，我们可以扩大与发达国家的交流与磋商，增加谈判的深度和广度，在制度上、技术上、资金上积极争取发达国家的支持。

第五，有利于我国在全球应对气候变化领域占据主动地位。中国经济是世界经济的发动机之一，为全球经济发展和贸易繁荣做出了巨大贡献。当研究气候变化时，发达国家都已经忽略了中国为他们提供的价廉物美产品和付出的资源环境代价，而更多地指责中国的产品生产和贸易行为，当然我们也需要由此进一步反思我国改革开放初期以来的进出口贸易战略，提高我国的对外开放质量和水平。我国实施低碳经济发展战略，既可以提升我国自身的国际竞争能力，增强经济社会可持续发展能力和人民群众的生活质量；又可以缓解能源资源对经济社会发展的瓶颈制约，强化国家能源安全发展战略；同时还可以有效化解来自国际上的各方面压力，在国际战略中取得主动，立于不败之地。

四 关于我国发展低碳经济的几点思考

21世纪以来，特别是金融危机以来，世界发达国家正在寻求新的发展战略，以此继续保持他们在世界经济发展进程中的领导作用和控制地位，目前已经初步显现和形成以发展新能源、新材料等为核心产业引领世界低碳经济发展的新经济格局。以英国为首的欧盟从20世纪90年代以来一直是低碳经济领域的火车头，奥巴马政府执政以来形成了欧美共同驾驭的新态势。日本在节能减排领域也一直走在世界前列。可以预期，未来低碳经济发展特别是核心产业的发展趋势将主导着世界经济发展的潮流。

中国政府已经站在了这一潮流的潮头上，必须要有清醒的认识和明确的战略。一方面，要充分认识到我国与世界发达国家存在的客观差距，以及发达国家主导的这场新趋势可能针对我国形成的新的冲击和不利因素，积极准备相应的国际应对措施，主动迎接和应对各方面可能面临的巨大挑战。另一方面，我国应该适应国际发展的大趋势，抓住当前国际发展低碳经济的重大机遇，跟上世界先进技术创新步伐，促进我国经济实现可持续发展和跨跃式发展。

应对全球气候变暖是世界各国的共同责任，也是全人类的共同义务，我国既要清醒地认识到作为一个发展中国家，实现全面建设小康社会和社会主义现代化目标，是我们的首要任务，同时也应该认识到发展的目的是提高人类的生活质量，造福子孙后代，中国需要在减缓全球变暖和发展低碳经济进程中发挥积极作用。首先，中国是一个发展中国家，必须坚持"共同但有区别原则"，坚决反对发达国家将碳排放"存量"矛盾混淆于"增量"变化之中，一味强调当前碳排放的"增量"状况，让发展中国家承担发达国家遗留下来的历史责任的这种倾向，维护发展中国家的发展权益。应该明确，发达国家必须为其在工业革命以来排放的大量温室气体负责，必须在全球节能减排进程中体现出诚意而不仅仅是指责别人，在承诺实现温室气体排放量减排目标的基础上，有责任和义务在技术、资金、服务等相关方面为发展中国家提供必要的帮助和支持。其次，中国又是一个经济总量大国，需要树立大国形象和责任意识，积极推进世界范围内的节能减排和低碳经济发展。应该说，经过三十多年的改革开放，中国经济已经进入了一个新的发展阶段，传统的粗放式发展模式是不可持续的，转变经济发展方式、努力实现低碳发展和科学发展是我们的必然选择。

进入 21 世纪以来，中国在节能减排、推进科学发展方面制定了长期的发展战略和方针，明确了阶段性目标，实施了一系列政策措施，并取得了显著成效和不断进步。中国政府在 2005 年制定的"十一五"规划中明确提出了 2010 年单位 GDP 能耗比 2005 年降低 20% 左右、主要污染物排放总量降低 10% 的目标，这些目标和任务的力度是世界其他任何国家所没有过的，其难度也是可以想象的。"十一五"时期前三年累计，我国单位 GDP 能耗降低了 10.1%，化学需氧量和二氧化硫排放已经分别完成了目标的 66.1% 和 89.5%[①]。总体上看，国际各界人士对中国政府在节能减排方面所做的努力和成效给予了充分肯定。同时，我们也需要从贯彻落实科学发展观的角度，学习和借鉴发达国家的一些有效的经验和做法，积极推进我国节能减排工作取得明显进展。

1. 加强低碳经济发展战略研究

中央"十一五"规划有关建议提出建设资源节约型社会和环境友好型社会以来，我国政府制定了一系列加大节能减排力度的政策措施，2008 年中国又明确提出发展低碳经济战略的思路[②]，在国际社会引起了强烈反响，一些发达国家对此表示出了极大的关注和赞赏。节能减排是低碳经济领域的核心要求。从长远发展战略看，我国需要进一步加强低碳经济的系统研究，包括低碳经济的国际战略和国内总体发展思路。当

---

① 新浪财经：《发改委：十一五节能减排目标有望完成》。
② 胡锦涛总书记在 2008 年底中央经济工作会议重要讲话中明确提出了发展低碳经济的战略思想。

前要着重围绕科学发展的总体要求，逐步推进有利于低碳经济发展的相关法律法规建设，强化低能耗、低排放的清洁发展机制，形成具有中国特色的低碳发展模式。

2. 研究探索建立碳排放交易市场

发展低碳经济重要的是充分利用市场手段，把"碳排放"作为一种"产品"实施交易，能够使排放主体在减排过程中取得经济利益，节能减排就会成为企业的自觉行为和内在动力。目前我国碳排放民间市场正在发育，部分地区已经开始建立区域性交易市场，中央政府需要加强相应的市场研究和跟踪，鼓励和支持社会民间机构的大胆探索和实践，总结各方面经验，从实际出发探索建立适合我国自身发展要求的国内碳排放交易市场体系。这将会有利于在促进我国低碳经济机制形成和低碳经济健康发展的同时，进一步加快我国转变经济发展方式、建设节约型社会和环境友好型社会的步伐。一方面，有利于推动企业提高自主创新能力，改善和优化产业结构；另一方面，也能够形成和发展相关的新型服务产业，包括各种形式的低碳金融、低碳技术、低碳信息等中介服务和市场，形成新的经济增长点。

3. 大力发展清洁能源和可再生能源

我国短期内不可能改变以煤炭为主的能源消费结构，但必须着眼于建立长期安全的能源发展战略。一方面，需要加强在煤炭能源生产和消费中的技术创新，提高能源使用效率，特别是在煤炭的精细加工以及碳回收储存和重复利用方面建立新的发展优势，形成新的高技术产业集群；另一方面，还要完善发展风能、太阳能、潮汐能、生物能等可再生能源的鼓励政策，逐步形成促进新能源发展的激励机制，有效改善我国的能源结构和供给保障，促进形成我国能源安全保障体系。同时，必须加强新能源发展的产业和区域总体规划，完善市场价格机制和建立相应的信息网络体系，引导投资方向和产业布局，防止出现新的过度投资和重复建设，促进其健康发展。

4. 努力完善排放监测体系

应当把健全和完善排放的监测体系作为建设低碳经济的重要内容，逐步形成排放监测的指标体系、标准体系、考核体系和相应的强制惩治体系，同时还需要建立针对污染排放的有效应急管理体制，努力保障公平、公正的市场监管机制，切实创造一个良好的低碳经济市场运行环境。

5. 尽快启征环境税

虽然碳税对减排具有明显的促进作用，但短期内实施还存在一定的困难，要从国内发展的实际和国际发展的大背景出发，研究设立碳税的时机和条件。当前应加快费改税进程，适时推出环境税，推进环境保护的法制化进程。这既是我国实施节能减排战略的一个有效手段，也可以作为我国积极配合国际应对气候变化活动实施的一项重大举措。

6. 完善区域间转移支付补偿机制

根据不同功能区布局，对必须实施环境保护的各类限制开发区域，如三江源保护区域，能源资源保护区域，生态和自然保护区域等，以保障基本公共服务均等化为准则，通过科学手段和方法，建立相应的生态补偿机制，促进区域间协调发展。一是完善财政转移支付制度，加大中央政府对生态补偿的支持力度；二是建立有效的市场运作机制和政策导向，充分调动民间和社会各方面投入的积极因素；三是积极促进区域间对话与协调，形成区域生态补偿的良性互动机制。

7. 积极发展节能减排服务业

鼓励和支持各类民营企业以项目销售模式、设施服务模式、BOT 模式、能源费用托管或承包模式等不同市场运作方式推进节能减排进程，逐步促进节能减排"自愿市场"的发育和成熟，实现全社会节能减排效果。近年来我国在这一领域虽然已经有一定的进展，也取得了一定成效，但可以挖掘的潜力还相当巨大，需要政府创造更加积极的环境和条件，特别是在税收政策和融资政策方面形成良好的激励机制，调动各方面的积极因素，逐步推动低碳服务业的市场和网络的繁荣和完善，形成推进经济健康可持续发展的又一重要增长极。

8. 建立科学的气候变化应对体系

逐步改变传统的"战天斗地"的"抗灾"观念，尊重大自然和生态地质环境发展变化规律，按照顺势而为的"避灾"思路，建立各种应对气候变化的制度体系、总体规划以及相应的防御措施等，加强应对气候变化的能力建设，促进人与自然的和谐相处和自然环境的良性循环。

9. 加强和完善国际合作协调机制

目前中国已经成为全球排放问题的焦点，同时也是我国实施国际合作战略的良好机遇。我们应该强化气候变化领域的国际合作，变被动为主动，以节能减排为切入点，在保障经济安全的前提下，充分准备各种国际合作预案，更加积极主动地寻求国际资金和技术支持，充分利用全球资源推进我国产业升级和结构调整，推进我国经济发展方式的根本转变。

10. 加大低碳经济宣传教育力度

目前社会上对低碳经济仍然存在着一些知识上的误解和认识上的误区，将碳产业和碳排放混淆起来，将发展低碳经济和发展国民经济完全对立起来，等等。通过低碳经济宣传教育，一方面，可以化解各种思维误区，形成发展低碳经济的思维模式；另一方面，强化全民节能减排的社会责任意识，形成全社会保护环境和节能的主动行为和监督意识，形成良好的社会风气。同时，要从中小学教育着手，普及低碳经济知识，提高全民节能减排的整体素质和强化行为规范，形成全社会推进低碳经济发展的社会环境。

总体上讲，我国现阶段发展低碳经济既有机遇，也面临挑战，机遇大于挑战。对于我们这样的发展中大国，挑战就是一种迫力和动力。只有紧紧抓住机遇，勇敢面对挑战，化挑战为机遇，才能使我国在 21 世纪全球竞争中加快发展步伐，保持全面协调可持续发展。应该说，中国已经充分认识到了当前经济发展进程所面临的环境和条件，也做好了加快转变经济发展方式、积极推进绿色经济和低碳经济发展的充分准备，相信我们在邓小平理论和"三个代表"重要思想指导下，通过深入学习和贯彻落实科学发展观，必然能够推进经济模式转型，努力实现中国现代化和全面建设小康社会的宏伟目标，实现中华民族的伟大复兴。

低碳经济：应对气候变化与大气污染

张世秋

【内容提要】 本文从气候变化与空气污染之间的内在联系入手，强调了改善空气质量与减缓气候变化是不可分割的两个重要议题。在分析中国的空气污染形势、温室气体排放、环境与发展之间主要矛盾的基础上，提出走低碳化道路是中国应对局地—区域—全球环境问题的重要战略选择，有助于实现空气污染控制与温室气体减排的共生效益的实现。

【关键词】 气候变化；大气污染；环境外交；可持续发展；低碳经济

一 引言

改善空气质量与减缓气候变化是不可分割的两个重要议题。第一，中国面临严峻的空气污染问题，同时也面临巨大的气候变化问题的压力；空气污染和气候变化构成中国的双重挑战；第二，大气污染物具有气候和健康效应，因污染物及其物理化学过程的差异，对气候变化既有增强也有减缓效应。大气污染的气候效应将是未来的国际气候谈判中重要的议题；第三，由于源相近、控制技术和控制措施与策略相关，大气污染物的控制与气候变化问题具有共生效应，也具有共赢途径。第四，我国对区域污染的气候效应、气候变化、亚洲棕色云、黑炭等都已经开展了一些研究，但是，已有研究尚缺乏系统性和国际认可度，针对区域污染与气候变化的关系及其健康和社会经济效应的深入和系统研究，特别是整合式的基础研究与控制对策研究，有助于为中国在未来的气候谈判过程中知己知彼，掌握谈判的主动权。

二 空气污染与气候变化相互影响，具有内在联系

第一，常规空气污染物和以二氧化碳为代表的温室气体大部分来自共同的排放源，包括化石燃料燃烧排放的二氧化碳等温室气体通过温室效应影响气候，这是人类活动造成气候变暖的主要驱动力；同时，化石燃料的燃烧过程排放的二氧化硫、氮氧化物、挥发性有机物、颗粒物等，是影响大气环境质量的主要污染物。支撑中国现有经济发展的能源结构以煤炭为主，并且这种趋势在未来还将持续数十年。因燃煤产生的污染非常严重，排放出大量的二氧化硫和颗粒物等大气污染物。中国是全球最大的二氧化硫排放国，1/3 的国土面积受到酸雨污染的影响，与此同时，快速的城市化进程以及汽车用量的增长，使得中国城市和城市群出现煤烟型污染与机动车排放污染共同作用的复合污染。同时，尽管中国的人均温室气体排放较低，但从总量上已经是全球最大的温室气体排放国之一。

第二，常规大气污染物同时对气候变化具有增温和降温的双重作用。尽管人类活动引起的大气中不同种类的气溶胶浓度的增温或降温效应还具有一定的科学上的不确定性，但最新研究结果表明，沉降在冰雪表面的黑炭气溶胶引起的地表反射率的变化，加速了冰川的融化进程。近年来国际社会对黑炭的辐射效应问题给予了特别的关注。以黑炭为例，黑炭颗粒物是对人体健康具有危害性的污染物，同时，黑炭与二氧化碳一样具有增温效应。但与温室气体不同的是，黑炭在大气中的寿命远小于温室气体。也有研究表明，在地球的气候长期演变过程中，温室气体（导致变暖）和气溶胶（导致变冷）始终是两个主要的影响因子，只不过在气候变化的早期或地质年代，这两种因子是自然起源的，而不是人类起源的（见图 1）。

第三，控制战略和措施具有共生效益和共生成本。现有的研究已经清楚地表明空气污染和气候变化之间存在着内在的联系，空气污染控制和温室气体减排在战略层面、政策层面和技术层面都具有明显的关联。比如，无论是应对气候变化还是改进空气质量，通常都将通过能源结构调整、产业结构调整、能源利用效率提高、交通结构和交通控制等措施，都具有显著的共生效益。2008 年我们所进行的北京奥运会的碳减排效应的研究表明，旨在改善北京奥运会空气质量的一系列措施，不仅减

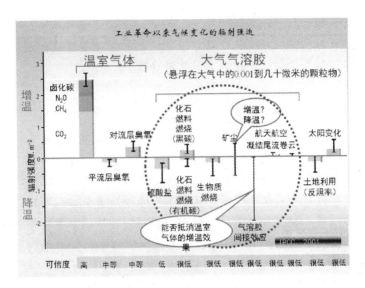

图1 气候变化与大气污染相互作用

少了大量的空气污染物，保障了绿色奥运承诺的实现，同时，也减排了大量的二氧化碳，我们的研究结果表明，北京举办奥运会，因国际国内航空旅行、市内交通、奥运场馆的建设和运行等增加排放了 65 万至 198 万吨左右的二氧化碳，但同时，因为履行绿色奥运承诺以及各种控制大气污染的措施，包括能源结构调整、工业污染控制、能源利用效率改进、交通污染排放控制等，减排了 837 万吨左右的二氧化碳，实现的净减排达 638 万至 772 万吨二氧化碳，这一结果表明了共生效益的客观存在。但同时也需要看到，为实现不同的目标而采取的技术、措施和政策，也有可能会对另一个目标的实现产生负效应。比如，电厂脱硫和脱销技术的采用，都可能导致综合能耗的上升；尽管柴油发动机的燃烧效率可能比汽油高，增加柴油机的比重可能减少二氧化碳、一氧化碳和碳氢化合物的排放，但若不采取有效的尾气治理技术，则可能增加氮氧化物和颗粒物的排放，特别是产生更加严重的细颗粒污染并带来更大的健康成本。此外，在太阳能发电、电动自行车等领域，尽管都是清洁能源，但倘若进行生命周期评价，则可能发现其实际的能源消耗更高，这就要求从生命周期的角度对发电过程的技术进行改造和创新，同时对电池进行有效的和无害化的处理，从而使其既能满足温室气体减排的要求，也能促进或者至少不增加空气污染物的排放，反之亦然。

鉴于空气污染和气候变化之间的内在联系，有必要从协同效应的角度，综合气候变化和空气污染效应，制定一体化的政策体系，寻找共赢路径，建立综合的气候变化友好型的空气质量管理制度和政策体系，进而促进经济有效、气候变化和空气质量共赢。

三　依然严峻的国内环境与发展问题及气候变化压力，需要进行战略调整

改革开放 30 年中国经济长足发展，环境问题与环境危机凸显；环境与社会经济发展、社会稳定以及全球环境政治关系日趋密切，一体化特征日趋明显。2010 年 1 月国务院总理温家宝主持的国务院常务会议强调，虽然我国环境保护工作取得积极成效，但环境污染总体尚未得到遏制，环境监管能力依然滞后，形势依然严峻。

根据我们对中国环境与发展问题的研究[①]，中国必须直面的几个基本矛盾可以概括为：（1）在寻求就业、提高收入的经济增长的同时，实现发展—环境—社会的和谐与稳定；（2）在缓解贫困的同时加强环境保护、促进环境质量改进；（3）在区域不平衡和不均衡发展态势之下，避免污染产业的转移和迁移，促进环境资源在不同群体以及区域之间进行公平且有效率的分配或配置；（4）在国际贸易中，发挥经济的比较优势同时改进"可持续性"的出口问题，亦即改变将产品出口国外，将污染遗留国内的问题；（5）环境资源富聚现象加剧与经济收入差距扩大相互交织加剧社会矛盾和冲突；（6）环境保护工作不断加强但依然是"旧账未清，又添新账"，必须同时削减存量、控制增量；（7）局地—区域—全球环境问题相互叠加与复合、协同作用与协同成本和效益问题突出，要求从整合的角度综合考虑环境保护的路径选择。

此外，中国经济自身发展以及国际环境外交压力，也对中国进行产业结构转型和增长方式转变提出了必然的要求，加之下述因素的存在必然要求中国进行战略性的调整：（1）中国外向型经济的困局；（2）美国、欧盟等发达国家和地区的产业变化与产业调整和可能以及相关政策走向，很可能引发和建立新的贸易秩序；（3）气候变化新格局对于中国作为潜在的最大能源消费国和最大温室气体排放国的压力；（4）美国、欧盟和国际环境政策对中国的影响，特别是二氧化碳排放贸易/交易与

---

① 参见笔者的相关文章。

碳税的可能实施，又提出了中国如何避免可能出现的贸易壁垒问题。

纵观国内外社会—经济—环境的沿革与格局变化，面对全球性的经济危机与全球环境压力，中国如何转"危"为"机"，如何寻求和建立一个具有可持续性特征的中国发展模式，将不仅直接影响到中国的位势，也将对正在发展中和快速发展中国家具有示范作用，也必然影响到未来全球的经济走向、环境与资源状况，乃至新的全球治理模式和制衡关系以及经济发展模式的转型。

四 中国面临空气污染和气候变化的双重压力

由于中国快速的城市化和工业化，多种污染物同时被大量释放到大气中，它们之间的交互作用使得我国城市群地区出现严重的大气复合型污染。大气复合型污染在现象上表现为大气氧化性物种和细颗粒物浓度增高、大气能见度下降和区域范围内大气环境恶化，在本质上表现为多种物种之间的交互作用及互为源汇以及在大气中转化的多种过程的耦合。

改革开放30年来，中国以消耗资源和环境为代价换取了持续高速的经济增长，这使得发达国家经历了近百年的大气环境污染问题在中国集中爆发。在2000年，约63.5%的城市空气质量超过国家二级标准，在11个大城市燃煤产生的烟雾和细颗粒物每年造成约5万起未成年人死亡和4万个慢性支气管炎新病例。截至2007年，大气环境达不到二级标准的地级及地级以上城市尚有40%，特大城市灰霾天气的天数增加，60%的城市居民呼吸不到清洁空气。500个被监测城市中发生酸雨的城市约占总数的56.2%，发生严重酸雨（pH < 4.5）的比例约为10%。传统污染物（指标）如二氧化硫、TSP等总体上得到控制，2008年中国的二氧化硫排放量从2007年的2600万吨下降到不足2500万吨（见图2）。但氮氧化物、臭氧、可吸入颗粒物等的污染依然严重，甚至有加重趋势。目前，中国区域大气污染正朝着跨地域趋势发展，由于排放连片及传输的叠加作用等相互影响，污染来源、过程及作用机制中各种因素的复合作用使得大气污染向作用范围更广泛的复合型污染转变。

中国已经在2009年成为全球最大的温室气体排放国。目前我国的人均排放量还比较低，相当于世界平均水平的87%，经济合作组织国家

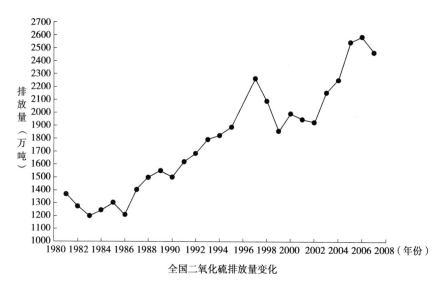

图2　1980—2008 中国二氧化硫排放量的变化
（根据中国环境统计年鉴整理）

的33%①。但中国目前处在快速经济发展阶段和快速城市化进程中，预计未来的碳排放增量仍将不断增加，我国在 2009 年提出了在 2020 年实现单位 GDP 温室气体排放量下降 40%—45% 的目标，将会有效控制二氧化碳的总排放量增幅，一方面预示着中国将需要进行更多的努力实现二氧化碳排放绩效目标，另一方面，中国作为一个大国，将依然不断受到来自国际社会的中国温室气体排放总量持续增加的指责和压力。

五　低碳化道路是同时应对空气污染和气候变化的战略选择

中国要不要向低碳化的经济发展方式转型？在目前的国际经济政治和环境外交等诸多相互交织错综复杂的关系处理上，已经不是战术层面的问题，而是进行战略选择的问题。

近些年关于中国经济结构调整和增长方式转型的讨论，主要是在两大背景下展开的。一是中国资源利用效率低下、环境污染问题突出、能源安全引起关注；二是应对气候变化相关的国际压力。中国政府强调要

---

① 《我国应对气候变化国家方案》，气候变化信息网，http://www.ccchina.gov.cn/website/ccchina/putile/file189.pdf.

进行经济结构调整，并促进从粗放型、资源消费型的经济增长方式，向集约型、节约能源型的经济增长方式转变，"低碳经济"也在这个过程中走入学术、决策和公众的视野。

中国已经成为全世界最受关注的快速发展的经济体；不仅如此，中国的环境问题依然严峻，能源消费总量、温室气体排放量都很高。导致环境问题产生的一个最重要的共同驱动因素（或者说压力）是能源问题，而中国的能源结构以煤炭为基础，同时对一些重要能源如石油等依赖于进口。在这样的情况下，我们将不得不在政治上、军事上加强自己的力量，来保护能源的安全供给。由于基本上依赖工业高速增长来拉动中国经济的高速增长，因此，对自然资源与环境所造成的损害也基本上源于工业的传统经济增长方式，特别是以化石燃料为主体的能源结构。有鉴于区域大气污染与气候变化紧密相关，改善局地污染和环境问题的努力会产生全球温室气体减排的次生效应，同样，控制温室气体减排也将带来局地和区域污染控制与环境改善的次生效果。同时，无论是气候变化还是局地和区域的环境问题，都是发展问题，减缓贫困、缩小收入分配差距、改进经济成果和环境负担的公平性的同时，如何在发展区域和国家经济的同时，改进环境质量、保护自然资本、满足人民不断增长的物质需求和环境质量需求，是中国面对的一个关键挑战。

对于中国而言，向低碳化的经济转型，过渡到低消耗、低排放、高产出的增长模式，有助于改变产业结构、重置产业配置并在发展中均衡经济增长与环境保护的关系。对于面对严峻的区域污染问题以及温室气体排放控制压力的中国而言，低碳化无疑成为一个令人关注的发展模式选择。

综合以上这些因素，为了缓解国内环境问题压力、保障能源安全、提高经济增长的资源利用效率、应对气候变化，转变经济增长方式和调整经济结构已经势在必行，而向低碳经济的转型，或者促进经济发展的低碳化进程，也已经成为中国必须做出的战略选择，唯有如此，才可能以主动出击的方式应对未来国际经济、贸易和环境格局的变化。

此外，本次全球性的金融和经济危机，也为中国加快向低碳化方向转型提供了重要机遇。中国过去多年来对高耗能产业投资较多，由此产生的技术寿命期一般是二三十年，也就是说，正常来讲我们要二三十年后才能有望对这些企业或行业作出调整。而这次经济危机对中国一些产能过剩的行业影响很大，如果我们借此机会，寻找新的经济增长点，开发新的投资方向，那么经济危机很可能会成为中国解除高耗能产业技术锁定效应的契机。

中国主动向低碳化发展模式转型，会在应对国际压力、突破国内经济发展瓶颈两方面产生双重效应。需要特别强调的是，我们追求低碳化，并不是说低碳经济很快就能实现，因为产业结构和增长模式的调整都需要假以时日；但一定要先做好战略性转折的准备，包括树立强大的政治意愿、制定有效的政策、变革环境—发展治理模式、有效发挥企业的作用、提升公众的认识与行动，等等。

尽管对低碳经济有各种不同的概念界定，但核心是强调低消耗、低排放、高产出的增长模式，它涵盖了从原料开采、加工、使用和消费的各个过程，特别是低碳技术的开发和应用、低碳产品的生产和消费，以及低碳能源的开发和利用。对于中国而言，低碳经济不仅有助于改变产业结构、重置产业配置并在发展中均衡经济增长与环境保护的关系、减少环境污染，同时，也有助于使得中国在新一轮的面对气候变化的全球应对形势下的"新工业革命"过程中国际竞争力的提高。

第一，推进低碳经济实践，有助于中国将后发劣势转变为后发优势，实现跨越式发展以及实现中国节能减排目标的重要路径。中国致力于不断改善民众生活、改进生活质量、缓解贫困的发展进程，面临着严峻的能源和资源短缺、环境污染等一系列问题，特别是中国作为全球第二大温室气体排放国，其未来势必面临着温室气体减排的巨大压力，在全球化过程中，作为后发展国家，无法遵循发达国家的发展和增长路径，只能选择跨越式的发展，实现经济增长和环境保护双赢的选择。中国高速的经济增长，不仅需要有足够的环境容量资源，同时，也需要通过推进资源节约型和环境友好型的技术和发展模式，保障经济的持续稳定的增长。中国未来的经济发展，只能通过减少能源消耗、提高能源效率、开发可再生能源等低碳经济实践来实现中国经济增长的目标、改善提高人民的生活水平，而低碳经济实践，无疑成为中国实现后发优势、实现跨越式发展的重要机遇。

第二，低碳经济以及与之相应的环保产业，是新的经济增长点，也是中国实现能源消费结构转变、实现区域环境质量保护和应对全球挑战的双赢选择。低碳经济的核心要素，是一系列低碳技术和产业的发展，仅以清洁发展机制（CDM）市场的发展为例，2006年全球碳交易和CDM的碳交易市场达到300亿美元。截至2008年2月，中国的CDM项目设计到的核证减排信用达到 3637 万吨，占全球的 31.33%，如果 CDM 机制被充分利用，预计将有 1000 亿美元的资金从发达国家投向发展中国家。低碳经济从本质上说，是能源技术创新和能源结构调整问题，推动低碳经济实践，将意味着各类能源利用技术的研发和采用以及可再生能源的开发和利用，这种实践，毫无疑问将有助于中国目前的一系列协调经济与环境的措施的实现，包括：节约资源、提高资源和能源利用效率、调整能源结构以及改变增长方式和改变产业结构等。

第三，通过激励低碳经济实践，有助于推进中国的技术创新过程，突破现在已有的和未来可能存在的技术和贸易壁垒。目前，面对气候变化压力，主要的发达国家都已经进行了大量的技术开发和储备，面对这样一种国际经济和技术发展格局，中国企业必须在新一轮的竞争中，通过技术创新，改进和增强自身的核心竞争力，同时，可以避免可能的技术和贸易壁垒对中国企业和经济发展的影响。

通过低碳经济实践，可以有助于降低发达国家向发展中国家进行污染转移和转嫁的风险。

六 应对空气污染和气候变化的低碳战略需要关注和研究的主要问题

战略制定和战略调整以及对策提出，在于知己知彼，且对各种可能的行动和策略方案的利弊有清醒认识。因此，需要对国际环境问题的科学、技术以及社会经济影响的本质有清晰的认识和判断；需要对其他国家的可能措施及其影响进行清醒的分析；更需要对中国在国际政治、经济与贸易格局中的可能作用和地位进行审慎分析。

第一，科学认识的改进。包括：中国局地—区域污染问题与气候变化问题之间的关联与协同效应，以及气候变化对中国带来的可能影响；核心研究中国改进局地和区域环境的努力对气候变化和温室气体排放的影响；以及应对气候变化的努力对局地和区域环境问题解决的可能影响；识别具有共生效益的领域以及各类改进措施的共生效益和成本的排序；进而识别中国策略的优先领域和优先对策选择；研究和分析减排与适应性策略选择的影响和作用。

第二，研究和分析国际环境政治格局的可能变化及对中国的影响。特别是应该关注和研究欧盟、美国、日本的气候变化对策及其国内环境—气候政策的变化；对因由气候变化可能形成的新的世界环境政治格局变化进行跟踪并作出研判，识别和分析新的利益集团及其相互的博弈和制衡关系；关注和研究欧盟—美国—日本之间以及各自与中国的环境外交方式及合作与博弈关系和制衡关系的变化，以及中国与其他发展中国家之间的外交关系变化；研究中国气候变化的各种可能态度对国际环境政治博弈和制衡关系的走向的影响以及与中国整体国际政治和外交关系定位的影响。

第三，其他国家环境—气候变化的可能对策和政策对中国的影响。应核心关注全球碳排放交易、碳税以及碳标识制度以及可能的"产品和生产过程碳含量"贸易规则对中国产业发展和经济发展以及贸易的可能影响。

第四，通过制度创新和政策变革、推动技术变革、技术创新和产业升级。如果我们认同低碳经济意味着一种新的发展模式，以及相应的技术创新和产业发展，那么，必须明确技术创新的激励机制和产业发展的激励机制。首先，市场需求会引导产业和技术创新的走向。尽管目前低碳产品和技术存在着一定的市场需求，但是，依然是一个需要创建和规范的市场，因此，政府的相关政策导向，包括相关的法律、法规和技术标准等，将直接决定市场容量的大小，以及技术研发的走向和速度。其次，经济激励以及释放出提高低碳经济和产业竞争性的市场价格信号。唯有如此，才能够为低碳经济实践创造利润空间，推进向低碳经济实践的实质性投资投入，进而促进技术的研发和采用以及相关的生产和消费行为的改进。在环境制度的变革方面，应特别需要强调的是从末端管理到全过程管理。即从关注污染的控制与治理，到从对经济和社会发展战略以及产业结构和产业布局到环境损害的控制与修复的全过程的监管和调控；从生命周期评价的角度，对各类政策和技术进行温室效应和空气污染效应的整合评估。再次，从单一污染物到多种污染物联合控制战略。不仅关注二氧化硫、颗粒物、氮氧化物等，还要同时根据其他的污染物比如温室气体、重金属等，制定多种污染物的控制战略。通过多种污染物控制，有助于社会制定长期的环境管理战略，并有可能因为这样的战略实施，从长期而言，获取多种污染物联合控制所可能产生的共同效益，包括局地污染控制的全球环境效益，以及全球环境保护的局地污染控制效益。

第五，在促进低碳化发展模式转型中，构建政府—企业—公众的联合与制衡关系。向低碳化经济发展模式转型，首先需要做出非常明确的战略考虑；而一旦制定了战略，必然要求有相关的政策信号提供和释放出来，并通过制度的改进，引导市场的公平竞争，发挥政府、企业和公众三方相互制衡、相互激励的正向促进关系。其中，政府做好角色定位，致力于建设良好的制度环境、进行政策引导尤为重要。

中国存在的问题是我们有很多政策，但似乎很少能把某项政策的力度发挥到极致：问题严重时，政策可能过严；问题没有了，政策也就失效了。这里面有很多客观原因，比如说中国所处的发展阶段，中国地大人多、问题错综复杂等。但不管是主观原因还是客观原因，其直接后果都是出台相关政策的政府部门、行政主管部门的公信力的下降。无论是企业还是个人，都是在特定的、预期的情况下构建其行为模式的，如果政府特别是像中国这样的强政府提供的外部政策杠杆信号稍微变化，如果出现对大部分人在几乎没有准备的情况下进行调控，就会导致调整成本特别高；更大的一种可能是放弃调整，你说你的，我干我的。因此，需要致力于从运动式的管理模式向长效的政策激励机制的方式转变。

另外，中国强政府的特点在很多情况下，特别是在面对危机时能显现出它的优点。但强政府并不意味着政府的政策一定要以强力推动的方式去实现，还需充分考虑政策对象的特点与需求，致力于行为改变和行为激励（包括负向激励和正向激励），而不仅仅是行为约束。这样，政策制定者、政策执行者和政策对象之间才能良性互动。

企业既是政策对象，也是市场主体。对于企业来说，政府的规制作用特别重要。企业有多种类型，如中规中矩型（这类企业严格按照政策走向运作）、喜好风险型（或者说前沿型，这类企业爱探索新问题、新领域）、寻租型（这类企业可以钻任何政策的空子），等等。一个良好的政策或制度环境，应该让那些具有前瞻性的并且能够承担更多社会责任的企业很好地发展。如果我们一方面鼓励或要求企业承担社会责任，为节能减排作贡献；另一方面或者同时又没有严格执行环境政策，一些企业继续排污并且不受到惩罚，长此以往，很可能出现劣币驱逐良币的市场环境。

公众权利的有效发挥是降低政府监管成本的最好方式。公众享有对环境的基本权利，例如清洁空气、清洁水的权利等，对于这些权利，我们要予以支持和保障；同时，公众也拥有与环境改善相关的责任。要让公众的环境责任得到落实，政府应该给予公众相应的"权利束"：合适的环境知情权、受到环境损害时的索赔权、环境监督权等。

在应对气候变化以及空气质量改进领域的问题时，公民社会的发育和发展具有非常重要的作用，公民社会需要作为个体的人是一个有能力、行动力和负责任的公民；是公民权利和权力、公民责任、公民义务承担的整合。公民参与和承担环境保护责任包含多个层面，概括起来可以用"不以事小而不为、不以事小而乱为"表示。（1）强调洁身自好，亦即提高自身环保意识并落实到日常生活的方方面面和点点滴滴；（2）以己及人、推己及人，通过各种方式以及自身的行动影响他人的环境行为；（3）发挥消费者的力量，遵从"消费为环境负责"的理念，通过产品购买和各类消费行为影响企业的生产行为；（4）发挥公民的力量，依法行使公民对包括环境保护在内的公共事务的环境知情权，受到环境损害时的索赔权以及环境监督权。

国际气候谈判新进展与中国发展低碳经济面临的挑战

陈 迎

【内容摘要】 尽管哥本哈根会议的成果有限，但国际气候谈判进程不会停止，全球向低碳经济转型的大趋势不会改变，中国"言必信，行必果"，完成向国际社会做出的郑重承诺的坚定决心不会改变。本文综合分析了哥本哈根会议前后果国际气候谈判的最新的进展和未来发展趋势，重点探讨中国未来推进低碳经济转型，特别是完成 2020 年相比 2005 年单位 GDP 碳排放降低 40%—45% 目标面临的挑战以及应对策略

【关键词】 国际气候谈判；哥本哈根会议；低碳经济；碳排放强度

引 言

2009 年 12 月 7—18 日在丹麦首都哥本哈根召开联合国气候变化大会，这是一次规模空前的盛会，也是关系着全人类的命运的转折，更是一场各种政治力量之间激烈的博弈和较量。哥本哈根，一个遥远的北欧城市，小美人鱼的故乡，从来没有像今天这样，聚焦着全世界的目光，牵动着亿万人的心。面对短短几页纸的哥本哈根会议成果，极度失望甚至愤懑者有之，早在意料之中者亦有之。但无论如何，国际气候进程不会停止，全球向低碳经济转型的大趋势不会改变，中国"言必行，行必果"，完成向国际社会做出的郑重承诺的坚定决心不会改变。

本文将综合分析哥本哈根会议前后国际气候谈判的最新进展和未来发展趋势，重点探讨中国未来推进低碳经济转型，特别是完成 2020 年相比 2005 年单位 GDP 碳排放降低 40%—45% 目标面临的挑战以及应对策略。

一　国际气候谈判新进展

1. 哥本哈根会议的历史意义

早在 20 世纪七八十年代，科学家就对全球气候变化对自然和人类社会的威胁发出了警告。为了应对气候变化，20 世纪 90 年代启动了国家间的国际气候谈判，从此气候变化问题登上国际政治议程。回顾十几年国际气候谈判走过的历程，充满艰难和坎坷。

1992 年通过的《联合国气候变化框架公约》和 1997 年签署的《京都议定书》是两座重要的里程碑，迄今为止，仍是国际气候谈判的重要法律基础。然而，《京都议定书》第一承诺期只到 2012 年，为了对 2012 年后国际应对气候变化做出制度安排，2007 年 12 月在印尼巴厘岛召开的气候变化大会，确定了"巴厘路线图"。根据"巴厘路线图"的相关规定，在公约下启动一个促进长期合作行动的新的谈判进程，与议定书下原有确定发达国家在第二承诺期减排义务的谈判，构成"双轨"格局共同推进，目标是到 2009 年底的哥本哈根会议，就 2012 年后国际气候制度达成全面、有约束力、有效的国际协议。

气候变化已经给人类社会带来多方面的不利影响，并将继续直接威胁到人类未来的生存和发展，应对气候变化已刻不容缓。因此，哥本哈根会议肩负着非常重要的历史使命，甚至被形容为是"拯救人类的最后机会"。有来自全球 193 个国家大约 4 万名政府、企业、非政府组织、国际机构代表，以及新闻媒体的记者出席，一百多个国家元首或领导人在最后时刻齐聚哥本哈根展开最高级别的政治磋商。会议人数之多、规格之高，是非常罕见的。

2. 国际气候政治博弈

气候变化不仅是环境问题，也是发展问题。各种复杂的科学、政治、经济、技术、法律和伦理等因素交织在一起，因此哥本哈根会议是一场各种政治力量之间激烈的博弈和较量，谈判形势异常错综复杂。哥本哈根会议的谈判过程可谓一波三折，扣人心弦。

"巴厘路线图"的核心《巴厘行动计划》确定了在公约下谈判的

五大关键议题①，即"共同愿景"，核心是全球减排长期目标，以及减缓、适应、技术和资金，这些都是构建 2012 年后国际气候制度的关键要素和重要基石。其中减缓针对发达国家与发展中国家分两个条款做出了不同的具体规定，发达国家要承担包括量化减排目标在内的可测量、可报告的和可核查的、与其国情相符的温室气体减排承诺或行动，同时要确保发达国家间减排努力的可比性，而发展中国家在发达国家履行向发展中国家提供足够的技术、资金和能力建设支持的前提下，采取适当的国内减缓行动。发达国家的支持和发展中国家的减缓行动均应是可测量、可报告和可核查的。实际上，第一条主要是为美国量身定做，因为美国没有批准议定书，无法以缔约方身份参与议定书下第二承诺期的谈判，但美国作为发达国家应该与其他发达国家的减排努力具有可比性。

综合来看，哥本哈根谈判要解决的最核心问题，一是会议成果的法律形式；二是减排目标，全球长期目标是什么，2020 年中期减排目标是什么；三是资金问题，包括筹集资金的规模以及改革资金的管理方式；四是与减排和资金相关的国际报告和核查机制，即增加透明度的问题。在上述关键问题上，不仅依然延续着发达国家与发展中国家两大阵营之间的南北对立，同时两大集团内部也矛盾重重。欧美之间有分歧，发展中国家之间有分化，各种政治力量之间的博弈异常激烈。

有关会议成果的法律形式，"巴厘路线图"并没有做出明确的规定。从"双轨并行"的谈判格局看，应该通过"双轨"谈判形成两项不同具有法律性质的成果。但以欧盟为首的一些发达国家，出于自身利益的考虑，将目前国际气候谈判的"两轨并一轨"，形成单一的法律文件的要求。这实际上是试图抛弃《京都议定书》，尤其是议定书所规定的"共同但有区别原则"等一系列基本原因。会议期间，主办方丹麦，甚至联合主要发达国家在汇集各方意见形成的谈判草案之外起草了"丹麦草案"，超越"巴厘路线图"的授权，为发展中国家强加减排义务。这自然遭到广大发展中国家的强烈反对，提前泄露的"丹麦草案"最终胎死腹中。发展中国家强调《京都议定书》是长期有效的法律文件，是目前唯一为发达国家规定量化减排目标，具有法律约束力的时间表和违约惩罚机制的国际条约。抛弃议定书不仅意味着失去了履约机制的国际气候

---

① Bali Action Plan, unfccc. int.

制度出现严重的倒退，而且"共同但有区别原则"等重要原则也失去了载体。在这种情况下，要再达成一个新的更完善的法律文件将面临巨大的风险和不确定性。

减排目标是国际气候制度的核心。在长期目标上，2009 年 6 月在意大利召开的八国集团首脑峰会，对控制全球升温不超过 2 摄氏度的长期目标已经有过较多的讨论，并达成了某种程度的认同。此次，欧盟力推将 2 摄氏度目标法律化，并最终写进了哥本哈根会议成果。如果说，长期目标的达成，显示了各国政治家对气候变化问题的重视和道义上的支持，相比而言，中期目标上则直接决定了各国的减排成本分担，关系到各国近期的经济利益，各国之间的利益纷争也就格外激烈。

哥本哈根会议之前，各国纷纷亮出底牌，几乎所有附件 I 国家（发达国家和转轨国家）都提出了各自的中期减排目标。如欧盟承诺 2020 年在 1990 年基础上减排 20%—30%。美国总统奥巴马宣布到 2020 年在 2005 年基础上减排 17%。日本承诺 2020 年在 1990 年基础上减排 25%。加拿大承诺 2020 年在 2006 年基础上减排 20%。澳大利亚承诺 2020 年在 2000 年基础上减排 5%—25%。俄罗斯提出 2020 年将在 1990 年基础上减排 15%—25%。

实际上，这些减排目标往往暗藏玄机。首先，各国都选择对自己有利的基年，例如美国的目标，如果换算到 1990 年仅减排 4% 左右，加拿大仅为 2% 左右。而俄罗斯由于经济衰退目前排放比 1990 年下降了大约 34%，相对 1990 年的减排目标实际上未来还有较大的上升的空间。其次，减排目标对是否包含森林碳汇含糊其辞，对国内减排和海外减排也没有明确的划分。例如，美国计划通过国内森林管理和海外减排可最多可抵消各 10 亿吨二氧化碳排放额度，这将大大缓解其国内减排压力，原本就相对较低的减排目标很难对国内排放形成有效约束。不仅如此，一些国家的减排目标是有条件的，例如欧盟减排 30% 是要求其他国家付出可比的减排努力，日本和澳大利亚都要求主要排放大国必须参与国际协定，澳大利亚还为减排 25% 的目标设置了更为复杂的条件。如果不能满足条件，发达国家在履行减排目标上就会大打折扣。此外，美国的减排目标还没有得到美国国会的批准，未来能否批准存在不确定性。根据一些机构的分析和估算，如果不包括森林碳汇，附件 I 国家 2020 年相对

1990 年的整体减排幅度在 12%—18%[①]，距离 IPCC 科学评估结论 2020 年附件 I 国家整体至少减排 25%—40% 的目标仍有很大差距，离多数发展中国家要求的减排 40% 以上的目标相距更远。

表 1   附件 I 国家承诺的中期减排目标

	基年	减排目标（%）
欧盟 27	1990	20—30
美国	2005	17
日本	1990	25
澳大利亚	2000	5—25
加拿大	2005	17
俄罗斯	1990	15—25
白俄罗斯	1990	5—10
新西兰	1990	10—20
挪威	1990	30—40
冰岛	1990	30
克罗地亚	1990	5
摩纳哥	1990	30
列支敦士登	1990	20—30

注：部分国家的减排目标有附加条件。

资料来源：unfccc. int。

一些非附件 I 国家（发展中国家）也提出了减缓行动的具体目标，如表 2，例如中国承诺 2020 年在 2005 年基础上将单位 GDP 的碳强度降低 40%—45%，印度提出 2020 年在 2005 年基础上降低碳强度 20%—25%，巴西承诺到 2020 年相对基准排放情景（BAU）减排 36%—39%，其中重要措施是在国际资金的支持下到 2020 年相对 2005 年减少毁林排放 80%。南非承诺 2020 年相对 BAU 减排 34%，多数发展中国家的目标与获得相应的国际技术和资金的援助挂钩。但这些目标性质上是国内减缓行动目标，与发达国家必须承担的定量减排义务有本质的不同，《巴厘行动计划》对此有明确的规定。发展中国家提出的减缓行动目标，对

---

① WRI: Interactive Chart: Analyzing Comparability of Annex I Emission Reduction Pledges, http://www. wri. org/publication/comparability-of-annexi-emission-reduction-pledges/chart; Climate Action Tracker, http://www. climateactiontracker. org/.

发达国家形成一定的国际压力，对推动哥本哈根会议取得成果具有重要的意义。

对于资金问题，尽管各方都承认现有气候公约下 GEF 等资金机制所能提供的公共资金严重不足，但对于拓展资金渠道，出资规模以及资金的管理等问题，发达国家与发展中国家之间都存在严重的分歧。发展中国家强调发达国家向发展中国家提供技术转让和资金援助是公约规定的义务，但发达国家一直进展缓慢并缺乏诚意，仅仅将资金问题作为与发展中国家讨价还价的筹码。一面强调私营部门的投资和市场机制的作用，淡化政府责任，一面试图动用未来的官方发展援助（ODA），以规避应承担的资金义务，还试图将资金义务引向发展中国家。哥本哈根会议初步形成了发达国家 2010—2012 年快速启动阶段提供 300 亿美元，2020 年增加到每年 1000 亿美元的短期和长期资金援助计划，尽管远低于发展中国家提出的发达国家每年拿出 GDP 的 0.5%—1.0% 的水平，如何具体落实还不清楚，但这是一个进步。

表 2　　　　　　　主要非附件 I 国家提出的中期减缓行动目标

		目标年	减排目标
碳强度目标	中国	2020	相对 2005 年减排 40%—45%
	印度	2020	相对 2005 年减排 20%—25%
减排目标	巴西	2020	相对 BAU 减排 36.1%—38.9%
	印度尼西亚	2020	相对 BAU 减排 26%—41%
	墨西哥	2020	相对 BAU 减排 30%
	新加坡	2020	相对 BAU 减排 16%
	南非	2020	相对 BAU 减排 34%
	韩国	2020	相对 BAU 减排 30%
碳中性目标	哥斯达黎加	2021	−100%
	马尔代夫	2019	−100%

注：BAU 是指假设当前发展趋势不变的基准排放情景。部分国家的减缓行动目标需要得到相应的国际技术和资金援助。

资料来源：unfccc.int。

透明度问题成为哥本哈根谈判最后时刻非常突出的问题。美国提出可以参与到 2020 年每年筹集 1000 亿美元资金，条件是发展中国家减排行动要接受国际核查和增加透明度。而发展中国家认为要求发展中国家全部减排行动都接受国际核查是不合理的，只有接受国际资金和技术支持的部分才有必要接受国际核查。发展中国家可以根据国际需求增加透明度，但主要应该依靠国内机制进行统计和评估。"巴厘路线图"中规定的可衡量、可报告和可核查机制（MRV），不仅指发展中国家的减排行动，也包括发达国家提供资金和技术支持的情况。而发达国家在没有明确资金筹集计划的情况下，就将注意力集中到发展中国家，明显有悖于"巴厘路线图"的要求。

3. 哥本哈根会议的最终结果及其评价

哥本哈根会议经过两周艰苦谈判，在最后时刻通过了一项会议决定，将美国与中国、印度、巴西和南非等主要发展中国家达成的《哥本哈根协议》以及同意这一协议的国家名单记录在案，并决定延长公约和议定书下两个特设工作组的授权，到 2010 年墨西哥召开气候公约第 16 次缔约方会议时达成法律协议。

哥本哈根会议达成的上述成果，是一个在有限范围达成的不具有约束力的政治协议，尽管低于一些国际环境组织的期盼，但客观来看，基本符合会前冷静的分析和预期。我们不能期望一次会议就一步到位达成全面的、有约束力和富有雄心的国际法律协议，以政治协议形式表达各方共同应对气候变化的政治意愿，并锁定已经达成的某些共识和具体成果是向正确方向迈出的第一步。因此，会议成果是积极而有深远意义的。其积极意义主要有三个方面：

一是坚定维护了《联合国气候变化框架公约》及其《京都议定书》确立的"共同但有区别原则"。会议主办方丹麦一度联合主要发达国家起草"丹麦草案"，试图"两轨并一轨"，抛弃《京都议定书》，为发展中国家强加减排义务。经过缔约方尤其是发展中国家缔约方的不懈努力，坚定了"巴厘路线图"的方向。

二是在发达国家实行强制减排和发展中国家采取自主减缓行动方面迈出了新的坚实步伐。截至目前，所有发达国家都提出的中期减排目标，主要发展中大国也提出了自己减缓行动的目标。尽管一些发达国家的目标在利用森林碳汇和海外减排等方面还不清晰，有些还有附加条件，而且根据国际相关研究机构的评估，发达国家 2020 年相比 1990 年整体减排幅度仅为 8%—12%，仍远低于 IPCC 科学结论 25%—40% 以及多数发展中国家要求的至少 40% 的水平，但这些目标是推动后续谈判的重要基础。

三是在全球长期目标、资金和技术支持、透明度等焦点问题达成广泛共识。《哥本哈根协议》中认可有关控制全球升温不超过 2 摄氏度的科学结论作为全球合作行动的长期目标；初步形成了发达国家 2010—2012 年快速启动阶段提供 300 亿美元，2020 年增加到每年 1000 亿美元的短期和长期资金援助计划；两大阵营之间就发达国家履行减排义务和发展中国家采取减缓行动的透明性问题也有各自的解释。

应该说，中国作为发展中大国为推动谈判发挥了积极和建设性的作用。不仅在谈判开始前提出了雄心勃勃的减缓行动的具体目标，展现了中国的诚意，而且在谈判过程中，为推动谈判取得成果付出艰苦的努力。中国一直与发展中国家站在一起，一方面与发达国家在原则问题上不妥协，努力维护发展中国家的权益，另一方面同时在资金问题上明确表示最不发达国家优先，有效维护了发展中国家阵营的团结。在谈判的最后时刻，温家宝总理表示中国实现减排目标要"言必信，行必果"，受到国家社会的普遍赞誉。为了哥本哈根会议能达成某种政治协议不至无果而终，中国也展现了政策上的灵活性，与美国和其他发展中大国一起，积极沟通和斡旋，最终促成了《哥本哈根协议》的产生。尽管各方对这一协议还有争议，框架性的政治协议也远不足以解决全球气候变化问题，但达成协议意味着巩固成果，继续推进，中国对此应该说功不可没。

二 中国发展低碳经济面临的挑战[①]

1. 发展低碳经济是中国自主和自觉的选择

尽管哥本哈根会议达成的政治协议没有法律约束力，但全球向低碳经济转型已经是大势所趋。中国提出的 2020 年在 2005 年基础上单位 GDP 碳强度下降 40%—45% 的目标，相比"十一五"规划到 2010 年相比 2005 年能源强度降低 20% 的目标，碳强度目标更直接针对碳排放，减排的力度也更大。同时，该目标不附加任何条件，也不与任何国家的减排目标挂钩，体现出中国选择低碳经济道路，虽然有国际上的减排压力，但更多的是源于中国转变经济增长方式的内在需求。

---

① 基于中国社会科学院"中国重大经济问题跟踪研究"项目能源环境子课题的研究报告。

首先，中国能源安全问题日益突出，随着经济的高速增长，能源需求呈现强劲增长的态势。2008 年中国能源消费总量达 28.5 亿吨标煤，较 1990 年 9.9 亿吨标煤增长近 2 倍。据海关总署统计，中国前 11 个月的累计进口原油数量达到 1.83 亿吨，已超过 2008 年全年的进口量 1.79 亿吨，2009 年将成为中国原油对外依存度首次超过 50% 的标志性年份。

其次，资源短缺问题不断加剧。中国人口众多，人均资源占有量相对不足。随着经济步入重化工业发展阶段，不仅能源需求快速增长，而且对原材料等资源需求压力也增大。据预测，到 2020 年，在我国经济发展所需的 45 种矿产资源中，可以保证的只有 24 种，基本保证的 2 种，短缺的 10 种，严重短缺的 9 种。石油、铁、铜、铅和锌等重要矿产资源都将主要依靠进口满足需求。粗放型增长模式已难以为继。在加强国内资源开发和国外资源利用的同时，发展低碳经济有利于转变经济增长方式，降低对资源的消耗。

再次，环境污染压力日趋增大，尤其是与能源利用相关的诸多环境问题，如空气污染、酸雨、工业废水和固体废弃物等都非常突出，经济运行成本和社会成本进一步扩大。发展低碳经济，在减少温室气体排放的同时，也可以有效缓解上述环境问题带来的危害，具有明显的"协同效应"。

最后，全球气候变暖已是不争的事实，哥本哈根会议注册代表高达 4 万人左右，一百多个国家的元首或领导人出席，全球对气候变化的关注已经达到空前的程度。中国作为温室气体排放大国，尽管历史排放和人均排放相比一些发达国家仍较低，但中国承受的国际压力不断增大。

总之，低碳经济作为世界发展的大势所趋，对中国而言既是挑战也是机遇，中国提出碳强度目标反映了当今国际和国内社会发展的新特点和大趋势，既是对国际社会期待的一种积极回应，展现了中国做负责任大国的形象，更是中国自主和自觉的行动。

2. 有望完成"十一五"节能目标

中国自 2005 年制定"十一五"规划，已经实施了仅 4 年时间。从 2006—2008 年节能目标总体完成情况看，全国单位 GDP 能耗指标，从 2006 年上半年同比上升 0.8%，较快地扭转了上升态势，2006 年全年同比下降 1.79%①，实现由升到降的拐点。此后，能源强度指标加速下降，2007 年同比下降 3.66%，2008 年首次超过了年节能 4% 的目标，同比下降 5.2%。三年累计大约 12.45%，完成"十一五"目标的 62.5%②。节能工作虽然取得明显成效，但与规划预期相比还有差距。

分地区来看，如表 1 所示，有 20 个省、直辖市和自治区目标与国家目标持平，山西、内蒙古、吉林、山东 4 省和自治区目标在 22%—30% 之间，高于国家目标，其中吉林最高的为 30%③，而福建、广东等 7 个省和自治区目标在 12%—17% 之间，明显低于国家目标，其中西藏和海南最低为 12%。

在具体实施中，各地区由于社会经济发展水平、产业结构、能源结构等具体情况不同，根据自身情况政策制定和实施的情况也不同，造成最终实施效果的差异较大。其中北京 2006—2008 年连续三年都处于领先地位，累计下降 17.53%，占 20% 节能目标的 86.37%。进展相对缓慢的，如青海、海南、新疆、四川。如海南三年累计下降 4.46%，仅完成 12% 的 35.70%，而四川累计下降 9.76%，仅完成 20% 的 46.04%。

当然各地区完成情况的差异背后原因值得分析。例如，北京节能减排工作成效显著有地方政府的努力，更有作为首都的独特优势，尤其是为承办 2008 年奥运会所开展的一系列基础设施建设、污染治理环保工作的贡献④。例如：为了改善环境质量，北京将属高耗能、高污染行业的首钢集团搬迁到河北曹妃甸，采取限号措施减少机动车上路，利用陕西长途运输的天然气替代燃煤锅炉，公共照明系统节能改造等，都有利于降低北京能源消费强度，减少温室气体的排放量。又如四川节能工作

---

① 调整 GDP 后，单位 GDP 能源强度数据也相应调整，2005 年基年由 1.22 吨标煤/万元调整为 1.226 吨标煤/万元，2006 年由 1.21 吨标煤/万元调整为 1.204 吨标煤/万元，下降幅度由 -1.33% 调整为 -1.79%。
② 根据 2009 年 12 月 25 日公布的第二次全国经济普查结果，GDP 和能源消费数据调整后，2008 年单位 GDP 能耗比上一年下降 5.2%，三年累计完成 12.45%，相比数据调整前三年累计完成 10.05%，后两年完成目标的压力有所缓解。http://finance.sina.com.cn/review/fxzs/20091225/16447156657.shtml。
③ 根据 2009 年 10 月 9 日国家发改委公布 2009 年第 13 号公告《2008 年省自治区直辖市节能目标完成情况》数据测算，高于全国节能目标较多的吉林、山西、内蒙古的目标均有下降，分别从原来的 30%、25% 和 25% 调整为 23% 左右。http://www.sdpc.gov.cn/zcfb/zcfbgg/2009gg/t20091013_306579.htm。
④ 北京市节能减排工作成效显著，减排目标全面完成，北京市人民政府网站，2009 年 1 月 5 日。

受到地震灾害的影响，灾后重建尽管有全国其他省份的支持，但对当地建材、水泥、钢铁等高耗能产品的需求也有较大拉动作用，使得一些计划关闭的高耗能小厂在特殊环境下得以生存。再如，南海省的经济具有特殊的地域特色，原本工业较少而旅游业发达，减排潜力不大。

表3　　　　　各地区节能目标和2006—2008年完成情况

地区	2005年（吨标煤/万元）	2010年减排目标（%）	2008年相比上一年（%）	2006—2008年累计（%）	完成目标（%）
全国	1.226	20	-5.2	12.45	62.25
北京	0.80	20	-7.36	-17.53	86.37
天津	1.11	20	-6.85	-14.94	72.53
河北	1.96	20	-6.29	-12.83	61.54
山西	2.95	25*	-7.39	-13.32	57.52
内蒙古	2.48	25*	-6.34	-12.79	55.09
辽宁	1.83	20	-5.11	-11.83	56.44
吉林	1.65	30*	-5.02	-12.22	52.47
黑龙江	1.46	20	-4.75	-11.43	54.37
上海	0.88	20	-3.78	-11.67	55.60
江苏	0.92	20	-5.85	-13.04	62.60
浙江	0.90	20	-5.49	-12.64	60.51
安徽	1.21	20	-4.52	-11.59	55.2
福建	0.94	16	-3.70	-10.05	60.77
江西	1.06	20	-5.53	-12.20	58.32
山东	1.28	22	-6.47	-13.81	59.80
河南	1.38	20	-5.10	-11.71	55.82
湖北	1.51	20	-6.29	-12.98	62.3
湖南	1.40	20	-6.72	-13.88	66.95
广东	0.79	16	-4.32	-10.05	60.74
广西	1.22	15	-3.97	-9.47	61.21
海南	0.92	12	-2.55	-4.46	35.70
重庆	1.42	20	-4.97	-12.30	58.82
四川	1.53	20	-3.55	-9.76	46.04
贵州	3.25	20	-6.11	-11.51	54.78
云南	1.73	17	-4.79	-9.97	56.36
西藏	1.45	12	-2.50	7.13	57.88

续表

地区	2005 年 （吨标煤/万元）	2010 年减 排目标（%）	2008 年相比 上一年（%）	2006—2008 年 累计（%）	完成目标 （%）
陕　西	1.48	20	-5.92	-13.23	63.61
甘　肃	2.26	20	-4.53	-10.82	51.34
青　海	3.07	17	-4.18	-4.79	26.37
宁　夏	4.14	20	-6.79	-10.98	52.12
新　疆	2.11	20	-3.15	-7.13	33.16

资料来源：2006—2008 年国家统计局统计公报，国家统计局公布各地区单位 GDP 能源消耗统计公报。2009 年 10 月 9 日发布发改委第 13 号公告。2009 年 12 月 25 日公布全国 GDP 调整数据。

注：根据发改委公布三年累计完成指标测算，原目标有明显调整，三个省的节能目标大约调整为 23%，与原来公布目标有出入。

不同行业对国家节能目标的贡献也不同。一般而言，高耗能的工业制造业是节能减排的重点领域。2006—2007 年，钢铁、水泥等高耗能行业继续保持高增长的势头是全国单位 GDP 能耗强度指标难以完成年度任务的主要原因。2006 年上半年，全国单位 GDP 能耗同比上升 0.8%，高耗能行业单位增加值能耗增长高于全国平均水平，例如煤炭上升 5.5%，石油石化上升 8.7%。2008 年，随着针对重点高耗能行业节能减排政策的不断强化，以及全球金融危机的影响，主要耗能行业能耗有较大幅度的下降。据统计，2008 年 1—9 月全国单位 GDP 能耗同比降低超过了 3%。而高耗能行业的下降幅度超过全国平均水平。例如煤炭、建材和纺织行业的降幅分别为 6.74%、9.98% 和 9.61%。

受金融危机的影响，2009 年整体经济相比前几年增速有明显下滑，第一季度经济同比增长仅 6.1%，第二季度为 7.1%，对高耗能的重工业打击尤其严重，节能减排的压力暂时有所缓解。根据国家统计局 2009 年 6 月公布的数据，2009 年上半年单位 GDP 能耗下降 3.35%。但第四季度经济增速反弹，能源消费也相应较快增长。2009 年全年有望实现下降 4% 的目标。2010 年继续努力，"十一五"节能目标基本能够实现，这将是中国付出巨大努力的成果，不仅兑现对全社会的郑重承诺，也是对国际减缓气候变化做出的重要贡献。

3. 继续推进低碳经济转型面临严峻的挑战

"十一五"规划实施的近 4 年时间里，中国在低碳经济道路上迈出重要的步伐。主要表现在三个方面：一是通过强有力的政策措施，例如政府投资十大重点节能工程，开展针对用能大户的千家企业节能审计和管理，"上大压小"淘汰落后产能，节能减排初见成效。截至 2009 年上半年，单位 GDP 的能源强度相比 2005 年下降了 13%，相当于少排放 8 亿吨二氧化碳，继续努力则有望完成"十一五"规划的 20% 节能目标。二是发展可再生能源方兴未艾。2008 年可再生能源利用总量达到 2.5 亿吨标煤，仅 3000 多万农户使用的沼气，相比使用煤炭少排放二氧化碳 4900 万吨。三是中国下大力气退耕还林、植树造林，取得了显著的成绩，目前拥有 5400 万公顷的人工造林面积，位居世界第一。此外，中国还通过人口、资源、生态和环境保护等多种政策，为全球减缓温室气体排放做出重要贡献。

尽管取得了这些成绩，并不等于中国未来发展低碳经济便会一帆风顺。我们必须清醒地认识到，实现碳强度下降 40%—45% 的目标需要付出艰苦的努力，继续推进低碳经济转型面临着严峻的挑战。

目前我国正处于工业化、城市化加速发展的阶段，经济增长对重化工产业需求很大，这一发展阶段至少需要持续二三十年。2006 年重工业增长率为 17.9%，2007 年增长到 19.6%，2008 年受到金融危机的影响降低到 13.2%，但均高于同期国内规模以上工业增加值增长速度。在这个特殊发展阶段，推进低碳经济的确是一个巨大挑战。地方政府为了地方经济的发展，往往会把经济增长目标放在首位。而现阶段我国经济增长的一个典型特征是靠投资拉动。新开工项目越多，对能源、资源和环境的压力自然越大。发展低碳经济，最终还要靠低碳技术研究开发的突破和大规模的推广应用，但技术水平的提高需要国家综合实力作为保障，仍需一个过程。

有研究表明，降低单位 GDP 能耗，技术进步的贡献率为 30%—40%，而结构调整的贡献率为 60%—70%。有关机构对"十一五"规划中期评估得出的结论是，工业对单位 GDP 能耗下降的贡献率在 80% 以上。促进结构调整的重要性不言而喻。但结构调整并非易事。现阶段，我国产业结构的不合理是多方面的，第一，体现在生产结构不够合理，低水平下的结构性、地区性生产过剩，企业生产高消耗、高成本；第二，体现在产业组织结构合理，各类产业普遍存在分散程度较高，集中度较低的问题；第三，体现在产业技术结构合理，少数拥有先进技术的大型企业与大量技术水平相对落后的中小企业并存；有数据显示，在

2006—2008 年的 3 年期间，全国共淘汰小火电机组 3421 万千瓦，落后炼铁产能 6059 万吨、炼钢产能 4347 万吨、水泥产能 1.4 亿吨，大量减少了温室气体排放。但是中国也为此付出了高昂的社会经济的代价。而且靠关闭落后产能并不是可以持续挖掘的节能潜力，肯定是越做越困难，成本也越高。第四是第三产业，特别是高技术产业、环保产业等新兴产业发展相对落后。我国服务业增加值占 GDP 比例在 40% 左右徘徊，不但远远落后于发达国家的平均值 64%，也明显落后于中低收入国家平均 55% 的水平。此外，各地经济社会发展情况差异较大，加大了结构调整难度。即使政策实施中采取多种调控手段，但调控政策的效果往往有滞后性。

事实上，近年来我国产业结构调整成效非常有限，第二产业的比重基本持平，能源结构的优化也进展缓慢，甚至在能源需求快速增长的压力下，煤炭消费增长速度超过其他能源，能源结构不仅没有改善，反而出现恶化的趋势。近年来中国大力发展新能源，其中太阳能光伏发电达到 12 万千瓦，太阳能利用面积为 1.3 亿平方米，居世界第一位；水电和风电装机容量分居世界第一、第四位，核电装机容量提高到 910 万千瓦，在建 2000 万千瓦。截至 2007 年底，中国农村户用沼气达到 2650 多万户，每年可替代近 1600 万吨标准煤，相当于少排放二氧化碳 4400 万吨。但新能源和可再生能源在总能源消费中的比重仍然较低，难担重任。客观来看，2008—2009 年节能目标的完成明显好于 2006—2007 年，这一方面得益于节能减排政策措施实施力度的不断加强，以及一批重点节能工程陆续建成并发挥作用，但 2008 年下半年起席卷全球的金融危机造成经济下滑，高耗能产业受到影响最大，部分高耗能产业被动减产和停产，导致能源需求下降，也是重要原因。

随着全球范围的经济复苏，中国经济转好的趋势已经确立，能源需求和排放很容易出现反弹。1997 年发生亚洲金融危机期间，中国能源消费总量 1998—2000 年出现了连续三年的负增长，分别较上一年下降了 4.9%、9.3% 和 0.3%，其中煤炭消费下降尤为明显，1997—2000 年出现了连续 4 年的负增长，分别较上一年下降了 3.0%、7.8%、15.7% 和 5.2%。但是自 2001 年经济从金融危机中复苏之后，中国能源消费出现了历史罕见的快速增长，2001 年和 2002 年能源消费总量分别上一年增长 9.4% 和 14.8%，同期煤炭分别增长 10.5% 和 19.5%，能源消费的弹性系数接近甚至超过 1。如果在经济复苏的同时，保持节能减排不放松，

1997 年的亚洲金融危机应当作为前车之鉴。

三　国际气候谈判前景展望和中国应对策略

面对当前国际和国内应对气候变化的严峻形势，中国必须兼顾国际和国内两个大局，一方面在国际谈判中继续维护和争取发展权，另一方面在国内要积极落实 40%—45% 的碳强度目标，大力推动向低碳经济转型。

1. 在新起点上推动国际气候合作

哥本哈根会议是国际气候进程中的一座具有历史意义的里程碑，它不是终点而是推动国际气候合作的一个新的起点。由于哥本哈根会议达成的政治协议不具有约束力，不能排除后续谈判中出现新的变数，甚至有局部的反复或者倒退的可能，后续谈判进程必将充满艰难和坎坷。

中国在国际气候谈判中维护和争取发展权，在以下三个方面的国际压力不断增强：一是全球减排目标对我国未来排放空间的挤压。哥本哈根会议达成了控制全球升温不超过 2 摄氏度的长期目标，一些小岛国甚至提出更为激进的 1.5 摄氏度目标。未来还将后续谈判的一个焦点问题是长期目标的具体化。实际上，2 摄氏度目标的确定已经对全球排放空间做出了限定。全球排放 1990 年大约是 210 亿吨二氧化碳，目前为 290 亿吨，到 2015—2020 年前后应达到峰值，此后大幅度下降。若到 2050 年全球排放减半，以 1990 年或 2005 年为基年，全球排放大致为 105 亿至 145 亿吨。而目前发展中国家整体排放已经达到 137 亿吨，中国大约 60 亿吨，未来还要继续增长。尽管本次会议未就 2050 年全球减排 50% 目标达成一致，但显而易见，中国面临日益强大的国际压力，不仅来自发达国家，也来自发展中国家。

二是国际磋商和分析对我国相关统计、监测和考核体系提出更高要求。哥本哈根协议规定对发展中国家自主减缓行动开展国际磋商和分析，未来谈判还将就具体细节进行谈判。发达国家希望借此推动将发展中国家纳入全球减排体系，甚至要求中国等发展中大国承担更多减排义务。对此，中国刚刚建立的相关统计、监测和考核体系还很不完善，加强相关能力建设的需求十分迫切。

三是欧美等发达国家提出碳关税等贸易措施对我国未来促进外贸出

口构成威胁。尽管哥本哈根会议没有将贸易问题作为谈判议题，但发达国家，特别是欧盟一直为推动碳关税进行积极的准备。未来谈判有可能涉及这一敏感问题。外贸是中国经济增长的"三驾马车"之一，但中国作为"世界的加工厂"，出口产品中低附加值和能源密集型产品仍占很大比例。碳关税一旦实施，中国受到影响将首当其冲。

2010 年将在墨西哥召开气候公约第 16 次缔约方会议，各方在减排目标、资金机制、透明度等关键问题还需要深入磋商。国际气候谈判面临的主要任务：一是哥本哈根协议本身，就协议体现的共识争取更广泛的国际支持，但在各国减排承诺的表述和记载上要分开呈列，明确区别。二是坚持"双轨制"，在两个工组主席案文的基础上，就尚未达成一致的问题展开谈判，包括确定发达国家在议定书下第二承诺期的减排义务，以及敦促发达国家及时、有效地兑现 300 亿美元资金承诺，以及落实长期资金目标等。人们期待着国际气候谈判进程能在艰难险阻中加速前行，求同存异，力争达成共识，带给人类社会更加光明美好的未来。

2. 中国推动低碳经济转型的策略

尽管哥本哈根会议远没有完成其历史使命，但无论如何，低碳经济已经成为世界经济发展的大方向。尽管学术界对低碳经济的基本概念和理论的深入讨论才刚起步，但正如可持续发展在全球从概念到实践日益深入人心，发展低碳经济没有必要过多地纠缠概念的准确定义和理论上精致的阐述，更重要的是在实践中积累经验，不断前进。"千里之行，始于足下"。中国应该立足当前，努力探索一条适合国情的低碳发展之路。

为顺应全球向低碳经济转型的大趋势，中国必须建立低碳经济发展的综合战略，既包括硬件建设，如重点节能工程和能源基础设施的建设，也包括软件建设，如相关法律法规、政策体系以及体制机制建设；既要发挥政府的主导作用，也要调动企业积极性，鼓励公众广泛参与；既大力推进生产领域的低碳技术研究开发和应用，也积极鼓励生活方式和消费方式向低碳方向转变。

第一，从操作层面上看，中国要实现甚至超过 2020 年单位 GDP 碳强度在 2005 年基础上下降 40%—45% 的目标，需要在总结"十一五"经验基础上，加大节能减排的政策力度，改善政策的制定和实施十分关键。例如：

"十一五"节能目标很大程度是"自上而下"确定，缺乏充分的科学研究作为决策支撑，节能目标的年度分解和区域分解随意性都很强。从国际经验看，例如英国，制定其国家减排目标，往往要聘请专门的独立咨询机构对各部门减排潜力进行"自下而上"的全面评估，以确保国家减排目标以及地区和部门目标的分解更为合理。中国2001—2005年能源强度呈现上升趋势，要使上升趋势发生逆转，先要稳定而后才可能下降。将5年内能源强度下降20%的目标平均分解到每年实现4%显然过于简单化。从"十一五"节能目标的实施情况看，一些省市没有完成节能目标，有不同原因，应该具体情况具体分析。例如，四川省因灾后重建，对高耗能的水泥等建材产品的需求旺盛，部分高耗能小厂依然有生存的空间。海南省12%的减排目标尽管相比其他省已经是最低的，但海南经济发展有自身特点，工业不多而旅游业发达，节能减排的潜力不大。总之，应该在深入细致的调研基础上，提高科学决策水平。

第二，目标实施之前缺乏完整的实施方案和政策设计，只能边走边看，政策协调性有待加强。"十一五"规划目标的实施只有短短5年时间，2005年确定节能目标后，各种政策措施才开始陆续制定和出台。在前两年节能目标未能按计划实现后，政策措施又得到强化。这样一来，制定政策的过程占用了实施政策的时间，考虑到政策实施效果的滞后效应，实际上政策发挥作用的时间进一步缩短。中国制定"十二五"目标，要考虑政策衔接的连贯性，对一些未来可能引入的政策工具，例如碳税或者排放贸易体系，尽管目前实施的时机尚不成熟，也应该早做研究和试点，进行必要的政策储备。同时，需要通盘考虑，加强不同部门政策之间的协调性，避免条块分割或者因部门利益影响政策的实施。

第三，节能环保是关系社会经济全局的问题，调动地方、企业和全社会的力量，不仅应让地方政府、企业和全民广泛参与政策的执行，还应广泛吸纳各方面的利益相关者参与决策。城市是人口和经济活动的密集区，是能源消费和温室气体排放的主要来源。目前，各地建设低碳城市热情十分高涨，但有些地方对低碳经济和低碳城市的认识并不清晰，也缺乏指导，需要国家通过适当的政策措施在保护地方积极性的同时加以引导和规范。企业作为经济活动的主体，是耗能和排放大户，也是节能减排行动的具体实施者，对节能目标的实现起到非常关键的作用。政府应该建立更广泛的渠道，倾听企业声音，调动企业积极性。节能减排不能只靠行政命令，还要从企业利益出发，创造经济激励，让企业从节能降耗中获得经济效益。

第四，应该重视各地区分工不同的差异性和产业转移问题。单位GDP 的能源消耗是一个综合性指标，与经济增长、经济结构、能源结构、技术水平、资源环境等多种因素有关，各地区应该根据自身实际确定不同的节能目标。而且，区域之间高耗能产业的转移相当普遍，呈现从东部经济相对发达地区向中西部转移的趋势，对西部地区节能目标的影响值得重视，同时各地也应该根据实际情况对节能政策进行调整。例如，北京将首钢等工业企业转移出去后，经济结构的变化有利于节能减排，同时节能重点发生转移，从生产用能转向消费用能。而接受产业转移的地区必须对其带来的经济利益与环境影响进行权衡，通过政策对产业转移进行适当调控。

第五，建立和健全能源、碳排放统计、报告、评估和考核体系，对促进节能减排和低碳经济发展来说是一项基础性的工作，具有非常重要的作用。"十一五"期间，全国和各地区单位 GDP 能耗公报制度已经初步建立。按照国务院要求，国家统计局每半年都会发布全国和各地区单位 GDP 能耗指标公报，各省"十一五"目标的中期评估结果也已经公布。2008 年底启动的第二次全国经济普查，将能源消耗普查列为七大主要普查内容之一。从能源强度目标转换为碳强度目标，涉及范围更广，数据更多，难度也更大，这就要求统计体系必须做出相应调整。

总之，中国必须要迎接低碳经济的挑战。特别是在当前，要将应对金融危机的短期目标与促进节能减排的长期任务结合起来，以应对金融危机作为改变经济增长方式和加快结构调整的良好机遇，以科学发展观统领全局，把科学发展理念落实到实施"十一五"规划和制定"十二五"规划的各个方面和全过程，建设资源节约、环境友好、经济优质、自主创新、社会和谐的小康社会。

基于贸易的低碳技术国际转移的效果评价与影响因素分析

——对后哥本哈根的启示

邹　骥　王海芹

【内容提要】　　本文剖析了通过国际贸易发生的低碳技术国际转移案例，采用结构—行为—绩效（SCP）的分析框架，观察了技术转移的发生过程，分析了主要利益相关方所处的市场结构特征、在技术转移过程中的主要行为以及由此决定的技术转移效果，旨在从微观层次评价贸易这种传统机制在促进低碳技术国际转移时的积极作用和局限性，为建立后哥本哈根时代低碳技术国际转移创新机制提供支持。

【关键词】　　国际贸易；低碳技术；SCP；技术转让；技术溢出

引　言

当前，国际社会迫切需要建立低碳技术开发与转让的创新机制，以促进先进技术在全球范围内尤其是从发达国家向发展中国家的大规模应用与扩散，进而提高广大发展中国家在可持续发展框架下应对气候变化的能力。为此，一些学者开始注重对气候变化领域技术开发与转让创新机制的研究（邹骥，2008；Michael Hubler & Andreas Keller，2008），其中一个重要的研究课题是科学评估已有的基于市场机制的技术转移途径在促进低碳技术国际转移时的效果。对于这个问题的研究有助于我们更深刻地理解当前发达国家和发展中国家关于低碳技术国际转让的政策争论：即低碳技术的大规模转让是以市场机制为主要驱动还是以政府为主要驱动。

广义的国际技术转移途径主要包括国际贸易、外商直接投资（FDI）、官方发展援助（ODA）和全球环境资金（GEF），其中前两者主要由市场驱动，后两者由政府或者国际公共组织驱动。本文选择国际贸易这个典型的国际技术转移途径为研究对象，评价以市场为驱动的传统机制在促进低碳技术国际转移时的效果以及相应的影响因素。有关研究显示，国际贸易这一传统的技术转移途径承载了 75% 以上的从发达国家向发展中国家的广义的技术转移（Lile & Toman，1997）。但是当考虑到低碳技术以及低碳技术国际转移的特殊性（邹骥、王海芹，2007），国际贸易能否有效促进这类技术的转移以及其效果是否足够提升发展中国家应对气候变化的能力，仍有待于进一步研究。

有鉴于此，本文选取中国从发达国家引进先进的燃气轮机技术①为研究案例，全文采用结构—行为—绩效（SCP）的分析框架，深度调研了中国企业进口燃气轮机技术的过程，观察并分析了技术引进和消化过程中主要利益相关者在特定市场结构下的行为，通过访谈和调研获得了中方企业引进和消化技术的第一手资料进而评价技术转移的效果及其影响因素。此案例研究评估了国际贸易在促进低碳技术国际转移时的积极作用、局限性和影响因子，为后哥本哈根时代低碳技术开发与转让创新机制的建立提供了研究支撑。

一 案例简介

本节将详细介绍中国企业引进发达国家燃气轮机技术案例，便于后文分析。

（一）技术引进过程

"十五"期间，中国的能源政策有了重大转变，"西气东送"工程的实施为发展重型燃气轮机技术带来了契机。2001 年，国家发展和改革委员会发布的《燃气轮机产业发展和技术引进工作实施意见》中指出：随

---

① 燃气轮机发电技术是电力行业先进的、成熟的低碳技术。相对燃煤电厂而言，天然气电厂的二氧化硫（SO_2）和固体废弃物排放几乎为零，温室气体的排放减少 1/2，氮氧化物（NO_X）的排放减少 2/3，可悬浮颗粒物（TSP）的排放减少 3/4。

着中国天然气资源的大规模开发利用，近海天然气开发和液化天然气工程的进展，国家能源结构调整已进入实施阶段，发展燃气—蒸汽联合循环发电是战略调整的重要组成部分。

在此背景下，国家发展和改革委员会提出"统一组织国内资源，集中招标，引进技术，促进国内燃气轮机产业的发展和制造水平的提高"，即通过捆绑式招标，技贸结合，实施"市场换技术"，在采购国外燃气轮机设备的同时引进重型燃气轮机制造技术。

国内外主要发电设备制造厂商经过相互选择与谈判，最终美国的某家著名电站设备制造厂商（以下简称"美国厂商"）和国内黑龙江的某家电站设备制造厂商（以下简称"黑龙江厂商"）结成投标联合体、欧洲的某家著名电站设备制造厂商（以下简称"欧洲厂商"）和国内上海的某家电站设备制造厂商（以下简称"上海厂商"）结成投标联合体、日本的某家著名电站设备制造厂商（以下简称"日本厂商"）和国内四川的某家电站设备制造厂商（以下简称"四川厂商"）结成投标联合体。每一个联合体中的外商企业和中方企业既是"技术供方—技术受方"的技术转让关系，又是在合同设备制造过程中的伙伴关系。项目以中国燃机电站业主的市场需求为筹码要求外商承诺向中国企业转让燃机制造技术，外商若不转让技术则不能参加燃机设备采购竞标。同时，外商对燃机技术的转让又以获得的市场份额为前提条件，份额越多，外商向中方企业转移的燃机技术也越多。

（二）主要利益相关方

按照 Metz & Davidson（2000）提出的低碳技术国际转移过程中利益相关者的划分标准，本文识别了如下燃机技术引进过程中的主要利益相关者，包括：

技术供应方："美国厂商"、"欧洲厂商"和"日本厂商"；

技术购买方：技术购买方是国际技术转移中最重要的利益相关方，本案例中指"黑龙江厂商"、"上海厂商"和"四川厂商"；

政府：既包括技术输出国政府又包括技术引进国政府，本案例中主要关注国家发改委和科技部等政府部门，为燃气轮机的技术引进提供了各类政策支持；

燃机用户：采用三大联合体生产的燃气轮机的电站用户，是燃机技术引进过程中的重要利益相关者，尽管电站业主并不直接参与燃机技的引进过程，然而其对燃气轮机的使用必然影响着技术引进方对燃机技术的消化与吸收。

除了这些主要利益相关者之外，燃机技术的引进还涉及诸多的市场媒体、上下游关联企业，比如零部件供应商、焊接商、材料商等。

根据研究需要，本文将重点分析政府、技术引进方、技术输出方在燃机技术转移过程中的主要利益关注、行为特征并由此决定的技术转移效果。

二 案例研究框架

本文采用产业组织理论中的"结构（Structure）—行为（Conduct）—绩效（Performance）（以下简称 SCP 分析范式）"作为分析框架（图1），研究燃机技术转移效果以及影响因素。

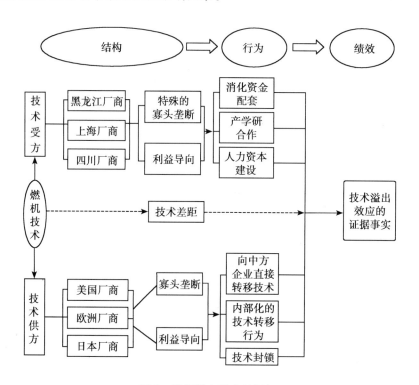

图 1 案例研究的分析框架

（一）SCP 分析范式简介

SCP 研究模式是 20 世纪 30 年代美国哈佛大学学者贝恩等在继承前人研究成果的基础上，以实证研究为主要手段把产业分解为特定的结构、行为、绩效三方面构造出的一种既能深入具体环节又有系统逻辑体系的三段论式的产业组织分析范式。

市场结构是指包括供方和需求方在内的市场参与者之间的竞争或垄断关系。通常，根据垄断的程度（企业的数量）、厂商的规模、产品差别化程度和进入退出壁垒，可将市场结构划分为完全垄断、寡头垄断、垄断竞争和完全竞争（Aghion，2001）。企业行为是指企业在市场上为赢得利润最大化和更高的市场占有率所采取的一系列策略性的活动，包括企业的价格策略、产品策略等。市场绩效是指某一产业中的主要企业在既定的市场结构下其市场行为所导致或形成的这一产业的资源配置效率和利益分配状态，是反映具体产业运行效率的综合性概念，通过研究产业的市场绩效能够准确地判断市场结构和市场行为的合理性和有效性程度。

SCP 范式能使市场结构与经济绩效之间呈现出一定程度的互为因果关系，因此市场结构影响/决定经济绩效的关系，在实证研究中常被简化为前者是因，后者是果。这是产业组织学的热点。

由于结构与绩效决定因素和测量指标不尽相同，使得有关两者关系实证研究的结果存在很大的差异。但多数研究把竞争与垄断、企业规模、集中度等视为市场结构的重要体现，而把生产率、利润率、技术进步等看做是经济绩效的中心内容。这样，结构—绩效关系就演绎为不同的函数关系（王伟光，2001）。

（二）案例研究中 SCP 指标的选取

在本文的燃机技术转移案例研究中，市场结构我们依然采用反映竞争与垄断的因素，比如企业数量、企业规模、产品差异化、进入退出壁垒来衡量。

在特定的市场结构下，不同企业为了提高自己的竞争力会表现出不同的行为，本文将重点考察利益相关者的技术转移行为。技术输出方的行为是为了保持竞争优势而采取不同的技术输出策略；技术引进方的行为是响应中国政府"市场换技术"的战略，积极引进先进的燃机技术、加以消化吸收，提高自身的技术创新能力。

本文选择技术溢出效应作为衡量绩效的一个指标。所谓技术溢出效应（Spillover Effect），是指技术转移在东道国引起的内涵式经济增长。陈晓枫（1999）认为技术溢出效应是指在贸易或其他经济行为中输出的先进技术，被输入方消化吸收所带来的技术进步，以及技术转移过程所带动的输入方的经济增长。张建华（2005）认为发展中国家的技术引进，从另一个角度看就是技术的国际溢出。在案例研究中技术溢出效应具体表现为企业制造能力的增强、出口能力的增强以及国产化率的提高等指标。在评估燃机转移过程中的技术溢出效应时，我们观察"技术溢出效应的发生机理"和梳理"技术溢出效应的证据事实"，进而分析"利益相关者的行为是促进还是抑制了技术溢出效应的发生"以及定性识别"促进或者抑制的程度"。

三　技术供方以及技术受方的市场结构分析

（一）寡头垄断的技术供方市场结构

世界重型燃气轮机制造业经过六十多年的研制、发展和竞争，目前已形成了高度垄断的局面，即以本文中提及的"美国厂商"、"欧洲厂商"和"日本厂商"等主导公司为核心，其他制造公司多数与主导公司结成伙伴关系。这几家跨国大公司及其伙伴厂家的产品份额约占世界燃气轮机总量的80%，它们的技术性能、结构特点代表了当今世界重型燃气轮机的主要特征与发展趋势。

技术供方作为当前世界燃机市场主要的垄断力量，各自面临着来自其他寡头企业的激烈竞争，为了获得中国巨大的燃机市场份额不得不输出技术。调研发现，"美国厂商"、"欧洲厂商"和"日本厂商"对中国合作伙伴的"不情愿"的技术转移行为是压制竞争对手的一种企业行为。比如在对美国厂商调研时，相关人员表示尽管美国厂商的燃气轮机市场份额一直稳稳占据全球燃气轮机市场份额的首位，然而依然迫于其他跨国公司的激烈竞争，不得不向中方企业转移燃机技术。

（二）多元政府主体分割下的技术受方市场结构

中国目前大小汽轮机制造厂主要有十家，其中具备大型汽轮机设计制造能力，同时也具备核电、超临界机组和燃气轮机研制能力的企业主要是本文提及到的"黑龙江厂商"、"上海厂商"和"四川厂商",这几家企业的制造能力几乎占据了 90% 的国内市场份额。从表面上看,中国的三大电力设备制造厂商处于寡头垄断的市场结构之中,但这种寡头垄断的格局不是单纯的产业组织理论所说的寡头垄断,而是一种行政力量操纵下的"多元政府主体分割下的市场结构"形态,具有如下特征:

一是市场中存在多元政府投资主体。中央政府、地方政府以及各级相关部门都可以成为市场投资主体,而这些主体的利益需求又是多元的,尤其在中国发电设备制造行业的分割分治状态下,它们的利益需求更加难以调和。

二是企业投资主体是预算软约束的。由于发电设备企业并不是真正的投资主体,所以企业有可能不会真正对投资收益负责——比如在对中国三大厂商调研时听到"引进燃机技术是国家的任务"的声音——反而在地区利益的驱动和上级的要求下走上不计成本、拼资源、拼投资的粗放型发展模式,企业市场观念、投资风险淡薄,导致企业普遍创新动力不足、竞争不强的情况。

技术引进方所处的行政力量干预下的寡头垄断的市场结构,决定了其在技术引进过程中既表现出积极的一面,又表现出消极的一面。一方面,中国的三大厂商会因面临的激励竞争而积极引进国外的先进技术,进行技术创新活动,另一方面,国家的行政干预、预算软约束等因素也在某种程度上削弱了企业的技术创新动力。

四 技术供方与受方的行为分析

在了解技术供方与受方的市场结构之后,下面将转向燃机技术转移过程中各主要利益相关者根据各自的利益动机而采取的行为。

(一) 技术供方的行为分析

"美国厂商"、"欧洲厂商"和"日本厂商"作为向中国电力设备制造厂商转让先进技术的供方,由于寡头垄断的市场结构,这些外商之间的竞争非常激烈,为了争夺中国的市场份额和保持各自的竞争优势,在中国政府"打捆招标"要求下,跨国公司不得不调整各自的燃机技术转移策略。

对于燃气轮机技术的转移,"美国厂商"、"欧洲厂商"和"日本厂商"都根据技术的质量，选择了不同的技术转移方式。对于燃机的常规制造技术，采用直接向中方企业出口的方式；对于燃机的高温热部件等核心技术，考虑这些核心技术比市场更重要，占优势的核心技术一旦扩散或转移给中方企业，则很可能培养出一个能在国际市场上同自己相抗衡的竞争对手，外方对这类技术采取了向合资工厂转移的方式；另外对于最为核心的技术，比如燃气轮机的第一级叶片制造技术，三大外商基本上是采取了技术封锁的战略。

1. 向中方企业直接转移常规技术

向中方企业直接转移技术的行为是指三大跨国公司按照合同的规定，直接将技术转移给中国国内的发电设备制造企业。据调研，三大外商在转移这类技术时的态度比较积极，采取了相应的措施帮助中方企业尽快消化吸收所转移的技术，包括采取各种各样的培训措施帮助中方企业消化各类技术资料和图纸，以及设立专门的燃机项目服务小组，以随时帮助中方企业克服在消化吸收燃机技术过程中遇到的各类问题。

三大外商积极转移的技术一般是燃气轮机的常规技术，与燃气轮机的核心技术相比，这类技术已失去了它的领先性或先进性，因而技术供方放松了对它转移和扩散的控制。

2. 成立合资公司，内部化转移燃机的核心技术

常规的燃机制造技术尽管是中国企业所缺乏的技术，但对跨国公司而言，还不是核心技术，针对核心的燃机制造技术，三大外商采取了保守的技术转移措施，或者也可以称为内部化的技术转移行为。

按照技术转移的内部化理论，由于市场不完善，导致交易成本过高，国际技术转让风险过大，于是导致了技术转移的内部化倾向，即在母、子公司内部转让技术，才不会对公司造成威胁。

在燃机技术转移过程中，三大跨国公司针对燃机的核心技术，即高温热部件一律采取了内部化的技术转移措施，即通过与中国国内的企业成立合资公司并进行控股来进行燃机核心技术的转移，这种保守的行为反映了跨国公司严格控制核心技术、防止技术秘密泄露的动机。

"美国厂商"、"欧洲厂商"和"日本厂商"分别在中国成立了合资公司，以生产燃机的核心部件，外商对于核心技术是通过内部化的技术转移方式进行的，这显现了外商对于核心技术的封锁。

3. 封锁最核心的燃机制造技术

截止到调研时间，三大国外厂商对于燃机的最核心部件，比如燃机

的一级叶片和一级喷嘴等制造技术是进行封锁的。其中的原因不仅有技术因素，如一级叶片制造技术的复杂因素远远超出中方企业的技术吸收能力，也有非技术性因素，如技术输出方出于保持各自的技术垄断性以获得更高的垄断利润的考虑、外商政府对燃机核心技术出口的封锁政策，等等。

（二）技术受方的行为分析

中国三大燃机技术引进厂商所处的特定市场结构决定了其在技术引进和消化吸收过程中既采取了积极的技术引进行为，同时也无法避免在这个过程中的消极行为。

1. 多管齐下，积极吸收燃机制造技术

技术引进方采取的积极措施包括从组织上成立专门的燃机技术引进项目小组，负责燃机技术引进的管理与协调工作；同时，技术引进方通过自筹、争取国家和地方政府的相关资金支持等途径，为燃机技术配备了大量的消化吸收资金；建立产学研联合体是企业积极消化吸收燃机技术的重要措施，三大厂商均积极组织本地和国内的来自高等院校和科研院所的力量，共同进行燃机技术的消化吸收和二次研发工作。技术引进方采取的积极措施还包括加强人力资本建设，采取多种方式对燃机技术人员进行全面的理论和实践培训等。

2. 技术受方也存在消极行为

由于中国发电设备行业具有多元政府行政干预下的寡头垄断市场结构，技术引进方在燃机技术引进过程中既有积极行为，也存在一些消极的技术消化吸收态度和行为。

我们在技术引进企业调研时发现：由于燃机技术的研发投入回报周期过长和存在相关替代技术，企业并不认为引进燃机技术是自身的优先发展战略，而将其视为"国家下达的任务"。同时，国家的资金投入远远不足以支持企业完成这一国家任务，为此，企业自己还需投入大量的资金投入。但就引进和二次研发燃机技术的成果而言，企业尚不能独自享有。这些都削弱了企业引进消化吸收创新的积极性。

五 燃机技术转移的效果评价及其影响因素

中国引进燃气轮机技术获得了一定程度的技术溢出效应，即提高了企业的技术水平和燃机制造劳动生产率，填补了中国重型燃机技术的空白，培育了一批技术人员，从而为实现中国燃机技术的二次创新奠定了基础。但是，案例分析也显示，种种因素制约了这种溢出效应的获得，限制了燃机技术引进的效果。

（一）技术溢出效应的总体评价

引进燃机技术的中国三大电力设备制造厂通过在"干中学"中消化吸收外商转让的以图纸、技术文件和计算机软件等形式表现出的燃机制造技术和试车技术，提高了自身的燃机制造能力、部分产品的出口能力和燃机的国产化率，具体表现为：

证据事实1——工艺的改进。

我们在调研中发现，中国的技术引进方在消化图纸的基础上对一些工艺进行了改进。比如，有的企业创新性地调整了燃机燃烧室过渡段的装配顺序，从而使得每台机组的装配周期缩短了4—6天，提高了燃机的生产效率；另外，有的机组用国内生产的部件替代了燃机中的某些部件，为企业节约了大量的资金。这是企业在理解燃机制造技术的基础上，根据本地的实际生产情况对技术作出的合理改进，燃机技术的溢出效应也随之发生了。

证据事实2——产品出口能力提高。

我们在调研中发现，技术引进企业通过与技术输出方的长期合作，在理解和掌握燃机装配和试车技术的基础上，已经具备独立生产某些重要部件的能力，进而成为技术输出方的某些零部件供应商。比如，装配燃气轮机的气缸是一个高精度要求的工艺细节，中方企业技术人员经过无数次的调整转数和走刀的方式，攻克了精度控制的难题，实现了汽缸加工的批量生产，目前可年产8—12套符合技术输出方标准的燃机气缸，成为该技术输出方燃机气缸方面的合格供应商。这种"引进—消化吸收—出口"的良性技术引进模式表明企业能够在消化吸收国外技术的基础上形成自主技术创新和产品出口的能力，也是企业获得技术溢出效应的重要体现。

证据事实3——国产化率提高。

反映企业技术溢出效应的另一个指标是国产化率。国产化率体现了企业理解并且能够掌握的燃机制造技术的比例。燃机的国产化率越高，表明企业掌握的制造技术越多，就越可能实现燃机技术的二次创新。跟据对技术引进企业的最新调研，企业掌握的燃机制造技术随着制造的燃机台份数的增加而越来越多，国产化率也在这一过程中不断得到提高。据相关的统计，一家中方公司的燃机综合国产化率从最初的 46.5% 提高到 77%。其他两家中方公司的燃机技术的国产化率也有不同程度的提高。

无疑，中国厂商从中获得了一定程度的技术溢出效应。但应当注意到，中国获得的技术溢出效应仍旧是比较微弱的。从调研中收集到的"技术溢出效应的证据事实"来看，目前引进燃机技术的三大发电设备制造企业处在学习和模仿国外先进燃机技术的初级阶段，也就是说三大制造企业可以按照图纸实现对燃机设备的总装和试车，在这个过程中，企业会对燃机某些常规零部件的制造工艺加以改进，但是暂且没有能力对燃机高技术含量的核心部件比如转子、叶片、燃烧室等进行改进，在短期内只能依靠从国外进口这类部件。三大发电设备制造企业也缺乏制造燃机核心部件的精密加工设备、高素质的技术人员，这些因素都在一定程度上抑制了技术溢出效应的发生。

（二）燃机技术溢出效应的影响因素

技术受方和技术供方的技术转移行为直接导致了技术溢出效应的发生，除了这些行为因素之外，我们还考察了影响技术溢出效应的其他因素。

1. 中外燃机技术差距有助于中方吸收燃机制造的常规技术，但抑制了核心技术的引进

技术差距无疑会对技术溢出效应产生影响。但技术差距大还是技术差距小利于技术溢出效应的发生尚无定论，现有的文献只是定性地认为应该存在一定的"技术差距阈值"最有利于技术溢出效应的发生。

本文的案例研究表明，对于燃机的常规技术，技术差距抑制技术溢出效应似乎不明显，因为中方制造企业基本顺利吸收了外方转移的制造技术；而对于燃机的核心技术，也就是高温热部件技术，技术差距明显地抑制了技术溢出效应的发生。迄今为止，三大电力设备制造厂商还无法独立制造燃机的转子以及透平叶片技术。中外双方燃机的主要差距就在于转子和叶片等高温热部件的制造能力，显然，除了外商封锁核心技术这一因素外，过大的技术差距也在一定程度上抑制了技术溢出效应的发生。

从目前中国的燃机水平状况来看，我们认为现阶段中外燃机技术差距是利于燃机常规技术的引进，此时中国需要首先引进燃机的常规制造技术，然后再循序渐进地引进核心制造技术。

2. 中国天然气储量的先天不足降低了技术溢出效应

作为一个"多煤、少油、缺气"的国家，中国的天然气在一次能源消费结构中的比重不到 3%，远远低于世界平均水平。据 IEA（2008）统计，2007 年世界天然气总产量为 30314 亿立方米，中国的天然气产量只有 677 亿立方米，仅占世界产量的 2.2%。

过低的天然气储量会降低中国企业研发、消化和吸收天然气利用技术的积极性，进而影响技术的溢出效应。首先，若天然气供应不足，可能导致中国电站业主对燃机设备的需求量萎缩，意味着中国难以采取"市场换技术"战略，无从获得更先进的技术。其次，中国的电力设备制造企业也会天然气供应不足而对燃机技术的应用前景持悲观态度，从而降低其消化、吸收已经引进的燃机技术的积极性。应当承认，中国企业不将引进燃机技术作为自身的优先发展战略，在一定程度上是因为中国天然气储量的先天不足。

3. 中国的相关政策对技术溢出效应的影响

这里包括两类政策，一类政策是环保政策，主要指电厂的排放标准；第二类政策是天然气发电的政策。

相对燃煤电厂而言，天然气电厂二氧化硫（SO_2）和固体废弃物排放几乎为零，温室气体的排放减少 1/2，氮氧化物（NO_X）的排放减少 2/3，可悬浮颗粒物（TSP）的排放减少 3/4。如果国家规定的排放标准越严格，就越激励业主采用燃气轮机技术，但是目前中国的环保法规相对松懈，这不利于天然气发电方式的推广，也不利于制造企业加强对燃机技术的引进消化吸收，从而制约了燃机技术引进的效果。

另外一个影响燃机技术引进效果的政策是天然气的电价政策。尽管天然气发电是能效高、排放低的典型的低碳技术和环境友好技术，但由于天然气发电成本高于煤电成本，在缺乏相关优惠政策的支持下，天然气发电缺乏竞争优势。目前，在中国，无论是电厂天然气价格还是气电价格均没有相应的优惠政策，这种政策缺失阻碍了燃气轮机技术在中国的扩散。

六 案例研究的基本结论

本文剖析了 21 世纪初中国通过贸易渠道引进低碳技术的案例，观察了技术转移和技术溢出的发生过程，按照"结构—行为—绩效"的分析范式研究了技术输出方和技术接受方在燃机技术转移过程中的利益关注、技术转移行为以及对技术溢出效应的影响；同时分析了中外燃机技术差距、天然气供应和中国的环保政策等因素对技术溢出效应的影响。案例研究的基本结论包括：

1. 贸易这一传统的技术转移途径能在一定程度上促进低碳技术的国际转移

案例研究显示，贸易是中国等发展中国家分享发达国家技术研发成果、获得国外技术溢出效应的重要渠道。引进燃机技术的中国三大厂商消化、吸收了外商转让的燃机制造技术，改进了制造工艺、提高了部分产品的出口能力和燃机的国产化率。在当前广大发展中国家面临减缓气候变化和加速经济发展的双重压力下，有必要充分利用贸易渠道促进先进低碳技术大规模地向发展中国家的转移与扩散。

2. 低碳技术的引进往往需要政府的干预

从本质上讲，追求利润的跨国公司没有义务为了中国等发展中国家环境的改善和科技进步而心甘情愿地输出技术。事实上，先进的技术正是跨国公司保持全球竞争优势的武器。在这种情况下，突破技术供方对先进技术的封锁就成为发展中国家引进先进能源技术过程中需要克服的障碍之一。

在案例研究中可以发现，中国政府的干预可以体现通过政策手段改变技术供方和技术受方的行为，从而促进低碳技术向发展中国家的扩散并鼓励技术受方积极地对引进的技术进行消化吸收。具体而言，中国政府采取了"市场换技术"和"竞争换技术"相结合的战略突破了国外厂商对先进的燃机制造技术的封锁，以中国国内的燃机市场份额为筹码，通过同时选择了三家燃机设备和技术的供方企业，迫使这三家跨国企业为获得中国燃机市场的份额而不得不向中国企业输出技术。

3. 依靠贸易实现国际低碳技术的大规模转让是不现实的

贸易这一传统的技术转移途径确实能够促进低碳技术的国际转移，其作用不容忽视。但是，应当注意到，受到市场、政策、技术等种种因素的影响，中国获得的技术溢出效应是比较微弱的，无法满足当前中国对先进低碳技术的迫切需求。这显示贸易这一传统途径在促进低碳技术国际转移和扩散时的局限性，也进一步说明了仅仅依靠市场机制实现国际低碳技术的大规模转让是不现实的。

4. 东道国的政策协调性是影响低碳技术转移效果的重要因素

研究显示，中国的环境管制政策在一定程度上限制了低碳技术的转移效果。无论是与电厂排放标准有关的环境政策与法规，还是天然气发电的政策，都不利于引导和激励发电厂采用天然气发电方式，从而影响了企业对燃机技术的消化吸收的积极性，从而降低了技术溢出效应。这表明中国的环境管制政策并未与低碳技术引进战略保持协调一致性，影响了技术转移效果。

七　政策含义

基于上述研究，为促进低碳技术的国际转移，帮助包括中国在内的发展中国家提高应对气候变化的能力，本文建议：

1. 在国内，加强利于低碳技术国际转移的机制建设、制度建设和能力建设

第一，建立政府干预下基于市场选择的技术引进新机制，充分利用技术引进战略实现跨跃式发展。政府干预的目标旨在为低碳技术的引进构建合理的制度和政策框架，创造利于低碳技术转让和扩散的市场环境，在技术的选择、消化吸收、推广等各个环节发挥恰当的作用。同时，要避免政府过度干预企业对于低碳技术的引进，改善多元政府干预下的市场结构对企业自主创新的抑制作用，让企业能够自主地将低碳技术的引进战略与企业自身发展战略相结合，最大限度地调动企业引进、消化和吸收先进的、适合中国基本国情的低碳技术的积极性。最后，要统筹低碳技术引进和自主研发的战略关系。低碳技术引进要立足于后续的消化、吸收和创新，以最终促进本国的技术进步为目的。要避免重复而过多的技术引进对中国企业自身的研发能力的抑制，鼓励企业逐渐成长为低碳技术创新的主体。

第二，加强环境管制政策的建设，协调低碳技术引进战略与气候政策。首先，考虑到气候变化问题的外部性，政府应当要通过税收等政策手段将外部成本内部化。其次，完善相关的气候变化法律制度，通过制

定能效标准、排放标准，并建立统计、监测和考核体系，激励企业积极引进和吸收低碳技术。同时，由于低碳技术的使用成本较高，还应当通过制定补贴、减免税收等优惠政策构建良好的市场环境，从而提高对低碳产品和技术的需求，最终促进已引进的低碳技术的消化、吸收与扩散，并提高企业对引进技术的消化与吸收能力，促进企业获得更多的技术溢出效应。

第三，强化能力建设，提高技术引进企业的吸收能力。首先要强化企业的研发能力及经费投入力度，有效地引导人才资源的合理分配，完善企业内部的技术创新机制，增强自主创新能力；其次要建立企业、大学、科研院所共同负责消化吸收技术的合作机制。在案例研究中发现，引进燃机技术的三大发电设备制造企业在对燃机技术进行消化吸收的过程中，均与大学以及相关院所建立了合作机制，这种合作机制可以优势互补，加速对燃机技术的消化与吸收；再者，注意到人力资本是提高技术引进效果的重要因素，要采取措施吸引优秀科技人才。

总之，中国政府需要对低碳技术的引进进行科学管理和正确引导，要以引进低碳技术为契机，实现中国的跨跃式低碳发展，同时增强企业的自主创新能力并促进创新型国家的建设，并增加技术引进战略与气候政策的协调性，从而最终实现经济、社会、环境的多重目标。

2. 在国际层面上，建立国际低碳技术转让新机制

后哥本哈根时代国际低碳技术转让创新机制应当突破传统的国际技术转移机制在促进低碳技术转让时的局限性。从本文的案例研究中可以发现，发达国家政府的某些技术出口政策限制了本国的低碳技术向中国的扩散。在这种情况下，发达国家政府和发展中国家政府需要进一步对技术开发与转让的迫切性达成共识，发达国家需要注意到本国的某些对外政策正对发展中国家及时获得低碳技术形成障碍，另外一个障碍是发达国家企业为了保持自身的技术垄断优势不断加强对低碳技术的封锁力度。诸如此类问题的解决都需要后哥本哈根时代国际技术转让创新性机制做出相应的安排。

作为国际气候谈判各主要利益方的政治博弈与妥协的产物，国际低碳技术转让新机制应当是一个基于已有机制而又需要对已有机制进行改造的崭新机制。其目的应当是在不影响企业赢利和经济高速增长的基础上，加快发达国家向发展中国家转让低碳技术的速度，拓宽低碳技术国际合作的覆盖领域，加大国际技术合作的力度以及深化低碳技术国际合

作的深度（中国科学院可持续发展战略研究组，2009）。该机制应当充分整合现有低碳技术引进渠道，包括利用传统的基于商业的国际技术转移机制，和利用目前存在的以政府公共基金为驱动的国际技术转移途径，并要以政府间合作作为低碳技术转移的主要驱动力，同时结合市场机制的作用。

首先，成立专门的机构和基金，协调不同国家的利益相关者，并推动各国间信息/知识的交流和共享，不断地促成有利于低碳技术的国际转移的税收、金融、技术、标准等方面的政策环境。

其次，激励发达国家的私人企业参与低碳技术的国际转移。发达国家政府应当采取政策措施向发达国家私人企业发生积极信号，促进私人企业积极参与对发展中国家的技术转让。这包括：为出口低碳技术的发达国家企业提供税收豁免；提供补贴激励低碳技术的开发和转让；为与低碳技术相关的出口信贷提供优惠条件：如提供贸易担保、出口补贴等；解除对低碳技术的出口限制；其他相关政策和措施（中国科学院可持续发展战略研究组，2009）。

参考文献

［1］陈晓枫：《技术溢出效应的产生及影响因素》，《福州大学学报（社会科学版）》1999 年第 13 卷第 2 期。

［2］崔平、林汝谋、金红光、徐玉杰：《世界燃气轮机市场厂商与产品性能》，《燃气轮机技术》2004 年第 2 期。

［3］王伟光、董如合：《市场结构与技术创新：一种产业组织理论的观点》，《沈阳师范学院学报（社会科学版）》2001 年第 6 期。

［4］吴贤富：《东汽厂燃气轮机技改投资项目研究》，电子科技大学硕士学位论文 2003 年版。

［5］张建华：《技术进步与中国经济可持续增长的理论分析和经验研究》，《南京大学商学评论》2005 年第 6 期。

［6］中国科学院可持续发展战略研究组：《2009 中国可持续发展战略报告》，科学出版社 2009 版。

［7］邹骥：《气候变化领域技术开发与转让国际机制创新》，《环境保护》2008 年第 5a 期。

［8］邹骥、王海芹：《浅谈多边环境公约背景下国际技术转移的特殊性》，《环

境保护》2007 年第 4b 期。

[9] Aghion, P. , C. Harris, P. Howitt and J. Vickers, Competition, Imitation and Growth with Step-by-Step Innovation, *Review of Economic Studies*, 2001 (3).

[10] Hubler, M. , and A. Keller, Energy Savings via FDI? Empirical Evidence from Developing Countries, 2008, Working Paper.

[11] International Energy Agency (IEA), *Key World Energy Statistics*, 2008, Paris.

[12] Lile, R. and M. Toman, Promoting International Transfer of " Clean " Technology, Prepared for Mutually Beneficial Opportunities for Technology Transfer to Promote International Greenhouse Gas Reduction Workshop, Beijing, November 14—17, 1997.

[13] Metz, B. , O. R. Davidson, J. W. Martens, S. V. Rooijen and L. V. W. McGrory, Mehtodological and Technological Issues in Technology Transfer, A Special Report of IPCC Working Group Ⅲ, Cambridge University Press, 2000.

中国温室气体排放及情景研究评价

李玉红[*]

中国社会科学院数量经济与技术经济研究所　中国社会科学院环境与发展研究中心

【内容提要】　本文首先估算新一轮经济增长以来，中国化石燃料燃烧和工业过程排放的二氧化碳。在此基础上，文章对中国温室气体排放情景研究进行回顾和评价。主要结论有：① 2004 年以来，我国二氧化碳排放量以每年 3 亿—5 亿吨的速度增加，2007 年达到 61 亿吨，其中，排放最多的前三项依次是煤炭和石油燃烧以及水泥生产，分别占全部排放的 70%、15% 和 9%。② 已有的温室气体排放情景对中国未来的经济增长都抱有乐观态度。2030 年能源需求和二氧化碳排放量相当于目前的 2 倍左右。能耗下降、低碳能源比重提高、CCS 技术以及转变生活方式是减缓情景中减少温室气体排放的关键，比基准情景减少 20%—70%。③ 与发达国家不同，中国面临的问题不仅仅是气候变化，而是伴随经济增长所出现的一系列生态环境问题。既有的情景研究仅考虑未来的能源供给问题，而假设其他的资源供给和环境容量"无约束"，这导致情景研究的结论缺乏可靠性。温室气体排放情景研究，需要突破由能源或者经济专家独自研究的局面，而综合研究更多领域才能得出可靠的情景方案。④ 过去三十年，中国居民的物质生活水平有了很大提高，但是依然没有出现饱和状态。中国减缓情景面临最大的压力来自当前人们对物质的无限欲望。

* 作者感谢中国社会科学院环境与发展研究中心郑易生、张晓和张友国对文章初稿提出的中肯意见。文中许多想法来自于与郑易生研究员的多次讨论。文责自负。

引　言

改革开放以来，中国经济以年均 9.5% 的速度增长，举世瞩目，而与此同时，中国以煤炭为主的能源消耗逐年增长，二氧化碳排放量屡屡超出国际机构的预期，引起了国际社会的极大关注。2007 年，国际能源署（IEA）出版的《世界能源展望》，重点对中国和印度未来能源供需和碳排放进行了情景研究。欧洲和美国的相关公共与民间机构非常关心中国的能源需求和温室气体排放，并不断有成果发布（EIA，2009；PBL，2009；Wang and Watson，2008，et al.）。

情景是对当前情形、可能的或合意的未来情形以及引起未来情形所发生的一系列事件的描述。情景的三要素可以总结为：当前状态的描述、各种未来情景以及连接现在与未来的路径。理解现状是对未来中国温室气体排放进行研究的基础。本文首先估算了近几年中国化石燃料燃烧和工业生产过程排放的二氧化碳，然后回顾了中国温室气体排放的基准情景和减缓情景研究，最后对这些情景研究做出评价和展望。

一　情景的含义及情景研究的起源

情景（Scenario）最初有这样几个意思：戏剧情节提纲，意大利 16、17 世纪即兴表演中演员使用的情节要点，电影剧本，引申意义有方案、事态。作为一种工具的情景方法，情景是对当前情形、可能的或合意的未来情形以及引起未来情形所发生的一系列事件的描述。这包括三个方面的含义，第一，对当前情况的描述，包括了两种因素，一是内在的惯性，二是引起变化的概率；第二，未来的情景；第三，从当前到未来情形之间的发展路径。如果不能包括变化的概率和内在的惯性就不能正确地描述当前的情形，很容易成为无法证实的科幻小说，而如果不能描绘发展路径，就会有勾画乌托邦的危险（F. R. Veeneklaas and L. M. van den Berg，1995）。情景的三要素可以总结为：当前状态的描述、各种未来情景以及连接现在与未来的路径。

建立情景意味着要对研究现象、决定要素和预期发展之间的关系做出一系列一致而连贯的假设。有时候假设条件是科学的知识和理论，但有时候也可能是主观的判断。对假设条件内在一致连贯的要求使得情景分析区别于变量分析和敏感度分析，后者仅仅改变一个或几个参数来说明变量对未来发展的影响。在一致性假设条件下，需要对当前情形作一个既系统又有选择性的描述，识别出决定未来过程的最重要的外在因素。情景的内在假设和外部因素的共同作用产生了各种不同的事件组合，最终导向了不同的未来情形。定量模型和定性推理都可以采用。自下而上（bottom-up）从关键要素的局部分析入手，而自上而下（top-down）方法从无所不包的概念入手。

情景作为一种识别问题和辅助决策的工具，可以追溯到二战前后，原子能物理学家用计算机模拟来处理概率和不确定性。从 20 世纪 70 年代早期开始，企业和政府组织将情景工具用于制定战略决策和规划。情景研究优于专家判断和其他规划工具的原因之一，在于它能够说明未来的不确定性（I. J. Schoonenboom，1995）。

气候变化评估关注于人类和自然系统之间互动的高度复杂机制，而且气候变化本身又是一个历史累积和长期的现象。对于评估这样一种具有高度不确定性的现象，情景方法具有独特的优势。它既可以利用科学还可以使用想象力，清楚地阐明未来一系列可能的景象和发展的路径。考量气候变化的基本风险，评估气候变化与人类和环境系统其他方面的交互影响，指导政策响应，都需要一个包括多种未来可能性的长远观点（IPCC，2001）。

1990 年，政府间气候变化专门委员会（IPCC）首次开发温室气体排放情景，作为全球大气环流模型的输入参数，从而对气候变化的影响进行评估。1992 年，IPCC 更新并扩展了原有情景，简称 IS92 情景，时间跨度从 1990 年到 2100 年，温室气体包括了二氧化碳（CO_2）、一氧化碳（CO）、甲烷（CH_4）、氧化氮（$NyOx$）、二氧化硫（SO_2）。1995 年，IPCC 对 IS92 模型进行了评价，认为 IS92 不能用于评估减排政策的结果，因为这些情景缺乏充足的部门和区域间的详细信息。

情景研究的目标是过程和结果的多样性。鉴于未来可能性的多样性，情景研究可能涉及一种或多种情景。存在替代（alternative）情景的想法意味着对当前情况有各种不同的解说，以及未来有各种可能的事件发生。温室气体排放情景分为基准情景和减缓情景，减缓情景是在基准情景的基础之上，通过人为的政策干预，从而改变温室气体的排放。但是，减缓情景与其基准情景的差别，要小于不同基准情景之间的差距。在 IS92 情景中，只有一种基准情景，这限制了对未来多种可能的描述。

1996 年开始，IPCC 着手建立一套新的基准情景。2000 年，IPCC 发布了排放情景特别报告（Special Report on Emission Scenarios, SRES），在对来自 171 种不同文献的四百多种情景进行评价的基础上，IPCC 的专家小组提出了四大类、六种模型共 40 种基准排放情景（IPCC，2000）。相比 IS92，SRES 结合定性描述和定量模型，增加了很多基准情景，扩展了关键变量的范围，但是，过多的基准线增加了减缓情景研究的复杂性。2001 年，IPCC 发布第三次评估报告（TAR），考察了第二次评估以来（SAR）情景研究的进展，这些研究文献包括了三个方面的内容，即第二次评估报告以来出现的减缓情景，在未来学研究中的描述性情景，以及在 SRES 基准情景的基础上开发的减缓情景（IPCC，2001）。SRES 发布之后，IPCC 不再开发新的基准情景，而主要对已有的排放情景研究进行述评（姜克隽，2005）。

情景研究中使用定性和定量两种方法。未来学研究一般采用定性方法，定性情景旨在勾画未来全局性的综合景象，以及为实现未来景象所发生的一系列事件做出令人信服的解释，在描述系统性演进方面具有优势，如价值、文化和制度性的改变，而定量研究则无法刻画这些系统性的变量。定量的正规模型采用数学工具来刻画人类和环境系统的关键特征，以说明不同假设条件下系统的演进，这些特征包括人口、经济增长、技术进步和环境敏感度，优势在于预测受惯性驱动的未来情形，而定性研究在这方面则显得武断（IPCC，2001）。

按照推理的方向不同，情景可以分为两种类型：投射型（projective）和预期型（prospective），投射型是从过去到现在，再到未来，给定当前的动力机制，事情在未来会如何发展。预期型方向则相反，从预期的未来情景回溯，给定未来的可能性或者理想的情景，采取何种方式才能实现目标（I. J. Schoonenboom，1995）。基准情景（BaU）通常是投射型，而减缓情景则既可能是投射型，也可能是预期型。

值得注意的是，情景工具不同于预测，后者的目标试图猜测未来是何种情形，并不是探究可能的未来或者所期望未来的可能性，而是描述最有可能发生的未来。两者背后有哲学上的差异。如果现象的发展被认为由重要的内在的惯性所支配，预测是首选；但是，如果未来有很大不确定性，或者我们对当前情形及其趋势不甚满意，而希望出现理想的情形，那么情景工具更适合。从时间维度看，预测适应于短期，因为短期内，决定事态发展的因素可以认为恒定或者已知，在一个长期背景下，趋势和行为关系可能发生了关键性的变化，这时候需要情景分析。现实中，二者的区别并不是那么大。情景分析中的基准情景往往用预测方法。在预测中，关键参数的不确定性通常被设置为一组变量，组成了未来可能结果的可信范围，产生一个高情景和一个低情景。

二 中国二氧化碳排放总量的一个估算

对当前我国二氧化碳排放量的测算和研究主要来自国外机构，如联合国气候变化框架公约、政府间气候变化专门委员会（简称气专委）、国际能源署、荷兰环境评估署以及美国二氧化碳信息分析中心，等等。国内学者对中国 20 世纪 90 年代的碳排放进行过估算，但是对近几年、尤其是新一轮经济增长以来的国家碳排放量的估算较少，在《中国应对气候变化国家方案》中，有专家初步估计 2004 年，我国二氧化碳排放量为 50.7 亿吨。在哥本哈根气候大会，中国向全世界展示了二氧化碳减排的决心和目标。计算并报告二氧化碳排放量，将成为中国应对气候变化的国际义务。本节利用能源平衡表和工业品产量，采用《2006 年气专委国家温室气体清单指南》提出的参考方法（reference approach），综合国内外机构公布的二氧化碳排放源的排放系数，估算 2000 年以来中国化石燃料燃烧和工业生产过程所排放的二氧化碳量，这有助于加深我们对当前转变经济发展方式的理解，加强我们应对全球气候变化挑战的能力。

1. 已有文献的估算

自 20 世纪 90 年代起，中国政府有关部门组织开展了多项有关中国温室气体方面的研究。如，由国家科委和亚洲开发银行共同完成的《中国的全球气候变化国家对策研究》、由国家环保局和世界银行共同完成的《中国温室气体控制的问题与对策》、GEF 项目分报告《1990 年中国温室气体控制源与汇估算》、国家科委组织的《气候变化国家研究》、《亚洲减少温室气体最小成本对策研究》以及国家气候变化协调小组办公室组织的《中国温室气体源排放和汇吸收研究结果的综合分析》和《我国温室气体的排放现状及未来构想》等。国家发改委能源所、清华大学、中国科学院大气物理研究所、中国农业科学院和北京市环境监测中心等单位的有关专家参加了这些研究工作（张仁健等，2001）。

高树婷等（1994）估计了1990年中国温室气体排放量。他们采用能源所的化石燃料碳排放系数，估计1990年我国排放二氧化碳为21.2亿吨，由于测算的工业生产过程排放源只包括水泥行业，所以估计结果小于官方公布的24.0亿吨。他们预测到2010年中国排放39.6亿吨二氧化碳，2020年排放49.0亿吨二氧化碳，而中国在2004年就已经排放了50亿吨二氧化碳[①]。

张仁健等（2001）采用气专委《1996年温室气体清单指南》的排放系数，测算了1990年我国二氧化碳排放量为22.2亿吨，其中92.5%来自化石燃料，工业排放源中的47.2%来自水泥行业。1994年，二氧化碳排放量增加到27.9亿吨，比1990年增加了25.6%。

2005年，最具权威的UNFCCC公布了中国1994年温室气体排放量，大约40.6亿吨二氧化碳当量（不包括土地利用的改变和林业），占122个非附件Ⅰ缔约国的34.6%。温室气体包括二氧化碳、甲烷和氧化二氮，其中，二氧化碳排放量30.73亿吨，占三种温室气体的74%。能源部门排放的温室气体最多，其次是农业和工业。这些数据是中国政府依据IPCC编制的国家温室气体排放清单指南而整理，具有一定的全面性。

表1 1994年中国温室气体排放量（二氧化碳当量）

	能源	工业	农业	废物	合计
排放量（亿吨）	30.08	2.83	6.05	1.62	40.58
比重（%）	74.1	7.0	14.9	4.0	100.0

资料来源：UNFCCC，非《公约》附件Ⅰ所列缔约方初次国家信息通报的第六份汇编和综合报告：温室气体人为源排放量和汇清除量清单，2005年。

美国橡树岭国家实验室二氧化碳信息分析中心（CDIAC）根据能源消耗和水泥产量，估计了中国二氧化碳排放量。根据他们的计算，1990年和1994年中国分别排放二氧化碳24.1亿吨和30.0亿吨[②]，分别占当年全球二氧化碳总排放的10.7%和13.1%。2006年，中国排放61亿吨二氧化碳，占全球排放总量的20%。

---

① 国家统计局：《国际统计年鉴（2005）》，中国统计出版社2007年版。

② http：//cdiac. ornl. gov/trends/emis/meth_ reg. html.

表 2 CDIAC 对中国二氧化碳排放量的估计

年份	排放总量（亿吨）	年均增长率（%）	占全球比重（%）
1990	24.1	—	10.7
1994	30.0	—	13.1
2000	34.1	2.6	13.8
2001	34.9	2.4	13.8
2002	37.0	6.1	14.5
2003	43.5	17.6	16.3
2004	51.0	17.1	18.1
2005	56.3	10.3	19.2
2006	61.0	8.5	20.2

资料来源：美国橡树岭国家实验室二氧化碳信息分析中心网站，cdiac. ornl. gov/trends/emis/meth_ reg. html。

2007 年，IEA 报告 2005 年中国化石燃料相关的二氧化碳排放为 51 亿吨（IEA，2007），2006 年排放 56 亿吨，2007 年达到了 60 亿吨，占世界总量的 21%，比美国多 3 亿吨（IEA，2009）。

2007 年，荷兰环境评估署第一次向世界宣布，2006 年中国二氧化碳排放成为世界第一，他们计算当年中国二氧化碳排放量已经超过了美国 8%，成为世界第一（2009 年他们将这个数字更新为 65.9 亿吨，超过美国 13%），他们计算的范围是化石燃料和水泥[①]。2009 年，美国能源信息局（EIA，2009）报告中国在 2006 年的碳排放已经超过了美国。有学者对此表示异议，他们估计 2006 年中国二氧化碳排放量为 56.7 亿吨，低于美国 59.55 亿吨的排放量（Guan, et al., 2008）。

表 3 中国二氧化碳排放量研究汇总 （单位：亿吨）

研究机构/作者	发表时间	计算范围	1990 年	1994 年	2004 年	2005 年	2006 年	2007 年	2008 年
高树婷等	1994	化石燃料、水泥	21.2						
张仁健等	2001	化石燃料、工业过程	22.19	27.88					
UNFCCC	2005	依据 IPCC 编制清单指南		30.73					
ORNL	2009	化石燃料、水泥和废气燃烧	24.1	30.0	51.0	56.3	61.0		

① http://planet.nccucs.org/2009/01/25/434/。

续表

研究机构/作者	发表时间	计算范围	1990 年	1994 年	2004 年	2005 年	2006 年	2007 年	2008 年
IEA	2008、2009	化石燃料	24.11		47.61	51	56.45	60	
EIA	2009	化石燃料	22.62		47.07	52.49	60.18		
荷兰环境评估署	2007	化石燃料、水泥				58.9	65.9	71.3	75.5
Guan 等	2008	化石燃料、水泥、冶金、化工					56.7		

资料来源：高树婷、张慧琴、杨礼荣等：《我国温室气体排放量估测初探》，《环境科学研究》1994 年第 6 期。

张仁健、王明星、郑循华等：《中国二氧化碳排放源现状分析》，《气候与环境研究》2001 年第 3 期。

UNFCCC，非《公约》附件Ⅰ所列缔约方初次国家信息通报的第六份汇编和综合报告：温室气体人为源排放量和汇清除量清单，2005 年。

http：//cdiac. ornl. gov/trends/emis/meth_ reg. html.

IEA，CO₂ Emissions from Fuel Combustion 2009；EIA，International Energy Outlook，2009.

EIA，International Energy Outlook，2009.

Dabo Guan, Klaus Hubacek, Christopher L. Weber, et al. The Drivers of Chinese CO₂ Emissions from 1980 to 2030, Global Environmental Change, 2008, 626—634.

2. 排放源和计算方法

化石燃料燃烧和工业生产过程等经济活动是人类活动排放二氧化碳的主要来源。本文分别估算这两种活动的排放量。当然，还有其他人类活动也排放二氧化碳，如生物质燃烧、垃圾焚烧、土地和森林用途改变，等等，但是，这些活动相比化石燃料燃烧和工业生产过程，排放量相对较少。发达国家能源部门一般占二氧化碳排放量的 90% 以上（IPCC，2006），化石燃料燃烧和工业生产过程占 1994 年中国二氧化碳总排放量的 90% 以上。相对于《2006 年气专委国家温室气体清单指南》（简称"2006 气专委指南"）对各项排放源的要求，本文是一个相当粗略的估算。

（1）化石燃料排放源

能源部门通常是温室气体排放的最重要部门。发达国家能源部门二氧化碳排放量一般占该部门温室气体总排放量的 95%，其余的为甲烷和氧化亚氮。固定源燃烧通常造成能源部门温室气体排放的约 70%。这些排放的大约一半与能源工业中的燃烧相关，主要是发电厂和炼油厂。移动源燃烧（道路和其他交通）造成能源部门约 1/4 的排放量。在燃烧过程中，化石燃料中的碳和氢（不考虑硫）转化为二氧化碳和水。计算化石燃料二氧化碳排放量有两种方法：参考方法和部门方法（sectoral approach）。通常，前者基于不同类型燃料，是自上而下（top-down）的方法；后者基于不同技术工艺，是自下而上（bottom-up）的方法。两种方法的结果可以进行交叉检验（IPCC，2006）。

根据气专委 2006 年排放指南，鉴于数据的可获得性，本文采用参考法 Tier1 方式测算二氧化碳的排放，但是排放系数的选择上，将比较排放系数的不同对估算二氧化碳排放量的影响。化石燃料燃烧源的排放可以根据燃烧的燃料数量以及平均排放因子来计算。对于二氧化碳，排放因子主要取决于燃料的碳含量。燃烧条件（燃烧效率、在矿渣和炉灰等物中的碳残留）相对不重要。因此，二氧化碳排放可以基于燃烧的燃料总量和燃料中平均碳含量进行估算。

二氧化碳排放系数许多国家都有测算，以相当于单位煤当量的化石燃料燃烧，煤炭、石油、天然气的碳排放系数分别为 0.651—0.755，0.5—0.585，0.395—0.447。2006 年气专委指南给出各种化石燃料单位热值的碳排放系数，作为核算国在缺乏相关资料情况下的参考值。转换为单位标煤当量后，无烟煤排放系数是 0.785，原油为 0.586，天然气为 0.448，焦炭为 0.856。

表 4　　　　　不同类型燃料碳含量估算系数（单位标煤当量）

机构/产品	煤炭	石油	天然气	焦炭
发改委能源所	0.651	0.543	0.404	
ORNL	0.733	0.596	0.411	
IPCC	0.785[1]	0.585[2]	0.449	0.856

注：1 无烟煤；2 原油。

资料来源：高树婷、张慧琴、杨礼荣等：《我国温室气体排放量估测初探》，《环境科学研究》1994 年第 6 期。

钱杰、俞立中：《上海市化石燃料排放二氧化碳贡献量的研究》，《上海环境科学》2003 年第 11 期。

IPCC. 2006 IPCC Guideline for National Greenhouse Gas Inventories, 2006.

国家发改委能源所测定的煤炭、石油、天然气碳排放系数分别为 0.651、0.543、0.404（高树婷等，1994）。

美国橡树岭国家实验室（ORNL）提出的燃煤、燃油和燃气的碳排放系数分别为 0.733、0.596 和 0.411（钱杰、俞立中，2003）。

可以看到，不同国家的二氧化碳排放系数是不同的，中国各种燃料的排放系数较低，而国外机构公布的系数较高，尤其是煤炭排放系数，IPCC 系数比能源所系数高出 20.6%，石油和天然气分别高出 7.8% 和 11.1%。这个问题后文将继续讨论。

（2）工业排放源

工业排放源是指工业生产过程中排放的温室气体，不包括生产过程中使用燃料而产生的温室气体，主要排放源是从化学或物理转化材料等工业过程释放的。如，普通硅酸盐水泥是以石灰石和黏土为主要原料，经过粉磨、煅烧，再加入石膏及混合材磨细而生成。石灰石在煅烧过程中，碳酸钙（$CaCO_3$）受热分解而排放二氧化碳，另外石灰石中 1% 左右的 $MgCO_3$ 加热分解也排放少量二氧化碳。从中国的实际情况看，由于水泥、石灰、钢铁、铝、肥料等的生产已有相当大的规模。因此，工业过程中的二氧化碳排放量是比较大的。

这里仅测算几种主要排放二氧化碳的工业品，其测算公式为：

二氧化碳排放量 = 排放二氧化碳的产品产量 × 每单位产量排放二氧化碳系数

以水泥生产为例，国内学者测算，每生产 1 吨水泥，生产工艺就要排放二氧化碳约 0.365 吨（朱松丽，2000），也有来自地区调研数字是 0.41（吴萱，2006），美国橡树岭国家实验室（ORNL）经验排放系数约为 0.4987（钱杰、俞立中，2003）。

有两个因素决定了排放系数的大小，第一，熟料中氧化钙含量的比重，决定了熟料排放二氧化碳的量，含量越高，排放系数越大；第二，熟料转化成水泥的比例关系。IPCC（2006）估算清单给出了熟料的排放系数 0.5071，而不同类型的水泥，与熟料的比例关系也不相同，如果水泥产量不能按品种进行分别计算，而且怀疑生产波特兰水泥时还生产了大量掺配和/或建筑水泥，那么可接受的优良做法是假定综合熟料含量为 75%。如果已知水泥产量几乎全是波特兰水泥，则优良做法是使用缺省值 95% 的熟料。一般按照 0.75 吨熟料生产 1 吨水泥来计算，IPCC 估计水泥的排放系数大约是 0.3803。类似的，石灰、玻璃等工业品的排放系数如表 5。

表 5 主要工业品生产过程中二氧化碳排放因子

产品	水泥	石灰	玻璃	氨气	纯碱	原铝
排放系数	0.3803	0.75	0.20	3.273	0.138	1.6

资料来源：IPCC, 2006 IPCC Guideline for National Greenhouse Gas Inventories, 2006。

3. 数据说明

化石燃料既可用作能源，也可用于非能源用途（non-energy use），如化工原料，而后者并不排放二氧化碳，因此必须区分化石燃料的用途。

如果化石燃料用作工业原料（简称原料用燃料），在加工过程中，它们经过各种物理和化学转化，所含碳储存在各种产品中，而不是作为气体排放，如塑料、合成橡胶、合成纤维等，这些都是化学原料及化学制品制造业的产品，作为化学纤维制造、塑料制品和橡胶制品业的初级材料。原料用燃料的数量不能直接获得，已有研究认为，我国原煤、石油、天然气消费中用作非燃料的比例各为 2.5%—3.5%，21%—25%，32%—38%（高树婷等，1994）。

本文从煤炭和石油平衡表中推算原料用燃料。以煤炭平衡表为例，假设其最终消费都用于燃烧，在中间消费中，除去发电、供热、炼焦和制气消耗，假设剩余部分全部用作工业原料使用。这部分燃料大约占煤炭消费的 2%—3%，石油的 3%—4%，这个比例相当小，主要原因是化石燃料有多种用途，而在统计上只归为某一类。比如，煤炭在炼焦或制气的同时，可以产生含碳的副产品，但在统计上归类为炼焦或制气。

化石燃料消费量数据来自历年《中国统计年鉴》公布的煤炭和石油平衡表。天然气的数据来自化学原料和化学制品制造业的消耗量。2008年的能源消费数字来自《中国统计摘要（2009）》，原料用燃料的用量，根据前两年增长率平均值预测获得。

假设用于燃烧的化石能源，无论转化成何种二次能源，其含碳量均没有损失，这样，最后排放的二氧化碳量与用一次能源测算的排放量相同。但是，需要剔除净出口的二次能源。我国出口较多的二次能源有焦炭、成品油，进口较多的是成品油。成品油进出口已经计入了石油进出口，而焦炭没有列入煤炭的进出口，故仅考虑焦炭进出口。这部分数据从历年《中国统计年鉴》获得。

　　除石灰外，水泥等工业品产量来自历年《中国统计年鉴》、《中国工业经济统计年鉴》，2008 年的数字来自《中国统计摘要（2009）》、《中国统计月报》2009 年 1 月、《2008 年国民经济和社会发展统计公报》。石灰产量没有直接可获得的数据，只能通过间接方式估算，根据中国石灰协会的资料，石灰石主要用于工业中间投入，如建筑用石灰（水泥）占 70.4%，其余 30% 左右用于冶金、电石、烧碱、造纸等工业制造①。假设这个比例保持不变，而且用于其他用途的石灰石都排放出了二氧化碳，那么石灰排放二氧化碳在水泥与其他行业的比例大约为 7∶3，我们以水泥业排放二氧化碳量来推算其他行业用石灰的二氧化碳排放量。

表 6 我国二氧化碳排放源基础数据

	单位	1994 年	2000 年	2004 年	2005 年	2006 年	2007 年	2008 年
能源消费								
煤炭	万吨	128532.3	124537.4	193596.0	216557.5	239216.5	258641.4	274000.0
石油	万吨	14024.6	21232.0	28749.3	30086.2	32245.2	34031.6	36000.0
天然气	亿立方米	173.4	245.1	396.7	479.1	561.4	695.2	807.0
出口焦炭	万吨	404.0	1520.0	1501.0	1276.0	1447.0	1530.0	1213.0
工业原料消耗								
煤炭	万吨	0.0	3117.0	3878.3	4818.9	5500.3	6175.4	6991.1*
石油	万吨	0.0	721.9	1195.1	1166.7	1277.3	1282.1	1345.3*
天然气	亿立方米	65.9	90.3	130.6	154.4	193.9	223.4	269.0*
工业品产量								
电解铝	万吨	146.2	279.4	669.0	778.7	926.6	1234.0	1317.6
平板玻璃	万吨	596.3	917.6	1851.3	2010.5	2328.7	2695.9	2759.3
合成氨	万吨	2436.8	3363.7	4135.1	4596.3	4936.8	5171.1	4995.2
纯碱	万吨	581.4	834.0	1334.7	1421.5	1560.0	1765.0	1881.3
水泥	万吨	42118.0	59700.0	96682.0	106884.8	123676.5	136117.3	140000.0

注：* 为预测值。

资料来源：《中国统计年鉴》、《中国工业经济统计年鉴》、《中国统计摘要（2009）》、《中国统计月报》2009 年 1 月和《2008 年国民经济和社会发展统计公报》。

---

① 中国石灰协会：《中国石灰行业 2004 年上半年发展形势的分析与展望》，《中国建材》2004 年第 7 期。

4. 估计结果与分析

按照前述方法和数据，得到近几年我国二氧化碳排放量的初步估计。本文以根据能源所系数估算结果为主，而根据 IPCC 系数估计的结果作为参考。需要特别说明的是，根据能源所系数估计的结果，2006 年我国化石燃料燃烧和水泥生产过程排放的二氧化碳是 53.0 亿吨，而美国是 57.5 亿吨（CDIAC），中国二氧化碳排放量并没有超过美国，当然，如果按照 IPCC 系数计算的结果，中国排放二氧化碳为 61.9 亿吨，的确超过了美国。可见，系数的选择对计算结果有一定的影响。

表 7　　　　　　　　　　我国二氧化碳排放量初步估计

单位（亿吨）	1994 年	2000 年	2004 年	2005 年	2006 年	2007 年	2008 年①
化石燃料燃烧							
按能源所系数计算							
煤炭	21.91	20.70	32.35	36.10	39.85	43.05	45.53
石油	3.99	5.83	7.84	8.23	8.81	9.32	9.86
天然气	0.02	0.03	0.05	0.06	0.07	0.08	0.10
减 焦炭	− 0.12	− 0.46	− 0.46	− 0.39	− 0.44	− 0.47	− 0.37
共：	25.80	26.10	39.77	44.00	48.28	51.98	55.11
按 IPCC 系数计算							
煤炭	26.44	24.98	39.03	43.56	48.08	51.94	54.93
石油	4.31	6.30	8.46	8.88	9.51	10.06	10.64
天然气	0.02	0.03	0.05	0.06	0.07	0.09	0.11
减 焦炭	− 0.12	− 0.46	− 0.46	− 0.39	− 0.44	− 0.47	− 0.37
共：	30.64	30.84	47.08	52.11	57.22	61.62	65.30
生产过程							
电解铝	0.02	0.04	0.11	0.12	0.15	0.2	0.21
平板玻璃	0.01	0.02	0.04	0.04	0.05	0.05	0.06
合成氨	0.8	1.1	1.35	1.5	1.62	1.69	1.63
纯碱	0.01	0.01	0.02	0.02	0.02	0.02	0.03
水泥	1.6	2.27	3.68	4.06	4.7	5.18	5.32
石灰（除水泥外）	0.69	0.97	1.58	1.74	2.02	2.22	2.28
共：	3.13	4.42	6.77	7.5	8.55	9.36	9.53
全部②	28.93	30.52	46.54	51.49	56.83	61.34	64.64
参考值③	33.77	35.26	53.85	59.61	65.77	70.98	74.84

注：①2008 年是预测数字。②按能源所系数计算。③按 IPCC 系数计算。

2007 年，我国排放二氧化碳 61.3 亿吨，其中燃料燃烧放出二氧化碳 52.0 亿吨，占全部排放量的 84.7%，工业过程排放 9.4 亿吨。排放最多的前三项排放源依次是煤炭、石油和水泥，分别占全部排放量的 70.2%、15.2% 和 8.4%。2008 年，预计排放二氧化碳 64.6 亿吨，人均二氧化碳排放 4.9 吨。2000—2008 年，我国碳排放年均增长 9.8%，而 GDP 年均增速 10.5%，平均碳排放弹性系数 0.9，而 1994—2004 年，我国二氧化碳排放量年均增长 4.9%，平均碳排放弹性系数为 0.6。我国经济结构朝向碳排放密度较高的行业发展。

从增长趋势来看，2007 年我国二氧化碳排放量比 1994 年增长了 112%，其中，生产过程增长了 199%，化石燃料燃烧增长了 101%。尽管煤炭排放的增长率低于平均水平，但是由于其基数大，96.4% 的增长率对全部二氧化碳排放量的增加贡献了 65.2%，成为二氧化碳排放量增加的最大贡献者。石油和水泥分别居于第二位和第三位。

煤炭是我国最主要的二氧化碳排放源。在一次能源中，煤炭的单位热值含碳量最高，而煤炭在我国能源结构中占最大比重，这就决定了我国二氧化碳排放量相当可观。2007 年，仅煤炭燃烧排放二氧化碳 43.1 亿吨，比 1994 年增长了 96.4%。煤炭是发电的主要燃料。2007 年煤炭的一半用于发电，这个比重在 1990 年为四分之一。发电量的迅速增长是煤炭消费增加的最主要原因，仅"十五"期间，在发电量接近翻番的情况下，发电用煤增长了一倍。电力需求的增长主要来自金属冶炼、发电、化学原料制造、采掘业和非金属矿物制造业，这些行业消耗了 52% 的电力。

石油主要用于终端消费。我国石油需求的增加，主要来自交通运输工具的快速增长。截至 2007 年底，我国民用汽车保有量达到 4358 万辆，是 1985 年的 14 倍。私人汽车的增长尤其迅速，2007 年，我国私人汽车的数量是 1985 年的 101 倍，而以小型客车为主的载客汽车是 1985 年的 1200 倍。交通运输业消费的石油，从 1980 年的 912 万吨，增长到 2007 年的 12297 万吨，占石油消费总量的比重从 10.4% 提高到 33.6%。

表 8　　　　　　　　　　　　　**我国私人汽车拥有量**

年　份	1985	1990	1995	2000	2005	2006	2007	1985—2007 年均增长率（%）
汽车总计[①]（万辆）	28.5	81.6	250.0	625.3	1848.1	2333.3	2876.2	23.3

续表

年 份	1985	1990	1995	2000	2005	2006	2007	1985—2007 年均增长率（%）
载客汽车（万辆）	1.9	24.1	114.2	365.1	1383.9	1823.6	2316.9	38.0
载货汽车（万辆）	26.5	57.5	131.8	259.1	452.1	494.9	539.4	14.7

注：① "汽车总计"中包括了其他类型汽车。

资料来源：《中国统计年鉴》2008 年。

随着我国重工业的发展，工业过程二氧化碳排放量占总排放量的比重逐渐提高，1994 年，工业过程排放二氧化碳 3.1 亿吨，比重是 10.8%，2007 年提高到了 9.4 亿吨，占全部排放量的 15.3%。我国水泥生产规模之巨以及增长之快，对二氧化碳排放量增长的贡献，值得特别关注。水泥工业排放二氧化碳占排放总量的比重从 1994 年的 5.5% 提高到 2007 年的 8.4%。改革开放以来，大规模城镇建设带动了建材工业的迅速发展，我国水泥产量在 20 世纪 80 年代就已经居世界首位。1990 年，中国水泥产量达到 2.1 亿吨，占世界产量的 18.4%。20 世纪 90 年代后期以来，我国为拉大内需，国家扩大基础设施建设；启动住房改革；高校扩建；"村村通公路"工程的实施，等等，都刺激了对水泥的消耗。2000 年以来，水泥的产量以超过 10% 的速度增长，至 2007 年，中国的水泥产量达到了 13.6 亿吨，是 1990 年产量的 6.5 倍，占世界产量的 59%。1980—2007 年，中国水泥产量年均增长 11.1%，增加了 16 倍，世界水泥产量增加了 14.4 亿吨，中国贡献了其中的 89.2%。在国家快速工业化和城市化过程中，水泥消费必然快速增长，到工业化和城市化后期，对水泥的需求会逐渐稳定，最后减少。但是，不可否认，我国目前的水泥消耗有一定程度的浪费情况，如，我国设计寿命为 50 年的建筑物，实际使用寿命为 30 年，① 还存在超前消费情况，如，大学盲目扩建。中国在水泥需求的管理方面，有一定的减排空间。

① 钟喆、胡芳：《我国建筑物使用平均寿命为 30 年》，新华每日电讯，2006 年 6 月 27 日。

表9 中国水泥产量及占世界比重

年 份	1980	1985	1990	1995	2000	2005	2007
中国产量（万吨）	7986	14595	20971	47560.6	59700	106884.8	136117.3
年均增长率（％）	—	12.8	7.5	17.8	4.7	12.4	12.8
世界产量（万吨）	87201	94997	114125	141960	132799	179720	230874
占世界比重（％）	9.2	15.4	18.4	33.5	45.0	59.5	59.0

资料来源：《国际统计年鉴》2008年。

5. 计算的可靠性分析

本文采用自上而下的参考方法，计算出1994年二氧化碳排放量大约为28.9亿吨，范围包括化石燃料燃烧和6种排放二氧化碳的工业品生产过程。UNFCCC公布的1994年中国二氧化碳排放量约为30.7亿吨，这是中国政府向UNFCCC提交的具有权威性的报告。本文计算的数字比UNFCCC低约5.9％，因为本文仅计算了6种工业品排放源，且没有将生物质燃烧、垃圾焚烧等计算在内，这大约可以解释这个差异。总体而言，估计结果具有较高的可靠性。

本书可能有两个因素高估了二氧化碳的排放量，第一，低估了原料用燃料的量，因此高估了燃烧用燃料的数量。有两种途径可以获得原料用燃料的消耗量，一个是能源平衡表，另外一个是按行业分能源消耗量。二者各有利弊。比如，从煤炭平衡表可以推算出用作原料的中间产品的煤炭约2％。煤炭平衡表根据煤炭单一用途而制作，然而，煤炭有多种用途，比如炼焦的其副产品可以用作化工原料，因此这个数字低估了用作原料的煤炭消耗量。从按行业分能源消耗量中，可以发现仅化学原料及化学制品制造业消耗的煤炭就接近5％。但是，这部分煤炭可能并非全部用于原料，有部分可能作为能源燃烧，因此，这个办法会高估原料用途的煤炭消耗量。随着我国煤化工产业的发展，非燃料用的煤化工产品储存的碳含量将越来越多，对这方面的研究有赖于获得更加详细的能源用途数据，以及煤化工产品的回收利用资料。石油的非能源用途也存在同样的问题，如已有文献提出石油的非燃料用途大约占21％—25％，但是本文只有3％—4％。

第二，冶金行业在冶炼过程中，钢材和生铁成品中含有一定比例的碳，这可能高估煤炭燃烧的碳排放。钢中含碳量的比例在0.04％—2.3％之间，尽管这是一个很小的比例，但是对于一个钢铁生产大国来说不可忽视。如果按照平均 1% 的含量计算，2007 年我国钢材产量 5.66 亿吨，钢材中含碳量折合成二氧化碳，相当于多计算了 0.2 亿吨二氧化碳排放量，占 2007 年二氧化碳排放总量的 0.3%。

在碳排放源中，化石燃料占主要部分，而化石燃料碳排放系数的选择对计算结果有显著影响。同样是计算 2006 年中国化石燃料燃烧排放二氧化碳，各国外机构估算的结果有不少差异，美国能源信息局最多，达到了 60.2 亿吨，而美国二氧化碳信息研究中心的估计最小，为 55.0 亿吨，国际能源署的估计为 56.5 亿吨。本文用能源所系数测算的化石燃料燃烧排放量只有 48.3 亿吨，而按 2006 年气专委指南系数的计算结果要高出近 9 亿吨，后者比能源所系数结果高出 18.5%。这个差异的主要原因在于气专委排放系数较高，而国内系数较低。这与中国煤炭资源的特点有一定关系。中国煤种虽然齐全，但优质煤资源较少，褐煤和低变质烟煤数量较大，占查明资源储量的 55%，高变质的贫煤和无烟煤仅占查明资源储量的 17%（张国宝，2009）。我国煤炭的单位热值较国外低，含碳量也低，如果采用气专委或者国外机构提供的系数，就会高估我国煤炭排放二氧化碳的数量。

三　中国温室气体排放情景研究的回顾

1. 基准情景

基准情景（baseline），又称为参考（reference）情景，无干预（non-intervention）情景。基准情景是情景研究的必备内容，它通常是根据过去和现在发展的内在动力，在不采取新的减缓排放或增加碳汇的政策或项目情况下，未来温室气体排放的情景（Jayant Sathaye and Stephen Meyers，1995）。1990 年，IPCC 发布的评估报告为基准情景，从 1992 年起，IPCC 的报告中加入了减缓情景。许多小型项目对减缓情景的研究通常以大型机构所作的基准情景为基础。自从温室气体与气候变化的关系引起科学家的关注以来，中国作为温室气体的排放大国，未来温室气体的排放问题成为发达国家和国际机构的研究热点。

Auffhammer 和 Carson（2008）以中国各省份的废气排放量作为二氧化碳的代理变量，通过估计中国环境库兹涅茨曲线，预测 2010 年中国碳排放。他们使用 1985—2004 年的历史数据，设置四种人口增长情景，2000—2010 年的人口增速分别为 0.91%、0.40%、1.03% 和 0.51%；

经济增长有三种情景，GDP增速分别是3.02%、5.02%和7.02%，这样共有12种情景组合。预测发现，在短期内人口变动对碳排放增速的影响不大，而经济增长起了重要作用。从2000—2010年，中国碳排放年均增长速度在11.05%—11.88%之间，二氧化碳排放增加了44亿吨，这比《京都议定书》所规定的减排量还高。这个水平远远高于其他研究的结果，但是与现实比较符合，主要原因是在作者的考察期之内，1998年以后中国经济增长的趋势没有发生逆转，而且一直保持较高速度的增长。虽然这是一份类似短期预测的研究，对于理解我国最近一段时间的二氧化碳排放剧增起到一定警示作用。

Fan等（2007）利用1997年中国投入产出表，估计2020年中国能源需求与碳排放。他们的基准情景这样设计：未来20年中国发展保持现在的速度，人们生活达到小康水平，中等的城市化率，能源效率达到能源规划的目标。中国在2010年和2020年的能源需求分别达到23.9亿吨和36.0亿吨标煤，二氧化碳排放分别达到52.1亿吨和76.3亿吨。

2007年，IEA发布的《世界能源展望》对中国二氧化碳排放情景作了特别报告，时间跨度从2005年到2030年。IEA在世界能源模型的基础上，针对中国设计了三种情景：基准情景、备选情景和高增长情景。基准情景假设，2007—2030年中国GDP年均增速6%，其中第三产业比重增加最快，从2005年的40%增加到2030年的47%。在人口方面，IEA预测中国以年均千分之四的人口增速，2030年总人口将达到14.6亿人。IEA采用联合国对中国城镇化的预测，2015年，中国城镇化率将达到49%，2030年将达到60%。城镇人口以年均2%的速度增加，到2030年，农村人口将减少到5.7亿人。城镇居民的人均能源消费远高于农村居民，因此，城镇化过程增加了对能源的需求。在其高增长情景模型中，在持续增长的出口和对重工业的投资刺激GDP增速达到7.5%，到2030年，GDP比基准情景高出42%。

表10   IEA基准情景参数设定与估计值

	2005年	2015年	2030年	2005—2015年增长率（%）	2005—2030年增长率（%）
关键假设					
GDP增长率					4.7%[①]
服务业比重（%）	40	43	47		
人口（亿）	13.1	13.9	14.6		

续表

	2005 年	2015 年	2030 年	2005—2015 年增长率（%）	2005—2030 年增长率（%）
城市化率（%）	40	49	60		
能源需求（亿吨标煤）					
煤炭	15.6	26.7	34.3	5.5	3.2
石油	4.7	7.8	11.5	5.2	3.7
天然气	0.6	1.6	2.8	10.0	6.4
核电	0.2	0.5	1.0	8.8	6.5
水电	0.5	0.9	1.2	6.1	3.8
生物质	3.2	3.2	3.2	-0.1	0
全部（生物质除外）	21.6	37.5	51.3	5.7	3.5
二氧化碳排放（亿吨）					
发电	25.0	44.50	62.02		3.7
工业	14.30	21.86	23.73		2.0
交通	3.37	6.64	12.55		5.4
生活和服务业[2]	4.68	6.22	7.15		1.7
其他[3]	3.65	7.09	9.03		3.7
全部	51.01	86.32	114.48		3.3
人均排放（吨）	3.9	6.2	7.9		

注：①2002—2010 年 5.7%，2010—2030 年 4.7%；②包括农业；③包括其他来源和非能源排放。

资料来源：IEA，2007，pp. 285，286，287，314，313.

技术进步以及设备更新提高了中国的能源使用效率。在 IEA 基准模型中，2030 年的火电发电能耗比 2005 年降低 15%，钢铁和水泥能耗分别减少 14 和 17 个百分点，交通运输降低 32 个百分点。中国一次能源需求年均增长 3.5 个百分点（不包括生物质），到 2030 年，中国能源总需求达到 51.3 亿吨煤当量，煤炭依然是主要能源，占全部能源的 63%，石油需求量翻倍，交通运输用油占石油需求的比重从 2005 年的 35% 提高到 2030 年的 55%；天然气在能源需求中的比重有所提高，从 2005 年的 3% 增长到 2030 年的 5%；核能不超过 2%，其他可再生能源的比重为 0.9%。

1990—2005 年，中国二氧化碳排放年均增长 5.6%，基准情景下，2005—2030 年，中国每年排放增速平均为 3.3%，2030 年，中国能源相关的二氧化碳排放 114.5 亿吨，比美国高出 66%，占全球排放的 27%。尽管总量很高，中国人均碳排放依然低于发达国家。2005 年，与能源相关的中国人均二氧化碳排放为 3.9 吨, 到 2030 年, 基准情景下的排放量翻倍, 接近 8 吨。

经济增长被认为是影响温室气体排放最重要的因素, 但这只是一个总量指标, 不可否认, 消费者的消费模式和生活方式影响了产业结构和能源需求, 从而影响到温室气体的排放。以 IEA 2007 的社会经济基准情景为基础, Guan 等人 (2008) 将消费方式和生产结构引入到 IPAT 模型。在消费结构中, 食品和农产品在城镇和农村居民消费支出中的比重将分别从 2002 年的 39% 和 21% 降低到 2030 年的 17% 和 6%, 城乡居民对运输和服务产品消费的比重分别从 2002 年的 33% 和 27% 增加到 2030 年的 44% 和 39%。对制造品的消费比重基本不变。城镇和农村居民人均消费支出分别是 15600 元和 3613 元 (2002 年不变价)。

在基准情景下, Guan 等预测 2030 年中国二氧化碳排放量为 119 亿吨, 与生产活动相关的排放量从 2005 年的 48 亿吨增加到 2030 年的 110 亿吨, 居民直接排放从 2.13 亿吨增加到 9 亿吨, 主要来自私人交通运输对天然气消费的增长。从结构上来看, 2002—2030 年, 生产相关的碳排放增长 222%, 其中, 人均消费增长贡献 362% (给定其他因素不变), 主要归功于城镇居民家庭消费的增加。效率改进的贡献抵消了 193%, 相当于消费增长贡献的一半。消费结构和产业结构的改变分别贡献了 5% 和 42% 的碳排放增长, 贡献较小的原因在于碳排放密集的制造业比重基本不变。值得注意的是, 城镇居民最终消费以 49% 的比重, 取代了固定资产投资, 成为碳排放增长最大的贡献者, 后者的贡献降低到 33%。

蒋金荷和姚愉芳 (2003) 通过对不同类型国家发展经验的实证研究, 提出满足人文发展潜力, 即满足人们的基本需求的情况下, 2050 年人均 GDP 约为 1 万美元, 人均能源消费量为 3.7 吨标煤, 一次能源 57.7 亿吨标煤, 排放二氧化碳 114 亿吨。

Vuuren 等人 (2003) 采用 IMAGE/TIMER 模拟模型[①], 在 IPCC 发表

---

① 全球环境评价整合模型 (the Integrated Model to Assess the Global Environment, IMAGE) 由荷兰国家公共健康和环境研究所开发, 已有 12 年, 用于研究全球气候变化的长期动态, 包括了与粮食需求、土地利用变化、能源供需、能源和工业温室气体排放、海洋和大气中各种温室气体的地位, IMAGE 还与世界经济模型和世界人口模型相连接。TIMER (Targets IMage Energy Regional model) 是 IMAGE 模型的一部分, 功能是利用年度投资信息, 模拟能源系统内部的变化, 包括了世界 17 个地区、5 个能源需求部门 (工业、交通、居民、商业和其他)、6—8 类能源载体。

的 SRES 情景基础上，为 1995—2100 年中国能源和排放设置了两种基准
情景，时间维度从 1995 年到 2100 年，政策选择集中于 1995—2050 年，
历史数据从 1971 年到 1995 年。这些模型只考虑能源消耗产生的二氧化
碳排放。由于这些情景是在中国新一轮经济增长初期所做，预期的中国
碳排放在 2030 年以后才接近美国。

表 11   **基于 SRES 的中国基准情景**

	全球化背景（A1b—C）	区域管理情景（B2—C）
社会经济背景	中国和世界都保持了迅速、成功的经济增长，这得益于人力资本、技术创新和自由贸易。中国将继续实行开放政策，快速的技术进步，服务业占 GDP 的比重从 2000 年的 34% 增加到 2050 年的 60%。人口在 2030 年将达 15.3 亿人。这个情景对全球化和技术转移抱有极为乐观的态度，认为全球化引起技术的迅速传播，在大规模范围内都可以获取可再生能源和其他清洁技术。	区域管理者情景，中国的发展主要依赖本国的资源。经济增长稍低，贸易和技术转让受一定限制。中国经济发展将利用国内资源，以保持未来的平等，地区之间和城乡之间保持一定的平衡。环境问题受到重视，如食物和水、空气污染等。
能源消耗	在快速增长和追求物质密集型的生活方式下，中国对能源的消耗将迅速增加，2050 年，中国人均消耗将达到 OECD 国家当前的消耗水平。在终端消费中，传统的生物能源在现代化的过程中被替代，而煤炭因为其环境问题和使用不便而消费萎缩，这些空白由电力和天然气来填补。石油因为运输部门的扩张而继续保持增长。煤炭因其成本优势依然占有主体地位，核能与水电虽然有所增加，但是比重不会超过 10%。进口的石油和天然气将会分别达到 80% 和 50%。	能源系统大部分依赖于国内资源，有限的国际贸易和技术转让导致能源生产和终端消费的技术效率都较低。煤炭是最主要的能源，采用清洁煤生产技术。
碳排放	2030 年排放 95 亿吨二氧化碳，2050 年排放 139 亿吨。最大的来源是煤炭。2050 年人均排放接近世界平均水平。	2030 年排放 73 亿吨二氧化碳，2050 年排放 99 亿吨。2030 年人均排放接近世界平均水平。

资料来源：Detlef van Vuuren, et al. Energy and Emission Scenarios for China in the 21st
Century-Exploration of Baseline Development and Mitigation Options, *Energy Policy*, 31, 2003, p. 372.

姜克隽等（2008，2009）的基准情景描述了中国未来经济发展的基
本趋势。国民经济保持高速增长，但增速逐渐放缓；服务业比重和城市
化率逐步提高，2030 年分别达到 44.5% 和 70%。中国经济作为全球经
济的一部分，将会更加改善和扩大国际贸易。因此，中国可以依赖国际
市场进口能源资源以满足本国部分能源供应的需求。技术发展为中等程
度，即到 2030 年我国主要高耗能行业能源效率接近世界先进水平。根

据他们的估计，2030 年，中国能源需求达到 56.6 亿吨标煤，比 IEA 的基准情景高出 10%；煤炭比重下降到 51.8%，比 IEA 低 13 个百分点；二氧化碳排放 116.6 亿吨，比 IEA 高出 2 亿吨。相比 IEA 的估计，姜克隽等对中国的石油与核能消费的预期较为乐观，2005—2030 年，二者增速分别为 5.3% 和 9.2%，分别比 IEA 的估计高 1.6 和 2.7 个百分点。

表 12　　国家能源研究所二氧化碳排放基准情景参数设定与估计值

	2005 年	2010 年	2020 年	2030 年	2040 年	2050 年	2005—2030 年增长率（%）
关键假设							
GDP 增长率（%）①		9.67	8.38	7.11	4.98	3.60	
服务业比重（%）	39.8	40.8	44.5	50.2	56.3	61.2	
人口（亿）	13.07	13.60	14.40	14.70	14.70	14.60	
城市化率（%）	43	49	63	70	74	79	
能源需求（亿吨标煤）							
煤炭	15.4	24.2	29.9	29.3	30.0	29.2	2.6
石油	4.4	6.3	11.0	15.9	17.1	18.4	5.3
天然气	6.0	1.1	2.7	4.6	5.3	6.7	-1.1
核电	0.2	0.3	0.9	1.8	3.8	6.0	9.2
水电	1.3	2.2	2.9	3.6	3.8	4.0	4.2
生物质	0	0.2	0.3	0.4	0.7	0.9	—
全部	21.9	34.4	48.2	56.6	62.0	66.6	3.9
二氧化碳排放（亿吨）	51.7	78.2	101.9	116.6	129.3	127.1	3.3

注：①区间增长率。

资料来源：姜克隽、胡秀莲、庄幸、刘强：《中国 2050 年低碳情景和低碳发展之路》，《中外能源》2009 年第 6 期。姜克隽、胡秀莲、庄幸、刘强、朱松丽：《中国 2050 年的能源需求与二氧化碳排放情景》，《气候变化研究进展》2008 年第 4 卷第 5 期。

魏一鸣等（2008）提出的基准情景认为，2010—2030 年我国仍保持较快增长，增速逐年放缓，人口和城市化率实现中速增长，技术中速进步，达到了预定的节能目标。2030 年，二氧化碳排放 115.4 亿吨。这份研究的特点是对不同区域的发展和排放进行了差异化的分析。

2. 减缓情景

减缓情景（mitigation），又称为稳定情景（stabilization），干预情景

（intervention）。与基准情景相比，减缓情景研究在事先设定的浓度目标下，或以减缓气候变化为目的，采取何种措施来降低温室气体排放，这些措施既包括技术可能性，也包括制度、文化和法律等影响温室气体排放的各种因素。减缓情景可以有多种，如不同的减排目标，偏向某种特殊类型的技术手段或能源（Jayant Sathaye & Stephen Meyers, 1995）。

在 SRES（2000）两个基准情景的基础上，Vuuren 等（2003）分别设计了对应的减缓政策，包括刺激提高能源效率的投资、征收能源税和碳税、使用清洁能源的刺激、提高核电、水电与可再生能源的比重。在A1b—C 基准情景的基础上，提高能源效率，2050 年碳排放将减少10.8%，能源投资增加 9%，消费者成本提高 3%。征收一项每吨 30 美元的碳税，将使得碳排放减少 30.6%，能源投资增加 16%，消费者成本增加 20%。在 B2—C 基准情景的基础上，提高能源效率，2050 年碳排放将减少 14.4%，能源投资增加 12%，消费者成本提高 1%。征收一项每吨 30 美元的碳税，将使得碳排放减少 29.8%，能源投资增加 16%，消费者成本增加 15%。总起来看，碳税的效果最大。

在 IEA（2007）的减缓情景中，中国政府采取强有力的政策措施，保证能源效率的提高和对环境的有效保护，这是一种相对可持续的发展方式，能源需求和碳排放相对较低。政府加强了现有政策的实施并且采取新的政策，抑制对能源需求的增长，年均增长率控制在 2.5%。2030年，对化石燃料的需求 46.4 亿吨煤当量，比基准情景低 14.7%，其中，对煤炭和石油的需求分别降低了 23.2% 和 19.2%，作为补偿，对核能的需求提高了 79%，对太阳能和风能等可再生能源的需求提高了 57.4%。相对基准情景，减缓情景中能源需求的减少来自多方面，如中央政府采取"关停并转"小型和无效率的工业企业和发电厂，转而由效率高的现代企业所取代。长期来看，这种经济结构的变化对于降低能耗起到越来越大的作用，为减少能源需求量贡献 43%，能耗效率的提高和能源结构的转换贡献了其他 57%。政策措施可以减缓能源进口的增长和日益加重的局部污染，而且也遏制了二氧化碳排放的增长。能源消费总量的相对降低和能源结构的改善，将使得 2030 年的碳排放比基准模型的 114.5 亿吨减少 22.5%，大约为 26 亿吨。

最近，"低碳"作为一个流行的概念而出现。低碳排放可以有不同的定义，一是实现人类社会的共同愿景，即全球实现低升温目标下的排放水平。目前讨论较多的是 450ppmv 和 550ppmv 浓度目标下的排放水平，最近也在讨论更低浓度目标下的排放水平，应在这种全球排放水平下实现本国或本区域的低碳排放。二是本国或者本区域在自身自然资源条件下，尽最大努力来减少温室气体排放（姜克隽等，2009）。

姜克隽等（2009）提出了一个低碳情景，考虑我国在国家能源安全、国内环境、低碳之路因素下，通过国家政策所能够实现的低碳排放。这个情景中主要考虑国内社会经济、环境发展需求，在强化技术进步，改变经济发展模式，改变消费方式，实现低能耗、低温室气体排放因素下，依据国内自身努力所能够实现的能源与排放情景。2030年，一次能源需求量由2005年的21.9亿吨标煤增加到44.7亿吨标煤，二氧化碳排放86.0亿吨。

进一步的，他们又提出一个强化低碳情景，这基于三方面的考虑，第一，在全球共同努力的情况下，进一步强化技术进步，重大技术成本下降更快，发达国家的政策会逐渐扩展到发展中国家。第二，2030年之后中国经济规模已经是世界最大，可以进一步加大对低碳经济的投入，更好地利用低碳经济提供的机会促进经济发展。第三，中国在一些领域的技术开发已居于世界领先地位，如清洁煤技术和二氧化碳捕获与封存技术（CCS），CCS在中国得到大规模应用。这个背景下，2030年中国能源需求将控制在42.7亿吨标煤，二氧化碳排放为81.7亿吨。

Wang and Watson（2008）提出了中国未来向低碳排放转变的路径。如果按照人均排放和单位GDP排放平等的原则，在450ppmv的目标下，21世纪中国排放潜力分别是700亿吨和1110亿吨（以碳计），平均每年25.7亿吨和40.3亿吨二氧化碳。根据刺激技术创新和消除社会不平等两个重要议题，中国未来发展可以分为四种情景，这些情景可以总结为：2050年，中国经济总量将是现在的8—13倍，服务业占主导；对能源需求比2005年高15%到高1倍不等，能源密度降低76%—87%，而碳排放密度缩减到2005年水平的4%—7%，碳排放比2005年减少15%—70%。在这四种情景中，S1实现了700亿吨的最低排放，2020年前后达到排放峰值，特征是发生急剧的技术进步和创新，关注社会福利和平等，而经济增长速度最慢，2050年是2005年的8.7倍，但是碳排放密度最低。实现这一情景的路径，包括提高能源利用效率、可再生能源替代煤炭成为最主要能源；改变经济结构，减少重化工业的比重，发展高科技产业、服务业和高增加值产业，工业比重下降到20%，而服务业达到75%；居民环境意识较强，因而选择绿色的生活方式，比如偏好环境友好型的建筑和交通方式，生活在小城镇和乡村，等等。在全球化程度高、关注效率和个人成功的 S2 和 S4 情景下，经济增速较快，但是对能源需求增加，实现 1100 亿吨的排放。

韦保仁（2008）根据中国人均能耗与日本和德国的对比，提出了环境友好型和环境改善型两种情景。环境友好型是指，2010 年以后，中国继续实行节能减排，并且按照单位 GDP 能耗年均下降 4% 的水平。在 2050 年 GDP 是 2005 年 12 倍的中增长情景下，到 2050 年，万元 GDP 能耗为 0.808 吨标煤，是 2003 年的 16.8%，相当于日本 1973 年的水平，是 2003 年水平的 1.37 倍，2050 年，我国能源需求达到 43.1 亿吨标煤，人均能耗 3.1 吨标煤，是中国 2005 年水平的 1.8 倍，是日本 2003 年水平的 51%，二氧化碳排放 68.0 亿吨。这要求整个社会非常节约。环境改善型情景下，2050 年，中国单位 GDP 能耗达到 2003 年德国水平，2010—2050 年，单位能耗每年降低 3.3%，到 2050 年，能源需求达到 57.7 亿吨标煤，人均能耗是德国的 2/3，二氧化碳排放 100.8 亿吨。

根据《京都议定书》，中国属于非附件国家之一，在 2012 年之前不负有减排责任，2012 年以后悬而未决。国内研究对中国温室气体减缓并没有提出明确的硬性目标，而正如姜克隽等提出的"本国或者本区域在自身自然资源条件下，尽最大努力来减少温室气体排放"，Wang and Watson 按照人均排放和 GDP 排放强度的原则，提出了中国碳排放的限额，这不妨是对中国承担减排义务情景研究的一个尝试。

四 中国温室气体排放情景的评价与展望

1. 评价

总起来看，已有的温室气体排放情景对中国未来的经济增长都抱有乐观态度，经济增速可能逐渐放慢，但是不会出现拐点。在这种社会经济背景下，到 2030 年，能源需求和二氧化碳排放相当于现在的 2 倍左右。减缓情景中，能耗下降、低碳能源比重提高、CCS 技术以及转变生活方式是减少温室气体排放的关键，比基准情景减少 20%—70%。具体来说，对中国温室气体排放情景的研究的评价有以下几点。

（1）基准情景是否可靠

基准情景类似于长期预测，利用过去 30 年的经历来描绘未来 50 年的蓝图，做到精确是一件相当困难的事情，甚至是不可能的事情。越是早期的基准情景，现在看起来与现实的出入越大。对于指数增长来说，一个百分点的差异，短期来看没有多少不同，但是长期影响相当显著。因此，通过较短的时间序列来外推较长的未来时间序列，结果本身因其较大的方差而增加了可能性的范围，也就是增加了未来结果的不确定性。

另外，经济周期的干扰使得预测变得不可信。预测通常是根据历史时间序列做出的，而时间距离现在越近，所赋予的权重越大。因此，如果在经济低谷作预测，那么，当经济繁荣的时候，会发现所估计的未来几十年的经济增长率都可能偏低，反之亦然。比如，在2003年中国新一轮经济周期繁荣阶段之前，Vuuren等认为中国碳排放要在2030年前后超过美国。这也是大部分国际机构的观点。然而，2003—2006年之间，中国能源消耗速度超过很多机构的预期，如美国能源信息局（EIA）在其2005年《国际能源展望》基准情景的预测是，中国到2025年二氧化碳排放量将超过美国，成为世界第一，即使在高增长情景中，中国直到2015年还低于美国排放总量。随着时间的推移，EIA不断调高中国的排放量，而调低了受到金融危机影响的美国的排放量。2007年，荷兰环境评估署最早发布消息，认为2006年中国二氧化碳排放世界第一。那么，在中国经济繁荣期所做的基准情景，很可能是过高的。

（2）对技术进步的信心过于乐观

减缓情景研究对技术进步解决能源和碳排放问题抱有一致的乐观态度，甚至没有一种可能的悲观情景，这也是导致各种情景都对中国的经济增长保持信心的重要原因。技术进步要么可以将现存的温室气体捕捉和封存起来，要么开发"低碳"能源来取代"高碳"，总之，未来遇到的一切难题都可以通过技术进步来解决。

对技术进步的顶礼膜拜和信心十足，部分地来自西方世界突破了罗马俱乐部提出的"增长的极限"。技术进步被认为是突破极限的最主要原因。但是，我们应当看到，极限被推迟的原因至少还有以下几个：首先，20世纪70年代国际生态和环境运动，推动了发达国家采取各种环保和节能政策，在一定程度上减轻了环境污染；其次，随着国内环境管制的加强，跨国公司为降低成本，借助于国际直接投资将污染行业转移到发展中国家；最后，发达国家利用通信和互联网等技术，完成了向低能耗产业的转移。尽管那些高污染、高物耗的产业不在发达国家本土，但是它们消耗了发展中国家的环境容量和资源空间，发达国家"突破极限"的过程是地球生态环境的"局部好转、整体恶化"（郑易生、钱薏红，1998）的过程。可见，技术进步在增长中的作用被夸大了。

即使承认技术进步对增长有一定的作用，但是技术并不是免费的午餐。在姜克隽等人（2009）的强化低碳情景中，希望寄托在国际合作以及中国在清洁煤和CCS技术上的开发和应用。Wang and Watson（2008）实现排放最低情景的途径是提高能源效率、可再生能源替代煤炭，等等。新技术是昂贵的，企业是要收回成本的。况且，能否开发出这样的技术也是不确定的。或许，我们对技术进步也应当给予保守的期望。而在今后很长一段时间内，我们还要依赖不可再生资源。毕竟，把未来美好生活的保障悬于技术进步这"一线"，不免孤注一掷。

（3）资源和环境的约束

所有的情景都暗含这样的假设，即未来其他资源以及环境容量会像过去或者现在一样，不会成为增长的制约力量。建立情景意味着要对研究现象、决定要素和预期发展之间的关系作出一系列一致而连贯的假设。对假设条件内在一致连贯的要求使得情景分析区别于变量分析和敏感度分析，后者仅仅改变一个或几个参数来说明变量对未来发展的影响。在一致性假设条件下，需要对当前情形作一个既系统又有选择性的描述，识别出决定未来过程的最重要的外在因素。在温室气体排放情景中，化石能源燃烧是温室气体排放的最重要原因，这是决定未来过程的最重要的外在因素，而其他资源是否充足则是前提假设。仅仅考虑能源供给而忽视其他资源，则会使得温室气体排放情景脱离现实。在模型的设立上，就是以能源供需模型为主，各种社会经济发展的指标作为前定变量（predetermined variables），而表现资源和环境容量的变量根本就没有出现在模型中。

与发达国家不同，中国面临的问题，不仅仅是气候变化，或者是能源结构，而是伴随经济增长所出现的一系列生态环境问题，如，水资源短缺，土壤退化，生物多样性消失，甚至还有社会问题：如贫富不均，价值观扭曲，等等。中国未来的生态环境问题会随着社会经济发展自行消失还是达到阈值而不可逆转，中国是否会像发达国家那样安然渡过环境库兹涅茨曲线的顶点，这些悬而未决的问题如果仅凭借一些假设而放弃论证，变为"无约束"或者是"无代价"，会大大降低温室气体排放情景研究的可靠性。

以水资源为例，以中国目前的情况，北方地区城镇居民的生活用水已经相当紧张，新中国成立以来，我国进行多次跨地区和跨流域调水工程建设，以保障北方城镇的用水，从黄河流域到长江流域，跨流域调水的路线越来越长。即使这样，很难说北方的用水需求已经得到满足。在未来人口增加和城镇化率提高的情况下，居民用水需求是否得到保障以及如何保障？

第一，生活用水需求量的变化。饮用水是居民生存的必要条件。生活用水量的规模由三个因素决定，其一是人口总量变化，2030 年，预计我国人口达到 14.6 亿人，比当前人口增长 11%，假使人口结构和平均用水量都不发生变化，那么，生活用水需求就要增长 11%。其二是人口结构的变化。一方面，城镇化增强了集中供水的压力。城镇居民生活用水一般采用集中供水，而农村居民用水采用多种方式，集中供水的村庄仅占我国 271.1 万个村庄的 14.8%[1]。另一方面，城镇居民用水量要高于农村居民，2006 年，城市居民每天生活用水 189.8 升/人，而有集中供水的行政村居民每天生活用水 76.1 升/人，不到城市居民的一半。因此，城镇化过程意味着集中供水方式的生活用水量的增长。我国目前名义城镇化率[2]大约是 45%，如果按照 IEA 设置的情景，2030 年城镇化率达到 60%，那么，大约有 8.8 亿人口居住在城镇，比现在的 5.9 亿城镇常住人口增长 47%。假设城镇居民人均用水需求保持不变，那么城镇居民集中供水总量增长 47%。这是一个最低增长量，实际上，当前在城镇生活的农民工，生活用水远远低于城镇居民，当这部分人在城镇扎根，生活方式趋向于市民，集中供水需求量会大增，比现在的 4.56 亿具有城镇户口的人口提高 93%。其三是城镇居民人均家庭生活用水量的变化。2000—2005 年之间，我国城市用水人口[3]人均家庭生活用水量维持在 145 升左右，假设未来这个比例保持稳定。综合以上因素，假设 2030 年，我国城镇居民用水普及率[4]达到 100%，那么，城镇集中供水总量生活用水将是 2005 年的 2 倍。在能源所城市化率为 70% 的情景中，集中供水的家庭生活用水总量是 2005 年的 2.4 倍。

---

① 2006 年城市、县城和村镇建设统计公报。
② 城镇常住人口占总人口比重。之所以称为"名义城镇化"，因为外来人口尤其是农民工虽然在城镇工作，但是无城镇户口，不能享有城镇居民的待遇。
③ 能够使用集中供水的人口，包括家庭供水和公共供水点。
④ 用水普及率 = 用水人口数/人口总数 × 100%。2007 年，我国城市用水普及率为 93.8%，县城用水普及率为 81.2%。

表 13　　　　　　　2006 年中国城乡居民人均日生活用水量情况

类别	城市	县城	村镇	其中：镇	乡	村
人均日生活用水量（升）	189.8	122.7	—	102.5	78	76.1

资料来源：《2006 年城市、县城和村镇建设统计公报》。

其次，为满足新增的城镇人口就业，必须发展工业和服务业。2007
年，我国人口的总抚养比[①]是 37.4%，假设这个比例不变，那么，2030
年，8.76 亿城镇人口当中的劳动年龄人口数是 6.4 亿人，假设城镇居民
劳动力年龄在 20—60 岁之间，且人口分布密度均匀，那么，劳动力人
口大约是 5.1 亿人。2007 年，我国城镇就业人口是 2.9 亿人，到 2030
年，城镇必须新增 2.1 亿个就业岗位，能提供如此之多的工作岗位，而
对水资源需求较少，只能由服务业来承担。在 IEA（2007）社会情景
中，2030 年服务业比重是 47%，姜克隽等（2009）提出 2030 年服务业
比重是 50%，2050 年达到 60%，只有 Wang and Watson（2008）提出了
2050 年服务业比重提高到 75% 的目标。假设最乐观的想法，即 75% 的
目标能够实现，2050 年，工业总量是现在的 4 倍，服务业是现在的 14
倍。除非工业用水效率降低到当前的 25%，否则工业用水总量将高于当
前的水平。

（4）发展，公平与可持续性

气候变化问题是人类面临的一个新问题，同其他问题一样，应对气
候变化挑战的方案必须与人类社会的发展、公平与可持续（development,
equity and sustainability）联系在一起。一个实现了发展的方案，如果不
具有公平性而导致贫富不均，会带来一系列社会问题，这并不是发展的
目的，而如果没有可持续性，发展和公平都失去了意义。因此，在情景
中，必须考虑到这些不同的维度。在基于 SRES 基准情景的 Von Vuuren
等人（2003）的情景中，在 Wang and Watson（2008）的情景中，效率
和公平是一个反向的关系。经济快速增长的高效率情景，意味着更加依
赖全球市场、国内社会不平等加剧，而一个增速较低的情景，可能更加
立足于国内市场，照顾到国内区域的均衡发展。对于中国温室气体排放
的情景研究，需要对情景的公平和可持续给予更多的关注。

---

① 总负担系数。指人口总体中非劳动年龄人口数与劳动年龄人口数之比。通常用百分比
　表示。说明每 100 名劳动年龄人口大致要负担多少名非劳动年龄人口。我国是指 15 岁
　以下和 65 岁以上人口占 15—65 岁之间人口的比重。

总之，既有的情景研究仅考虑实现社会经济发展目标所需要的能源供给问题，而没有考虑其他资源的供给以及相关的环境容量约束。不可否认，能源是现代社会发展的核心驱动力，能源与其他资源之间存在一定的替代性，比如，能源可以辅助人类汲取到更深的地下水位，或者把海水变成淡水，或者对污水进行处理，但是，已有的情景研究并没有探讨能源替代其他资源所要付出的代价。因此，即使情景所计算的未来能源需求和化石燃料供应可以得到保障，但其他资源的供给以及相关的环境容量并非"无约束"或"无代价"。温室气体排放情景，需要突破由能源或者经济专家独自研究的局面，而是综合研究更多领域，如水、土壤、人口、森林等承载社会发展的资源与环境，才能得出全面而可行的情景方案。

2. 展望

由人类活动产生的温室气体主要有这样几个来源：化石燃料燃烧、工业生产过程、农业以及废物的化学过程，所有这些排放都与人类的生产活动有关系。生产规模越大，消耗的能源就越多，排放的温室气体越多。然而，生产的最终目的是为了消费，所以，温室气体的排放可以归结到人类的消费行为。人类消费的产品越多，消耗的能源就越多，温室气体排放越多。有这样几个因素决定了中国居民消费的数量和结构。

第一，人口。人类的数量规模是决定温室气体排放量的基本因素。新中国成立以来，中国人口迅速增长。从总量上看，我国人口总数从新中国成立初期的 5.7 亿人增加到 2007 年的 13.2 亿人，是当今世界人口最多的国家。要满足居民基本需要，必须消耗一定量的能源。

自从中国实行计划生育政策以来，中国人口得到极大的控制。据国家计生委"计划生育投入与效益研究"课题组的研究成果，20 年共少生 2.5 亿个孩子。若从 20 世纪 70 年代算起，至今至少少生 3 亿人口，这有效地控制了人口的快速增长（门可佩、曾卫，2004）。未来十几年我国总人口（不含香港、澳门特别行政区和台湾省）每年仍将净增 800 万—1000 万人。全面建设小康社会，实现人均国内生产总值达到 3000 美元左右的目标，总和生育率必须稳定在 1.8 左右，这也是我国 20 世纪 90 年代的水平。按此预测，2010 年和 2020 年的人口总量将分别达 13.6

亿人和 14.5 亿人；人口总量高峰将出现在 21 世纪 30 年代，达 15 亿人左右①。

在既有的政策安排下，未来中国人口增长可能比规划预计的少。主要原因有：生育观念的转变、生育疾病的增加、抚育成本的提高以及养老态度的转变。这些因素会抑制新生人口的增加。当然，对老龄化社会和人口素质的担忧，有可能促使政府在局部地区有条件地放松"二胎"政策②。然而，中国人对生育的态度，越来越趋向于发达国家。中国人口总的趋势很可能不会比规划预计的更多。

第二，物质生活水平。20 世纪 70 年代以后，一些经济发达国家人口增长缓慢，甚至呈现递减趋势，但是能源消耗并没有减少，能量消费居高不下，这是因为人们的物质生活水平逐渐提高，而这些物质生产都以消耗能源为代价。仅从家用电器可见一斑，从电视机、洗衣机、电冰箱，到空调、电脑，环顾四周有无数的小家电，电磁炉、微波炉、吸尘器、加湿器、饮水机，几乎以前所有人力所能做的事情，都可以用电器完成，都要消耗能源。

改革开放 30 年，中国人均 GDP 增长了 10 倍，物质生活得到极大丰富。家用电器消费从无到有，从少到多。2007 年，城镇居民平均每百户家庭拥有家用电脑 54 台，彩电已经达到了 137 台，空调 95 台。农村居民家庭拥有的耐用消费品也有很大增长，1985 年，平均每百户农民家庭拥有 2 台洗衣机，每一万户拥有 6 台电冰箱，2007 年，这个数字分别上升到了 46 台和 2612 台。耐用消费品的增长趋势，以及新产品的出现，都增加了对能源的需求。自行车曾经是城乡居民最重要的交通工具，20 世纪 90 年代达到了顶峰，城镇居民平均每户有 2 辆，而农村平均 2 户有 3 辆。然而，这个地位逐渐被汽车和摩托车替代。2008 年底，我国私人汽车 1947 万辆③，平均每千人拥有 15 辆汽车。

---

① 中华人民共和国人口发展"十一五"和 2020 年规划。
② 目前，根据我国《人口与计划生育法》，国家鼓励公民晚婚晚育，提倡一对夫妻生育一个子女；符合法律、法规规定条件的，可以要求安排生育第二个子女。具体办法由省、自治区、直辖市人民代表大会或者其常务委员会规定。大部分地区的《人口与计划生育条例》规定，一对夫妻生育一个孩子，例外的情况是：夫妻双方均为独生子女，少数民族，贫困地区的农村居民第一胎为女孩，等等，不同地方的具体政策也不同。
③ 《2008 年国民经济与社会发展统计公报》。

表 14 居民家庭平均每百户耐用消费品拥有量

项　　目	1978 年	1985 年	1990 年	1995 年	2000 年	2007 年
城镇						
洗衣机	—	48.29	78.41	88.97	90.50	96.77
电冰箱	—	6.58	42.33	66.22	80.10	95.03
空调	—	—	0.34	8.09	30.80	95.08
家用电脑	—	—	—	—	9.70	53.77
家用汽车	—	—	—	—	0.50	6.06
自行车	—	152.27	188.59	194.26	162.72	—
农村						
洗衣机	0.00	1.90	9.12	16.90	40.20	45.94
电冰箱	0.00	0.06	1.22	5.15	20.10	26.12
自行车	30.73	80.64	118.33	147.02	98.37	97.74
摩托车	0.00	0.00	0.89	4.91	40.70	48.52

资料来源:《中国统计年鉴》。

　　尽管过去 30 年中国居民的物质生活水平有了很大提高，但是，至今为止，还没有出现消费饱和或者增缓的趋势。例如，对轿车和大户型住房的消费方兴未艾，在汽车销量出现"井喷"的 2002 年，汽车销量刚刚超过 100 万辆，而 2008 年，中国汽车销售 504.69 万辆[①]，五年时间增长了 400%[②]。

　　如果说，人口可以控制，那么人们对提高物质生活水平的追求则无法停止。人们为什么追求物质生活水平的提高？最简单地说，是为了提高生活质量。根据马斯洛的需求理论，人最基本的需求是满足生理需要：吃饭和保暖。这些因素都可以定量，比如一个正常人每天需要摄入多少热量，折算成多少粮食。当这些需求满足之后，人们追求精神层面的需要，比如社会价值、尊严、品位等，这些需要随着社会风尚的改变而改变。如果社会趋向于用消费的产品来衡量一个人的社会价值，用名牌产品、奢侈品来定位人的社会地位，那么这就刺激人们对收入和财富的追求，这种追求造成了对物质和经济增长的永无满足。这就注定能源

---

① 朱一平:《2008 年轿车年销量首次超过 500 万辆》,《中国汽车市场》2009 年第 3 期。

② 到目前为止，政府对家用轿车采取了积极的扶持态度。2000 年，党的十五届五中全会首次提出了"鼓励轿车进入家庭"，2001 年，九届全国人大第四次会议批准的计划纲要，也明确鼓励轿车进入家庭。2009 年初，为应对国际金融危机而出台的《汽车产业调整振兴规划》，提出对 1.6 升及以下排量的乘用车实施车辆购置税减半政策，即税率从 10% 减至 5%。这些政策都刺激了私人轿车的消费。

和物质消耗将日益增多。如果人们对生活质量的理解更加关注内心的安宁与满足，与自然的和谐相处，也许人类不必消耗如此巨大的物质来获得幸福感。

第三，技术进步。一般认为，技术进步能够降低能耗，从而减少排放。实际的情况却是，技术的进展反而刺激了人们的消费，增加了排放总量。这有两个方面需要解释，一方面，技术创新发明了新产品，比如电冰箱、空调等，它们的出现增加了能源和物质的消耗。另一方面，技术进步提高了效率，使能耗下降，但是，能源消耗总量不一定下降，比如汽车能源性能改善后，可能会刺激汽车的销量，人们行车里程更长，这取决于对汽车的需求弹性。

对技术的期望还体现在开发可再生能源和低碳能源、能源效率的技术突破、温室气体捕捉和封存（CCS），等等。减缓情景对这些技术寄予厚望，希望在维持经济的增长和满足人们的物质欲望的前提下，这些技术能够替代不可再生能源，或者将二氧化碳封存到废弃的地下。

然而，技术进步本身具有两面性，既能够提高劳动生产率，也能够刺激能源和资源消耗，而且对环境的影响具有很大不确定性。当前，对新技术的评估似乎仅仅包括经济可行性，但是，无法评估其长期的环境影响。煤炭作为工业革命的引擎，其温室效应在几百年之后才被发现。我们对技术进步在解决温室气体排放问题的希望应该更加具有理性。

中国未来的情景，能否是今天的美国、德国抑或是日本？2005 年，中国人均能源消耗是 1.5 吨标煤，如果未来有一天中国人均能耗达到了现在美国 9.8 吨标煤的水平，那么中国需要消耗 130 亿吨标煤，这个数字相当于 2005 年全世界能源消费总量。即使达到了当前日本或德国水平，中国也需要消耗超过 60 亿吨标煤，合计 15 万亿千瓦时。如果把希望完全寄托于技术创新带来的新能源或者是低碳能源则相当危险。

表 15　　　　　　　人均能耗与每千人拥有小汽车数的国际比较

国家	中国	日本	韩国	美国	德国	世界
人均能源消耗[①]（tce）	1.5	4.9	4.7	9.8	5.0	2.1
每千人拥有小汽车辆数[②]	14.8	282.3	48.4	572.2	487	

注：①2005 年数字。②除中国为 2008 年数字外，其他国家为 1990 年数字。

资料来源：《国际统计年鉴（2008）》。

中国正经历着一个战略转折期。中国人在物质生活丰富的同时，精神世界出现了某些真空地带。社会价值标准越来越趋向于物质化，用 GDP 增长率衡量一个地区的竞争力，用收入财富衡量一个人的成功。如果中国人继续追求高度物质化的生活方式，那么中国需要一种高增长情景，代价就是对自然资源的消耗可能达到一种不可持续的状态。减缓气候变化成为空中楼阁。减缓情景中的政府干预可以起到很大作用。然而，政府由人组成，政府决策本身受到社会价值观的操纵。如果这个社会以物质财富作为价值准绳，那么政府自然唯 GDP 增长。政府决策通过诱导人们的选择和判断，反过来又印证并且强化了社会价值观，对实现减缓情景形成很大压力。减缓情景面临最大的压力来自人类自身对物质的无限欲望。中国温室气体的减排，根本之策取决于中国人抛弃"贪大求洋"的心理，树立新的价值观，寻求新的生活方式和发展方式。

参考文献

［1］ 高树婷、张慧琴、杨礼荣、王秋玲：《我国温室气体排放量估测初探》，《环境科学研究》1994 年第 6 期。

［2］ 姜克隽：《IPCC 第三工作组第二次新排放情景研讨会简介》，《气候变化研究进展》2005 年第 2 期。

［3］ 姜克隽、胡秀莲、庄幸等：《中国 2050 年低碳情景和低碳发展之路》，《中外能源》2009 年第 6 期。

［4］ 姜克隽、胡秀莲、庄幸等：《中国 2050 年的能源需求与 CO_2 排放情景》，《气候变化研究进展》2008 年第 4 卷第 5 期。

［5］ 蒋金荷、姚愉芳：《人文发展潜力与碳排放需求空间的定量分析》，《数量经济技术经济研究》2003 年第 11 期。

［6］ 门可佩、曾卫：《中国未来 50 年人口发展预测研究》，《数量经济技术经济研究》2004 年第 3 期。

［7］ 钱杰、俞立中：《上海市化石燃料排放二氧化碳贡献量的研究》，《上海环境科学》2003 年第 22 卷第 11 期。

［8］ 韦保仁：《中国能源需求与二氧化碳排放的情景分析》，中国环境科学出版社 2008 年版。

［9］ 魏一鸣等：《中国能源报告（2008）：碳排放研究》，科学出版社 2008 年版。

［10］ 吴萱：《水泥生产中 CO_2 产生量计算及利用途径分析》，《环境保护科学》2006 年第 6 期。

［11］张国宝编：《中国能源发展报告（2009）》，经济科学出版社 2009 年版。

［12］张仁健、王明星、郑循华等：《中国二氧化碳排放源现状分析》，《气候与环境研究》2001 年第 3 期。

［13］郑易生、钱薏红：《深度忧患——当代中国的可持续发展问题》，今日中国出版社 1998 年版。

［14］朱松丽：《水泥行业的温室气体排放及减排措施浅析》，《中国能源》2000 年第 7 期。

［15］Auffhammer, Maximilian and Richard T. Carson. Forecasting the Path of China's CO_2 Emissions Using Province-level Information, *Journal of Environmental Economics and Management*, Vol. 55, 229—247, 2008.

［16］Dabo Guan, Klaus Hubacek, Christopher L. Weber, et al. The Drivers of Chinese CO_2 Emissions from 1980 to 2030, *Global Environmental Change*, 2008, 626—634.

［17］F. R. Veeneklaas and L. M. van den Berg. Scenario Building: Art, Craft or Just A Fashionable Whim, in J. F. Th. Schoute et al. (eds.), *Scenario Studies for the Rural Environment*, 11—13.

［18］J. Schoonenboom, Overview and State of the Art of Scenario Studies for the Rural Environment, in J. F. Th. Schoute et al. (eds.), *Scenario Studies for the Rural Environment*, 15—24.

［19］Jayant Sathaye and Stephen Meyers. *Greenhouse Gas Mitigation Assessment: A Guidebook.* Kluwer Academic Publishers, 1995.

［20］Morita, Tsuneyuki And John Robinson. Greenhouse Gas Emission Mitigation Scenarios and Implications, in IPCC, *the Third Assessment Report on Climate Change*, 2001.

［21］Vuuren, van Detlef, Zhou Fengqi, Bert de Vries, et al. Energy and Emission Scenarios for China in the 21st Century-Exploration of Baseline Development and Mitigation Options, *Energy Policy*, 369—387, 2003.

［22］Wang, Tao and Jim Watson. China's Energy Transition: Pathways for Low Carbon Development, Sussex Energy Group, SPRU, University of Sussex, *UK and Tyndall Centre for Climate Change Research*, 2008.

［23］Ying Fan, Qiao-Mei Liang, Yi-Ming Wei, et al. A model for China's Energy Requirements and CO_2 Emissions Analysis, *Environmental Modeling & Software* 22, 378—393, 2007.

附：缩写说明

CO_2：二氧化碳
UNFCCC：联合国气候变化框架公约
IPCC：政府间气候变化专门委员会
ORNL：美国橡树岭国家实验室
CDIAC：二氧化碳信息分析中心
PBL：荷兰环境评估署
IEA：国际能源署
EIA：美国能源信息局
Tce：吨标准煤

应对气候变化：
来自干旱草原牧区的启示[①]

李文军

【内容提要】　应对全球气候变化，需要将区域和国家层面的宏观预测和研究与来自地方尺度的本土知识和非正式制度相结合，而后者迄今为止一直没有得到应有的重视。干旱牧区的传统畜牧业生产方式及相应的社会关系和制度安排，在本质上是一个运行了上千年的、顺应气候变异剧烈以及极端不确定性环境的系统。本文以内蒙古干旱草原牧区为例，从生产方式、产权制度和社会关系三方面，分析牧区应对不确定气候条件的经验和教训。在此基础上，文章认为，应对全球气候变化，决策者和学界或许可以从此案例得到如下三点启示：(1) 气候变化是全球尺度的，但是最终的应对一定是落实在地方尺度上的。国际社会和政府等外界对地方系统的干预需要顺势而为，要防止由于外界的不当干预最终导致系统的崩溃。(2) 充分意识到现代科学技术的局限性，在运用现代科学技术的同时，尊重、汲取本土知识和地方非正式制度安排，或许是人类社会应对气候变化的根本出路。(3) 在不可预测的环境下，顺应比抗衡的代价可能要小得多。如果 IPCC 的预测是正确的，未来气候变化将会带来更大程度的环境不确定性，与其在不确定的环境中挣扎以试图达到确定性，不如接受不确定的事实，重新思考并定位人类的应对措施。

【关键词】　气候变化；应对；干旱草原；本土知识；非正式制度

---

①　本研究得到国家自然科学基金（40871252）和福特基金的支持。本文案例部分的基本数据和材料已经发表，更详细的内容请见李方军、张倩（2009）。

一　引言

全球气候变化是目前学术的研究热点之一和政治的关注焦点之一。如果 IPCC 的预测是正确的，则如何应对气候变化，即通过调整系统以适应正在发生的和未来可能发生的气候变化，将成为关键。近来已有大量的文献讨论气候变化的"适应"（Adaptation），例如 IPCC（2007），UNDP（2007），Heltberg, et al.（2009）以及 Smit and Wandel（2006）。一个共同的认识是，气候变化是一个自然过程，但是如果人类社会应对不当，则会转化为人为灾难。比如饥荒，正如诺贝尔经济学奖获得者 Sen（1981）所指出的，饥荒是源于气候风险的人为灾难，因为人类社会不能成功应对自然灾害因而导致粮食产量下降，从而使人民陷入饥荒。

目前国际社会应对气候变化的研究在尺度上大多侧重于宏观区域尺度及国家层面，在方法上以概念性的理论研究、模型预测及情景分析居多，而忽视对于地方尺度的、本土知识和非正式制度安排应对气候变化的经验和教训的总结和分析。毋庸置疑，尽管气候变化是全球尺度的，但是人类的响应将最终落实到地方尺度。然而，在关于气候变化的科学研究、政策制定和公共论坛中，受气候变化直接影响的当地居民却很少被考虑。在 IPCC（2007）的报告中，除了居住在极地的原住民，鲜有提及其他地区的原住民和长住民；而且，极地原住民之所以被关注，是认为这些人群将有可能成为气候变化的无助的牺牲品，而并不是认识到原住民在应对气候变化中的可能作用和贡献（Salick and Ross, 2009）。

事实上，通过本土知识并结合新技术，原居民有许多独特的途径和方式来判断、并应对气候变化，而这些方式和途径或许有助于整个社会在更大范围内应对气候变化。Byg and Salick（2009）认为，与现行的很多科学研究关注宏观的、区域尺度的气候变化不同，本土知识对于更好地理解全球气候变化将有不可估量的贡献，比如可以提供关于当地环境的信息、聚焦以往被大尺度科学研究所忽视的关键问题等（Kloprogge and Van der Sluijs, 2006）。通常，来自外界科学家的实证研究力求反映客观的真实，因此要求研究者隔离于系统之外以保持中立的、客观的视角；与之不同的是，当地居民的观察和感知是嵌套在当地的社会文化背景和自然环境之下的，当地居民的感知能够反映他们所关心的对象，并且能够反映气候变化对他们生活的真实影响（Danielsen et al.，2005）。另外，当地人的观察是在地方尺度上的，这些是多数科学研究和模型所不具备的（Wilbanks and Kates，1999；Berkes et al.，2001；Laidler，2006；van Aalst et al.，2008）。而且，本土知识和居民的感知可以直接影响人们的决策，比如是否立即行动（Alessa et al.，2008）、采取什么样的短期和长期应对措施等（Berkes and Jolly，2001）。地方尺度的过程能够影响全球尺度的过程，反之亦然（Wilbanks and Kates，1999）。

而且，原住民及其他当地居民是构成许多生态系统的关键部分，他们成为提高这些系统应对外部变量干扰能力的关键。假如决策者及当今相关领域的主流科学家能够拓展其视角，从本土知识及文化中汲取经验和教训，或许能够为国际社会应对气候变化提供新思路。

不论目前全球气候变化的预测如何，一个确定的事实是气候变异性将加剧、极端恶劣天气将增加、未来将变得更加不可预测。这些特征无疑是干旱草原数千年来一直面对的自然环境，而传统畜牧业生产方式及相应的社会关系和制度安排在本质上是一个人类社会运行了上千年的、顺应该环境的系统，作者相信对于该系统的研究将对国家层面上制定气候变化的应对方案具有启示意义。本文将以内蒙古干旱草原牧区为例，从生产方式、产权制度和社会关系三方面，分析牧区应对气候变化的经验和教训，希望能够以小见大，为中国和其他地区应对气候变化提供一个新的视角。

二　数据和方法

除了文中已经注明来源的二手文献资料，关于内蒙古草原畜牧业生产系统及相应的制度安排，本文所采用的数据和信息大多源自2006年以后研究小组在内蒙古草原的田野调查，从西到东主要包括：阿拉善盟的额济纳旗、右旗、左旗；鄂尔多斯的鄂托克旗和乌审旗；锡林郭勒盟的苏尼特左旗、锡林浩特、东乌珠穆沁旗；赤峰的克什克腾旗。覆盖的生态系统类型包括草原荒漠、荒漠草原、典型草原及农牧交错带。特别地，本文中将要具体用到的关于走"敖特尔"①的牧户数据和信息主要

---

① 走"敖特尔"是传统上蒙古族牧民应对天气变化的放牧策略，即当所在草场出现不利天气时（例如干旱或暴风雪），将牲畜临时迁移到其他不受或少受天气影响的草场上，当天气条件改善之后再回迁牲畜。

来自对于锡林郭勒盟苏尼特左旗 B 嘎查①的追踪入户调查，调查时间为 2006 年 4 月、2006 年 10 月、2007 年 7—8 月、2008 年 7 月及 2009 年 7 月。

案例地 B 嘎查位于内蒙古锡林郭勒盟苏尼特左旗，属于荒漠草原带。据旗气象局资料，1957—2006 年间，全旗年均降水量为 189 毫米，平均距平比为 20% 左右。B 嘎查总面积 700 平方公里，其中天然草场 670 平方公里，植被类型以高平原荒漠草原为主，占草场总面积的 89%。

B 嘎查牧民以蒙古族为主。2006 年总人口为 372 人，共 105 户，其中约 75 户从事畜牧业生产，其他牧户因没有牲畜而进城务工，不再从事畜牧业生产。畜牧业生产是 B 嘎查的主要经济活动和收入来源，牲畜种类包括马、牛、骆驼、绵羊和山羊。1961 年至今，嘎查牲畜总量在 1999 年达到最高峰，约为 54525 羊单位；增长势头在 1999 年以来的自然灾害中被打断，至 2006 年牧业年度，全嘎查牲畜总量为 34153 羊单位。

位于荒漠草原地带的 B 嘎查具有天气多变的特点，不利天气条件频繁出现。据统计，1967—2006 年间，苏尼特左旗发生严重雪灾和旱灾的频率分别为 24% 和 20%，即大约每 4—5 年发生一次，其中大部分自然灾害发生在旗北部。此外，小范围内同样具有不利天气条件多发的特点。走"敖特尔"是当地牧民应对不利天气条件的传统策略。因此，B 嘎查为研究牧民应对不利天气条件提供了良好素材。

采用深入访谈、人类学口述史和二手资料收集等方法，对 B 嘎查的牧户进行了入户调查，以及对苏尼特左旗畜牧局、草原经营管理站、草原站、统计局等当地政府部门进行了访谈，并收集了来自上述政府部门和苏尼特左旗图书馆的二手资料。牧户入户调查从进行畜牧业生产的 75 户中随机抽取 28 个样本，抽样率为 40%。牧户访谈内容包括：（1）畜牧业生产的成本—收益数据；（2）走"敖特尔"和固定舍饲的成本—收益数据；（3）当地的畜草双承包过程以及承包前后牧民走"敖特尔"的相关数据和口述。政府部门访谈和二手资料收集的主要内容为当地植被、气象以及畜牧业生产的多年统计数据，以及政府对于牧民走"敖特尔"的态度等。

①　嘎查为蒙语，相当于农区的一个村庄。

三 干旱草原气候特点

（一）降水变异剧烈

为了说明内蒙古草原降水的变异程度，本文利用锡林郭勒盟13个气象站1971—2005年共35年的降水量数据计算各地区及锡林郭勒盟降水变化率[①]，见表1。正如表1中数据所示，除锡林浩特市、那仁宝力格和二连浩特三个地区外，锡林郭勒盟大部分地区的全年降水变化率虽然都小于33%[②]，但对植被生长非常重要的春季降水和夏季降水的变化率大于33%的地区占绝对优势。

表1 锡林郭勒盟及13个地区全年和生长季节降水变化率（1971—2005）

（单位:%）

地区	全年	春季（4—6月）	夏季（7—8月）
锡林郭勒盟	18.0	29.4	30.6
多伦	19.2	30.1	28.7
正蓝旗	21.6	37.9	35.4
太仆寺旗	17.6	38.1	29.7
西乌珠穆沁旗	23.0	38.3	42.4
正镶白旗	19.9	38.8	32.7
镶黄旗	23.5	41.0	37.6
阿巴嘎旗	25.5	44.1	44.3
锡林浩特市	30.5	45.1	52.2
苏尼特左旗	25.6	45.2	43.4
朱日和	27.4	46.8	49.0
那仁宝力格	30.0	47.7	44.6
苏尼特右旗	29.0	53.6	42.7
二连浩特	37.1	56.7	57.1

数据来源：内蒙古气象局。

[①] 这里的变化率采用的是统计学中的变异系数（Coefficient of Variation，CV），来衡量降水资料中各观测值变异程度的一个统计量。

[②] 为了判断降水的变异程度对草原第一生产力的影响，目前得到广泛借鉴的是 Ellis and Swift（1988）提出的，以降水的变异系数是否超过33%来作为干旱地区降水变异程度的一个指标。大于33%的地区，则认为降水等非生物因素对植被的贡献将大于牲畜等食草动物的采食，新草场生态学将这样的系统定义为非平衡系统。

（二）极端天气频发

根据苏尼特左旗志（2004）的介绍，苏尼特左旗是个自然灾害频发的地区，最常见的灾害有干旱、雪灾、黑灾和风灾。苏尼特左旗降水量少，且全年四分之一的降水量集中在 7 月下旬至 8 月上旬。5 月下旬至 8 月上旬是牧草生长的关键时期，这段时节降雨量的多少和时间的分配将会确定干旱与否。全旗平均 4 年出现一次严重的干旱。"白灾"是冬季牧区的重大自然灾害，由于降雪量多，积雪深度大，牧草被雪覆盖，致使牲畜采食困难，饥寒而死亡，因而称为白灾，平均 3—4 年出现一次。但是，如果冬季牧场长时间无积雪，或积雪少而浅，牲畜难以吃上雪，造成饮水困难，使牲畜掉膘、流产甚至死亡，这种因降雪少或无积雪造成的灾害称为"黑灾"。"风灾"包括黄毛风和白毛风。黄毛风气象上称为沙尘暴，是强风将地面尘沙吹起使空气相当混浊，水平能见度小于 1000 米的风沙天气。全旗黄毛风主要出现在 4—5 月，历史上年平均 2—3 次，最多年达 8 次。白毛风在气象上称为雪暴，是指大量的雪被强风卷着随风运行，水平能见度小于 1000 米。白毛风在苏尼特左旗较为多见，主要发生在 11 月至次年 3 月，强力白毛风影响交通和放牧，人畜均有危害，人易迷失方向受冻，牲畜常造成惊群、丢失甚至死亡。全旗年平均出现 3.5 次，最多年达 19 次。此外，蝗灾、寒潮、冷雨、湿雪、冰雹和水灾也会偶尔发生。

图 1 显示了苏尼特左旗从 1945 年到 2000 年 56 年中，共发生 9 次旱灾、4 次风灾、11 次雪灾和 3 次冰雹灾害，牲畜数量也有相应波动。

四　内蒙古草原牧区应对气候变化：经验和教训

（一）生产方式

在内蒙古草原，至 20 世纪 50 年代之前一直是传统的人、畜皆移动的游牧经营方式，随着畜群在不同季节的移动，人口也是逐水草而居的；在随后的人民公社大集体时代，畜群依然是移动的，基于分工的主要劳动力也随畜群移动，而老人、妇女和孩子则开始在政府的鼓励和倡导下定居，从而形成畜动、人不动的"定居游牧"方式；20 世纪 80 年代畜草双承包责任制实施后，随着草场的划分入户，法律上牲畜再也不能在较大范围内移动了，而经过三十年的定居，多数牧民也逐渐从蒙古包中走出来，住进了砖瓦房，最终形成了"定居定牧"的局面。如果按

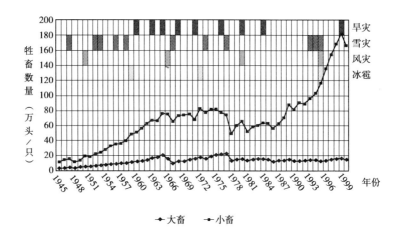

图 1   苏尼特左旗牧业年度牲畜数量变化
及自然灾害发生（1945—2000）

资料来源：根据苏尼特左旗畜牧志（1995）以及入户访谈资料（针对1995 年以后）整理。

照牲畜是否移动为标准划分，本文所指的"传统"畜牧业在时间上界定为 20 世纪 80 年代草场承包之前的畜牧业生产方式。

由于气候变异剧烈导致牧草资源在时空分布上的不可预测性，能够灵活随机地迁移对于牲畜的生存至关重要。游牧民族和他们的牲畜实际上是通过迁移减小甚至消除了由于这种不确定气候变异所带来的生存风险。正是能够在大的空间尺度内通过移动来追随资源的分布，决定了其畜牧业生产的持久性。这种迁移或许是季节性移动，根据湿季和旱季的不同，通常在预先选择好的地方之间游移，比如夏营盘、冬营盘之间的转场；也可能是随机性的移动，这通常发生在极端不利天气的条件下，无法预测哪块草场产量更高的时候，蒙语将其成为走"敖特尔"。

在旗的尺度上，根据苏尼特左旗的历史记载（苏尼特左旗志，2004），走"敖特尔"是一种自古以来一直存在的放牧形式。即便经历了中华人民共和国成立以后的大集体时代以及 20 世纪 80 年代后的草场半私有化之后，这种方式仍一直被牧民所采用。自 1951 年以来，有记载的盟旗之间甚至跨越国境之间的走、接"敖特尔"[1] 有 4 例，主要集

---

① 接"敖特尔"是与走"敖特尔"相应的活动，受到不利天气条件影响而需要进入关键资源的一方进行的是走"敖特尔"；相应地，正在使用关键资源的一方则是接"敖特尔"。

中在牧业合作社和人民公社时期。其中，接"敖特尔"2次：分别是1956年10月旗政府安排来自蒙古人民共和国东戈壁的"敖特尔"牲畜在北部边境的红格尔苏木边境一带过冬；以及1957年11月安排乌兰察布盟四子王旗的24500头"敖特尔"牲畜过冬。走"敖特尔"2次：分别是1963年10月部分牲畜走"敖特尔"到锡林郭勒盟东乌珠穆沁旗；以及1966年冬全旗10个公社16万头牲畜走"敖特尔"到其他盟。在走、接"敖特尔"的过程中，旗政府一直充当组织者的角色，在旗范围内安排"敖特尔"牲畜的草场以及组织跨盟旗的走"敖特尔"。

不仅在上述大尺度上，在嘎查的尺度上走"敖特尔"也是经常发生的畜牧业行为。据我们的调查，在大集体时代，苏尼特左旗B嘎查牧民存在两种走"敖特尔"形式，分别是：（1）遭遇小范围不利天气的牧民在嘎查内转移放牧地点；（2）出现大面积不利天气条件时，以嘎查为单位组织牧民集体走"敖特尔"。据牧民诺日布回忆，嘎查内走"敖特尔"的情景是："每个浩特①按照放养的畜群划分了一定的放牧草场，但是浩特草场之间并没有明确边界，一般就以山头或者某个树桩进行宽松地划分，当天气情况出现变化时，还能利用邻近浩特的草场。"嘎查集体走"敖特尔"则有4次，分别是：（1）1964年秋—1965年秋至阿巴嘎旗的伊和高勒苏木；（2）1967年夏—1968年夏至东乌珠穆沁旗与哲里木盟和兴安盟交界处；（3）1977年冬至苏尼特左旗赛汉高毕苏木；（4）1980年秋—1981年秋至阿巴嘎旗的伊和高勒苏木。另外，还有一些小规模的走"敖特尔"。由于在集体时代牲畜合群放牧，走"敖特尔"有时会以畜群为单位进行，例如1982年和1983年，由于冬季缺少足够的牧草，嘎查的马群分别被转移到邻近的苏尼特右旗呼吉乐图牧场和阿巴嘎旗宝格多乌拉苏木。

走"敖特尔"实质上是牧民在不利天气条件下通过移动牲畜进入关键资源②的过程，体现了牧民对于高度变异气候下的、资源分布时空异质性的追随策略。这种移动方式使牧民即使在干旱年份也可以保持较高的载畜率，

① 浩特为蒙语，指同一嘎查内相邻几户牧民组成的居民点。
② 在降水等气候条件高度多变的环境中，在一定的空间范围内总会存在产草量保持相对稳定的区域，这些区域是在最恶劣气候下决定牲畜数量的关键因素，因此被称为"关键资源"（key resources），详见 Scoones（1995，1993）和 Illius and O'Connor（1999）。在放牧畜牧业系统中，"关键资源"往往成为旱灾时可以求助的地方，即降水相对较多、产草量相对较高的地方。

而不会在全年的时间内对某一块草场造成持续压力。下面将以锡林郭勒盟苏尼特左旗的 B 嘎查牧民走"敖特尔"为例，从经济和生态两方面，来说明这种策略是如何降低甚至消除由于不确定性环境变异带来的风险的。

在经济上，牧民选择走"敖特尔"能克服灾害来临时被迫减少牲畜的高机会成本以及假如从外界输入饲草料的经济和技术限制。以 B 嘎查 26 户有畜牧户 2006 年的抗旱策略选择为例进行分析。在调查的 26 户有畜户中，有 25 户选择通过走"敖特尔"获取关键资源，另外 1 户由于联系草场较晚而未租到草场，最后只能选择固定在原处抗灾，以人工饲草料代替天然关键资源，这正好为我们的对比研究提供了样本。考虑到不走"敖特尔"的固定组仅有 1 个样本（表 2 中的牧户 2），本文在走"敖特尔"的 25 户移动组中选取与之具有相当放牧管理能力的一个牧户（表 2 中的牧户 1）进行对比。这里的"放牧管理能力"是指：人均管理牲畜规模和草场面积、走"敖特尔"或舍饲圈养持续时间以及家庭主事人的文化程度。同时，以 25 户的平均值作为参照。成本—收益分析的核算项目分别如下。在成本核算方面，与移动牲畜相关的成本包括：使用接收方草场而交纳的租金、租用中间商贩的货车运输牲畜的运输费、在目的地购买和运输人畜用水的费用以及移动过程中的牲畜损失（以牲畜的时价计算）；停留在原草场固定抗灾的成本包括：购买干草、玉米和青贮喂养牲畜的费用，以及牲畜由于不适应棚圈喂养而产生的畜病治疗费用。在收益比较方面，秋季出栏的价格较夏季出栏高了近 1 倍，考虑到在夏季出栏牲畜带来的机会成本，这里主要比较两组牧户在夏、秋季出栏牲畜的比例不同而造成的收入差异。

表 2 　　　　　　走"敖特尔"与固定抗灾的成本—收益比较

项目	单位	牧户 1：走"敖特尔"		25 户平均	牧户 2：固定舍饲	
基本情况	羊单位/人	人均羊单位	81	—	人均羊单位	83
	亩/人	人均草场面积	2175	—	人均草场面积	2611
	天	移动时间	30	41	舍饲时间	50
	羊单位	移动牲畜数量	360	590	舍饲牲畜数量	250
	—	文化程度	初中	—	文化程度	初中
成本分析	元	草场租金	3600	8370	干草	9375
	元	运输费	1000	4139	玉米	4000
	元	饮水费	0	596	青贮	625
	元	牲畜损失	0	1498	畜病治疗	1000
	元/羊单位/天	总成本	0.43	0.62	总成本	1.20
收益分析	%	春夏季出栏	0	17	春夏季出栏	94
	%	秋季出栏	100	83	秋季出栏	6

资料来源：2007 年 7 月访谈。

成本—收益分析结果显示（表2），在成本方面，牧户1的走"敖特尔"成本为每天0.43元/羊单位，25户平均为每天0.62元/羊单位，两者均远低于采取固定舍饲的牧户2的每天饲养成本1.2元/羊单位。在收益方面，牧户1保证了100%的牲畜在秋季出售；25户平均有17%的牲畜在夏季出栏，83%在秋季出栏。总体而言，移动抗灾的牧民基本能保证大部分牲畜在秋季以较高的价格正常出栏。而没有走"敖特尔"的牧户2为了降低喂养的经济压力，在春夏季提前出栏了94%的牲畜，最后仅有6%的牲畜能在秋季出栏。如果牧户2能及时走"敖特尔"，并按照25户牧民的平均水平出栏牲畜，其牲畜销售收益将会增加51元/羊单位。可见，当不利天气条件出现时，牧民选择走"敖特尔"策略比固守在家庭牧场内舍饲圈养抗灾具有更高的经济效率。

在生态上，通过走"敖特尔"可以规避草场被过度使用的风险。多变性是干旱区生态系统的基本特征。不利天气条件会破坏放牧环境从而对放牧造成风险，但这仅是生态系统多种自然状态中的一种，随着外部条件随时间和空间变化，生态系统会在不同状态之间转换，也因此提供了风险缓冲的机会（Westoby, et al. 1989）。这种机会实际上就是关键资源的出现。关键资源由天气变化和放牧资源的时空异质性引起，因而也会随之出现在不同的时空尺度上。对特定空间内的干旱半干旱草场而言，不利天气条件引发的植被状态变化是可逆的，随着外部天气压力减弱或消失，如降水条件改善和积雪融化，草场将获得机会恢复到良好状态。

但是，现代社会由于外界对于牧区社会经济系统的不恰当认识导致的不恰当干预，致使走"敖特尔"这种有效降低风险的途径越来越难以实施。在治理理念上，长期以来在牧区推行的政策本质上是基于以不变应万变、以稳定抗衡不确定性的思想，体现在具体的措施上就是以"定居定牧"取代游牧；通过在干旱地区打井、人工种草来抗衡由于多变的气候带来的饲草产量的不稳定，以改变上千年来"传统、落后、靠天养牧"的生产方式；当灾害来临时，通过建设棚圈、加大系统外投入等措施来"抗"灾，而不是通过移动来"躲"灾。20世纪80年代以后牧区草场承包到户后，更加削弱了牧民移动的能力，依靠系统自身化解风险的能力几乎被瓦解。

（二）产权制度

始于20世纪80年代的草场承包政策是内蒙古牧区历史上最大的产

权制度变革。该政策通过建立牧户对草场的半私有产权，即明晰某块草场的使用者边界，改变了牧户之间对草场的权利关系。事实上，近二十年来，在世界范围内掀起了土地产权改革，给每个人授予一块土地的权属，其初衷是对效率和公平的追求，即在让每个人拥有自己的土地的基础上，建立以市场为基础的土地产权方案，试图达到有效利用土地的目标（Ybarra，2008）。中国在内蒙古牧区及之后推广到整个中国北方牧区的草场承包政策与全球范围内建立所有权社会的趋势不谋而合。

草场承包到户这种产权制度的变更改变了牧民基于信息、劳动力合作、知识、资本和市场等方面的获益能力①，从而削弱牧民通过移动降低风险的能力。

首先，草场承包之前，遇到灾年，在寻找关键资源以转移牲畜的时候，信息能够在集体层级之间进行及时的沟通，因此可以保障牲畜能够及时转移到准确的具有关键资源的地方。而在草场承包之后，每一户牧民将不得不自己打探、判断关键资源的方位，形成个体与自然博弈的局面。由于受沟通、知识等方面的限制，往往会影响畜牧业决策的及时性，从而造成畜牧业损失。牧民对由嘎查组织的走"敖特尔"的回忆都反映了当时在灾害中的移动十分及时，大大降低了滞留的损失。而在承包后，对单个牧户来说，由于很难及时获取关键资源信息，造成畜牧业经营的损失。例如牧户巴特尔描述2006年联系草场的情况是："我6月初就出去找草场了，经常听说哪个地方的草场好，但是这些信息假的比较多，要亲眼去看看才好。我去年还听说一个地方的草场价格低，就骑着摩托过去看了，结果价钱很高。"这样，增加了牧民滞留在受灾草场的风险。

在联系草场方面，大多数牧民依靠亲戚朋友寻找可去的草场，如果不认识人，租草场的价格就会更高。2006年的旱灾中，B嘎查几乎所有牧户都走场，租草场的需求很高，所以牧户很难找到草场，有的牧户好容易以8元/羊/月的价格找到草场，但如果别人出了更高价格，租草场

① 对于其生计紧密依赖于自然资源的使用者而言，从资源中获益的能力（ability）与权利（right）同等重要，甚至多数时候前者比后者更为重要。比如，产权可以赋予某人从一块土地上获益的权利，但是如果该权利持有人没有劳动能力、也没有资本，这就意味着他并没有能力从该土地上获得收益以维持其生计。因此，过分注重产权（property right）有时会掩盖资源使用者的获益能力的变化。详见李文军、张倩（2009），第51—55页。

的机会就被抢走，只好重新再找，有的牧民最长花了十多天时间才找到草场。跨盟走场到乌兰察布市的牧民巴图回忆说他当时的想法就是只要把羊保住了，走多远也没事。当时他找到的草场价格是 5 元/羊/月，相对于当时 8 元/羊/月的价格来说还较便宜，但他花的运输费却是别人的 4 倍。此外，这段等待的时间对牧民和牲畜来说都十分难熬，因为牲畜在禁牧①的 45 天中都吃不到青草，体质已变得很弱，有的牧户走场前每天死十多只羊，也有的牧户干脆低价处理牲畜，羊每只 100 元，带羔母羊每对 280 元，马每匹 1000 元，这些价格都不及秋后正常市场价格的二分之一。

从走场方式来看，由于牲畜在禁牧时的饲草补贴仅能维持生命，再加上干旱，牲畜到 6 月份还没吃上一次青草，体质十分虚弱，必须雇车运输才能到达走场地点，牧民不得不开始到处找车运输牲畜。这些车辆基本都是二道贩子的车，运输价格主要根据距离来定，在旗内的运输价格一般是 400 元/车，跨旗或跨盟则会更高，例如去乌兰察布市的巴图每车运输价格是 1500 元。此外，在运输过程中牲畜损失也不少，由于车辆颠簸和牲畜体质太弱，牲畜被挤死压死的很多，有不少牧民回忆起当时路边有很多被扔下去的死亡牲畜。在 25 户中，有 6 户在运输途中都有牲畜死亡，最少的 2 只，最多的 10 只。有经验的牧民采取两种办法减少途中损失，一是请求司机尽量平稳开车，二是派一个人在羊群中间站着，看到羊倒了，就扶起来，以免被轧死。而走场回来时，由于牲畜体质已恢复，而且牧民也无力承受更多的运输费用，大多数牧民都是将牲畜赶回自己的草场。回来的路线基本都是沿大路走，以避开围栏和临时穿过他人草场的费用，因为马路两边 500 米内都是禁牧区，因此牧民也不得不催着牲畜快走，以免被罚款。而在承包之前，由于没有围栏，走"敖特尔"可以赶着牲畜走最短的直线距离。

在劳动力方面，在牧户之间所形成的草场权利边界使得他们在畜牧业生产上变得相对独立，通过劳动合作提高获益能力的途径已经不复存在。传统上，与干旱半干旱草场资源分布的时空异质性相匹配的，是牲畜的多样性，蒙古高原传统的五畜兼养（骆驼、马、牛、绵羊、山羊）

---

① 春季禁牧政策是继草场承包政策后，为了治理草原退化而追加的政策。按照政府要求，B 嘎查自 2002 年开始实行春季休牧制度。2002—2005 年休牧期为 60 天，从每年 4 月 1 日至 6 月 1 日；2006 年至今缩短为 45 天，从 4 月 1 日至 5 月 15 日。牧民的牲畜在休牧期间必须圈养、舍饲，不能放牧。

体现了生产方式与自然生态协调一致的特点，但是这种生产方式需要劳动分工与合作。草场承包后，这种劳动分工与合作随之消失，造成牲畜的单一化，资源不能得以高效利用。同样，畜草双承包之后，相互独立的牧户更加受限于资本、技术及市场，影响了牧民从资源中的获益能力，比如难以形成奶肉制品的深加工产业、一家一户单独面对市场时（无论是购买饲草还是卖出牲畜）不能形成竞争力。

而对草场私有化前的草场管理制度研究（Mwangi and Dohrn，2008；Fernandez-Gimenez，2002；1999；Verdery，1999；Toulmin，1995；Scoones，1994）发现，牧民在草场使用过程中通过维持可变的草场物理边界和使用者边界以实现对放牧资源的弹性管理。与"明确定义"相反，这种草场产权安排体现出"不完全定义"以及"模糊"边界的特征。牧民的这种对弹性边界的要求与放牧环境的多变性有关，当放牧资源因天气变化出现紧缺时，牧民会对草场边界和使用者规模进行调整，维持边界的弹性是为了保证牧民在紧急情况下能获取关键资源。研究观察发现，在牧民的实践中，"模糊"（fuzzy）并不等同于"含糊"（ambiguity），牧民对草场使用的管理存在"谁对什么物在什么时候具有何种权利"的界定，只是这种界定并不是固定的，而是根据现实情况进行灵活调整（Mwangi and Dohrn，2008）。在这种意义上，正如沃德瑞（Verdery，1999）所指出的，模糊实际上是对倡导人与人之间对草场关系的固定界定的私有产权的讽刺："新自由主义的产权观念总是一成不变地将权利和义务的承担者理解为个人，并在物理上和法律上赋予个人排他的权利，除此以外，所有的产权安排都被认为是模糊的。……但现实情况往往是不同人之间对同一物存在重叠的关系，因此，该制度往往定义的是'自我'和'非自我'的关系，这里'自我'并不必然是个人，而往往是一个群体。"

进一步地，牧民维持模糊产权边界的主要原因是什么呢？从成本—收益的角度，在环境时空变化率很高的地区，排他的机会成本可能会很高，因为在这些地区排他的费用（由于牲畜不能移动带来的损失以及排除外来者的成本）通常会超过其收益。而传统上牧民之间在草场使用上的利他主义能促进牲畜移动，有利于牧民根据降水条件分散牲畜，从而降低环境不确定性带来的风险和增加放牧的总体收益（Goodhue，et al.2000）。我们对于内蒙古苏尼特左旗 B 嘎查牧民走"敖特尔"的追踪研究，也证实了维持这种弹性边界的必要性。走"敖特尔"是嵌套在传统游牧系统中的一种放牧策略，其实质上是牧民在不利天气条件下通过移动牲畜进入关键资源的过程。牧民走"敖特尔"的实践实际是根据关键资源分布调整人与人之间的草场使用边界的过程。虽然在某一时刻人与人之间在放牧系统中的空间分布相对固定，但由于天气变化，某些人需要移动到关键资源上，关键资源的使用者群体因而发生变化。实际上，走"敖特尔"代表的是牧民对草场物理边界和使用者边界进行弹性调整以获取关键资源的需求。与之相反，草场承包政策建立的"一户一地"的产权模式则要求对草场的物理边界和使用者群体进行明确定义，即明晰"一地"的物理边界并把该地的承包经营权集中到一户。这样，在草场利用上，政策对固定边界的要求与牧民对弹性边界的需求形成了矛盾，并对牧民生计和资源利用及管理造成影响，从而造成"私地的悲剧"（李文军、张倩，2009）。

（三）社会关系

上述产权制度安排的变革从根本上带来社会关系的改变，从而影响到牧民在个体层面上应对风险的能力。

正如 McCay and Jentoft（1998）所指出的，资源管理失效和社区利益受损可能是由产权不完善造成的，同时也可能是由一系列他认为是引起"社区失灵"（community failure）的社会关系因素造成的，例如竞争性群体之间的冲突、拥有特权的精英群体的投机主义、成员之间制定和实施管理制度的能力差异，以及人们之间相互理解和信任的本质弱化。我们在 B 嘎查观察到在畜草双承包之后出现了同样的"社区失灵"过程，主要体现为社区互惠纽带的断裂，从而削弱了牧民应对不利气候条件的能力。

在气候变异剧烈的干旱草原，每个牧民个体都存在一种预期：当其他牧民需要走"敖特尔"进入我正在使用的草场时，我愿意给他提供帮助，因为在天气情况出现逆转[①]，对方会给予我同样的回报。在这种互惠的预期下，成员之间形成以礼物交换作为核心的"友好"关系，例如

---

① 在干旱地区，由于降水具有显著的时空异质性，这种情况发生的频率很高。在我们的调查中发现，即便是相邻的两个牧户的草场，也会出现某一个年份一户草场面临干旱的威胁，而邻居家却因为关键的季节（比如春季）得到了一场及时的雨水而水草丰美。2008 年夏季调查时，一户遭遇干旱的牧民描述，可以看得见邻家草场上空飘来的乌云，看得见别家草场上空在下雨，但雨水就是不肯再往自家草场上移一点。

在日常的放牧生活中，如果一个人使用了另外一个人的马或者骆驼，牲畜的主人将会得到一个诸如丝绸头巾或者酒之类的礼物。友好关系的存在促进了牧民对资源使用者边界进行调整的能力。在进入关键资源的情景中，走的一方"在离开的时候会留下一些牲畜，作为对使用对方草场的回报"（牧民诺日布，2007 年访谈）。可见，牧民之间在共同的互惠预期的基础上，借助以礼物为代表的友好关系，能够有效地使进入关键资源方和正在使用方达成一致。在共同使用关键资源的过程中，使用者之间通过共同劳动进一步加深了友好关系。根据牧民回忆，草场承包之前，走"敖特尔"和接"敖特尔"的双方会商量好"敖特尔"牲畜的数量和放牧地点，时间要求则相对宽松，视天气情况以及接受方草场资源的利用情况而定。如果停留时间较长，双方就会在草场上形成共同劳动、合作放牧，甚至直到一个畜牧业生产周期完成。

在草场承包以后，随着草场进一步划分到单个牧民家庭，在牧户之间所形成的草场权利边界使得他们在畜牧业生产上变得相对独立，随着劳动合作的减少和社区内部信息沟通的减弱，以友好、信任和交流所维系的互惠和互助纽带也开始断裂。在关键资源的交换中，由于权利安排的本身会导致关键资源承包者对进入者存在控制的优势，如果在观念层面上社会不信任感增强，双方达成一致、实现互助的障碍将会迅速增加。首先，由于牧民之间信息交流不充分以及社会道德约束力下降，在交易中出现了毁约和反悔的现象，从而增加了实现交易的难度。例如，牧户阿勒遇到的情况是这样的："原来说好给 8 元/羊/月租金的草场，后来有人来了给了 10 元/月/羊，这就不让去了，又得开始另外找别的草场。我在联系草场上前后共花了 10 天。"最后的结果是：在 25 户走"敖特尔"的样本中，有 3 户牧民由于接"敖特尔"一方的反悔而被耽误，不得不选择更远的草场；同时，有 8 户牧民用在联系草场上的时间超过 5 天，只能通过高成本的饲养维持生产。其次，社会互助和友好观念的弱化大大增加了双方形成一致的障碍。接"敖特尔"者开始向走的一方强制性索要现金收费，并且在大部分情况下，要求对方在进入草场前支付。但不一定每户牧民彼时都有能力支付①，进入关键资源的需求迫使他们转向借高利贷，进一步加重了受灾时的生产负担。还有的牧户

---

① 由于畜牧业生产周期的特点，通常在秋季牲畜出栏后，牧民才会有比较多的现金收入。

收过路费，甚至对在其草场上的水泡子饮水的牲畜收饮水钱，价格在0.50元/羊到1元/羊不等，如果不交钱，就先没收走场牧户的十多只羊，给现金才放羊。而在社会存在普遍互惠和信任的时候，礼物是在离开时赠送的，牧民并不会因为支付不起礼物而被拒绝。最后，由于在对关键资源的使用上，双方处于不平等的地位，双方即使在形成交易后也难以发展出合作关系和深化友好关系，这将促使进入关键资源的一方倾向于提早结束交换，于是他们可能会在家庭草场没有完全恢复时就将牲畜赶回，从而不利于受灾草场的恢复。

更为严重的结果是，关键资源控制方对互惠关系的违背，会从整体上改变社会规则，长此以往，将使社会关系陷入恶性循环。因为如果关键资源的需求方与提供方在第一次交易中不能形成愉快合作，当天气情况逆转时，原来的需求方将不愿意进行有利于合作的互惠行为，而可能会借助控制的地位提出更严厉的交易条件，双方最终会形成双败局面；相反，如果在第一次合作中关键资源提供方愿意建立互惠关系，那么需求方在情况扭转时会给与同样的回报。事实上，牧民在使用互惠纽带时同样是对互惠纽带进行投资，最后会增加社会整体的信任、友好和互助。

可见，在高度多变的环境中，牧民形成以互惠预期为基础的广泛的友好、互助与合作能够促进关键资源边界及使用者边界进行弹性调整，从而在整体上使得牧民进入关键资源的能力得到实现和保障。但是，草场产权的变更改变了社会生产关系，牧户之间变得相互独立。随着与降低环境不确定性相适应的互惠预期的减弱，牧民进入关键资源的障碍增加，从而在整体上降低了牧民应对风险的能力。

五 对于全球气候变化的启示

对于一个系统而言，扰动和危机并不总是坏事，但是应对变化的能力决定了该系统是否能够持久。为了顺应生存环境资源的稀缺和多变性，干旱草原上千年来人、草、畜共同演进形成了一个有效的应对气候变异的系统，其生产生活方式和社会关系以及相应的制度安排是最能够顺应不确定性自然变化的策略。但是近几十年来由于外界的不当干预，该系统自身对极端天气的应对能力正在被削弱，甚至濒临毁灭①。

作者在这里并不是反对外界对某一系统的介入，但是这种干预应该是顺应系统自身特点的顺势而为，而不是逆势而上。无论是国内政府还是国际组织，主流的发展干预都是基于这样一个假设，即未来是可以预测的，而这一假设大多是基于以往在气候稳定的农区已经发生的模式推理而来的。基于这一假设，来制订计划和决定发展的项目。但是，在一个多变和不确定的环境中，这注定是错误的。干旱半干旱牧区具有典型的、高度不可预测的、多变性的特点。从一个季节到下一个季节，谁也无法知道将会发生什么。对于不确定事件的随机应变是放牧策略的特点，这包括及时躲避灾害、抓住机会繁衍牲畜等。然而以往的教训表明，越是具有不确定性的地方，越是吸引更多的试图"广济天下"的决策者通过一般的发展理念来实施他们的规则。大量投资致力于预测原本不可预测的环境，以及建设灌溉工程等以期减少降水的多变性带来的影响。这些用于牧区发展的项目不考虑环境的多变性和不确定性，而更倾向于通过将复杂问题的简单化分析来获得一些不可行的、一般化的解决方案。这样，"公地悲剧"后就产生了草场私有化的唯一解决方案，所谓的"集约化"则带来了以固定牧场模式取代放牧畜牧业的发展思路。在这里不是要反对现代科学技术本身，而是如何利用的问题。在高度不确定性的系统中，现代科学技术应该针对如何提高传统放牧畜牧业的效率，比如如何顺应多变的环境和提高移动效率，而不是试图以高科技来抗衡自然的不确定性。

借鉴牧区应对高度变异气候环境的经验和教训，决策者和学界或许可以从中得到一些应对全球气候变化的启示：

首先，气候变化是全球尺度的，但是最终的应对一定是落实在地方尺度上的。国际社会和政府等外界对地方系统的干预需要顺势而为，不可逆势而上，要防止外界的不当干预最终导致系统的崩溃。其次，充分意识到现代科学技术的局限性，在运用现代科学技术的同时，尊重、汲取本土知识和地方非正式制度安排，或许是人类社会应对气候变化的根

---

① 有研究表明，全球气候变化将使干旱牧区变得更为干旱，但更有可能是传统畜牧业复兴的机遇。因为长久以来的生存环境决定了牧民是"煤矿中的金丝雀"，对于即将来临的风险是为最敏感的指示人群。而其生产生活方式已经被上千年的历史所证明是最能够顺应不确定性自然变化的策略。因此，气候变化将给牧民提供展示其具有相对优势的生计方式的平台，他们的领地将得到扩展（Nori，et al. 2008）。

本出路。最后，在不可预测的环境下，顺应比抗衡的代价可能要小得多。如果 IPCC 的预测是正确的，气候变化将会带来更大程度的环境不确定性，与其在不确定的环境中挣扎以试图达到确定性，不如接受不确定的事实，重新思考并定位人类的应对措施。

对于人类社会系统而言，气候变化是一个外在变量，但是这个变量既可以成为压垮骆驼的最后一根稻草，或许也可以成为点燃人类新纪元的一束火花。

参考文献

［1］李文军、张倩：《解读草原困境：对于干旱半干旱草原利用和管理若干问题的认识》，经济科学出版社 2009 年版。

［2］苏尼特左旗地方志编纂委员会：《苏尼特左旗志》，内蒙古文化出版社 2004 年版。

［3］Alessa, L. , A. Kliskey, P. Williams and M. Barton. Perception of Change in Freshwater in Remote Resource-dependent Arctic Communities. *Global Environmental Change*. 2008. 18, 153—164.

［4］Berkes, F. and D. Jolly. Adapting to Climate Change：Social-ecological Resilience in a Canadian Western Arctic Community. *Conservation Ecology*. 2001. 5 (2), 18.

［5］Berkes, F. , J. Mathias, M. Kislalioglu and H. Fast. The Canadian Arctic and the Oceans Act：The Development of Participatory Environmental Research and Management. *Ocean and Coastal Management*. 2001. 44, 451—469.

［6］Byg, A. and J. Salick. Local Perspectives on a Global Phenomenon—Climate Change in Eastern Tibetan Villages. *Global Environmental Change*. 2009. 19, 156—166.

［7］Danielsen, F. , N. D. Burgess, A. Balmford. Monitoring Matters：Examining the Potential of Locally-based Approaches. *Biodiversity and Conservation*. 2005. 14, 2507—2542.

［8］Ellis, J. E. and D. M. Swift. Stability of African Pastoral Ecosystems - Alternate Paradigms and Implications for Development. *Journal of Range Management*. 1988. 41 (6), 450—459.

［9］Fernandez-Gimenez, M. E. Reconsidering the Role of Absentee Herd Owners：A View from Mongolia. *Human Ecology* 1999. 27 (1), 1—27.

[10] Fernandez-Gimenez, M. E. Spatial and Social Boundaries and the Paradox of Pastoral Land Tenure: A Case Study from Postsocialist Mongolia. *Human Ecology.* 2002. 30 (1): 49—78.

[11] Goodhue, R. E. and N. McCarthy. Fuzzy Access Modeling Grazing Rights in Sub-Saharan Africa. In: N. MaCarthy, B Swallow, M Kirl, and P. Hazell, editors. *Property Rights, Risk, and Livestock Development in Africa. Nairobi, Kenya.* International Livestock Research Institute, 2000, 191—210.

[12] Heltberg, R., P. B. Siegel and S. L. Jorgensen. Addressing Human Vulnerability to Climate Change: Toward a " No-regrets " Approach. *Global Environmental Change.* 2009. 19, 89—99.

[13] Illius, A. W. and T. G. O'Connor. On the Relevance of Nonequilibrium Concepts to Arid and Semiarid Grazing Systems. *Ecological Applications.* 1999. 9 (3), 798—812.

[14] IPCC. Climate Change 2007. http: //www. ipcc. ch/.

[15] Kloprogge, P. and J. Van der Sluijs. The Inclusion of Stakeholder Knowledge and Perspectives in Integrated Assessment of Climate Change. *Climatic Change.* 2006. 75, 359—389.

[16] Laidler, G. J. Inuit and Scientific Perspectives on the Relationship between Sea Ice and Climate Change: the Ideal Complement . *Climatic Change.* 2006. 78, 407—444.

[17] McCay, B. J. and S. Jentoft. Market or Community Failure Critical Perspective on Common Property Research. *Human Organization.* 1998. 57 (1), 21—29.

[18] Mwangi, E. and S. Dohrn. Securing Access to Drylands Resources for Multiple Users in Africa: A Review of Recent Research. *Land Use Policy.* 2008. 25, 240—248.

[19] Nori, M., M. Taylor and A. Sensi. Browsing on Fences: Pastoral Land Rights, Livelihoods and Adaptation to Climate Change. IIED issue paper no. 148. Nottingham: Russell Press. 2008.

[20] Salick, J. and N. Ross. Traditional Peoples and Climate Change. *Global Environmental Change.* 2009. 19, 137—139.

[21] Scoones, I. Exploiting Heterogeneity: Habit at Use by Cattle in Dryland Zimbabwe. *Journal of Arid Environments.* 1995. 29, 221—237.

[22] Scoones, I. *Living with Uncertainty: New Directions in Pastoral Development in Africa.* London: Intermediate Technology Publications Ltd. 1994.

[23] Scoones, I. Why Are There So Many Animals Cattle Population Dynamics in the Communal Areas of Zimbabwe. In: Behnke, R. H., Scoones, I., Kerven, C.

(Eds.), *Range Ecology at Disequilibrium: New Models of Natural Variability and Pastoral Adaptation in African Savannas.* Overseas Development Institute, London (248pp). 1993.

[24] Sen, A. *Poverty and Famines: An Essay on Entitlement and Deprivation.* Oxford University Press. 1981.

[25] Smit, B. and J. Wandel. Adaptation, Adaptive Capacity, and Vulnerability. *Global Environmental Change.* 2006. 16, 282—292.

[26] Toulmin, C. Combating Desertification: Setting the Agenda for a Global Convention. *Drylands Issues Paper*, IIED, London. 1995.

[27] United Nations Development Programme (UNDP). *Human Development Report 2007/2008: Fighting Climate Change: Human Solidarity in a Divided World.* New York. 2007.

[28] van Aalst, M. K., T. Cannon and I. Burton. Community Level Adaptation to Climate Change: The Potential Role of Participatory Community Risk Assessment. *Global Environmental Change.* 2008. 18, 165—179.

[29] Verdery, K. Fuzzy Property: Rights, Power, and Identity in Transylvania's Decollectivization. in Burawoy, M and Verdery, K. (eds.) *Uncertain Transition: Ethnographies of Change in the Postsocial World.* Rowman & Littlefield Publishers, Lanham and Oxford. 1999. 53—82.

[30] Westoby, M., Walker, B. H. and Noy-Meir, I. Opportunistic Management for Rangelands not at Equilibrium. *Journal of Range Management*, 1989. 42: 266—274.

[31] Wilbanks, T. J. and R. K. Kates. Global Change in Local Places: How Scale Matters. *Climatic Change.* 1999. 43, 601—628.

[32] Ybarra, M. Violent Visions of an Ownership Society: The Land Administration Project in Peten, Guatemala. *Land Use Policy* 2008. 26: 44—54.

应对气候变化问题挑战：
捍卫并珍惜中国的发展权利[①]

中国社会科学院环境与发展研究中心课题组[*]

【内容提要】 本文对于气候变化问题与我国经济发展的关系，做出了三个基本判断，在此基础上，提出了我国应对气候变化问题的长期战略。我们认为，中国在没有完成现代化目标就面临着国际温室气体减排压力的情况下，一方面要在国际社会主张公平的发展权利，为中国未来争取更大的发展空间，另一方面，无论世界金融危机还会怎样影响中国的经济社会发展，还是今后减缓气候变化的国际合作有怎样的不确定性，中国都需要将应对气候变化挑战与转向一个自主的、可持续的发展模式进一步结合起来。

【关键词】 全球气候变化；温室气体排放；能源；可持续发展

当前在气候变化问题上，中国既是西方国家舆论中的"最大问题制造者"，中国二氧化碳排放增速屡屡超出国际能源机构的预期，提前成为世界第一大排放国[②]；又是西方各国战略中争夺的"最大合作对象"，

---

① 本文曾以"中国有信心应对气候变化问题的挑战"为题，发表于 2010 年 1 月 6 日《中国经济时报》（8 版）。收入本书时，题目和内容略有修改。

* 课题组成员：郑易生、李玉红、张友国、张晓。在课题研究过程中，中国社会科学院环境与发展研究中心郑玉歆研究员和徐嵩龄研究员参与了部分问题的讨论。国家发改委能源研究所周大地研究员、中国科学院可持续发展战略研究组王毅研究员对初稿提出了宝贵意见，在此一并表示感谢。

② 荷兰环境评估署（PBL）认为，中国二氧化碳排放量（化石能源燃烧和水泥生产）在 2006 年成为世界第一。根据我们的估算，中国 2006 年并没有超过美国，这个时间点可能在 2008 年以后。

中国巨大的市场容量吸引着国际资本；同时，作为发展中国家，中国还是反抗和呼吁改变发达国家在气候问题上不公正做法的主要力量之一。

中国正处于工业化阶段，但是已经不具备发达国家崛起时的资源与环境条件。我国还没有完成现代化目标就面临着国际上温室气体减排的压力，这无疑是一个前所未有的巨大挑战。这是一个双重的挑战：既实现发展，同时又不能像西方发达国家那样长期消耗与其人口不成比例的资源与环境容量来实现增长。

为此，我们不仅必须捍卫发展的权利，还必须珍惜我们发展的权利。两者缺一不可。前者涉及在国际社会主张公平的发展权利；后者则涉及我国更基本层面上的战略，即无论世界金融危机还会怎样影响中国的经济社会发展，还是今后减缓气候变化的国际合作有怎样的不确定性，我国都需要将应对气候变化挑战与转向一个自主的、可持续的发展模式进一步结合起来，而不仅限于能源战略。

本文的安排是，首先对我国经济发展与气候变化问题的关系，做出基本判断，在此基础上，我们提出了应对气候变化挑战的长期战略。

一 对于气候变化问题与我国经济发展的关系的基本判断

1. 发达国家很有可能利用气候变化和能源技术革命限制中国的发展，再一次拉大与新兴发展中国家的经济发展差距，而发展方式锁定于发达国家模式是我国技术创新的巨大障碍

近十几年来，与温室气体"减排"实施的三心二意形成鲜明对比的是，发达国家对其能源技术的研发犹如军备竞赛。有关气候变暖的成因与后果的科学争论，并不妨碍一场货真价实的能源技术革命的兴起。例如面临全球油气资源将要枯竭的前景，跨国石油公司正在加快向综合性能源公司演化，积极发展可再生能源，开发新的能源技术和参与温室气体减排[①]。一些欧洲国家已经取得相当多的新技术成果。

在美国，一个在金融危机中"被动"出台却又顺应世界认识气候变化潮流的，同时着眼于在新能源时代推动经济增长、维持优势地位的布局已经开始形成。一旦"低碳能源或碳排放空间短缺阶段"来临，美国

① 钱伯章：《跨国石油公司加快推进新能源战略》，《中国石化》2006 年第 12 期。

很可能凭借其特殊的政治影响力、金融地位与新能源技术优势的结合，形成新的世界霸权和长期获利的国际经济交易机制。如同历史上其他变化一样，在气候变化问题带来的新形势下，总有一些国家将落伍甚至继而沦为被掠夺与控制的对象。那些在国际合作中拥有过少自主选择空间、过少自由手段，特别是在自身发展战略上左右摇摆的国家，最容易错失发展时机，在应对气候变化所导致的资源"重新洗牌"过程中丧失自己原有的优势或发展势头。

反观我国的技术进步与产业升级，一直没有突破某些锁定发展方式的因素：例如，由财税制度集中体现的中央与地方的经济关系问题，政府职能定位问题，都存在着激励粗放型增长的作用；又如，过度外向型经济格局对经济结构升级和提升创新能力的束缚作用，等等。我国之所以在提出生态文明的同时又在沿着西方高能耗高物耗的发展轨迹越陷越深，就是因为没有真正触动这些因素，甚至还有意无意地强化了这些因素。这大大削弱了我国的自主创新能力与协调能力，而在应对未来确定的和不确定的挑战中，这些能力是唯一可以永远依靠的实力。

2. 事实上，即使没有气候变化问题、没有承诺减排的压力，中国按现有模式的发展也很难持续下去

中国的环境问题不仅仅是气候变化，还有许多环境问题没有像气候变化那样受到国际关注，却与我国十几亿人口的生存息息相关。

以水污染为例，近几年来，我国饮用水源地已被日益严重的水污染所困扰，频繁发生水源地污染事件，严重影响到居民的饮水安全。根据中国环境监测总站 2006 年 6 月发布的《113 个环境保护重点城市集中式饮用水源地水质月报》，有 16 个城市水质全部不达标，占重点城市的 14%；有 74 个饮用水源地不达标，占重点城市饮用水源地的 20.1%；有 5.27 亿吨水量不达标，占重点城市总取水量的 32.3%。根据我们课题组的研究，随着城镇化率的提高，2030 年我国城镇居民生活用水需求至少是当前的 2—3 倍[①]。以目前水污染的规模和速度，未来相当长时期内，保障我国饮水安全会有很大的困难。

一些科学家已经提出警告：在西方 200 多年工业化进程中陆续产生过的环境污染问题，由于过去多年的污染和排放引发的环境后果，我国

---

① 见本书中李玉红"中国温室气体排放及情景研究评价"一文。

有可能在今后一段时间集中出现，而且有可能无法治理[1]。

环境全面恶化不仅激化社会矛盾，而且能源和资源的短缺还使经济持续发展面临前所未有的严峻考验。中国未来的情景，能否是今天的美国、德国抑或是日本？2005 年，中国人均能源消耗是 1.5 吨标煤，如果未来有一天中国人均能耗达到了现在美国 9.8 吨标煤的水平，那么中国需要消耗 130 亿吨标煤，这个数字相当于 2005 年全世界能源消费总量，是我国 2008 年新能源（水电、核电与风电）规模的 57 倍。即使达到了当前日本或德国水平，中国也需要消耗超过 60 亿吨标煤[2]。未来的中国，绝对不能是今天的美国或是其他任何一个发达国家，而必须从中国具体国情出发，探索出新的发展理念和发展战略。

3. 传统发展模式下的"外科手术型二氧化碳减排情景"可能产生更坏的结果

在我国，有人将气候变化问题当作纯粹的"外来干扰"，认为只要中国不被过早束缚在国际承诺减排之中，我们就可以成功地延续当前的发展势头，实现现代化目标，而一旦达到环境库兹涅茨曲线的拐点，一切问题都可以自动迎刃而解。而另一种观点与之相反：不必在意过早承诺减排，因为这可以迫使我们直接采用最新技术，发挥后发的低成本优势，实现跨越式减排。

我们的研究表明：这两种思想各有其理论和支持力量，但缺乏对我国发展路径特殊性的关注。虽然二者相互冲突，但在现实中有可能碰撞、混合成为一种"两张皮"的情景：一方面，按现有模式经济增长；另一方面，普遍采用国外能源技术设备。这种类似"局部外科手术"的"低碳化"情景，很可能事倍功半，使得我国过分依赖并锁定于外国技术，在突出"低碳化"的过程中忽视社会平衡问题和温室气体之外的环境问题。

总之，我国气候对策面临的一个重要问题不是中国未来要不要节能减排，而是"在新发展模式下的环境改善"还是"在目前发展模式下的节能减排"。选择前者，则无论气候变化如何不确定，中国都能较为自主地、协调地、可持续的发展，这是更长远的"无悔选择"；而选择后

---

[1] www. ccwe. org. cn/ccwe/upfile/file/xiegaodi. pdf.

[2] 根据《中国统计年鉴（2009）》和《国际统计年鉴（2008）》的相关资料计算而得出的结果。

者，则在一些情况下我国的发展难免摆脱被动的局面。

我国为应对气候变化，已经出台了系统的、以能源战略为核心的政策方针，为了使这些设想顺利落实，特别需要将应对气候变化问题与推动我国转变发展模式的整体长期目标进一步地结合起来。

不谋万世不足以谋一时。为了真正地转变发展方式，我们不能靠一味模仿、追随发达国家的脚步来解决我们这个发展中大国特有的困难，那其实是"用造成问题的思维方式解决问题"。在学习发达国家经验的同时，寻机摆脱对传统发展路径的锁定应当成为我国长期发展战略，这是我国应对气候变化问题考虑中需要的双重智慧。这并非拒绝工业化和物质投入，而是鼓励一种敢于从国情出发进行创造的精神品格、善于甄别利弊的求实态度，否则我国很难摆脱粗放增长的陷阱而专注于满足国民的真实需要和提高国家的竞争力，也很难在充满不确定性的未来世界获得发展的自由，更难为人类作出一个生态文明的崛起大国所应有的贡献。

二　应对气候变化挑战的长期战略

1. 中国应向国际社会展示自己在应对气候变化问题上的理念与方式，在思想上作出自己相应的历史贡献

中国是一个发展中的大国，它能够也应当对世界的和谐与进步作出贡献：

首先，让占世界人口20%的中国人民都过上小康生活，这是中国发展的最终目标。一个"两型"和谐社会的出现本身也是对世界可持续发展最大意义的贡献。

其次，坚决与第三世界国家和关心世界命运的人一起，抵制与批评一些发达国家在气候变化问题上表现出来的自私和不公正的行为，推进一个更加公平的国际秩序的形成。占世界人口5%的美国消耗着世界22%的能源①，而在世界事务尤其是气候变化问题上的表现令人失望。历史经验表明：要改变长期以来世界环境问题"局部好转、整体恶化"的趋势，实现一个普遍清洁的世界，要使全球气候变化问题得到和平

---

① 人口是2007年数字，能源消费是2005年数字，根据《国际统计年鉴（2008）》的相关资料计算所得出的结果。

的、稳定的、可持续的解决，没有世界范围的在资源使用与发展自由方面的深度公平是不可能的。如果那些长期占有和挥霍与其人口不成比例资源的国家继续无视这个问题，只能进一步失去其道德地位。我们要继续加强国际合作，并使之促进公平与环境问题的良性互动。

再次，倡导与实现可持续消费与生产方式，坚决反对奢侈消费。一是我国还有相当一部分群众处于较低的生活水平，未来能源消耗还会提高，我们要为其预留碳排放的空间；二是对于奢侈使用能源者，包括中国自己的新奢侈群体，要敢于采取明确的限制措施；三是对消费主义合理引导，在全世界树立反对模仿美国生活方式、倡导可持续消费的旗帜。作为一个有五千年历史的东方大国，中国应向世界展现出"以让别人也能生活好的方式生活"① 的生态文明原则。

2. 做好过渡期的主动调整与准备工作，为转向一个自主的、可持续的发展模式而努力

在哥本哈根峰会上，中国向世界展现了温室气体减排的决心。然而，中国以煤为主的能源供给结构和处于工业化阶段的国情，决定了实现减排目标必须作出相当大努力。未来 10 年，可以视为中国应对更高减排目标的过渡期，我们应当抓紧时间进行各相关领域的政策调整、制度建设，加强整个社会适应风险的真实能力。不能只求指标的完成而错失创新与转型的时机。在发展中，我国有多样的选择空间，从设备更新、技术类型、城市和乡村发展规划，到生活方式以及制度安排都存在着选择的可能性。要注意避免为追求短期利益而忽视和放弃这些选择的机会，否则难免继续被锁定于既有的国际分工体系。珍惜我们的发展权利，不仅可以为自主的低碳化转型创造条件，避免 2020 年后跌入上述"被动型"减缓情景之中，还为中国转向一个自主的、可持续的发展道路奠定基础。下面举出几个前瞻性的调整工作：

（1）在结构调整中将我国经济外向性程度调整到更为合理的水平

当前，我国过度依赖出口和外资拉动经济增长与解决就业，这对于一个大国来说相当被动，长期来看并不可取。向"满足内需"转变需要逐步地进行，但更要坚定不移，使之更加符合中国整体的可持续发展要求，而不是满足个别部门和利益群体的短期利益。这需要调整和理顺国

---

① ［美］欧文·拉兹洛：《巨变》，杜默译，中信出版社 2002 年版。

内一系列关系，包括产业结构、财税政策、进出口政策以及配套金融改革，等等。

（2）改善技术进步格局

经过30年经济发展，中国应当有能力在重大技术上实现自力更生，因此，一方面，我们重视国际间技术转让，另一方面，更要建设和发挥自主创新能力。在技术选择方面，既要发展和掌握关键领域或行业"高、精、尖"科技，还要在普通消费品生产领域，选择一些吸引劳动力就业的环境友好型技术。中国基本国情决定了技术进步的目标不能过于单一，要调动大、中、小企业共同参与，形成多元化、多层次、多形式的技术进步。防止出现三种不利情况：一是偏向外资的"求洋"思路，不利于国内企业良性竞争与成长。二是技术上"贪大"的"一条腿发展"格局，防止笼统地抓大弃小。三是偏好自上而下的单一性、集中性决策，却限制地方性技术创新、遏制技术多样性和摒弃传统智慧。

（3）建立引导可持续消费方式的经济、文化和社会机制

可持续消费是指"提供服务及相关的产品以满足人类的基本需求，提高生活质量同时使自然资源和有毒材料的使用量最小，使服务或产品的生命周期所产生的废物和污染物最少，从而不危及后代的需求"[①]。中国的消费模式应当适合中国资源少、人口多的国情，更要符合中国还有广大的"未富裕"群体的国情。中国进一步的节能减排应当深入到对消费的引导。这包括：对高耗能的消费，如大住房和大排量汽车，课以高额奢侈税；对城市规划提出严格的低能耗要求，如更多依靠公共交通，等等。中国人应当发扬勤俭节约的传统美德，加强社会主义文化和道德建设，提倡"先富起来的人"富而不奢，带动其他人共同富裕，而不是在价值观和生活方式上紧紧追随西方消费主义和高消费模式。在当前情况下，需要将笼统的"扩大内需"变为分类引导下的扩大内需。建立引导可持续消费方式的经济、文化和社会机制，要从最广大人民群众的长期利益出发，排除少数利益群体的干扰，通过普遍的社会共识将少数人的局部短期利益置于长远目标原则之下。

上述三个调整内容既是关键也是难点，会触动习惯思维模式、某些群体的既得利益，甚至增加眼前所面临的困难和压力，绝非少数专家与管理部门可以单独胜任。促进新发展模式形成的历史使命，必然是涉及

---

① 联合国环境规划署（UNEP）：《可持续消费的政策因素》，1994年。

不止一代人的国家大事。全社会的积极参与以及公开透明的决策过程，对改进决策、提高创新水平、提升全体国民可持续发展理念具有难以估量的影响。

三　以气候变化问题促进我国长期战略的共识

哥本哈根会议尘埃落定。人们更加清楚地看到了如下事实：第一，面对气候变化问题的可能的灾难，人类社会作了不少努力，但至今还没有做到以一个利益共同体的思维同舟共济。我们还需要为推进全球的合作继续努力。第二，不是世界上的能源不足以维持人类生存，而是它不能维持今天人类追求的生存方式。相比发展中国家，发达国家具有几乎一切优越条件，但是他们对发展中国家在气候合作中"免费搭车"的顾虑超过了对人类共同灾难的恐惧，对获取利益的渴望超过了承担责任的决心，不想将"共同但有区别原则"落实到他们完全可以做到的减排行动。"非不能也，是不为也"。第三，中国经济规模迅速扩大引起的环境影响已成为世界性话题。中国人均能源消耗只有美国的15%[①]，但是一些西方舆论不顾中国是一个发展中国家的事实，对中国施加了巨大的国际压力。这些人显然不是缺乏分析能力而是缺乏公正的勇气。渲染和指责中国环境的总量影响的同时又赞赏和争相利用中国开放的巨大的市场总量，这种对中国的双重态度显示出西方国家真正关心的只是其自身利益，漠视的则是中国国民的幸福。这种自私、傲慢与偏见营造出来的压力，只能更加坚定我们寻求自主的可持续发展之路的决心。我们希望哥本哈根会议能够成为促使我们进一步获得战略共识的一个契机，一个深化理解和落实科学发展观的机会。

哥本哈根峰会引起了国人空前的关注，它使我们强烈地感到中国与世界密不可分的关系。面对外部复杂的挑战，只有远见与自强才能使中国人实现幸福而有尊严生活的夙愿，才能为全世界的共存共荣作出中国特有的历史性贡献。

[①]　2005年数据，根据《国际统计年鉴（2008）》相关资料计算而得到的结果。

第三部分

全球化与中国环境和发展

中国节能减排的若干思考

郑玉歆

近年来，中国在应对面临的资源环境挑战所采取的最引人注目的举措莫过于"十一五"规划提出具有约束性的节能减排目标了。"十一五"规划规定，中国到2010年末，要实现单位GDP能耗降低20%和主要污染物排放降低10%的目标。由于中央政府狠抓落实，节能减排工作成绩巨大。在落实节能减排目标的过程中，各级政府在监管制度建设以及监管的物质手段建设方面取得了令人瞩目的进展，节能减排目标有望完成。

毫无疑问，"十一五""节能减排"目标的设置及大力推进是中国改变传统的无约束增长的一个进步。在充分肯定成绩的同时，我们也注意到，目标的实现在一定程度上得益于全球性的经济危机，约束性指标外的指标达标情况显得不太理想，各地发展不平衡等。为了真正有效缓解中国面对的资源环境压力，中国"节能减排"的长效机制以及长期整体战略有待进一步强化。从世界面临能源结构大转变的背景以及落实科学发展观的实践的角度来看，我国"节能减排"目标有必要进行调整，同时节能减排应在建设资源节约和环境友好型社会更广泛的领域有更扎实举措、在更深刻的发展模式和制度层面有更积极地探索。

一 关于中国节能减排的目标

1. 用碳排放强度指标替代能源强度指标

（1）明智之举

2009年9月，中国政府引人注目地主动做出进行碳减排的承诺，并使用了碳排放强度——单位GDP排放的二氧化碳量的指标，而不是发达国家使用的碳排放绝对量的指标。印度效仿中国也使用了碳排放强度的指标。中国承诺到2020年碳排放强度比2005年降低40%—45%，印度的承诺为 20%—25%。

对于处于高碳发展阶段的发展中国家，发展低碳经济无疑是巨大的挑战。然而，中国政府审时度势，积极应对，并自主采取减排行动，是明智之举，有着深远意义。

在国际上，中国的主动承诺不但显示了中国对全球气候变暖的负责任的态度，而且在促使发达国家作出更多碳减排的承诺具有推动意义。

当今世界，发达国家在全球政治经济格局中占据主导地位，但中国的地位已今非昔比。中国的主动承诺将有利于中国在制定国际经济政治新规则中发挥更为积极的作用。中国的积极介入无疑有利于更好地维护发展中国家的利益。

可以预见，碳排放将会成为国际经济政治的一个新规则，并成为未来国际政治外交的焦点问题[①]。从对外贸易角度来看，如果中国的节能减排努力得到国际社会的认可，将有利于为出口创造一个较为有利的环境。这意味着对于中国来讲，在尽自己的国际道义责任的同时，也可获得经济利益。

中国的承诺使用的是碳排放强度的指标。碳排放强度是个相对指标，其约束力表现在要求碳排放量增长速度低于经济增长速度的程度上，允许绝对排放量继续增加，从而给中国经济留下了发展的空间。

碳排放强度的降低从根本上是加快产业结构升级和技术进步的问题，和发展有相当大程度的一致。经济增长一方面具有拉动能耗及碳排放增加的效应，另一方面，也有推动结构升级和技术进步，进而引发降低碳排放强度的效应。而经济的快速增长有助于加速结构升级和技术进步，使后者的效应得以强化，有利于碳排放强度以较快的速度下降。显然，降低碳排放强度在很大程度上是发展问题。

中国承诺的实现虽然有不小难度，但经过努力是可以实现的。按照"十一五"规划，中国单位 GDP 能耗到 2010 年末将实现比 2005 年降低 20% 的目标。如果能源结构不变，到 2020 年实现比 2005 年碳排放量降低 40%—45% 的目标意味着从 2011—2020 年十年间能源强度再降低

---

① 一些迹象已表明这一点。美国环境署于 2009 年 12 月正式宣布将二氧化碳等 6 种温室气体列入有害气体的名单，从而扩大了美国"洁净空气法"的适用范围。如何以征收"碳关税"的方式向为美国提供进口商品的厂商和国家施加节能减排的压力已是美国公开讨论的问题，国会有几十个这方面的提案。美国能源部长朱隶文也明确提出应对包括中国、印度在内的发展中国家征收碳排放税。

2005 年的 20%—25% 就可以了。如果考虑到可再生能源占能源比重提高的贡献（由 2010 年的 10% 提高到 2020 年的 15%[①]）以及其他方面（如降低农业碳排放和增加森林面积等）的贡献，化石能源强度降低得可以再少一些。这样，发展的空间也就更大。

产业结构的变动总是和经济增长相伴随的，而且是增长的重要源泉。由于中国经济在 2011—2020 年期间仍将保持较快的增长率，这意味着中国的技术水平和产业结构将随之有一个较快的提升，再加上各种措施，有理由相信，在该期间的十年中由此会带来能源强度的下降不会低于 20%—25%。同时，即使到 2020 年中国实现了碳排放强度降低 40%—45% 的目标，中国与发达国家的能源强度或碳排放强度仍有巨大的差距。从表 1 可以看到，2006 年中国的碳排放强度是日本的 11 倍多，即使到 2020 年中国实现了减排目标，中国的碳排放强度也至少是日本的 5 倍以上。这也意味着中国在降低碳排放强度上仍有巨大潜力。而发达国家由于其产业结构的变动和技术进步的速度都远远低于发展中国家，因而其降低碳排放强度的潜力远远低于发展中国家。

表 1 中日美主要碳排放指标（2006 年）

	中国	美国	日本
二氧化碳/初次能源供给（t CO$_2$/toe）	2.98	2.45	2.30
人均二氧化碳排放（t CO$_2$/capita）	4.27	19.00	9.49
单位 GDP 二氧化碳 排放（kg CO$_2$/2000 US $）	2.68	0.51	0.24
单位 GDP（PPP）二氧化碳排放（kg CO$_2$/2000 US $ PPP）	0.65	0.51	0.34

注：PPP—购买力平价，toe—吨标油当量

资料来源：国际能源署网站 http：//www.iea.org/stats/index.asp。

（2）重大的战略决策

中国制定长期降低碳排放目标，除了有策略上的考虑外，更重要的是战略上。当今世界正处于科学技术发生革命性变革的前夜，"石油见顶"和全球气候变暖正催生着一场向着绿色、可持续能源转变的产业革命。中国积极发展低碳经济，积极参与国际合作，根本上是要抓住国际经济转型的机遇、解决中国自己的长远发展问题。中国能源突出的问题是能源结构中煤炭占比重过高（约 70%）以及对进口石油的依赖

---

① 按照我国可再生能源的发展目标。

（50%以上并呈迅速提高之势）。前者是中国污染严重的重要原因，后者关系到国家的能源安全问题。严格的碳排放约束是发展低碳经济的重要条件，这样的约束会有效推动化石能源消耗的减少、绿色技术的使用以及可再生能源等替代能源的开发和使用，有利于中国向减少对进口石油的依赖、能源供给绿色化的战略目标迈进。

对于在中国发展低碳经济，不少人心存疑虑。较为流行的观点是，认为将全球气候变暖归因于人类行为本身就是发达国家制造出来的一个骗局，欲借此遏制发展中国家的发展，在全球资源有限的情况下，通过限制发展中国家的能源消费，维持自己的高消费；或者即使不是骗局，也是发达国家想利用其在新能源技术上的优势及限制碳排放的规则来拖垮发展中国家，维持自己在世界的主导地位。

从科学的角度来讲，对于全球气候变暖的原因确实至今仍有不同的声音。人类的行为对气候变化有多大的影响一直是争论的焦点，在否定的证据不够充分的情况下，做最坏的准备无疑是正确的。气候变暖与人类行为之间存在着不确定性曾经是美国拒绝在《京都议定书》上签字的原因之一，美国虽然至今仍然声称拒绝在任何类似《京都议定书》的协议上签字，而且比起其他发达国家来态度较为消极，但在承担减排义务上、发展低碳技术上的态度已有很大改变。美国态度的转变可在一定程度上说明人类行为对气候变暖的真实性、科学性得到了更多的认同。

不可否认发达国家有自己的、对发展中国家发展不利的战略意图。然而，能不能实现并不取决于他们的主观愿望。人们大概不会忘记，当年美国高举贸易自由化的大旗要求中国开放市场时是多么的不可一世，尽管中国享有保护民族工业的权利。但是，不过十来年的时间，事情就颠倒过来了，现在的形势是美国在大搞保护主义，是中国在推动贸易自由化、在要求美国开放市场。可见，问题如何转化取决于谁能够更好地抓住机遇、更有效地提高自己的竞争能力。

目前的新能源尽管绿色，但基本上都是高成本、低就业，尚缺乏与化石能源在市场上的竞争优势，因而难以替代传统化石能源。要解决这个问题，必须先解决好价值判断问题。比如，在中国使用煤炭比较便宜，除资源禀赋的原因外，这在相当大的程度上与由于市场失效而使用煤炭带来的污染所产生的负效用没有得到足够的估计以及清洁能源的环境效益同样没有得到充分的估计有关。如果没有人愿意承担环境代价或为环境效益付费，或是坚持低估环境影响，那么，绿色能源将很难发展起来。

如果我们有明确的价值取向，把减少对进口石油的依赖、降低煤炭的比重放到足够重要的位置上，那么，我们就会通过制定得力的政策和有效的制度安排、尽最大努力去推动清洁替代能源的开发和使用。只要我们根据中国国情，因地制宜，发扬独立自主、自力更生的精神，努力提高自主创新能力，坚持下去不动摇，中国就有可能最大限度地减少对国外技术的依赖、减少对国外重要战略资源的依赖，成功地规避种种风险，保持长期、稳定的可持续发展。

中国蕴藏着巨大的潜力，而潜力的释放需要压力。当然，这不意味着中国要去屈服于外界的压力，相反中国在维护国家利益、维护应有的发展权、维护国家领土主权完整的立场上绝对不能动摇。在强权面前，刺激他与不刺激他没有多大区别，退让往往酿成更多的苦果。随着中国国力的提升，中国对外政策理应有更强硬的表现。而中国主动给自己增加压力，是自信、勇于进取的体现，同时也是一种有效的举措，有利于克服惰性、冲破阻力、释放潜能、加速发展。

在向新能源系统转化过程中，中国具有的后发优势也不容忽视。对于多年来为什么清洁能源技术扩散缓慢与发达国家存在着"技术锁定"密切相关。从生产到生活，发达国家已经深深陷入到现存的石油能源的技术经济系统中，这其中也包括从公司到政府机构一系列配套的管理系统。而中国作为发展中国家，中国的消费方式远还没有实现西方化，城市化进程远还没有完成，中国还有 8 亿农民在农村。尽管中国的能源消费总量增长较快，但中国人均能源消费的增长仍大大低于发达国家。和发达国家的消费水平比，目前中国的能源消费方兴未艾。总体上，我国现有的消费方式比发达国家耗能少得多、要绿色得多①。中国不但在技术和消费方式上有较大的选择空间，而且在政策和制度安排上也有较大的选择空间。

在中国对国际社会作出降低碳排放强度的正式承诺之后，碳排放无疑将成为中国节能减排的另一个约束性指标。降低碳排放强度目标作为一个重大的战略决策的提出，意味着中国发展低碳经济的大幕正式揭

---

① 2008 年美国国家地理学会和国际调查公司 GlobeScan 在一项"Greendex™ 2008：消费选择与环境——全球跟踪调查"中，观察了 14 个国家消费者的消费和行为。按照绿色程度，巴西和印度并列第一，中国位居其次，美国排在最后。

开。可以预见，中国将在"十二五"规划期间大力推进"低碳经济"，把低碳经济作为"抓手"来推动中国的生态资源环境与经济的协调发展，向着绿色和可持续的目标迈进。

另外，应该看到，"十一五"节能减排目标没有对能源的类型加以细分，这样，降低能耗的目标是泛指所有能源。实际上，我国能源政策的取向不是简单地降低能耗总量或各种能源同等程度的降低，而是应在降低化石能源消耗的同时增加可再生能源等清洁能源的供给；或者是说，不仅是简单地提高能源效率，还要优化结构。显然，降低万元 GDP能耗 20% 的目标难以全面反映我国能源政策的取向。而降低碳排放强度的目标和降低能源强度的目标相比，则能够更全面或更准确地反映中国能源政策的取向。

总之，不论从什么角度，用碳排放强度替代能源强度的节能指标都有着重要意义。

2. 理解能源强度和碳排放强度

发展中国家的能源强度或碳排放强度与发达国家存在着巨大差距。如，2006 年中国的能源强度是美国的 4.3 倍，日本的 9 倍；碳排放强度是美国的 5.25 倍，日本的 11.17 倍。理解这一现象以及能源强度和碳排放强度的变动规律对于了解节能减排的途径是有益的。

（1）能源强度和碳排放强度主要是发展阶段的反映

发达国家与发展中国家在单位 GDP 能耗上的巨大差距主要是由产业结构的差异造成的，这是因为不同产业的能源强度各不相同，特别是第二产业和第三产业之间能源强度差距巨大，前者约是后者的 3 倍。当然也和技术水平的差距有关但影响相对较小。毫无疑问，当中国的产业结构提升到发达国家的水平，中国单位 GDP 能耗也会大幅度降低。然而，要求中国的产业结构短时间内达到发达国家的水平是不现实的。影响一个经济体的产业结构有多种因素，如，资源禀赋、发展阶段以及所实施的发展战略等。但是，在这些影响因素中，起决定性作用的还是经济社会的发展程度或发展阶段。中国正处于工业化、城市化加速发展的阶段，这决定了中国当前高耗能、高污染行业偏重的产业结构。这样一个发展阶段是无法超越的。而且，此阶段还将持续较长时间。尽管产业政策和发展战略对产业结构也有一定的影响。但决定一个经济体产业结构的基本因素还是市场需求的结构，而市场需求的结构要受经济发展水平和收入水平的制约。这是产业结构升级难以超越经济发展阶段的基本原因。

在这里顺便指出，能源强度或碳排放强度不是能源效率指标，在中国有人习惯将单位 GDP 能耗作为能源经济效率的度量，并根据发达国家与中国在单位 GDP 能耗上有巨大差距的事实，得出发达国家与中国在能源效率上也有如此巨大差距的结论。显然，这夸大了发达国家与中国在能源效率上的差距。还有人因此而过高估计中国的减排潜力就更显得过分了。实际上，当进行同行业比较，可以看到，发达国家与发展中国家之间能源效率的差距并没有表现在各国单位 GDP 能耗上的差距那么大。比如，吨钢标准煤耗中国为 741（2005 年），日本为 646（2003 年），中国比日本约高 15%。而中国单位 GDP 能耗（按官方汇率计算）是日本的 9 倍（2006 年），是世界平均值的 3 倍。如果据此认为中国的能源效率只有日本的 1/9，显然过于夸张。所以，在进行能源效率的比较时，使用实物指标较为合理。这样可避免由汇率换算、产业结构差异带来的不可比性。

（2）在同样的发展阶段，后发国家比先发国家具有技术优势

从一项总结了英国、美国、德国、法国、日本单位 GDP 能耗变化情况的研究成果①中看到，发达国家单位 GDP 能耗的变化遵循以下规律：其一，从发生时间上看，各国单位 GDP 能耗峰值出现的时间与工业化加速发展的先后顺序是基本吻合的：英国单位 GDP 能耗的峰值出现最早，在 1880 年左右；美国、联邦德国相对较晚，出现在 1920 年前后；法国更晚些，日本最晚。其二，发达国家的经验表明，科技进步对降低能耗的作用是显著的，越晚实现工业化的国家，单位 GDP 能耗的峰值越低，从英国的 1.0 吨标油当量/千美元、美国的 0.9 吨标油当量/千美元，依次下降到日本峰值时的 0.3 吨标油当量/千美元左右。这样一个现象说明，各个国家在发展过程中所经历的发展阶段、产业结构升级的历程是类似的。在这样一个过程中，当它们处于同样的发展阶段时，后发国家相对于先发国家具有技术优势。这意味着，技术进步可以超越发展阶段。

尽管中国的产业结构在工业化过程中难以超越发达国家经历过的不同阶段，但中国目前的技术水平要比当时处于同样发展阶段的工业化国

① 白泉：《国外单位 GDP 能耗演变历史及启示》，《中国能源》2006 年第 12 期。

家要高得多。拿节能和环保技术来讲，在当年，发达国家的技术处于世界前沿的时候，它们是以当时全球的能源和环境容量为背景，能源和环境压力远没有现在这样大，节能减排的压力自然也没有现在这样大，因而开发节能和环保技术的动力也要比现在小得多。随着全球能源和环境压力的加大，发达国家在节能和环保技术的开发上有重大进展，中国从先发国家那里引进了大量节能和清洁的先进技术用于经济生活中。可以预见，中国能源强度和污染强度的峰值均可以而且应该比发达国家当年要低。

从实际情况看，由于中国尚有很大的经济增长空间，因而中国通过产业结构升级实现节能减排的潜力无疑是巨大的。尽管这个潜力受发展阶段的制约、将伴随经济增长逐步释放，但由于中国经济高速增长，伴随经济增长的结构变化相当可观，对产业结构演化、升级对节能减排的重要影响不容忽视。技术进步不论从短期来看，还是从长远来看，都是我国实现节能减排的有效手段和根本途径。然而，由于技术进步具有一定的可超越性使得处于较低发展阶段的中国能够使用具有相对较高技术的工艺和产品，也包括较高的节能和环保技术。这使得中国与发达国家相比在技术上的差距要小于在产业结构上的差距。这或许是中国通过技术改进实现节能减排的潜力要小于通过产业结构升级实现节能减排的潜力的原因[①]。

（3）区分碳排放与碳消费

然而，应该注意到，中国碳排放强度或能源强度与发达国家存在的差距较大除来自产业结构和技术水平上的差距外，还有其他原因。众所周知，中国有"世界工厂"之称。世界的跨国公司纷纷将制造业转移到中国，这是因为中国有良好的投资环境，有价低质优、丰富的劳动力，廉价的土地，完善的基础设施，更有巨大的消费市场。"世界工厂"的形成很大程度是跨国公司在全球进行资源优化配置的结果。中国企业、跨国公司或合资企业的产品不仅供应中国市场，同时也满足全世界的需

[①] 中国社科院数量经济与技术经济所的一项研究表明，实现"十一五"规划万元 GDP 能耗 20% 的目标的主要来源中，由产业结构调整带来的能耗下降约为 9—10 个百分点，由技术进步带来的能耗下降约为 6 个百分点，行业内产品结构调整带来的能耗下降约为 4 个百分点左右。此结果表明，结构调整的贡献约占 60% —70%，明显大于技术进步的作用。沈利生：《从投入产出角度研究节能减排问题》工作论文，2008 年 8 月。

求。中国现在已经生产了近全球四分之一的工业品，中国的外贸依存度已达60%以上。值得注意的是国外高耗能产业向中国转移，形成了国际市场对中国钢铁等高耗能产品的需求旺盛的趋势。中国主要耗能产品的出口量迅速增长。2007年水泥、平板玻璃、钢材、铜材、铝材与纸及纸板的出口量分别是2000年的5.46倍、5.53倍、10.09倍、3.46倍、14.25倍和6.49倍。中国还是世界上最大的焦炭生产国、消费国和出口国，仅山西焦炭在全球焦炭市场交易量就约占50%的份额[1]。这样，中国为了满足全世界的需求，把较多的能源消耗和碳排放留在了中国。实际上，这里的中国只是一个生产地的概念，而不是中国的消费者自己消费了这么多的能源和排放了这么多碳。

目前，国际上讨论减排义务时注重生产地在生产时消耗了多少能源或排放了多少碳，而不考虑这些能源和排放最终是被谁消费了，显然这是不合理的。由于碳排放现在是一个被高度道德化的问题，这样，那些出口能源密集产品较多、因而碳排放较多的国家就要多承担全球气候变暖的责任。其实以出口为导向的经济体都有类似的问题，尤其是对于那些出口能源密集产品的经济体，实际上他们同时是在输出能源和为他人减少排放。现在是那些消费着、享受着耗费了能源才生产出来的产品的人在指责并惩罚（征收碳税）那些使用能源进行生产的人在消耗能源和排放碳，很是荒唐。

碳排放强度是碳排放量与GDP之比。作为分子，能源消耗或碳排放存在着如上所述的如何计算的问题。作为分母，GDP同样也有如何计算的问题。如果我们采取购买力平价计算的GDP进行比较，就可以发现中国和发达国家之间能源强度或碳排放强度的差距会大大缩小，从表2中可以看到，如果使用按购买力平价计算的GDP的话，中国能源强度和美国只是0.22和0.21的差别。所以，在如何评估碳减排责任上有很多值得认真加以研究的问题。

表2 　　　　　　　　　　中日美主要能源指标（2006年）

	中国	美国	日本
人均初次能源供给（toe/capita）	1.43	7.43	4.13
单位GDP初次能源供给（toe/thousand 2000 US$）	0.90	0.21	0.10

---

[1]　参见杨敏英《中国能源战略发展报告》，《中国社会科学院数量经济与技术经济研究所发展报告集（2008）》，社会科学文献出版社2008年板。

	中国	美国	日本
单位 GDP（PPP）初次能源供给（toe/thousand 2000 US $ PPP）	0.22	0.21	0.15

注：PPP—购买力平价，toe—吨标准油当量

资料来源：国际能源署网站 http：//www.iea.org/stats/index.asp。

3. 提高减排目标的有效性

"十一五"节能减排工作取得了很大成绩，但应该看到从目标的设定到落实，尚有不少有待于改善的余地。

（1）设立约束性指标对其他指标完成有不利影响

现在在国内一般一提到"节能减排"似乎就是指要完成"十一五"规划提出的节能减排目标所作的努力。由于节能减排指标被分解到各省市，国家发改委和国家环保部实施了节能减排核查制度进一步加大了对地方政府的行政压力，因而目前各级政府都把节能减排的努力主要放在实现这几个指标上。

显然我们不希望看到由于把节能减排的注意力过分集中在这两个约束性指标的实现上，而对其他一些与生态环境、人民健康密切相关的指标采取忽视的态度。但实践确实表明，不少地方约束性指标之外的指标完成的情况不理想。

由于降低碳排放强度的目标很快就要成为新的约束性指标了，而且是中国对国际社会的承诺，想必会有更严厉的举措。但愿不要因为对这个指标极为关注，而造成对其他一些指标和问题的忽视。

应该看到，由于发展阶段的不同，中国的环境问题和减排所关注的问题与发达国家有很大不同。中国目前的环境污染问题仍主要在传统污染物的排放上，中国减排的重点主要是减少工业污染和生活污水的排放。如，烟尘、工业粉尘、二氧化硫等大气污染物，化学需氧量、石油类、氰化物、砷、汞、铅、镉、六价铬等废水污染物，以及工业固体废物、特别是危险废物等，而非温室气体。在不承担温室气体减排义务的情况下，中国主动作出降低碳排放强度的承诺，并非意味着中国对温室气体的重视程度应高于对传统污染物的关注。

中国降低碳排放强度的意义主要是战略上的。中国要通过降低碳排放强度的承诺来实现中国能源安全、能源绿色化的战略目标，是从长期

考虑。从公平角度出发，全球气候变暖主要是发达国家的历史责任，另外，对于现实的排放也要对其性质加以区别，中国和其他发展中国家是发展排放，而发达国家是奢侈排放。而且，从现实的人均能源消费和人均二氧化碳排放量来看，发达国家也比中国大得多，2006年美国分别是中国的5.19和4.45倍，日本分别是中国的2.89和2.22倍。中国等发展中国家不承担减排义务是完全合理的。

而治理传统污染物带来的污染具有现实的紧迫性，与温室气体减排问题在责任和利益相关方面有很大不同。中国经济持续快速增长，使中国工业化具有在时间维度上高度压缩的特点，加上中国正处于污染密集的重化工业大发展阶段，使中国环境资源形势非常严峻。污染物的排放无时无刻地不在侵蚀着我们的家园、危及着人民的健康，是现实中迫切需要解决的问题，政府有责任对环境进行更有效的保护和治理。

在众多同类指标中，只对个别指标赋予约束性，这实际在客观上降低了对非约束性指标的要求。对不同指标在约束性上加以区别不利于环境的整体好转。应从实际出发、根据具体承载能力或危害性制定适当的标准并予以全面执行。

（2）减排应服务于环境质量的要求

从目前中国的环境形势看，中国环境保护面临的薄弱环节突出表现在监管上。普遍存在的有法不依、执法不严以及环境监管不力是造成中国环境形势十分严峻的重要原因。环保部门的监管工作亟待加强。另外，控制环境风险也应从提高环保部门的管理能力开始。这些都与环境管理在制度上不健全密切相关。必须把环境管理的制度建设放在更加重要的位置。应该看到，执行"十一五"规划节能减排目标对中国环境管理的制度建设起到了巨大的推动作用。

政府环境保护部门的主要职责是制定可行的环境和排放标准并进行有效的监管，其工作目标应该落实到提高环境质量上。排放标准应服务于环境质量的要求。因而，如果脱离具体的环境质量目标，减排目标的意义要大打折扣。

"十一五"规划的节能减排目标与服务于环境质量改善之间存在明显脱节。比如，目前，中国各大城市灰霾天气频发，说明大气中污染物特别是可吸入颗粒物的浓度已经相当高，大气质量对气象条件的依赖性和敏感性越来越强。可吸入颗粒物的吸附力极强，对人体健康危害巨大。这显然不是二氧化硫和COD降低10%就能够解决的。

另外，节能减排的相对量指标存在基数的问题，由于基数千差万别，一方面造成指标分解异常困难，出现不少分解不合理的现象。一些新建的企业因要承担降耗减排的责任而叫苦不迭。另一方面，减排指标的完成常常不意味环境问题得到显著改善。各地的基础各不相同，对于一些污染较严重的地方即使实现了这两个指标，其污染可能仍然相当严重。而对于一些经济发达地区即使实现了这两个指标而且企业都达到排放标准，但如果排放总量超过环境的承载能力，仍然不能很好地改变当地的环境质量。相比之下，实行因地制宜的排污总量控制要更为有效。

要求减排的效果必须体现在环境质量的改善上是有必要的。这涉及成本效益分析的问题。要讲究用较小的代价或投入获得较大的效果。要把有限的力量，用到效益最大的地方。治理对人民健康危害严重的污染以及避免恢复成本巨大或难以恢复的生态环境灾难发生应成为环境保护的优先目标。

二 转变发展模式是节能减排的关键

中国面临着资源环境的严峻挑战的一个根本原因是中国在走发达国家的老路。一方面，拼命追赶发达国家，走人家的老路，另一方面却无法享受到发达国家当年曾享受的资源和环境容量。因而，应对资源环境挑战的根本出路是转变发展模式，以及与之相对应的生产方式和消费方式。实践表明，我们所进行的"节能减排"的努力仍没有脱离发达国家的老路，仍在发达国家传统发展模式的范围之内。

1. 走发达国家老路难以为继

只要对中国上下正在为实现"节能减排"目标所作的努力稍加分析，便可以看到这些努力基本上还是沿着向发达国家看齐这样一条道路在走。目前，我们的"节能减排"工作主要把精力放在生产领域、放在淘汰"劣小"、淘汰落后产能方面。基本上是以技术更新为主导提高准入门槛。为了提高能源技术效率，我国有关部门从价格、管理以及其他激励政策等方面作了大量努力。发达国家的效率，包括能源效率确实比我们高，向发达国家看齐没有错。按照实物量计算，我国的能源效率平均比发达国家低约 20%①。为了缩小这一差距，大概至少要一二十年的时间。

从目前"节能减排"的目标来看，充其量是使我们的能源强度达到发达国家的水平，然而，这种在发达国家后面的追赶，仍然无法避免重蹈美国和其他发达国家所经历的能源困境覆辙。美国的繁荣是建立在大量的消费资源基础上的。美国以不到世界 5% 的人口，消耗着世界 20% 的能源。美国等发达国家的资源效率较高，但他们的人均能源消费也高。美国人均能耗是中国的 5 倍多。我国与发达国家在能源消费水平上的差距要比其在能源效率上的差距大很多。

还有一组数字②可说明发达国家的经济增长方式是能源密集型的。1990—2002 年的 12 年间，中国能源消费总量由 8 亿 7992 万吨标准油当量增长到 12 亿 2857 万吨标准油当量，增长了 39.6%；高收入国家能源消费总量由 42 亿 9913 万吨标准油当量增长到 52 亿 0112 万吨标准油当量，增长了 21.0%；其中一向以节约著称的日本，其能源消费总量由 4 亿 4592 万吨标准油当量增长到 5 亿 1693 万吨标准油当量，增长了 15.9%。中国增长率高是因为基数较低。12 年间人均能源消费量中国仅增加 185 千克标准油当量，高收入国家增加了 536 千克标准油当量，其中日本增加了 448 千克标准油当量。这就是说 12 年间人均能源消费量高收入国家增加的是中国的 2.90 倍，其中日本是中国的 2.42 倍。而这 12 年间，中国经济是处于粗放增长阶段的快速增长，而美国和日本则一个是低速增长，一个是基本停滞。

发达国家的这种能源密集的经济增长方式是资本主义生产方式所决定的。资本主义经济是以资本增值、利润增长作为首要目的，资本的扩张性与贪婪的本质决定其必然追求毫无节制的经济扩张，无限地扩大再生产，实现资本的持续扩张，从而导致一方面快速消耗能源和材料，另一方面向环境倾倒越来越多的废物，地球环境和资源的承载能力的限制被忽视，导致环境急剧恶化。这种迅猛的增长是建立在高消费基础上的。发达国家的消费水平远远超过了按人均途径所应享有的地球环境和资源的份额，消费中存在大量奢侈性、浪费性、炫耀性、攀比性的消费。其结果是把人类引入了资源短缺、环境破坏的不可持续发展的轨道。

---

① 参见阎林《后半桶石油——全球经济战略重组》，化学工业出版社 2007 年版。

② 资料来源：《国际经济统计年鉴（2005）》，中国统计出版社 2005 年版。

　　20 世纪 70 年代以后，环境问题开始在发达国家受到重视。在过去污染排放失控的情况下，逐步通过征收废弃物排放费或税等经济手段，来抑制污染排放、加强末端处理。随着污染排放标准的不断提高，清洁生产的推广，企业生产的环境成本也随之出现大幅度提高。为此，发达国家进行了相应的产业结构调整，其中重要的举措就是将资源消耗高、污染排放多、附加价值较低的产业向发展中国家转移。表面上看，发达国家通过生产模式转变和结构调整解决了其国内污染减排问题。但是，由于其生产方式和消费方式没有发生本质性的转变，其减排很大程度上是靠污染转移、靠发展中国家"增排"来实现的。

　　随着全球经济一体化，发达国家的生产方式和消费方式迅速向全世界扩展。按照世界自然基金会估计，人类活动规模已经超过了地球生态承载能力的 20%，如果人类按目前的速度消耗资源，到 2050 年，地球人类将用掉相当于 2 个地球的自然资源①。显然，在传统的能源系统下，世界的资源和环境容量无法承受发展中国家向发达国家看齐。这是当前全球资源环境问题变得日趋尖锐的焦点所在，也是发达国家与发展中国家之间的最主要的利益冲突所在。

　　对资本增值的追求，还使得资本主义成为一个金钱万能、财富至上的社会。这样一条财富为本的发展之路，不但使人类付出了昂贵的资源环境代价，而且由于把人物欲化、工具化，而使人类承受着人文精神失落的恶果。从 20 世纪 60 年代开始发达国家已经开始反思这条弯路，并对这条道路不断进行调整，给发展增加人文含量，注重向人文发展方向的转轨。环境主义、后现代主义、反全球化运动、可持续发展等新社会发展思潮和运动的兴起，反映着对既有发展模式的批判与反思。

　　然而，在资本主义条件下，对传统发展之路所进行的校正无疑属于改良性质，都无法触动以私有制为基础的资本主义的市场经济制度，以及由这一基本制度决定的生产方式和消费方式。事实表明，尽管发达国家在能源的生产效率上高于中国，而且在消费的资源节约上采取了很多措施，但传统的生产方式和消费方式使得他们难以改变这种不顾资源制约、缺乏节制的增长模式。

　　中国目前基本是在走发达国家曾经走过的工业化的老路，至今无法超越，而且越来越融入发达国家主导的世界经济体系中。虽然中国已经

---

　　①　世界自然基金会，《2006 年地球生命力报告》，2006 年。

越来越认识到发达国家的道路不适合中国的国情，中国必须通过变革走出一条新路。然而，随着对外开放的进程，特别是中国加入 WTO，大量国际资本的涌入，使中国的生产方式和消费方式迅速向发达国家靠拢。中国在发展模式上的选择余地在变小。WTO 的规则号称是世界的经济宪法，对各国有着强制性的约束力。所以，中国在转变发展模式的过程中不可避免地要受到 WTO 的制约，以及传统生产方式和消费方式的制约。如何转变发展模式、探索新的发展途径，如何创建新的生产方式和生活方式……无疑都是对中国的巨大挑战。

2. 需求侧管理亟待加强

中国的"节能减排"显然不能是一方面在生产领域努力提高能源效率、节约能源消耗，另一方面却在消费领域追求豪华、大肆挥霍，高耗能的生活方式大行其道。这种一手硬一手软的状况亟待改变。应把消费领域的节约与节能作为"节能减排"更重要的内容，并采取更有力的需求侧管理的措施。

值得注意的是，中国的大众消费时代正在来临。近几年来，以社会消费品零售总额衡量的消费呈提高态势，其增长率 2003 年为 9.1%，2004 年为 13.3%，2005 年与 2006 年分别为 12.9% 和 13.7%，2007 年则突破 15%，2008 年以来则接近 22%，大大高于 GDP 增长率。"我国最有消费力的群体正在不假思索地全面模仿发达国家的生活。不少人虽然也承认发达国家的消费方式、生活方式不应是中国的方向，但行为上仍亦步亦趋地汇入这个潮流。在经济全球化条件下，如何削弱发达国家消费方式对我国中高收入群体消费行为的持续的、无止境的引导所产生的影响"[①] 是我们应对严峻的能源环境形势、建设节约型社会的最大的挑战。

对于中国，尽管存在能耗的合理上升空间，但将消费简单地归于个人权利而放任自流是不可取的。加强需求侧管理、对消费予以适当的引导和控制是绝对必要的。对于正当的消费予以鼓励，对于非理性消费应予以抑制，对于浪费现象应坚决斗争。特别要大力抑制政府搞排场的恶习，克服对公权力使用公共资源缺少有效监管的顽症；要鼓励物质生活

---

① 郑易生：《不确定性、锁定与"节能优先"战略——方法论的探讨》，中国社会科学院环境与发展研究中心工作论文，2007 年。

简朴、精神生活充实的生活方式，制定消费引导政策，以免陷进消费主义轨道而难以自拔。

我国正面对着由投资与出口驱动型增长转向"消费型增长"转变的任务，此目标与我们的节约观念不能讲完全、但多少存在着差距与冲突。这一即将来临的转变势必将能源环境的需求侧管理问题提到了重要的议事日程上来。应该讲目前我国正处于一个重要的历史关口。生活方式是决定需求与供给结构的最终决定因素。一旦进入，由于路径依赖，难以挽回。我们切不能被西方生活方式之梦引到这条道路上去。

尽管发达国家的消费示范效应难以抵抗。但不可否认，需求侧管理仍有巨大的空间。需求侧管理正在中国受到越来越多的关注和加强。比如，中国已开始对私家车的消费采取了限制措施，对住宅面积，对房屋建筑节能，过度包装，一次性消费等也出台了一些限制性措施，但远远不够。在中国的经济发展规划中尚缺少明确的消费政策，对于如何做到既鼓励节约而又不造成消费需求不足的问题缺乏研究。

在需求侧管理与消费引导方面中国应发挥制度优势。中国是社会主义国家。"以人为本"走科学发展之路是不言而喻的事情。要实现可持续发展，人类必须控制自己的物欲，特别是在实现小康社会之后，应在建设自己的精神家园上下更多的工夫，这对于我们中国这样一个人口大国显得尤为重要。因而，转变传统的发展模式关键在于能够形成中国特色的物质生活简朴、精神文化生活丰富的生活方式。

三　扎实推进节约型社会的建设

人们消费的一切产品都离不开能源、离不开排放，而我们不论节约什么，都是在节约能源、减少排放。实事求是地讲，节约的潜力极为巨大，到处都是，就看你愿意不愿意。因此，推进节约型和环境友好型社会建设是实行最广泛的节能减排，是应对能源环境挑战的必由之路。

1. 摒弃经济主义和消费主义

中国面临着巨大的人口、资源与环境压力，然而，在现实中，资源浪费的现象非常普遍，这与大力推进的节能减排很不协调。

由于对"贫穷社会主义"的反思以及对"富裕起来"的渴望，使我国在一段时期里重蹈发达国家传统的以财富为中心的发展之路，社会主义的人文追求被边缘化。不少人把"以经济建设为中心"、"发展是硬道理"理解为经济至上，经济总量的增长被放在首位，其余目标都处于从属地位。精神文明和道德建设也都被看做发展经济的手段。所有问题都被"还原"为经济问题。这些都是典型的经济主义观点。

在实践上，经济主义表现为盲目、片面追求财富总量（GDP）的短期增长，粗放式地利用自然资源、人力资源，粗放式地污染环境，忽略人的精神需求和人文追求、忽视人自身的发展。不改变这种见物不见人的发展观，建设节约型社会只是句空洞的口号。

经济主义在当代的一个重要表现是消费主义。20世纪后半叶以来，面对经济增长越来越受到有效需求不足的制约，消费受到前所未有的鼓励。消费主义应运而生，成为主导人们生活方式的支配性观念，并成为西方社会价值观的核心内容。目前在全球处于主导地位。消费主义伴随全球化在全球的扩张绝非发展中国家的福音，不过是资本的逻辑在全球的扩展，是为跨国资本的利益服务的。

消费主义的生活方式不同于一般意义上的消费行为，它的主要内涵是崇尚物质享受，通过制造消费主义不仅看重消费品的使用价值，而更要看重其象征意义；把消费看做是"精神满足和自我满足"的根本途径。在市场面前，除了更多地占有物质财富，做消费机器，其他活动似乎不再具有任何意义。从全球来看，消费主义是造成奢侈性消费、过度消费和资源浪费，导致人类资源环境危机的重要原因。在这里，经济学家们直接或间接地为炫耀性、奢侈性消费提供了合法性。在当代社会，刺激消费是政府至关重要的方针。

在西方虽然有这些消费主义存在，但同时在宗教和精神层面上有许多的道德约束，知识界也有很强的批评的声音，所以，消费主义的挥霍行为在舆论面前是有所收敛的，可是在中国，商业化、消费主义常常受到鼓励，而越发缺乏分寸和节制。中国市场导向的改革在给中国经济注入强劲的活力的同时，空前激发了中国民众的物质欲望和意念。强大的媒体每天都在向人们传播着经济主义和消费主义理念，用畸形的消费观念引导广大消费者和青少年，人们的人文追求急剧弱化。消费主义在中国与好面子的传统，暴发户心理和公款消费相结合，使在中国盛行的奢侈性消费、奢华之风愈演愈烈。中国的人均GDP才只有3000多美元，在世界排名第 104 位[1]。然而，中国却是世界第二大奢侈品市场。由于奢侈品消费能够创造市场需求，而得到了经济学家们的追捧。如果对这些陋习不加以批判，则节约运动难以取得实质性的进展。

消费主义不但导致人类资源环境状况恶化，而且给人类精神和社会发展带来不可忽视的负面影响。由消费主义所激发起来的高消费热情或欲望带来了严重的社会心理失衡。在收入差别不断扩大的情况下，消费主义带给那些向往过上时尚生活的人们更多的是焦虑不安、烦躁和困惑，带给社会的是人际关系的紧张、不和谐和不稳定。

在日益融入世界经济体系的今天，中国要摒弃消费主义的确已相当困难。然而，我们不得不正视"人们消费多少算够"、"地球能支撑人类什么样的消费水平"、"如何实现人类可持续发展"等这样一些问题。毫无疑问，这里有许多困惑、有许多要进行价值判断的问题，需要不懈地探讨。但无论如何，为了可持续发展和更加美好的未来，我们要努力在社会上形成不利于奢华之风的氛围以及挥霍浪费为耻、勤俭节约为荣的强大舆论；同时，引导人们克服攀比心理、炫耀心理，适度消费，理性消费，鼓励助人为乐的行为，努力探索物质生活简朴、精神生活丰富的消费方式和生活方式。

2. 注重人文发展，提高财富的有效性

中国人文发展不足直接导致财富手段的有效性下降。财富手段有效性的下降意味着资源效率的降低，也是一种浪费。追求幸福是人们生活的目标，财富是其手段之一。"人们生活幸福的程度与财富有关但并不由财富的多少来决定，而在很大程度上取决于生活信念、生活方式和在一定生活环境中的对比感受"。在人们的基本需要得到普遍满足的社会条件下，人们生活得幸福不幸福，更多地依赖于财富分配的公平、公民个人心态的健康以及人际交往的和谐和深度。"随着经济发展和人们文化水平的提高，会有越来越多的人不再把幸福等同于物质欲望和感性欲望的满足。"一项调查表明，从 1945 年到 1990 年美国人均收入增长约 3 倍，但是，人们的平均幸福感不但没有成比例上升，反而略有下降[2]。这反映了财富手段的非有效性一面。

---

[1] 按照 IMF 2008 年排名。
[2] 卢风：《经济主义批判》，《中国环境与发展评论》（第二卷），社会科学文献出版社 2004 年版。

长期计划经济的低效率和"文化大革命"的动乱曾使中国人民遭受物质匮乏之苦。在改革开放之初，经济增长带来了人民生活的普遍提高，财富增长作为实现幸福生活目标的手段是有效的。随着中国经济总量的持续增长，由于人文发展的不足，其中特别是收入分配差距的扩大，我国社会不和谐的现象反而加重，这一事实表明，财富作为实现目标的手段的有效性出现降低。财富增长对实现社会目标贡献的下降，可以理解为是对增长所耗费的资源的浪费。加速人文发展，将提高财富增长的社会效用，客观上是对资源的节约。

所以，人文发展不足影响的是财富转变成发展目标的效率。我们往往只注意资源转变成财富的效率，而忽视财富转变成发展目标的效率。注重后者的效率应该是社会主义国家的特征。党中央提出构建和谐社会和建设社会主义核心价值体系，都表明党中央已经重视提高第二个效率。发展模式的转变是最重要的节约途径。传统工业化道路是建立在大量消费资源的基础上的，并不适合中国。建设节约型社会意味着中国必须通过变革走出一条新路。这条新路应该是人文发展之路。走人文发展之路包含两层意思。

第一层意思是建设节约型社会应有一个良好的人文环境。

我国是社会主义国家。社会主义实际上反映的是一种文化、一种人文精神或人文追求。走人文发展之路是不言而喻的事情。严酷的现实表明，大自然尚可以满足少数人的贪婪，但不能满足几十亿人无节制的欲求。以经济主义和消费主义为导向的生产方式和消费方式是不可持续的。因而，转变传统的发展模式关键在于能够形成中国特色的物质生活简朴、精神文化生活丰富的生活方式。

节俭是中国社会几千年的传统美德。新中国整整一代人是在厉行节约、艰苦朴素、自力更生、奋发图强这些政治传统的鼓舞下成长起来的。这些优秀的传统应当大力继承。用勤俭节约的传统教育下一代，规范社会的能源消费行为，尽量减少浪费性的消费，应是建设"资源节约型社会"中所要做的一件基础性工作。

对于要不要节欲的问题，存在着不同的看法。有人认为，如果以"节欲"的方式来实现资源消费的绝对减少，从而达到资源"节约"的目的，则必然引起消费需求不足，经济萎缩，失业率上升，社会萧条。这显然是片面的。首先，在社会中个人的欲望不可能不受任何约束，无论是公众的还是生产部门的资源消费行为，都需要由社会来加以约束，公众的能源消费行为，需要有人引导，要对不当行为进行矫正，对青少年进行行为规范教育，倡导科学、合理、有节制的消费行为是建设节约型社会的重要内容。其次，当人们的收入水平达到一定水准之后，一般来讲，人们的"节欲"不会在基本需求方面，而往往是在奢侈品方面。这正是需要抑制的。

第二层意思是人文发展是实现节约的有效路径。

人文发展强调的是以人为本。以"财富为本"的发展和人文发展途径在两方面存在差异。一个是最终目标不同；另一个是不同手段的有效性存在差异。人文发展途径总体上就是两千多年前亚里士多德的思想的体现，即"财富明显不是我们追求的东西，它只是实现一些其他东西的有用工具"。

我们追求的发展目标是什么，按照马克思的理想是人的全面发展。阿马蒂亚·森（Amartya Sen，1998 年诺贝尔经济学奖得主）以关心国民福利的增长和倡导人文发展著称。阿马蒂亚·森等对人文发展的定义是"扩大人的选择范围"，以及"发展的目标是为所有人提供过上充实生活的机会"。对那些见物不见人的做法进行了批判。

"以人为本"、全面、协调、可持续的科学发展观以及构建和谐社会的发展目标，是对以财富为本的传统发展观的修正。社会主义就是要通过合理的制度安排实现社会和谐与公平。制度安排和财富增长都仅是手段，社会和谐、公平、正义才是我们的目的与追求。显然，这是一条人文发展的道路。

以人为本的发展不但是和谐社会目标实现的保证，同时，也是建设节约型社会的根本途径。财富作为实现目标的手段，其有效性由目标的实现程度决定。在资源有限的情况下，首先应满足人们的基本需求。以人为本的人文发展是以和谐社会为目标的。它所强调的是平等机会的创造和人的基本需要的满足，注重国民福利的改善和贫困减缓，注重为全社会成员提供更广泛、更优质的教育、医疗服务和社会保障以促进人的自身发展。在这样的目标或在这样一种发展模式下，同样的财富会给人们带来更多的福利，或者说，同样的福利只需要较少的财富，意味着耗费较少的资源，这对资源节约、环境保护所产生的积极影响是显而易见的。显然，在同等多财富的情况下，均富的社会要比两极分化的社会，人民享有更多的福利，财富的有效性较高。从财富的有效性的角度来看，我国目前出现的收入差距扩大趋势是与建设节约型社会的目标相悖的。

　　总之，中国的节能减排不应是在发达国家后面盲目地追赶。对于中国来讲，发达国家的老路难以为继，世界的资源环境容量已不允许中国和其他发展中国家向发达国家看齐。节能减排仅在生产领域的努力远远不够，应把消费领域的节约与节能作为"节能减排"更重要的内容，并在需求侧管理上采取更有力的措施。在全球化的背景下，中国应在如何转变发展模式、探索新的发展途径，如何创建新的生产方式和生活方式方面进行更积极的探索。而中国节约型社会和环境友好型社会的建设，重点应放在改变那种无节制、无约束的增长模式，使中国的增长成为资源环境约束下的增长；同时既要注重提高资源转变成财富的效率，又要注重提高财富转变成社会发展目标的效率。

二十国集团(G20)国家的经济环境效率比较：基于 DEA 模型的分析

李　静

【内容提要】　20 国集团（G20）是当今世界主要的发达国家与发展中国家，其经济总量和污染排放总量均占世界的 80% 以上，而且也是决定全球气候走向与气候公约制定的主要核心国家。本文在梳理经济环境效率理论及实证研究的基础上，定义了研究所使用的经济环境效率的内涵，使用数据包络分析（DEA）方法中的方向性距离函数实证分析了 20 国集团 1980—2005 年的经济环境效率。我们研究发现，经济环境效率的高低与国家人均 GDP 呈正的线性相关关系，富国比穷国有更高的经济与环境的协调性；政府政策对经济和环境的偏向将改变经济环境效率，偏重于经济比偏重于环境对经济环境效率的影响更为敏感；经济环境效率与政府环境规制政策的严厉程度高低密切相关。

【关键词】　G20；DEA；经济环境效率；方向性距离函数；环境规制

一　引言

二十国集团（G20）由美国、英国、日本、法国、德国、加拿大、意大利、俄罗斯、澳大利亚、中国、巴西、阿根廷、墨西哥、韩国、印度尼西亚、印度、沙特阿拉伯、南非、土耳其等 19 个国家以及欧盟组成。这些国家的国民生产总值约占全世界的 85%，人口则将近世界总人口的 2/3。

同时，G20 也是世界环境污染或温室气体排放的主要国家。仅二氧化碳排放总量 G20 占世界总排放量的 80% 左右，其中发展中国家如中国、印度等国，近年来碳排放总量增长迅速，被发达国家称为"碳主要排放国"；而发达国家则在人均碳排放水平上居高不下。这成为发达国家与发展中国家在全球气候谈判中互相指责的"充分理由"。正如 2008 年 3 月 15 日在日本千叶举行的第 4 届 20 国集团环境问题部长级会议上，英国前首相布莱尔指出的那样：美国人均温室气体排放量每年超过 20 吨，欧洲和日本人均每年的排放量超过 10 吨。发达国家已经实现了工业化，并在这个过程中带来气候危机，而发展中国家正在建设工业化社会，没有国家会放弃经济增长，也不应对发展中国家抱有这种期望。需要牢记的是，发展中国家生产的很多产品都会出口到发达国家，供发达国家的消费者消费①。

显然，20 国集团（G20）不仅代表了全球主要的经济体，而且也是决定全球气候走向与气候公约制定的主要核心国家。因此，有必要在理清 G20 国家经济发展水平、能源消费状况与环境排放的基础上，研究这些国家经济发展状况与环境排放间的协调程度，即经济环境效率，并在此基础上考察由于政策偏向和环境规制的程度差异导致的经济环境效率的变化。

二　文献综述

1. 经济环境效率概念与理论的研究

（1）经济环境效率概念的研究

关于经济环境效率概念的研究。1990 年 Schaltegger 和 Sturm 首次提出了经济环境效率或生态效率的概念，即增加的价值与增加的环境影响的比值。经济环境效率概念被广泛地认识和接受是通过世界可持续发展工商业联合会（WBCSD, World Business Council for Sustainable Development）在 1992 年出版的著作《改变航向：一个关于发展与环境的全球商业观点》。该书指出，企业界应该改变长期以来作为污染制造者的形象，努力成为全球可持续发展的重要推动者。要实现该目标，应该发展一种环境和经济发展相结合的新概念——经济环境效率，以应对可持续发展的

---

① 参见 http://news.cctv.com/special/C17274/01/20080316/102319.shtml。

挑战。WBCSD 于 1992 年在里约地球峰会上进一步定义为eco-efficiency = product or service value / environmental influence（经济环境效率[①] = 产品或服务的价值/环境负荷），评价以 1 个单位的环境负荷为代价，能够创造出多少价值，企业活动所造成的环境负荷越小，所创造的经济价值越大，该数值就越大，经济环境效率也就越高。WBCSD 的定义被广泛接受，即"通过提供具有价格优势的服务和商品，在满足人类高质量生活需求的同时，将整个生命周期中对环境的影响降到至少与地球的估计承载力一致的水平上，简单说来，就是影响最小化，价值最大化"。经济环境效率的基本理念，就是在不增加环境负荷的前提下，保持或继续扩大经济活动总量，进而提高人类社会的福利水平，实现人类社会的可持续发展[②]。

按 WBCSD 的经济环境效率概念，经济环境效率可定义为：经济环境效率必须提供有价格竞争优势的，满足人类需求和保证生活质量的产品或服务，同时能逐步降低产品或服务生命周期中的生态影响和资源的消耗强度，其降低程度与估算的地球承载力一致。事实上，WBCSD 是把经济环境效率作为广义概念的可持续生产与消费（Sustainable Production and Consumption，SPC）的一个部分来定义的。总的说来，WBCSD 对经济环境效率或经济环境效率的定义着重强调了以下七个方面内容：

（1）减少产品或服务的原料强度（节约自然资源）；（2）减少产品或服务的能源强度（节约能源）；（3）减少有毒有害物质的排放；（4）提高资源的循环利用率；（5）尽可能高效地使用可再生资源；（6）提高产品使用寿命；（7）增强产品和服务的强度。

---

① 对 eco-efficiency 的翻译存在争议，特别是对前缀 eco 的理解存在差异。有的翻译成"生态效率"或"环境效率"，他们认为 eco 应是 ecological（生态或环境）的含义；而有的则认为 eco 本身不仅包含着 ecological（生态的或环境的）之意，也应有 economical（经济的或节约的）之意，如 Eiichiro Adachi（2002）就明确认为"Eco-efficiency""means combining economical and environmental efficiency"（包含经济和环境的效率）（见 http://www.asria.org/events/taiwan/may02/lib/EiichiroA.pdf）。我们认为仅翻译成"生态效率"或"环境效率"显然没有抓住概念的深刻内涵，因此同意 Eiichiro Adachi（2002）的内涵界定，包含经济和环境两方面的内容才是完整的理解和翻译，因此我们认为翻译成"经济环境效率"要更准确些。

② WBCSD 对经济环境效率概念的定义中的分子"产品和服务的价值"，我们的理解不仅仅指市场价值，如果把经济环境效率的范围扩展到宏观领域，那么这里的价值也应理解为更多地包含着非市场的价值的成分：不仅有通过市场得到的价值，更多地体现在非市场的效用或福利获得，如更高的教育水平、清新的空气和舒适的环境、更长的预期寿命、更高的森林覆盖率和更多的生物多样性等。

Fussler（1996）从可持续消费上提出经济环境效率实质上包含三个方面：（1）发展可持续性的消费方式来协调环境忧虑与人类生活质量间的关系；（2）通过清洁生产和分发的产品与服务来建立对环境更多的关注；（3）通过体现人类生活质量的产品与服务创造价值。

经合组织（OECD）认为 WBCSD 关于经济环境效率的定义较为灵活和注重实效性，能够转化为政府、产业、其他组织以及家庭的实际行动。但是显然，经济环境效率本身作为政策制定的基础是不够的，这需要更进一步地理解经济活动和环境破坏、变化的驱动力量与生产者、消费者行为心理和伦理的动机间的关系。因此，OECD 把经济环境效率定义为：满足人类需要的生态资源的效率（OECD，1998），它可看做是一种产出/投入的比值，其中"产出"是指一个企业、行业或整个经济体提供的产品与服务的价值，"投入"指由企业、行业或经济体造成的环境压力。

国际上对经济环境效率的概念定义早期局限于微观主体范围内，如仅关注于企业如何做到清洁生产，用最少的资源或环境压力创造尽可能多的产品或服务，更多地关注市场价值的获得。随着研究的深入，经济环境效率的概念内涵和范围也在扩展，不仅关注微观主体如企业、个人、家庭如何遵循和贯彻经济环境效率理念，而且开始强调区域或国家层面的宏观主体如何实施经济环境效率理念；范围的扩大也使概念本身的内涵在扩展，由仅关注微观主体创造尽可能多的产品或服务、尽可能少的环境压力到强调尽可能少地影响环境的同时创造尽可能多的效用或福利，其中包含着更多的非市场价值成分。

（2）经济环境效率理论的建立

企业作为微观经济的主体，是影响地区、国家以及全球可持续发展最基本的单位，也是可持续发展行动最主要的执行者。现在，大部分的企业管理者都认同企业可持续发展是企业经营的先决条件（IFOK，1997；Hedstrom et al.，1998；Holliday，2001）。WBCSD 就是由超过 150 家国际企业领导组成的协会组织，以利于对话解决企业可持续性发展问题。许多企业任命可持续发展官员，定期出版可持续发展报告等。企业积极实施的可持续发展战略被认为企业承担了环境和社会的责任，这无疑对其他层面的可持续发展提供了重要支撑，因此被称作"企业与可持续发展的连接"（business link to sustainable development）。如果寻找一个词来归纳，那么经济环境效率（eco-efficiency）成为许多企业的指导原则。

　　由于 WBCSD 是国际企业领导组成的协会组织，无疑他们更关注微观主体特别是企业的经济环境效率状况，但是经济环境效率是宏微观经济体可持续发展最重要的度量指标，从环境经济的角度，因为它直接连接了环境影响与经济发展，所以它成为自 20 世纪 90 年代以来最为流行的概念与哲学思想，一些地区或国家也开始按照经济环境效率的思想来治理地区经济发展与环境污染的行为，在尽可能创造更好的产品和服务的同时，尽可能少地使用自然资源、最小化地影响环境。另外，国际上之所以比较推崇经济环境效率，除以上原因外，还因为 ①一些接近经济环境效率概念的指标，如单位污染（排放）的经济产出，虽然也能部分地反映经济体的环境经济与可持续发展状况，但其狭窄的内涵限制了其使用范围；②其他反映环境与经济关系的所谓指标体系虽然避免了单个指标度量的缺陷，但同时忽略了指标之间的可替代性问题，不能给经济体的度量以更准确的指导；③不同方面的指标往往需要归纳成一个公认的标准，以方便政策制定者决策。经济环境效率可以克服上述概念缺陷，又具有较好的比较特性。

　　自从 1992 年经济环境效率的理念被发起至今，不仅已被跨国企业所广泛接受，理念与实务也在世界企业可持续发展委员会的积极发展下渐趋成熟，成为企业界所推演与实践的经营核心理念，影响力也逐渐扩及政府、金融业和其他民间部门。金融业、企业领袖、政府和其他利益相关者已逐渐认知到，除了责任与义务之外，更必须从风险、商机、利润与盈余的角度来量化企业的环境绩效。

　　有了经济环境效率，可持续发展不再只是口号或形象宣传的外衣，它已成为一种思维、一种管理哲学及一种运动。对企业而言，它是一种工具，使公司在国际竞争的局势中站稳优势；它也是一种社会责任与使命，使企业在协助维持一个和平、稳定、健康的地球村之目标上，可具体发挥潜移默化的功能。对于公众而言，更能深化和培养他们在生产、消费等环节中更多地讲求可持续性的生产或消费理念。对于国家或地区而言，追求更高的经济环境效率意味着在尽可能少地影响环境的同时创造更多的市场价值和非市场价值，使人们的福利和效用水平达到最大化。

　　（3）国内经济环境效率概念与理论的研究

　　对经济环境效率概念的研究。我国对经济环境效率的研究起步较晚，多数研究还停留在经济环境效率概念与中国实际情况相结合的探讨中。对于经济环境效率的定义，国内学者的观点大多是在 WBCSD 定义的基础上进行了充实或延伸。王金南（2002）认为，经济环境效率是一个技术与管理的概念，它关注最大限度地提高能源和物料投入的生产力，以降低单位产品的资源消费和污染物排放为追求目标。周国梅（2003）将经济环境效率定义为生态资源满足人类需要的效率，可以用产出和投入的比值来衡量。而廖红、朱坦（2002）、夏凯旋等（2007）则直接把 WBCSD 的经济环境效率定义为"生态经济效率"，有的文献则称作"经济环境效率"（张群、荀志远，2007）。显然，国内对经济环境效率的概念基本上沿袭了 WBCSD 或其他国外研究机构或学者的定义，对经济环境效率没有形成统一的称谓。

对经济环境效率理论及应用的研究。岳媛媛、苏敬勤（2004）在梳理国外经济环境效率概念及实践的基础上提出了我国实施经济环境效率战略的对策，分别从宏观和企业层面提出了政府在政策、金融、指标考核体系等和企业在产品研发、设计、工艺、功能、服务、处理等方面实施经济环境效率的思想。诸大建、邱寿丰（2006）把经济环境效率与循环经济结合起来，认为经济环境效率是循环经济最合适的度量，抑制自然资源的消耗（DMI）、减少环境负荷（DPO）以及 GDP 经济环境效率指标是循环经济的合适指标。高前善（2006）认为经济环境效率是企业环境审计评价的一个重要指标。步丹璐（2007）指出经济环境效率与企业环境成本的管理密切相关，并提出了控制企业环境成本的措施。李兵等（2007）研究了经济环境效率与生态足迹的关系，指出经济环境效率应该定义为企业产值与企业生态足迹的比值。诸大建等（2005）指出经济环境效率是一国绿色竞争力的集中体现，其包含四种情形，提出了从增物质化到减物质化发展的 C（China）模式，这些需要从技术上加以实现。

国内的研究一方面在引介国外经济环境效率理论的同时，一部分研究着重把经济环境效率与循环经济、可持续发展结合起来，经济环境效率应是循环经济合适的测度，技术进步是保证实现的重要措施；一部分研究从企业层面出发，探讨了企业经济环境效率与企业环境成本以及企业可持续发展的关系。

但国内对于经济环境效率的研究目前主要还在引介阶段，对这一概念的译法不统一、较为混乱，没有形成统一的称谓；不能正确把握经济环境效率的内涵，特别是不能认识到它本身包含的非市场价值成分，而是更多地强调市场价值与环境压力的比较；在经济环境效率的适用范围上也存在不一致和混乱的地方，很多研究没有注意或意识到这一概念和理论在微观和宏观层面如何使用，其内涵存在着哪些差别，没有更深入的探讨；从研究内容上看，国内经济环境效率理论并没有形成系统的理论框架，研究深度有待提高。

2. 经济环境效率评价方法与实证的研究

至此，经济环境效率仅仅提出了概念定义，发展了理论。但如果要更深入地探究被研究主体的经济环境效率，就需要使用恰当的方法进行实证研究，其中生命周期评价方法（LCA，Life Cycle Assessment）和数据包络分析（DEA，Data Envelopment Analysis）方法是最常用的两种方法。

（1）经济环境效率的"生命周期评价（LCA）"方法及实证研究

较多使用的方法称作"生命周期分析"方法（LCA），即对某企业特定产品整个寿命周期，包括原材料的提取与加工、制造、运输与流通、使用、重复使用、保养、再循环和最终处理，对资源、能源消耗和废物排放而对环境所造成的潜在影响进行评价，量化其对环境的影响，进而得到其经济环境效率。国内外研究人员在 LCA 方法论方面开展了大量的研究，包括编目分析研究、分配方法研究、环境影响分类研究、环境因子的确定、物流分析等。LCA 数据的选择方法和质量直接关系到评价结果的准确性（ISO14000）；席德立等（1997）研究通过行业污染系数和企业生产流程图获取产品数据的步骤和方法；莫华等（2003）采用5个独立的反映数据质量的指标，根据系统各单元各数据属性对各指标从1—5 进行打分，形成数据的质量指标向量元素，根据数据质量向量元素的算术平均在总指标范围中所占的百分数将质量指标向量转化为对应的综合数据质量指标，得出每个数据的随机分布，对清单数据进行不确定性分析。陆钟武等（2000）分析了钢铁生产过程的物流对能耗的影响；王寿兵等（2001）研究了资源耗竭潜力，在综合考虑资源的消耗速度、储量和特定的基础上，提出了一种计算资源耗竭潜力和当量系数的方法；刘江龙等（1996）提出了金属的环境影响因子的概念，用加权平均值综合考虑了金属资源的丰度、能耗、污染物排放量和对生物体危害作用等因素；苏向东等（2002）提出了综合比例系数的定量评价方法，根据金属元素的环境特征、实际提取冶金过程和生物效应等因素，确立了纯金属的环境负荷定量计算原则，建立了有色金属材料的环境负荷定量评价模型。

在 LCA 的运用方面研究人员做了大量的实践工作，寇昕莉(1999)、郝维昌（2000）、李贵奇（2002）等人研究了聚乙烯、ABS 树脂、金属铝和钢铁材料的环境负荷；刘江龙（2000）等人评价了金属材料表面强化过程不同工艺的环境影响；特别是运用 LCA 方法成功地指导环境协调性设计，利用二次资源，开发出了耐磨球墨铸铁材料，对于材料的开发和设计具有重要的指导意义。"863"计划支持的"材料的环境协调性评价研究"对我国的钢铁、水泥、铝、工程塑料、建筑涂料、陶瓷等七类有代表性的材料进行了评价研究，取得了以上材料的基础环境数据并开发了数据库管理和评价软件。

LCA 方法在过去 20 年中，得到了快速发展和广泛应用，但它还存在应用范围、评价范围、评价方法、数据收集等理论实践方面的不足，例如系统边界的确定、数据的选择、环境危害种类、权重因子、计算方法以及评价过程的选择，这些都包括了假设、取舍、价值判断等人为主观因素，影响了 LCA 的评价结果的客观性，此外，LCA 方法显然更多地适合于微观或行业层面的经济环境效率评价，并不能运用于宏观经济环境效率的评价。因此 LCA 在许多方面还有待于进一步的深入研究。

（2）经济环境效率的"数据包络分析（DEA）"方法及实证研究

国外关于经济环境效率 DEA 方法的研究。另一种评价经济环境效率的方法就是使用数据包络分析方法（DEA）。但是初始的 DEA 模型依赖的一个基本的假设认为，DEA 的相对效率评价思想要求投入必须尽可能地缩减而产出必须尽可能地扩大，即满足以最小的投入生产尽可能多的产出（Charnes et al.，1978）。但是现实生产过程并非如此，一些生产过程带有明显的副产品，其中很多是我们所不期望生产的产品，称作"非期望产出"（undesirable output），如污染。这些非期望产出必须尽可能地减少才能实现最佳的经济效率，而初始的 DEA 模型却只能使之增加，违背了效率评价的初衷，初始的 DEA 模型对于非期望产出的处理显然不再适合，需要改进。

为了使用 DEA 的评价技术衡量包含非期望产出的经济效率，一些学者对此作了有益的尝试。早期的研究把如污染等非期望产出作为影子价格处理（Pittman，1983），Fare et al.（1989）最早运用投入产出的弱可处置性处理污染变量，其基本思想是要想减少污染等非期望产出，则必须牺牲好的产出；他提出一个双曲线形式的非线性规划办法处理（双曲线法）如造纸生产的情况，但由于其求解复杂，应用受到极大限制。Hailu 和 Veeman（2001）则把非期望产出变量作为投入进行处理（作投入变量法）。Zhu（2003）和 Scheel（2001）等人还提出一个倒数转换办法处理非期望产出变量（倒数转换法），即把非期望产出 Y^b 的值变换为 $1/Y^b$，并把其作为期望产出处理，在经典的 DEA 模型中即可解决。Seiford 和 Zhu（2002）提出一个解决办法，他们首先对非期望产出乘以 -1，然后寻找一个合适的转换向量使所有负的非期望产出变成正值（转换向量法）。在此基础上构造了一个 VRS（可变规模报酬）条件下处理非期望产出的 DEA 方法。Fare et al.（2003）提出了一个基于弱可处置性和产出角度的方向性距离函数，在应用中使用较为广泛（方向性距离函数法）。此外，Tone（2003）提出了一个基于松弛测度的 DEA 模型处理非期望产出（SBM 模型法），尽可能地考虑了由于角度和径向的选择造成的投入、产出松弛性问题。

国内关于经济环境效率 DEA 方法的研究。国内使用 DEA 方法评价企业或地区经济环境效率的研究还不多，方法较为单一。孙广生等（2003）在对产出可处置性的分析基础上，将 DEA 模型应用于工业生产经济环境效率的分析，并以此为依据，对 1997 年各地区工业生产的经济环境效率进行了实证评价。柯健、李超（2005）把资源、环境作为投入变量，经济增长作为产出变量使用 DEA 初始模型 CCR 模型[①]评价了中国各地区资源、环境与经济发展的协调性。马育军等（2007）则选取生态系统服务价值、生态绿当量、人均生态足迹赤字和环境质量综合指数作为产出变量，没有包含污染变量的处理，使用 CCR 模型评价了苏州环境建设状况。张炳等（2008）在现有经济环境效率评价方法的基础上，构建了企业经济环境效率评价的指标体系，并将污染物排放作为一种非期望投入引入到 DEA 模型中，运用该模型对杭州湾精细化工园区企业经济环境效率进行了评价。这些研究均把污染或环境变量作为 DEA 的投入处理，研究区域、企业的经济环境效率，但这恰恰违背了生产过程的本质，度量的经济环境效率也是不准确的。

考虑了环境污染的中国经济或地区生产率或效率研究。随着中国经

---

① CCR 的 DEA 模型是最初始的模型之一，它是基于不变规模报酬的假定下的效率评价方法，是基于 Charnes，Cooper，Rhodes 三人的首字母而命名的。

济的发展，中国经济增长的效率也得到了相应的提高。大量的研究文献使用包括企业微观层面数据、产业数据、城市和省际数据等多个角度证明了中国的生产率和效率在改革开放后得到了大幅度的提高。同时，研究结果还显示出东部地区获得了远比中西部地区更高的经济效率（Jefferson，Rawski and Zheng，1996；Jefferson et al.，2003；Sun，Hone and Doucouliagos，1999；Wu，2000；Zheng，Liu and Bigsten，1998 and 2003）。但这些实证研究存在的一个主要缺陷是他们均无一例外地忽略了环境污染的成本对经济效率的影响。近来，一些研究开始关注环境污染对宏观经济效率的影响，胡鞍钢等（2008）考虑了环境污染因素使用 DEA 的方向性距离函数方法对中国省区技术效率进行了重新排名。涂正革（2008）同样使用方向性距离函数对中国省区工业与环境的协调性进行了研究。王兵、吴延瑞（2008）使用 Malmquist-Luenberger 生产率指数（计算使用方向性距离函数）研究了 APEC 地区国家环境管制对全要素生产率的影响。这些研究已经开始把经济环境效率或经济环境效率运用到宏观经济领域，研究经济效率与环境的协调性问题，丰富了中国地区经济环境效率研究实践。但这些少量的研究均使用了方向性距离函数，而对其他方法没有提及，也没有与其他方法作对比。

总体上，国内使用 DEA 方法进行区域经济环境效率研究呈增加趋势，但存在着研究数量少，研究方法单一，研究结果因方法或数据的不同而不可比，研究深度不够等问题。特别是研究方法上，没有文献系统地梳理或归纳这些方法，也没有对比研究这些方法的适用场合及结果的差异。

三 经济环境效率度量方法

1. 经济环境效率度量方法概述

经济环境效率实际上度量经济体经济效益与环境保护协调发展的综合性指标，如 WBCSD 所定义的：经济环境效率或生态效率＝产品或服务的价值/对环境影响；其实质是在尽可能创造更好的产品和服务的同时，尽可能少地使用自然资源、最小化地影响环境。正基于此，经济环境效率（eco-efficency）作为一个综合性强的指标涵盖了多方面的内容，成为度量经济体（国家、地区、企业等）合适的选择。而由于度量经济环境效率不可避免地涉及产品或服务的价值以及污染排放的价值或价格问题，而污染的市场价格一般又不可得，使得对此的评价往往充满了人为或主观因素；一个称作数据包络分析方法（DEA）的非参数方法由于可以不考虑污染排放的价格问题使得这一难题得以解决。

用 DEA 方法度量相似决策单元间的效率与生产率问题已经证明是相当有效的工具，因此，它被广泛应用于产业、城市、地区及全球生产率及效率的评价方面。初始的 DEA 模型称为 CCR 模型（式1），即在规模报酬不变（CRS）条件下的效率模型；如果加入约束 $\sum \lambda = 1$，则称作 BCC 模型[①]，即在规模报酬可变（VRS）条件下的效率模型（其中 X、Y 表示投入、产出向量，x_0、y_0 表示特定的被评价单元的投入、产出值，ϕ 为标量，λ 为权重向量）。

$$\max\phi$$
$$st$$
$$X\lambda + s^- = x_0 \qquad\qquad (1)$$
$$Y\lambda - s^+ = \phi y_0$$
$$\lambda \geq 0$$

但正如 Charnes 等人（1978）所评价的那样，初始的 DEA 模型依赖的一个基本的假设认为，DEA 的相对效率评价思想要求投入必须尽可能地缩减而产出必须尽可能地扩大，即满足以最小的投入生产尽可能多的产出。但是现实生产过程并非如此，一些生产过程带有明显的副产品，其中很多是我们所不期望生产的产品，称为"非期望产出"（undesirable output 或 bad output），如伴随着纸的生产，也排放出大量的污水、废气、废渣等副产品。这些非期望产出必须尽可能地减少才能实现最佳的经济效率，而传统的 DEA 模型却只能使之增加，违背了效率评价的初衷，初始的 DEA 模型对于非期望产出的处理显然不再适合。为了使用 DEA 的评价技术衡量包含非期望产出的经济效率，一些学者对此作了较多的有益尝试。概括起来有 6 种基本的处理方法：双曲线法、作投入变量法、倒数转换法、转换向量法、方向性距离函数以及 SBM 方法等（见上文方法综述）。

2. 非期望产出的强或弱可处置性

如果生产过程考虑了非期望产出，则如何在两种改善效率的处置技

---

① 和 CCR 模型命名规则相同，BCC 模型是基于 Banker，Charnes，Cooper 等人的首字母而命名的。

术（即非期望产出的强可处置性和弱可处置性技术）中选择对决策单元的效率评价至关重要。所谓强可处置性，是指在生产过程中如果非期望产出（污染排放等）能够被自由处置（增加或减少），不受约束或限制，则可以说此生产过程呈现非期望产出的强可处置性。而弱可处置性是指要想减少非期望产出必须牺牲部分期望产出，换句话说，要满足某种污染排放的限制（或规制）则不得不考虑支付一定的代价（规制成本）（Zofio 和 Prieto，2001）[①]。

假定有 n 个独立的决策单元（DMU），表示成 DMU_j（$j = 1, 2, \cdots, n$）。每个决策消耗 m 个投入 x_{ij}（$i = 1, 2, \cdots, m$）生产 s 个期望产出 y^g 和 k 个非期望产出 y^b。当非期望产出是强可处置性时，生产可能性集可表示成

$$T^5 = \{ (x, y^g, y^b) \mid \sum_{j=1}^{n} \lambda_j x_j \leqslant x, \ \sum_{j=1}^{n} \lambda_j y_j^g \geqslant y,$$
$$\sum_{j=1}^{n} \lambda_j y_j^b \geqslant y^b, \lambda_j \geqslant 0, j = 1, \cdots, n \} \qquad (2)$$

当非期望产出是弱可处置性时，生产可能性集可表示成

$$T^w = \{ (x, y^g, y^b) \mid \sum_{j=1}^{n} \lambda_j x_j \leqslant x, \ \sum_{j=1}^{n} \lambda_j y_j^g \geqslant y,$$
$$\sum_{j=1}^{n} \lambda_j y_j^b \geqslant y^b, \lambda_j \geqslant 0, j = 1, \cdots, n \} \qquad (3)$$

3. 方向性距离函数法

Fare et al.（2003）提出了一个产出角度的方向性距离函数，他们首先定义了一个产出集合记为 P（x）：

$$P(x) = \{ (y^g, y^b) : x \text{ 能够生产出} (y^g, y^b) \} \qquad (4)$$

上述集合满足以下三条性质：

（1）非期望产出的弱随意处置性。（y^g，y^b）$\in$ P（x），如 $0 \leqslant \sigma \leqslant 1$，意味着（$\sigma y^g$，$\sigma y^b$）$\in$ P（x）。（2）期望产出的随意处置性。（y^g，y^b）$\in$ P（x），$y^{g'} \leqslant y^g$，表明（$y^{g'}$，y^g）$\in$ P（x）。（3）非期望产出与期望产出零点的关联性。（y^g，y^b）$\in$ P（x），若 $y^b = 0$，则 $y^g = 0$。

性质（1）说明在给定的投入水平下，减少非期望产出的可行办法就是同时减少期望产出；性质（2）说明期望产出是可以随意处置的；

性质（3）说明除非不生产，否则要生产期望产出，则非期望产出必须被生产，两者的关联点仅仅在零点。根据上述性质，他们定义了方向性的距离函数为

$$\vec{D}_0(x, y^g, y^b; g) = \sup\{\beta : (y^g, y^b + \beta g) \in p(x)\} \tag{5}$$

其中 g 是和产出成比例的"直接"矢量，当 $y = (y^g, -y^b)$ 时，表示期望产出是增加的，而非期望产出是减少的。Fare et al.（2003）还提供了一个解释图形（如图 1）。

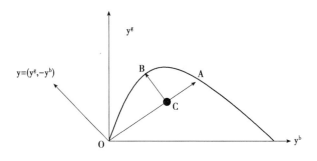

图 1　方向性距离函数图

图 1 中，对于一个产出观测点 C，由传统的距离函数和效率测度原理得到的产出有效率的点是 A，产出效率为 OC/OA，如果非期望产出和期望产出以 OA/OC 同比例增加，那么被评价单元则被认为是有效率的。而方向性距离函数有效率的点是 B 点而非 A 点。原因是，如果被评价单元生产所涉及非期望产出的限制，那么就不应该以同时增加期望产出和非期望产出来提高效率，而是要寻求一个增加期望产出同时减少非期望产出的方向 g 来增加效率。在图上，如果被评价单元从 C 点变化到 B 点（即减少了非期望产出和增加期望产出），那么在方向性距离函数的基础上将被判定是有效率的。在此基础上，他们构造了求解方向距离函数的线性规划办法：

$$\overset{\Gamma}{D}_0(x, y^g, y^b; y^g, -y^b) = \max\beta$$

s. t.

$$Y^g\lambda + s^{g+} = (1 + \beta)y_0^g$$

$$Y^b\lambda = (1 - \beta)y_0^b \tag{6}$$

$$X\lambda - s^- = x_0$$

$$\lambda \geqslant 0$$

模仿采用标准距离函数技术效率的度量，方向性距离函数的效率度

量也可以定义成介于 0 和 1 之间的一个指数，

$$方向性技术效率指数 = \frac{1}{1 + \overset{\Gamma}{D_0}\ (x,\ y^g,\ y^b;\ y^g,\ -y^b)}$$

值得注意的是，根据这个定义，当观测点在生产前沿上时，方向性距离函数的值为 0，相应的技术效率值为 1。

由于方向性距离函数较好地解决了非期望产出的效率评价问题，所以在实证检验中得到了较广泛的应用。Fare et al.（2003）使用方向距离函数测度了 92 家发电厂污染排放的经济环境效率。Magnus Lindmark 和 Peter Vikström（2003）使用方向距离函数方法考察了全球 59 个国家在引入非期望产出二氧化碳和二氧化硫后生产率的增长及收敛状况。他们得出一个有意思的结论：在 1965—1990 年间，当使用不包含"非期望产出"变量时，发达国家以及部分新兴工业国（如韩国）生产率均有较高的增长，并且收敛趋势较为明显，而那些欠发达国家生产率几乎没有增长，收敛迹象也较弱；当加入二氧化碳和二氧化硫两个产出变量后，整体上生产率的增长要低于不含"非期望产出"时的生产率增长率，美国等发达国家生产率的增长与第一种情况相比变化较小，而那些欠发达国家生产率则呈现显著的增长和收敛趋势，部分新兴国家或地区生产率的增长率下降较多。说明部分新兴工业国或地区较快的生产率绩效是以损失人们其他方面的福利为代价而取得的。

四　数据的选择与处理

样本选择 G20 的 19 个国家及欧盟，但是由于欧盟是经济体而非独立国家，且上述 19 国中也有如英国、法国、德国、意大利等国都是欧盟主要成员国，故如果使用欧盟整体数据，势必造成重复计算等问题，鉴于此，我们选取了欧盟除上述已经包含的 4 国外，另加入了 11 个欧盟成员国，它们是：比利时、丹麦、希腊、西班牙、瑞典、芬兰、葡萄牙、奥地利、匈牙利、爱尔兰[①]。总体上，样本国家包含 30 个国家。时间范围从 1980—2005 年共 26 年。

本文数据主要来自世界银行发展指标数据库（WDI）、国际能源

[①]　目前，欧盟共有成员国 27 国，除了上述包含和选择的 15 个成员国之外，还有 12 个成员国，但由于它们数据缺失严重，故没有包含进来。

署（IEA）以及 Penn World Table 等。主要指标及变量说明如下：

经济活动及劳动力指标：主要指 30 国经济产出（以 2000 年不变价格美元计价的 GDP 表示）、物质资本投入（资本存量）、劳动力数量表示。其中资本存量遵照大部分文献的处理办法，处理方式如下：以不变价格的资本形成作为投资 I 的度量指标；首先必须估计出初始年（1980年）的资本存量 K_0。假定在稳态时的资本产出比（K/Y）是不变的，意味着资本和产出的增长率相等，因此 $dK_t = I_t - \delta K_t \Rightarrow (dK_t/K_t)(K_t/Y_t) = (I_t/Y_t) - (\delta K_t/Y_t)$，由于稳态时产出增长与资本增长率相同，有 $(dY_t/Y_t)(K_t/Y_t) = (I_t/Y_t) - (\delta K_t/Y_t) \Rightarrow (g_t + \delta)(K_t/) = (I_t/Y_t)$，则 $(K_t/Y_t)^* = (I_t/Y_t)^* / (g_t^* + \delta)$，其中 * 表示稳态值，$\delta$ 表示折旧率，设定为 7%。这里稳态时的产出增长率 g_t^* 并不是实际产出的增长率 g_t，遵照 King 和 Levin（1994）的假定，它满足下列关系：$g^* = \lambda g + (1 - \lambda) g_w$，$g_w$ 是样本期间世界经济平均增长率，约为 4%，g 是样本期间平均产出增长率，λ 是权重，设为 25%。这样，使用样本期间前五年的平均投资 I 和 GDP，容易得到稳态的资本产出比，再乘以前五年的平均年产出 GDP，可得到初始年资本存量 K_0。每年的资本存量可通过永续盘存法 $K_t = I_t + (1 - \delta)$ 得到。这样，可估计出 30 国家以 2000 年不变价格美元计的资本存量。

能源使用与环境指标：能源的使用特别是化石能源的使用是造成全球气候变暖的主要原因，这里使用能源消费总量表示；环境指标以各国二氧化碳排放量度量。

主要变量的描述性统计量见表 1。

表 1　　　　　　　　　代表性年份变量的简单描述统计

年份	指标	二氧化碳排放	能源消费量	GDP	资本形成	劳动力	资本存量
		kt（千吨）	kt（千吨等量石油）	亿美元（2000年不变价）	亿美元（2000年不变价）	万人	亿美元（2000年不变价）
1980	平均	501059.7	189590.2	5165.7	1112.0	4660.0	10317.9
1980	最大值	4624761.0	1811648.0	51280.0	8206.2	50312.8	77160.1
1980	最小值	26054.9	8485.0	338.6	81.3	125.3	729.2
1980	标准差	906916.5	346952.6	10261.1	1991.0	10139.6	18994.7
1981	平均	488688.8	187395.9	5266.9	1114.1	4759.3	38118.8
1981	最大值	4455721.0	1761646.0	52574.0	8427.8	51674.5	72168.8

年份	指标	二氧化碳排放	能源消费量	GDP	资本形成	劳动力	资本存量
		kt（千吨）	kt（千吨等量石油）	亿美元（2000年不变价）	亿美元（2000年不变价）	万人	亿美元（2000年不变价）
1981	最小值	25586.1	8505.0	349.8	79.7	126.9	20028.8
1981	标准差	876591.1	338825.2	10516.6	2069.9	10406.7	14401.9
1985	平均	518934.1	200130.6	5902.1	1232.7	5150.0	17145.5
1985	最大值	4424461.0	1781406.0	60110.0	10070.0	57872.4	23380.8
1985	最小值	26413.9	8862.0	384.0	67.1	131.7	13025.6
1985	标准差	910506.5	348233.7	11974.5	2367.8	11540.2	2673.4
1990	平均	566437.9	224703.0	7072.0	1603.0	5674.5	22485.5
1990	最大值	4816160.0	1927628.0	70550.0	13591.5	65013.7	29996.3
1990	最小值	30611.7	10409.0	432.2	70.5	133.2	16715.1
1990	标准差	990826.9	382489.7	14274.8	3025.6	12883.3	3577.8
1995	平均	599890.7	244754.5	7920.9	1733.2	6074.9	24047.1
1995	最大值	5181892.0	2088484.0	79728.0	13415.0	70015.5	31747.8
1995	最小值	33179.5	11002.0	383.5	76.0	146.8	18928.4
1995	标准差	1067037.0	413474.7	15937.5	3276.0	13887.0	3663.6
2000	平均	628313.5	266083.1	9316.9	2087.2	6486.7	28572.5
2000	最大值	5792339.0	2304191.0	97648.0	20007.0	73892.9	40890.2
2000	最小值	41520.1	14285.0	470.3	140.6	175.9	21426.8
2000	标准差	1127291.0	450734.9	18912.8	4049.8	14773.2	4523.5
2005	平均	720568.1	289235.2	10602.6	2312.3	6895.2	32620.1
2005	最大值	5897151.0	2384601.0	110464.3	21190.5	77604.7	44373.3
2005	最小值	42945.0	16326.8	577.0	138.6	208.2	23760.4
2005	标准差	1299005.0	483722.5	21202.5	4220.1	15666.7	5127.5

资料来源：世界银行发展指标数据库（WDI），IEA，Penn World Trade。

五　结果分析

1. 经济环境效率的比较

基于公式（6）的线性规划，可求解出 30 个国家 1980—2005 年各年的经济环境效率值，以此来考察这些国家的经济发展与环境规制的协调性程度。在求解出结果之前有必要说明式（6）是基于 DEA 的弱可处置性和产出角度的求解办法，即要对样本国家二氧化碳排放进行控制，就必须考虑要付出一定的产出损失代价。另外，式（6）线性规划对于投入、产出变量的权重都视为均等，即投入∶期望产出∶非期望产出 = 1∶1∶1。则根据规划求解的代表性年份的经济环境效率结果如表 2。

表 2　　　　　　　　代表性年份 G20 国家的经济环境效率状况

国　　家	简写	1981 年	1985 年	1990 年	1995 年	2000 年	2005 年
阿根廷	ARG	0.811	0.767	0.710	0.757	0.732	0.820
澳大利亚	AUT	0.658	0.652	0.631	0.638	0.642	0.656
奥地利	AUS	0.836	0.835	0.836	0.860	0.891	0.842
比利时	BEL	0.758	0.745	0.743	0.745	0.786	0.818
巴西	BRA	0.854	0.835	0.792	0.767	0.732	0.761
加拿大	CAN	0.666	0.666	0.666	0.663	0.677	0.663
中国	CHN	0.521	0.522	0.524	0.531	0.555	0.551
丹麦	DNK	0.800	0.765	0.823	0.822	0.948	1.000
芬兰	FIN	0.737	0.750	0.750	0.712	0.767	0.726
法国	FRA	0.808	0.844	0.889	0.918	0.967	0.956
德国	GER	0.688	0.679	0.705	0.765	0.804	0.800
希腊	GRE	0.759	0.698	0.661	0.654	0.644	0.666
匈牙利	HUN	0.576	0.572	0.589	0.575	0.583	0.609
印度	IND	0.569	0.557	0.551	0.547	0.548	0.558
印度尼西亚	INA	0.601	0.590	0.591	0.583	0.560	0.567
爱尔兰	IRL	0.712	0.703	0.702	0.730	0.799	0.862
意大利	ITA	0.820	0.814	0.812	0.809	0.822	0.808
日本	JPN	1.000	1.000	1.000	1.000	1.000	1.000
韩国	KOR	0.658	0.648	0.649	0.634	0.639	0.656
墨西哥	MEX	0.688	0.681	0.641	0.648	0.673	0.680
波兰	POL	0.524	0.526	0.542	0.543	0.555	0.574
葡萄牙	POR	0.884	0.794	0.756	0.724	0.711	0.725
俄罗斯	RUS	0.520	0.520	0.522	0.519	0.520	0.528
沙特阿拉伯	SAU	1.000	0.602	0.592	0.579	0.571	0.577
南非	ZAF	0.568	0.551	0.548	0.540	0.539	0.546
西班牙	SPN	0.758	0.761	0.767	0.752	0.748	0.751

国　　家	简写	1981 年	1985 年	1990 年	1995 年	2000 年	2005 年
瑞典	SWE	0.868	0.908	1.000	1.000	1.000	1.000
土耳其	TUR	0.672	0.632	0.620	0.613	0.597	0.628
英国	GBR	0.743	0.743	0.758	0.788	0.831	0.854
美国	USA	1.000	1.000	1.000	1.000	1.000	1.000
平均		0.735	0.712	0.712	0.714	0.728	0.739

资料来源：作者计算结果。

　　图 2 显示的是 1980—2005 年 30 国经济环境效率变化的基本趋势图，图基本呈现"V"形变化的态势，表明这些国家至少经历了从高经济环境效率到徘徊不前到基本趋于好转的走向。这一时期的变化正是伴随着发达国家正努力控制碳排放，而广大发展中国家努力发展工业化碳排放逐渐增加的现实，但总体上变化幅度较小。表 2 中"最佳实践者"正是以美国和日本为代表的发达国家，在实现了工业化的同时，环境规制也取得了较好的努力，经济发展与环境规制的协调性程度较高。

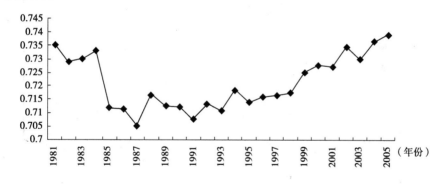

图 2　G20 国家的经济环境效率变化趋势图

　　以 2005 年为例，我们可以主观地把经济环境效率或经济发展与环境规制的协调性程度分为这么几类：

　　第一类，经济环境效率在（0.9—1.0］之间代表高协调性程度国家。代表性的国家是美国、日本、丹麦、法国和瑞典等 5 个国家；

　　第二类，经济环境效率在（0.7—0.9］之间代表协调性程度较高的国家。代表性国家是阿根廷、奥地利、比利时、巴西、芬兰、德国、爱尔兰、意大利、葡萄牙、西班牙和英国等 11 个国家；

　　第三类，经济环境效率在（0.6—0.7］之间代表经济与环境协调性程度一般的国家。主要有澳大利亚、加拿大、匈牙利、希腊、韩国、墨西哥和土耳其等7个国家；

第四类，经济环境效率在0.6以下的代表经济与环境协调性程度较差的国家。主要有中国、印度、印度尼西亚、波兰、俄罗斯、沙特阿拉伯和南非等7个国家。

上述分类可明显发现一个明显的规律，即经济环境效率与一国人均国民收入有较高的正相关关系，相关系数达到0.7116（见图3）。进一步研究发现，两者仅呈现强的线性相关关系，而不是"倒U形"或多项式的关系，这与环境库兹涅茨曲线假说（EKC）具有不同的变化趋势。

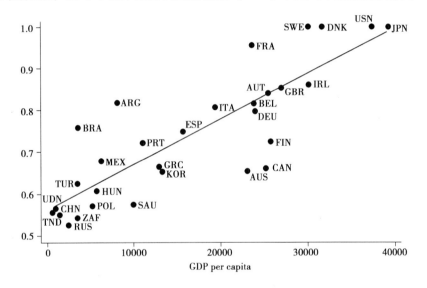

图3　2005年G20国家的经济环境效率指数（EEI）与人均GDP的关系图

2. 不同权重设定情况下的经济环境效率的比较

上述分析均使用了投入、产出相同的权重，即认为经济增长与环境保护（规制）是同等重要的。一般认为，环境保护与经济发展是一对不可调和的矛盾：提倡保护环境必然会扯了发展经济的后腿；追求经济发展指标就得以牺牲环境为代价。假定国家对经济增长或环境保护（规制）的政策有所偏倚，既可能更偏重于发展经济，也可能更偏重于保护环境。如果政策有所偏倚，显然也会导致经济与环境的协调性程度与把环境与发展经济同等对待有所差别。一个感兴趣的问题是，如果政府不把发展经济与保护环境两者同等对待，那么经济环境效率又会如何变化？

　　为了回答这个问题，我们不妨把政府处理两者的关系分为三类：第一类是把两者同等对待；第二类是把经济发展作为更优先的目标，即把经济产出 GDP 赋予比环境保护更大的权重；第三类是把环境保护作为更优先考虑的目标，即把环境保护赋予比发展经济更大的权重。对于第一种情况，我们在本部分第一节中已经对此作了估计分析。对第二、三种情况，我们首先把期望产出 GDP 与非期望产出二氧化碳的对应权重分别假定为 2∶1 和 1∶2。同样用式（6）线性规划，改变权重设定，平均经济环境效率变化如图 4。

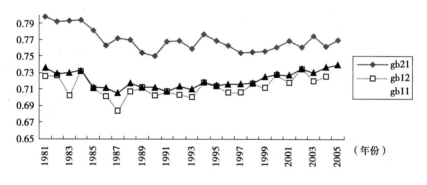

图 4　不同权重的平均经济环境效率对比图

注：gb21、gb12 及 gb11 分别表示期望产出 GDP 与二氧化碳排放权重比为 2∶1、1∶2 和 1∶1。

　　图 4 显示了不同权重设定情形下的经济环境效率值对比状况。表明政府不同政策的偏重，将改变国家的经济环境效率值，影响经济发展与环境保护两者的协调性程度。当政府政策偏重于发展经济（权重 2∶1）时，经济环境效率比同等对待两者要明显高，平均高出 6 个百分点左右；而当政策更偏重于保护环境（权重 1∶2）时，经济环境效率比同等对待两者要稍低 1 个百分点左右。可见，经济环境效率的变化对政策偏重于发展经济比偏重于环境保护具有更大的敏感性。政策含义表明，短期内偏重于发展经济而非保护环境具有更大的效率提升空间。故世界各国发展经济、提高本国国民收入和财富水平至少在短期内有着比保护环境更强的实际操作"冲动"①。

---

　　①　但是上述结论与政策含义并不能理解为只要发展经济而不理会环境保护就会有利于提升国家经济环境效率，因为上述评价都是逐年估计的，没有考虑长期影响，也没有考虑超过生态阈值对经济发展的危害。

3. 不同环境规制条件下的经济环境效率的比较

本文主要考虑了三种情景：

·情景 1：方向向量是 g =（y，0），且在构造生产技术时不考虑非期望产出。

·情景 2：方向向量是 g =（y，- b），且非期望产出在技术上具有弱可处置性。

·情景 3：方向向量是 g =（y，- b），且非期望产出在技术上具有强可处置性。

第一种情景意味着没有环境规制。第二种情景表示，存在较严格的环境规制，要求同比例的增加期望产出而减少非期望产出。第三种情景表示，存在更严格的环境规制，要求可以随意处置非期望产出且增加期望产出。

公式（6）对应的是第二种情景。对公式（6）稍加改造可分别对应情景 1 和 3，具体线性规划如式（7）和（8）。

$$D_0^1(x, y^g, 0; y^g, 0) = max\beta$$
$$s.t.$$
$$Y^g\lambda + s^{g+} = (1 + \beta)y_0^g \tag{7}$$
$$X\lambda - s^- = x_0$$
$$\lambda \geqslant 0$$

$$D_0^1(x, y^g, y^b; y^g, -y^b) = max\beta$$
$$s.t.$$
$$Y^g\lambda + s^{g+} = (1 + \beta)y_0^g$$
$$Y^b\lambda - s^{g-} = (1 - \beta)y_0^b \tag{8}$$
$$X\lambda - s^- = x_0$$
$$\lambda \geqslant 0$$

对应于情景 1，即不考虑环境污染问题，仅仅是经济发展的效率；或者说不存在环境规制的情景。情景 2 是污染的弱可处置性情况，含义是为了保护环境减少二氧化碳排放，进行环境规制时，同时必须考虑对经济产出的影响或代价。情景 3 假定污染可被自由处置（增加或减少），赋予更强的规制规则。求解三种规制情景的 DEA 规划模型，可得到三种情况的经济环境效率。

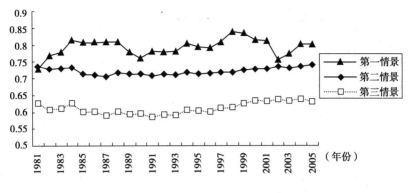

图 5 不同规制情景的经济环境效率

图 5 显示了三种不同规制情景下 G20 国家平均经济环境效率对比状况。显然，在不存在环境规制或对二氧化碳排放不作处理时，平均经济环境效率值均高于其他两种情景的效率值；当环境规制政策从弱到强，经济环境效率值逐步下降，表明经济环境效率受环境规制政策的严厉性程度而变化。严厉的环境规制政策一定程度上会损害一国经济发展的能力和收入水平，环境规制政策越严厉，为此付出的规制成本可能就会越高。

表 3   2005 年不同规制情景的 G20 国家经济环境效率状况

国家	第一情景	第二情景	第三情景
阿根廷	0.964	0.820	0.804
澳大利亚	0.669	0.656	0.641
奥地利	0.894	0.842	0.828
比利时	0.861	0.818	0.816
巴西	0.898	0.761	0.695
加拿大	0.826	0.663	0.649
中国	0.545	0.551	0.375
丹麦	1.000	1.000	0.903
芬兰	0.899	0.726	0.718
法国	0.919	0.956	0.954
德国	1.000	0.800	0.765
希腊	0.734	0.666	0.607
匈牙利	0.714	0.609	0.400
印度	0.552	0.558	0.247
印度尼西亚	0.749	0.567	0.258

续表

国家	第一情景	第二情景	第三情景
爱尔兰	0.862	0.862	0.509
意大利	0.881	0.808	0.576
日本	1.000	1.000	0.370
韩国	0.642	0.656	0.659
墨西哥	0.810	0.680	0.146
波兰	0.844	0.574	0.497
葡萄牙	0.760	0.725	0.860
俄罗斯	1.000	0.528	0.783
沙特阿拉伯	1.000	0.577	1.000
南非	1.000	0.546	0.235
西班牙	0.742	0.751	0.685
瑞典	1.000	1.000	1.000
土耳其	0.656	0.628	0.471
英国	1.000	0.854	0.840
美国	1.000	1.000	1.000

资料来源：作者计算结果。

六　研究结论和讨论

1. 研究结论

本文首先对国内外关于经济环境效率的概念、理论发展以及实证应用等进行了较为充分的归纳，指出目前不论是国外还是国内的研究在经济环境效率的概念的定义上均存在着矛盾或不统一；国内对其的译法乃至经济环境效率的内涵理解上也存在混乱；对经济环境效率的研究适用范围或领域也存在宏、微观方面的矛盾。我们对此进行了梳理，并重新定义了其内涵，指出了其不仅适用于微观领域也适用于宏观领域。接下来，对经济环境效率的研究方法进行了系统的梳理，其大致可分为两类基本研究方法，其一是 LCA（生命周期分析）方法，其二是非参数的 DEA 方法。第一种方法要求研究对象是微观的经济主体原材料的提取与加工、制造、运输与流通、使用、重复使用、保养、再循环和最终处理，就资源、能源消耗和废物排放对环境所造成的潜在影响进行评价，量化其对环境的影响，进而得到其经济环境效率，并不适合对中观和宏观层面的分析。第二种方法由于是非参数方法，可以不考虑污染物的市场价格，更适合于对于涉及市场行为而无法市场计价的污染排放的经济主体的效率评价，不仅可用于微观主体的评价，也可用于中、宏观层面的评价。本文归纳了 DEA 经济环境效率评价的 6 种不同方法，指出现有研究，特别是国内研究使用并不充分，也不能指出各种方法之间的区别与联系。

在上述文献综述的基础上，本文使用了非参数的 DEA 方法中的方向性距离函数作为研究的基本方法。由于其良好的性质，在国外文献中使用较为普遍。文章分析了方向性距离函数方法处理非期望产出的特性及优点。对 1980—2005 年 20 国集团 30 个国家经济环境效率进行了比较分析，主要结论如下：

第一，在弱可处置性条件下把经济发展与二氧化碳排放同等对待（相同权重）时，以经济与环境的协调性程度大小可把样本国家分为四类：高协调性国家、协调性程度较高国家、协调性一般的国家及协调性程度较差的国家。分类发现，经济环境效率的高低与国家收入水平高低有显著的正相关关系或显著的线性相关关系，相关系数达到了 0.71。

第二，文章模拟了政府政策偏向对经济环境效率的影响或作用。当政府政策偏重于发展经济时，样本期间平均经济环境效率比同等对待两者高出 6 个百分点；当政府政策偏重于环境保护时，样本期间平均经济环境效率比同等对待两者仅高出 1 个百分点。说明政府政策的偏向确实能够改变经济环境效率，并且偏重于经济目标比偏重于环境保护有更大敏感度。

第三，文章模拟了政府环境规制政策的有无及强弱程度对国家经济环境效率的影响。研究发现，当不考虑污染排放，或没有环境规制政策时，经济环境效率保持较高水平；当环境规制条件逐步严厉时，平均经济环境效率逐步降低。说明更严格的环境规制政策至少短期内损害了国家的经济产出。

2. 结果讨论

上述研究特别是发达国家或高收入国家有更高的环境与经济协调性的结论，只是本研究使用 DEA 方法得出的对于 20 国集团经济发展与碳排放既成事实下的相对评价和客观描述，没有考虑到两大集团的历史责任与义务，并不能据此说明发展中国家与发达国家具有同等的减排义务，结论也不能作为指导国际气候谈判的依据。

国际社会虽然在环境问题上已尽量考虑公平及公正原则，但是在现实中，发达国家与发展中国家这两大利益主体在环境问题上仍存在着很大的冲突，在环境问题上仍存在着各种各样的不公正现象。在国际层面上，可以说当代大量的环境政策都不平等地分配利益和负担，几乎所有的发达国家都倾向于把环境负担最大限度地加于发展中国家，而发达国家最大限度地享有环境利益，这种现象，称作环境不公。上述评价结果也只是环境不公的表现之一。

由于发达国家和发展中国家在发展程度上的巨大差距，首先，两大利益主体对国际资源的占有与利用明显不公；其次，环境受益与环境责任分担上存在不公，发达国家通过几百年的工业化与资源掠夺，把污染转嫁给了发展中国家，自己享有了良好的环境，同时不愿意承担污染责任。最后，发达国家在国际贸易中设置绿色贸易壁垒追求本国环境利益的最大化，限制发展中国家的发展。绿色贸易壁垒实际上是指一个国家以保护生态环境为借口，以限制进口、保护本国供给为目的，对外国商品进口专门设置的带有歧视性的或对正常环保本无必要的贸易障碍。

要提高发展中国家经济环境效率，促进经济与环境的协调发展，最根本的途径就是在努力促进经济增长提高收入的同时尽可能地减少对环境的压力；团结广大发展中国家努力改变当前发达国家主导的环境及贸易的"游戏规则"，按照"共同但有区别的责任"原则建立公正的环境保护与气候公约制度或法规；最后，一个能够调和发达国家和发展中国家利益的、公正的环境和气候制度离不开国际环境对话与合作。

参考文献

[1] Charnes A., W. W. Cooper, E. Rhodes. 1978. Measuring the Efficiency of Decision Making Units. *European Journal of Operational Research*, 2（6）: 429—444.

[2] Charnes, A., Cooper, W. W., 1962. Programming with Linear Fractional

Functions. *Naval Research Logistics Quarterly*, 15：333—334.

［3］ Fare, Rolf, Grosskopf, Shawna and Pasurka, Carl A. 2003. Environmental Production Functions and Environmental Directional Distance Functions：A Joint Production Comparison （February 19, 2003）. *Available at SSRN*, http：// ssrn. com/abstract = 506222.

［4］ Fare, Rolf, Shawna Grosskopf, C. A. K. Lovell, and Carl Pasurka. 1989. Multilateral Productivity Comparisons When Some Outputs are Undesirable：A Nonparametric Approach. *Review of Economics and Statistics*, 71 （1）：90—98.

［5］ Fussler, Claude . 1996. *Driving Eco Innovation*. Pitman Publishing.

［6］ Hailu, Atakelty, and Terrence S. Veeman. 2001. Non-Parametric Productivity Analysis with Undesirable Outputs：An Appliction to the Canadian Pulp and Paper Industry. *American Journal of Agricultural Economics*, 83 （3）：805—816.

［7］ Hedstrom G, Poltorzycki S, Stroh P. 1998. Sustainable Development：The Next Generation. *Prism - Sustainable Development：How Real, How Soon, and Who's Doing What?* No. 4 （1998）, Cambridge MA：Arthur D. Little：5—19.

［8］ Holliday C. 2001. Sustainable Growth, the DuPont Way, *Harvard Business Review*, September 2001：129—134.

［9］ IFOK. 1997. Bausteine für ein zukunftsfàhiges Deutschland, Diskursprojekt im Auftrag von VCI und IG Chemie-Papier-Keramik, Wiesbaden：Gabler.

［10］ Jefferson, Gary H. , Albert G. Z. Hu, Xiaojing Guan and Xiaoyun Yu. 2003. Ownership, Performance, and Innovation in China's Large and Medium Size Industrial Enterprise Sector. *China Economic Review*, 14：89—113.

［11］ Jefferson, Gary H. , Thomas G. Rawski and Yuxin Zheng. 1996. Chinese Industrial Productivity：Trends, Measurement Issues and Recent Developments. *Journal of Comparative Economics*, 23：146— 180.

［12］ King, Robert G. and Levine, Ross . 1994. Capital Fundamentalism, Economic Development, and Economic Growth, *Carnegie-Rochester Conference Series* on Public Policy, 40：259—92.

［13］ Magnus Lindmark and Peter Vikström. 2003. Global convergence in Productivity-A Distance Function Approach to Technical Change and Efficiency Improvements. Paper for the conference " Catching-up growth and technology transfers in Asia and Western Europe", Groningen 17—18 October, 2003.

［14］ OECD. 1998. Eco-Efficieincy, Pré-publication copy.

［15］ Pittman, Russell W. 1983. Multilateral Productivity Comparisons with Undesirable Outputs. *Economic Journal*, 93：883—891.

[16] Schaltegger, Sturm. 1990. Okologische Rationalitat: Ansatzpunkte Zur Ausgestaltung Yon Okologieorienttierten Management Instrumenten. *Die Unternehmung*, 4：273—290.

[17] Scheel, H., 2001. Undesirable Outputs in Efficiency Valuations. *European Journal of Operational Research*, 132：400—410.

[18] Seiford, L. M., Zhu, J., 2002. Modeling Undesirable Factors in Efficiency Evaluation. *European Journal of Operational Research*, 142：16—20.

[19] Sun, Haishun, Phillip Hone and Hristos Do ucouliagos. 1999. Economic Openness and Technical Efficiency. *Economics of Transition*, 7 (3)：615—636.

[20] Tone, K. 2003. Dealing with Undesirable Outputs in DEA: A Slacks-based Measure (SBM) Approach. *GRIPS Research Report Series* I-2003—0005.

[21] Wu Yanrui. 2000. Is China's Economic Growth Sustainable? A Productivity Analysis. *China Economic Review*, 11：278—296.

[22] Zheng Jinghai, Siaoxuan Liu and Arne Bigsten. 1998. Ownership Structure and Determinants of Technical Efficiency: An Application of Data Envelopment Analysis to Chinese Enterprises (1986—1990). *Journal of Comparative Economics*, 26：465—484.

[23] Zheng Jinghai, Xiaoxuan Liu and Arne Bigsten. 2003. Efficiency, Technical Progress, and the Best Practice in Chinese State Enterprises (1980—1994). *Journal of Comparative Economics*, 31：134—152.

[24] Zhu, J., 2003. Quantitative Models for Performance Evaluation and Benchmarking: Data Envelopment Analysis with Spreadsheets and DEA Excel Solver. Kluwer Academic Publishers.

[25] Zofìo, J.L., A.M. Prieto. 2001. Environmental Efficiency and Regulatory standards: the Case of CO_2 Emissions form OECD Industries. *Resource and Energy Economics* 23：63—83.

[26] 步丹璐：《生态效率与环境成本管理》，《财会月刊》（综合）2007 年第 10 期。

[27] 高前善：《生态效率——企业环境绩效审计评价的一个重要指标》，《经济论坛》2006 年第 7 期。

[28] 郝维昌：《金属材料的环境负荷评价及其 LCA 数据库的开发》，兰州大学，2000 年。

[29] 胡鞍钢等：《考虑环境因素的省级技术效率排名（1999—2005)》，《经济学（季刊）》2008 年第 7 期。

[30] 柯健、李超：《基于 DEA 聚类分析的中国各地区资源、环境与经济协调

发展研究》，《中国软科学》2005 年第 2 期。

[31] 寇昕莉：《高分子材料的环境负荷评价》，兰州大学，1999 年。

[32] 李兵等：《企业生态足迹与生态效率研究》，《环境工程》2007 年第 25 期。

[33] 李贵奇、聂祚仁、周和敏等：《钢铁生产的环境协调性评价》，《中南工业大学学报》2002 年第 33 期。

[34] 廖红、朱坦：《生态经济效率环境管理发展的关系探讨》，《上海环境科学》2002 年第 21 期。

[35] 刘江龙、丁培道、钱小蓉：《金属材料的环境影响因子及其评价》，《环境科学进展》1996 年第 4 期。

[36] 刘江龙、丁培道、张静：《金属材料表面强化过程对环境影响的定量评价》，《中国表面工程》2000 年第 1 期。

[37] 陆钟武、蔡九菊：《钢铁生产流程的物流对能耗的影响》，《金属学报》2000 年第 36 期。

[38] 马育军、黄贤金、肖思思、王舒：《基于 DEA 模型的区域生态环境建设绩效评价——以江苏省苏州市为例》，《长江流域资源与环境》2007 年第 6 期。

[39] 苏向东、王天民、何力等：《有色金属材料的环境负荷定量评价模型》，《环境科学学报》2002 年第 22 期。

[40] 孙广生等：《DEA 在评价工业生产环境效率上的应用》，《安徽师范大学学报（自然科学版）》2003 年第 2 期。

[41] 涂正革：《环境、资源与工业增长的协调性——基于方向性环境距离函数对规模以上工业的分析》，《经济研究》2008 年第 2 期。

[42] 王兵、吴延瑞：《环境管制与全要素生产率增长：APEC 的实证研究》，《经济研究》2008 年第 5 期。

[43] 王金南：《发展循环经济是 21 世纪环境保护的战略选择》，《环境科学研究》2002 年第 15 期。

[44] 王寿兵、王如松、吴千红：《生命周期评价中资源的耗竭潜力及当量系数的一种算法》，《复旦学报》（自然科学版）2001 年第 40 期。

[45] 席德立、彭小燕：《LCA 中清单分析数据的获得》，《环境科学》1997 年第 18 期。

[46] 夏凯旋等：《基于经济生态效率理论的汽车共享服务研究》，《管理世界》2007 年第 11 期。

[47] 岳媛媛、苏敬勤：《生态效率：国外的实践与我国的对策》，《科学学研究》2004 年第 22 期。

[48] 张炳等：《基于 DEA 的企业生态效率评价：以杭州湾精细化工园区企业

为例》，《系统工程理论与实践》2008 年第 4 期。

［49］张群、荀志远：《基于数据包络分析方法的项目环境效率评价》《科技进步与对策》2007 年第 24 期。

［50］周国梅、彭昊、曹凤中：《 循环经济和工业生态效率指标体系》，《城市环境与城市生态》2003 年第 16 期。

［51］诸大建、邱寿丰：《生态效率是循环经济的合适测度》，《中国人口·资源与环境》2006 年第 16 期。

第四部分

贸易与可持续性

国际贸易对中国能源需求和环境质量的影响

张友国

【内容提要】 本文采用投入产出模型和结构分解方法实证分析了 1987—2006 年贸易对中国能源消耗和主要污染物排放的影响。主要发现包括：（1）出口和进口对中国的能耗和主要污染物排放的影响都不断增大。不过，进口节污量的增长速度明显低于出口含污量。（2）1987 年以来中国出口引起的 COD 排放一直超过进口节约的 COD 排放；而 2004 年来，中国出口引起的能源消耗、CO_2 和 SO_2 排放也超过了进口节约的能源消耗、CO_2 和 SO_2。（3）1987 年以来，中国的环境贸易条件呈现不断恶化的变化趋势。（4）出口含污量的迅速膨胀主要是出口规模的快速扩张带来的，而技术进步有效地遏制了上述规模效应。（5）不过，2002 年以来技术进步的上述效应比较小，没有有效抵消规模效应，导致这一时期出口含污量急剧增加。另外，产业结构变化对出口含污量的影响一直都很小。

【关键词】 贸易；能源消耗；污染排放；投入产出；结构分解

一 引言

第二次世界大战以来，世界政治经济关系演变的一个突出特点就是全球化的不断深化和扩展。在这样的大背景下，中国 1978 年开始全面实施对外开放的基本国策，并逐渐融入世界经济体系 。到目前为止，中国的开放政策已经执行了三十年。在这一过程中，中国的对外贸易取得了长足发展，为中国的经济发展作出了巨大贡献。但同时，中国所采取的贸易发展战略也存在很多问题，贸易增长也给中国的经济社会发展带来了很多不良影响，很多学者对中国的贸易发展战略也进行了反思。贸易对中国能源需求和生态环境的影响就是近年来受到广泛关注的一个问题。

随着对外贸易不断增长，中国早已成为公认的"世界工厂"。尤其是加入 WTO 以来，中国的贸易增长十分迅速。而与此同时，中国的资源消耗和环境污染状况也不断加剧。正因为如此，人们很自然地将快速增长的贸易与近年来中国的能耗和环境污染状况联系起来，认为贸易的扩张是中国节能和环境污染状况难以有效改善的一大原因。

那么贸易对中国能耗和污染排放的贡献到底有多大？改革开放以来贸易对中国能耗和相关环境的影响发生了怎样的变化？这些变化主要是贸易的规模扩张、贸易部门的技术变化还是贸易产品的结构变化带来的？应当如何看待和应对贸易对中国能耗和相关环境造成的影响？弄清楚这些问题对于相关政策制定者、研究者客观认识贸易对中国能耗和环境的影响，并制定相关的政策措施有着重要的参考价值。

本文后续部分安排如下：第二部分是对相关文献的回顾；第三部分介绍了本文的研究方法；第四部分是相关数据处理的说明；第五部分为结果；第六部分对中国贸易的环境影响进行了评论；第七部分是本文的结论。

二　文献综述

从国际上看，对贸易所造成的环境影响进行测度的研究始于 20 世纪 90 年代。Lee 和 Roland-Holst（1993）提出了"贸易含污量"（Embodied Effluent Trade，EET）概念用以表征一国为生产出口产品所耗费的资源。上述概念在后来的相关研究中得到了广泛的应用，如 Wyckoff 和 Roop（1994）、Antweiler（1996）、Lee 和 Roland-Holst（2000）、Ahmed 和 Wyckoff（2003）、Peters 和 Hertwich（2005）、Peters 和 Hertwich（2006）等等。

由于全球气候变暖问题的日益凸显，贸易对能耗及相关污染物排放的影响引起了研究者的广泛关注。因而大多数关于贸易含污量的研究都是针对贸易对能耗和二氧化碳影响的研究。这些研究中贸易含污量主要是贸易含能量（Energy Embodied in Trade）和贸易含碳量（Carbon Embodied in Trade）。在有关贸易含能量的测算中，绝大多数案例都是发达国家。Wyckoff 和 Roop（1994）发现 20 世纪 80 年代中期六个最大的 OECD 国家进口的工业制造品含碳量占其碳排放总量的 13%，其中法国更是高达 40%。Peters 和 Hertwich（2005）通过计算发现挪威 72% 的二氧化碳排放是其出口引起的，而出口对挪威的国内总产出的贡献只有 38%，因而挪威出口部门的二氧化碳密集程度比其他部门高得多。不过也有一些研究是关注发展中国家的，如 Machado（2001）估计 1995 年巴西每美元出口额所含的能源和二氧化碳分别比每美元进口额高 40% 和 50%，而 Mukhopadhyay（2006）也发现泰国与 OECD 国家的贸易中出口商品的含污量明显高于进口商品的含污量，并认为泰国的环境贸易条件不令人乐观。

近年来，关于贸易对中国的能源消耗和环境影响的文献迅速增加。其中一部分是检验或模拟贸易自由化与环境污染的相关关系（如张连众等，2003；郑玉歆等，2005）。而最近几年，越来越多的文献集中于定量测算贸易所引起的生态或环境压力。从方法论来看，除了少数几篇文献（陈丽萍等，2005；李刚，2005；彭海珍，2006；刘强等，2008）外，大多数的文献都是基于投入产出模型展开分析的。

其中，马涛等（2005）计算了工业品在国际贸易中的污染足迹。沈利生（2007）以 2002 年投入产出表为基础测算了 2002—2005 年我国货物出口、货物进口对能源消费的影响。其结果表明，进口产品的省能多于出口产品的耗能。仍然利用投入产出模型，沈利生等（2008）发现 2003 年以后出口的 SO_2 排放总量大于进口减排总量，对环境资源的影响是"逆差"。而齐晔等（2008）同样基于投入产出模型的估算表明，按中国的能耗效率对进出口进行保守估计，则 1997—2006 年中国的能源进出口基本持平；而按照日本的能耗效率对进口产品进行调整后的乐观估计则发现中国是一个能源净出口国，每年能源净出口量在 5000 万—10000 万吨标煤之间。陈迎等（2008）的估算表明，2002 年我国出口货物的内涵能源总量大约为 4.1 亿吨标煤，占当年我国一次能源消费总量的 27.6%。进口和出口内涵能源总量相抵，2002 年中国净出口内涵能源 2.4 亿吨标煤，占当年一次能源消费的 16%。姚愉芳等（2008）基于 2005 年中国的非竞争型投入产出表估算的结果表明，出口贸易能源消耗 6.56 亿吨标煤，占能源总量的 29%。进口贸易节约能源 3.59 亿吨标煤，占能源总量的 16%。若从外贸角度分析，2005 年出口贸易的能源消耗大于进口贸易的能源节约量，其差为 2.97 亿吨标煤。并由此得到出口贸易结构偏重，需调整的结论。

值得一提的是不少研究者估算了贸易对中国碳排放的影响。无论是假定进口商品与国产品的生产具有相同的技术，还是采用对各国碳排放强度的估计数据，Ahmed 和 Wyckoff（2003）的估算都表明，1997 年中国的出口含碳量要明显高于进口含碳量。Wang 和 Watson（2007）发现，2004 年中国净出口的二氧化碳为 1109 百万吨（MT）。根据 Pan et al.（2008）的估算，2002 年中国净出口的二氧化碳为 623 MT。而齐晔等（2008）的保守估计和乐观估计都表明，1997—2006 年中国是一个碳净输出国。姚愉芳等（2008）的估计表明，2005 年中国出口导致二氧化碳转移排放 14.6 亿吨，占由能源排放二氧化碳总量的 29%。进口减少二氧化碳排放 7.96 亿吨，占由能源排放二氧化碳总量的 16%。中国净出口二氧化碳排放量为 6.64 亿吨，占由能源排放二氧化碳总量的 13%。Weber 等（2008）发现，2005 年中国生产出口产品所带来的二氧化碳排放量为 17 亿吨，约相当于中国碳排放总量的三分之一。而这一比例在 1987 年和 2002 年还分别只有 12%（2.3 亿吨）和 23%（7.6 亿吨）。

与主要贸易伙伴所进行的双边贸易中，中国也是一个碳净输出国。Shui 和 Harriss（2006）采用卡内基梅隆大学研制的经济投入产出—生命周期分析软件对中—美贸易的碳排放进行了估算。其结果表明，中国经由出口向美国输出的二氧化碳从 1997 年的 213 MT 攀升至 2003 年的 497 MT，而美国向中国输出的二氧化碳则很少。他们认为美国向中国输出有关清洁生产和能源效率的技术是一个"双赢"战略，因为这有助于减少美国对中国的贸易逆差和中国的碳排放。Li 和 Hewitt（2008）发现，2004 年中—英贸易中，中国的出口含碳量为 186 百万吨二氧化碳（$MTCO_2$），而英国的出口含碳量只有 2.3MT 二氧化碳。王文中和程永明（2006）发现，2004 年中—日贸易中，中国的出口含碳量远远高于日本。

然而，已有的文献中仍遗留了一些值得进一步探讨的问题。例如，大部分文献（Ahmed 和 Wyckoff，2003；王文中和程永明，2006；Pan 等，2008；齐晔等，2008）都没有考虑中间投入中进口的影响。姚愉芳等（2008）未分析中国贸易含碳量的变化趋势。Wang 和 Watson（2007）没有考虑出口的间接碳排放影响。刘强等（2008）只估算了中国主要出口产品的含碳量，没有全面考虑货物贸易和服务贸易的影响。Shui 和 Harriss（2006）以及 Li 和 Hewitt（2008）对中国出口含碳量的估算不是基于中国的投入产出模型，而是美国和英国的投入产出模型。而且这些研究都没有对中国贸易含碳量变化的驱动因素进行实证分析。

三　研究方法

1. 模型

生产中的资源消耗和污染物排放是伴随着经济活动而不可避免地发生的。我们可以把经济活动简单地分为供给和需求两个方面。在一定程度上，可以认为正是需求带动了供给，并引发了生产、流通等一系列供给方面的经济活动。因此，尽管大量的污染排放产生于生产和流通环节，但导致这些污染物产生的诱因则是最终需求（Munksgaard 和 Pedersen，2001）。而通常我们可以把最终需求划分为消费、资本形成和出口。正如我们可以把消费、投资和出口看成是经济增长的"三驾马车"一样，我们也可以把这三者看成是能耗和相关污染排放的"引擎"。

为了衡量贸易对资源、环境的影响，Lee 和 Roland-Holst（1993）提出了"贸易含污量"概念。这一概念非常简洁明了，不过他们在具体计算贸易含污量时以各行业的直接产出污染排放系数为基础，忽略了贸易活动与国民经济活动的相互影响，没有考虑贸易的间接环境影响，因而没有全面度量贸易的含污量。由于各种经济活动有着广泛的、直接或间接的联系，生产某种贸易产品不仅会直接消耗资源并产生相关的污染排放，同时为了生产这种贸易产品还必须生产其他用于该产品生产的相关中间产品，所以生产这种贸易产品还会产生间接的资源消耗和污染排放。

因此，为了将贸易间接引起的污染也考虑在内以全面衡量出口含污量，必须将贸易对经济活动的影响机制与污染的产生结合起来考虑。这需要用到系统的经济分析方法或模型，而作为国民经济核算基础的投入产出模型无疑是一个合适的选择。

正因为如此，自 20 世纪七八十年代，在有关经济与环境问题的研究中环境经济投入产出模型得到了不断完善和发展（如 Leontief 和 Ford，1970；Miller 和 Blair，1985 等）。目前这种模型已被广泛应用于研究居民消费的环境影响（如 Munksgaard 等，2000）、贸易的环境影响（如

Peters 和 Hertwich，2006）、产业间在环境污染和资源消耗方面的相互影响以及生态足迹的归属问题等诸多方面。一些文献详细阐述了应用投入产出分析方法研究贸易含污量的相关理论和技术（如 Lenzen 等，2004；Peters 和 Hertwich，2005）。本文也以投入产出模型为基础构造了贸易对环境影响的测度模型。

投入产出模型的核心是投入产出系数矩阵 A，它的每一列代表了一个经济部门的投入产出"技术"。非竞争型投入产出表的系数矩阵 A 可以拆分成两部分 A^d 和 A^{im}，分别用来表示部门间产品投入要求中的国产品和进口品技术系数，即 $A = A^d + A^{im}$（United Nations，1999）。令生产部门的 r 种资源消耗量或污染物排放量构成 $r \times 1$ 向量 Q，其元素 Q_i 表示第 i 种资源消耗总量或污染物的排放总量；国民经济各部门的总产出构成 $m \times 1$ 总产出向量 X，其元素 X_i 表示部门 i 的总产出；各部门国内产品或服务的最终使用量构成最终使用向量 F。

在研究环境与经济相关问题时，一般可以假定污染排放与投入成比例（Beghin 等，1996），也可以假定污染排放与产出成比例（Copeland 等，2004）。本文采用了后一种方法，假定各部门的资源消耗量或污染排放量与其产出成比例。令各部门单位货币价值产出的资源消耗量或污染排放量，即直接资源消耗或污染排放系数构成 $r \times m$ 矩阵 Ω，其元素 ω_{ij} 表示部门 i 的单位产出直接消耗的资源量或产生的污染排放量。则根据投入产出模型的基本原理有：

$$Q = \Omega X = \Omega (I - A^d)^{-1} F \qquad (1)$$

其中，$(I - A^d)^{-1}$ 就是 Leontief 逆矩阵，它反映了各个部门最终使用对其他部门产品的完全消耗情况。而 $\Omega (I - A^d)$ 则可以理解为各部门最终产品的完全（包括直接和间接）资源消耗或污染系数向量。令它的第 i 个元素为 ξ_{ij}，则 ξ_{ij} 表示第 i 个部门单位货币价值最终产品完全消耗的第 j 种资源或产生的第 j 种污染排放量。

令 $L = (I - A^d)^{-1}$，S^e 为出口中各类国产品或服务的比重构成的 m 阶出口结构向量，出口总量为 ex，本文将出口引起的资源消耗或污染排放定义为出口含污量，即

$$Q^e = \Omega L S^e \times ex \qquad (2)$$

Q^e 为 r 列向量，其元素 Q_i^e 表示国内产品或服务总出口引起的第 i 种污染物的排放总量。

假设进口产品是按进口国的技术生产的[①]。令 S^m 为出口中各类国产品或服务的比重构成的 m 阶进口品结构向量，进口总量为 im，就可得到进口节污量（即进口节约的资源消耗或污染排放量）为

$$Q^m = \Omega L S^m * im \qquad (3)$$

Q^m 为 r 阶列向量，它反映了中国通过进口世界其他国家的产品所节约的环境代价。其元素 Q_i^m 表示总进口引起的第 i 种污染物的排放总量。

将出口含污量和进口节污量的差定义为净贸易含污量 Q^n，即

$$Q^n = \Omega L S^e * ex - \Omega L S^m * im \qquad (4)$$

显然，Q^n 也是 r 阶列向量，其元素 Q_i^n 表示第 i 种污染物的出口含污量与进口节污量之差。

在贸易研究中人们经常用贸易条件来衡量一个国家在贸易中的比较优势。Antweiler（1996）参照上述概念提出了环境贸易条件（The Pollution Terms of Trade，PTT），根据他的定义，环境贸易条件即单位货币价值的出口额所含的污染量与单位货币价值的进口额所含的污染量之比。我们依 Antweiler（1996）的定义可得到第 i 种资源或污染物的贸易条件：

$$PTT_i = \left[Q_i^e / ex \right] / \left[Q_i^m / im \right] \qquad (5)$$

其中 PTT_i 就是第 i 种资源或污染物的贸易条件。显然，如果一个国家某种资源或污染物的贸易条件大于 1，则该国在该资源或污染物质方面的贸易条件是不利的，因为这意味着这个国家在对外贸易中出口单位价值产品或服务所消耗的资源或排放的污染要多于同等价值进口产品或服务所包含的资源或污染。

2. 贸易引起的资源消耗或污染排放的变化分解

式（2）和式（3）表明，不同时点之间出口（进口）含污量的变化是由四个因素的变化引起的，这四个因素就是各个行业的直接资源消耗或污染排放系数矩阵 Ω、投入技术系数 L、出口（进口）的产品结构 S^e（S^m）和贸易规模 ex（im）。其中 Ω 的变化产生的环境影响可以理解为企业生产中消耗资源或排放污染的效率变化带来的，不妨称之为效率效应。L 的变化产生的环境影响可以理解为企业投入组合变化带来的，不妨称之为投入效应。由于 Ω 和 L 这两个因素是由企业微观生产行为模式或技术选择决定的，不妨将它们的变动引起的资源消耗或污染排放变

[①] 显然这与实际情况有差异，有可能会使测算的结果产生一定的偏差。

化合称为技术效应。而后两个因素变动引起的资源消耗或污染排放变化则可相应理解为贸易的结构效应和规模效应①。

为了识别贸易变化的上述三种环境效应，本文采用结构分解技术（Structural Decomposition Analysis，SDA）分别对（2）式和（3）式进行增量分解得：

$$\Delta Q^e = Q^e(t) - Q^e(t-1) = \Delta Q_{int}{}^e + \Delta Q_{inp}{}^e + \Delta Q_{str}{}^e + \Delta Q_{act}{}^e \quad (6)$$

$$\Delta Q^m = Q^m(t) - Q^m(t-1) = \Delta Q_{int}{}^m + \Delta Q_{inp}{}^m + \Delta Q_{str}{}^m + \Delta Q_{act}{}^m \quad (7)$$

其中 Δ 表示相应因素的变化。利用（6）式和（7）式便可识别各种因素变动对碳排放和碳密度变化的影响。而需要指出的是，（6）式和（7）式的具体形式并不是唯一的。这就是 Dietzenbacher 和 Los（1998）强调的结构分解中的"非唯一性问题"（non-uniqueness problem）。

确定（6）式和（7）式具体分解形式的常用方法是假定其中某一因素变动，而其他因素维持在基期水平值（即 Laspeyres 指数方法）或报告期（即 Paasche 指数方法）的水平值。例如，对于其中的某一因素（如 M）而言，其变动（ΔM）对应变量所产生的影响取决于其他（n−1）个因素的取值（取 t 期或 $t-1$ 期的值）。然而，由于基期和报告期各种因素的水平值可能有较大的差别，因此这两类处理方式不仅过于随意，且容易形成较大的偏差，即存在分解剩余（residual）。为了克服上述结构分解方法的缺陷，在实证分析中形成了两类常见的方法。一类是 Fujimagari（1989）和 Betts（1989）提出的两极分解方法（polar decomposition）②，如 Munksgaard 等（2000）采用该方法对丹麦消费的碳排放影响进行的结构分解；另一类是中点权分解法（mid-point weight deccomposition）③。

而 Dietzenbacher 和 Los（1998）指出，这两类方法存在理论上的缺

① Grossman 和 Kruger（1993）将贸易自由化的环境效应分解成规模效应、结构效应、技术效应三部分。显然这与本文对中国贸易含污量的因素分解并不是一回事。

② 所谓两极分解方法就是将从第一个因素开始分解得到的各因素变化对应变量的影响值和从最后一个因素开始分解得到的各因素的影响值的平均值确定为各因素对应变量的影响值。例如，对于 $y = x_1 x_2 x_3$，在 0 到 t 期之间，因素 x_2 对 y 的影响可表示为 $0.5 * x_{1t}(x_{2t} - x_{20})x_{30} + 0.5 * x_{10}(x_{2t} - x_{20})x_{31}$。下标 0、$t$ 分别表示变量在 0 期和 t 期的取值。

③ 中点权分解法又有两种，其中一种在数学上并不严格成立（李景华，2004），这里不予介绍。另一种则在数学上严格成立。例如，对于 $y = x_1 x_2 x_3$，在 0 到 t 期之间，因素 x_2 对 y 的影响可表示为 $0.5 * x_{10}(x_{2t} - x_{20})x_{30} + 0.5 * x_{1t}(x_{2t} - x_{20})x_{31}$。下标 0、$t$ 分别表示变量在 0 期和 t 期的取值。

陷。因为如果一个变量的变化由 n 个因素决定，那么从不同的因素开始分解将得到不同的分解方程，这意味着该变量的变化分解形式共有 n! 种。他们认为用上述 n! 个分解方程中每个因素的变动对应变量影响的平均值来衡量该因素的变动对应变量的影响是合理的。而两极分解方法和中点权分解法虽然能得到该平均值的简单近似解，但这两种方法存在理论上的缺陷。

而 Seibel（2003）进一步证明，如果其他（n－1）个因素中有 k（$0 \leqslant k \leqslant n-1$）个因素取 t－1 期的值，另外（n－1－k）个因素取 t 期的值，那么该因素的变动对应变量所产生的影响的表达式共有（n－1）！／［（n－1－k）！＊k！］种，而包含其中一种表达式的分解方程共有（n－1－k）！＊k！ 个。这样，当 k 取遍 0 到（n－1）之间的值时，每个因素的变动对应变量影响的表达式共有 2^{n-1} 个，而每个表达式出现的次数由相应的 k 决定。这意味着每个因素的变动对该变量影响的取值共有 2^{n-1} 个，而这 2^{n-1} 个取值可能非常悬殊。

具体对（6）和（7）式而言，其分解方式共有 4！＝24 种，而每个因素对每种资源消耗或污染排放影响的表达式共有 2^{4-1}＝8 种。以出口产品结构变动对能源消耗或污染排放影响（ΔQ_{str}^{e}）的表达式为例，表 1 给出了其 8 种表达式及每种表达式出现的次数。这样每个因素变动对每种资源消耗或污染排放影响的取值便有 8 种，而这 8 种取值可能相差悬殊。本文以它们的均值来衡量因素变动对每种资源消耗或污染排放的影响。

表 1 ΔQ_{str}^{e} 的表达式

k	表达式种类 (n-1)! /[(n-1-k)! ∗k!]	表达式	出现次数 (n-1-k)! ∗k!
0	1	$\Delta Q_{str}^{e} = \Omega(t-1)L(t-1)\left[S^{e}(t) - S^{e}(t-1) \right] ex(t-1)$	6
1	3	$\Delta Q_{str}^{e} = \Omega(t)L(t-1)\left[S^{e}(t) - S^{e}(t-1) \right] ex(t-1)$	2
		$\Delta Q_{str}^{e} = \Omega(t-1)L(t)\left[S^{e}(t) - S^{e}(t-1) \right] ex(t-1)$	2
		$\Delta Q_{str}^{e} = \Omega(t-1)L(t-1)\left[S^{e}(t) - S^{e}(t-1) \right] ex(t)$	2
2	3	$\Delta Q_{str}^{e} = \Omega(t)L(t)\left[S^{e}(t) - S^{e}(t-1) \right] ex(t-1)$	2
		$\Delta Q_{str}^{e} = \Omega(t-1)L(t)\left[S^{e}(t) - S^{e}(t-1) \right] ex(t)$	2
		$\Delta Q_{str}^{e} = \Omega(t)L(t-1)\left[S^{e}(t) - S^{e}(t-1) \right] ex(t)$	2
3	1	$\Delta Q_{str}^{e} = \Omega(t)L(t)\left[S^{e}(t) - S^{e}(t-1) \right] ex(t)$	6

注：n＝4，即决定贸易含污量的因素共有 4 个。表中 k 是指除结构变动外的其他 3 个因素中取 t－1 期水平值的个数。Dietzenbacher 和 Los（2000）指出，因素之间可能存在相互依赖关系，本文在这里暂时没有考虑这个问题。

四 数据处理

1. 可比价格投入产出表及其延长表的编制

投入产出分析需要大量的数据支持，其中最主要的数据是官方公布的投入产出表。主要由于数据限制，有关贸易含污量的实证分析大多都是建立在单个国家投入产出表的基础上的（Peters&Hertwich，2006）。本文的分析也以中国的投入产出表为基础。考虑到能源数据及污染数据的限制，本文将经济系统划分为26个部门（见附录）。为了分析贸易增长的环境影响，需要对不同年份的贸易量和贸易含污量进行对比，因此，本文首先以国际统计局发布的1987年、1992年、2002年和2007年的投入产出基本表为基础，通过合并分拆方法得到26部门的投入产出基本表。考虑到不同年份价格的不可比，本文利用官方公布的各种价格指数将1987年、1992年和2007年的投入产出表转化为以2002年的价格为基准核算的可比价投入产出表。

为了对最近几年来贸易的环境影响进行比较可靠的定量分析，本文以上述2002年26部门的投入产出基本表为基础，应用RAS方法得到了2003年、2004年和2006年的投入产出延长表。延长表编制过程中所用到的各部门增加值数据、除出口以外的各种最终使用数据来源于历年《中国统计年鉴》、《中国工业统计年报》；总产出数据是将各部门总产值按一定系数转换而来，因为投入产出分析中的总产出不仅包含总产值还包含增值税。农业和工业各部门进出口数据根据中国海关公布的二十二类九十八章产品进出口额按一定的比例转换而来[①]，而服务业的进出口数据则来自《国际收支平衡表》。当然，为了得到以2002年价格计算的可比价格投入产出延长表，上述基本数据都按官方的各类价格指数进行了平减[②]。

2. 非竞争型投入产出表的编制

在中国，常见的投入产出表一般是竞争型的投入产出表，例如中国

---

① 中国国家统计局和一些学者（如沈利生，2007）也采用类似的方法将进出口产品数据转化为部门数据。

② 主要是历年《中国统计年鉴》中的工业品出厂价格指数、主要产业的GDP平减指数以及中国海关总署编制的各期《中国对外贸易指数》。

国家统计局历年所公布的投入产出表即这种类型。在这样的表中，中间使用和最终使用实际都是国内产品和进口产品的合成品。各部门的进口总量形成单独的一列，代表中间使用和最终使用中的进口产品，并被视为负的产出。为了避免夸大各种最终使用的环境影响，本文需要区分国内产品和进口产品的投入产出表，即非竞争型的投入产出表。

为了得到这种投入产出表，需要将进口分摊到各类中间投入和最终需求（包括出口）中。本文采取的方法如下：首先，确定出口中包含的进口产品。中国海关公布的产品贸易数据按贸易方式可以分为一般贸易、进口加工贸易、保税仓库进出境货物、保税仓储转口贸易等十九个类别。其中，保税管理下的货物进境后主要用于临时储存或加工出口产品，原则上复出口前并不投入境内的经济循环，对国内经济基本上不产生冲击。因此，以保税仓库进出境货物和保税仓储转口贸易出口的产品主要是未经过国内经济循环的进口产品，这部分出口产品价值应从出口总值中抵减，以免夸大出口的经济环境影响。

尹敬东（2007）在分析贸易对经济增长的贡献时认为，来料加工、来样装配和进料加工部分的进口品主要是为出口服务，应从出口中扣除。同时，保税仓库和保税区仓储转口贸易多属于转口贸易，其中的进口产品也从出口中扣减。本文认为以上述贸易方式进口的产品经过了国内加工然后出口，它们可被当作参与了生产过程的进口中间产品看待，从投入产出分析的角度看，不应从出口中扣减。而保税仓库和保税区仓储转口贸易中的进口并没有完全通过转口贸易方式出口，不能全部从出口中扣减，只有其中的出口部分才应该从出口总额中扣减。且这部分进口品原则上没有参与国内经济活动，在估算进口的环境影响时，不应考虑。

其次，由于以保税仓库进出境货物、保税仓储转口贸易两种方式进口的产品在未经海关最终核定前不会进入国内经济体系，因而在考虑进口产品的环境影响时，不应当将这部分进口产品考虑在内，以免夸大进口对本国经济环境的影响。因而其价值应当从进口中抵减。

再次，从固定资产形成中抵减加工贸易进口设备、外商投资企业作为投资进口的设备、物品以及出口加工区进口设备的价值，因为以上述方式进口的产品主要是投资品，居民和政府一般不会消费这类进口产品。

最后，将扣除了上述保税进口产品价值和设备类进口产品价值的其余进口产品价值，采取按比例拆分的方法①分摊到中间使用和最终使用中（不包括出口）进行抵减。

3. 能源消耗和主要污染物排放数据

本研究中各部门能源消耗数据来自历年《中国统计年鉴》和《中国能源统计年鉴》，污染排放数据来自历年《中国环境统计年鉴》。有两点需要说明。一是 1987 年和 1992 年统计部门公布的能源消耗数据表中，行业划分较粗，需要将年鉴上的行业能源消耗数据进行拆分才能得到本研究所需的行业能源消耗数据。本研究主要根据行业的不变价 GDP，将加总的行业能源消耗数据按比例进行拆分。

二是中国官方公布的 SO_2 和 COD 排放数据主要包括两部分：工业排放的污染物和生活排放的污染物。而其中公布的各工业行业污染物排放数据并非全部企业污染物排放数据。行业数据的累加值只有工业污染排放总量的 85% 左右。另外 15% 左右的工业污染难以找到其污染来源。对这部分工业污染的归属，本研究采取的方法是以各工业行业的化石能源消耗量为权重进行分摊。

而生活排放的污染物实际上包含服务业排放的污染物，对这部分污染物的归属，本研究也根据生活部门及各服务行业能源的消耗量进行分摊。由于农业部门的 COD 排放数尚无官方统计，因而本研究未予考虑。另外，由于官方公布的分行业污染排放数据最早是 1993 年的数据，因此对于 1987 年和 1992 年的 SO_2 和 COD 排放数我们根据 1993 年的数据进行估计。具体方法是假定 1987 年和 1992 年各行业污染物排放与能耗的比值和 1993 年一样。

而各行业二氧化碳的排放数据也没有现成的官方统计数据可用，只能进行估计。根据国内外相关研究来看，IPCC 提出的二氧化碳排放估算框架及相关能源二氧化碳排放强度系数都具有权威性。但由于中国官方统计部门或能源部门提供的能源消费数据并不完全满足 IPCC 估算方法的要求，因此需要根据数据的可获得性适当修改 IPCC 的估算方法。本研究在估计历年的二氧化碳排放量时，采用的各种燃料平均热值数据来自《中国能源统计年鉴 2005》；碳排放系数来自 IPCC 排放清单指南

---

① 其他一些学者也采取这样的方法分解进口，如陈锡康（2002）。

（ "Revised 1996 IPCC Guidelines for National Greenhouse Gas Inventories：Workbook （Volume 2）, http：//www. ipcc-nggip. iges. or. jp/public/gl/invs5a. html", 第一章的表 1 - 2）。为了避免重复计算，本研究以各个部门的终端能源消耗为基础估算的二氧化碳排放量。生产电力及热所产生的二氧化碳排放根据各部门终端消耗的电力和热力按比例分配到这些部门中。

五　实证分析

本部分测算了 1987—2006 年中国总的贸易含污量，在此基础上分析了中国的环境贸易条件；对中国贸易含污量变化的规模效应、结构效应和技术效应进行了分解。

1. 贸易的能源环境影响及其变化

（1）出口的能源环境影响及其变化

20 世纪 80 年代后期以来，贸易对中国的能耗和主要污染物排放的影响不断增大（如表 2 所示）。其中，能源的出口含污量，即出口引致的能源消耗量增长十分迅速，从 1987 年的 96.36 Mtce （百万吨标煤）增加至 2006 年的 688.33Mtce，增长了六倍多。而入世以来（2002—2007 年），能源的出口含污量增长尤为迅猛：四年时间内共增加了 388.38 Mtce，年均增长 18.07%；分别超过其前十五年（1987—2002 年）的总增幅（203.59Mtce）和年均增长速度（7.86%）。

1987—2007 年，各污染物的出口含污量也有不同程度的增加。其中，二氧化碳的出口含污量从 66.31Mt-c （百万吨碳当量）增加到 477.58 Mt-c，也增长六倍多。SO_2 的出口含污量从 128.67 万吨增加到 763.65 万吨，增长了将近五倍。COD 的出口含污量增长幅度略低一些，从 116.52 万吨增加到 243.45 万吨，但也增长了一倍多。且入世以来，CO_2、SO_2 和 COD 出口含污量的增长速度分别达到 18.32%、16.80%、6.70%，也都明显高于其入世前的增长速度（7.85%、6.92%、2.79%）。

随着能源和各污染物出口含污量的逐年增大，它们在相应的全国生产部门能源消费和污染物排放总量中的比重（以下简称"出口含污量的比重"）也持续上升。其中，能源、CO_2、SO_2 和 COD 出口含污量的比重分别从 1987 年的 14.11%、13.99%、12.28%、18.37% 上升到 2007

年的31.88%、32.04%、29.40%和26.92%。

能源和各类污染物出口含污量比重的持续上升意味着出口对中国的环境影响力在不断增强。目前各种出口含污量的比重都已超过或接近三分之一，它们对中国能源消耗和污染排放的影响已经不容忽视。这在一定程度上印证了人们关于贸易对资源环境影响的直观感觉和判断。

（2）进口的能源环境影响及其变化

根据前面的分析，在某种程度上可以把进口的环境影响理解为一种正面影响，即"节约"了相应产品或服务的能源消耗，并减少了相关的污染排放。80年代后期以来，在出口对环境的影响不断增强的同时，进口对环境的影响也在增强（如表2所示）。

能源的进口节污量从1987年的149.18Mtce增加至2007年的402.91Mtce，增长了将近2倍。总体上，入世以来能源进口节污量每年的增幅要超过入世前的增幅。而入世后能源进口节污量的年均增长速度也从入世前的4.84%上升到5.86%。

表2　　　　　　　　　　　贸易含污量：1987—2007年

	年份	贸易含污量			与生产部门能耗或污染排放总量的比（%）		
		出口	进口	净贸易	出口	进口	净贸易
能源 消耗 （Mtce）	1987	96.36	149.18	−52.82	14.11	21.85	−7.74
	1992	169.06	211.68	−42.62	20.30	25.42	−5.12
	2002	299.95	303.08	−3.13	25.00	25.26	−0.26
	2003	373.92	373.25	0.67	26.77	26.72	0.05
	2004	494.24	428.00	66.24	30.22	26.17	4.05
	2005	608.69	493.60	115.09	33.40	27.08	6.32
	2006	669.74	433.12	236.62	33.48	21.65	11.83
	2007	688.33	402.91	285.42	31.88	18.66	13.22
二氧化碳 排放 （Mt-c）	1987	66.31	104.12	−37.81	13.99	21.97	−7.98
	1992	118.58	148.85	−30.27	20.31	25.50	−5.19
	2002	205.99	207.73	−1.73	25.07	25.28	−0.21
	2003	257.85	257.14	0.71	26.84	26.76	0.07
	2004	341.77	295.86	45.90	30.36	26.28	4.08
	2005	422.01	339.57	82.44	33.59	27.03	6.56
	2006	464.43	300.12	164.31	33.64	21.74	11.90
	2007	477.58	278.07	199.50	32.04	18.65	13.38

续表

年份	贸易含污量			与生产部门能耗或污染排放总量的比（%）		
	出口	进口	净贸易	出口	进口	净贸易
SO_2 排放 (10^4t)						
1987	128.67	194.26	-65.60	12.28	18.53	-6.26
1992	247.51	294.29	-46.78	17.88	21.26	-3.38
2002	351.25	334.05	17.20	24.07	22.89	1.18
2003	470.85	443.50	27.35	24.10	22.70	1.40
2004	580.54	485.60	94.94	28.12	23.52	4.60
2005	733.22	578.35	154.87	31.30	24.69	6.61
2006	743.27	482.93	260.35	30.98	20.13	10.85
2007	763.65	467.27	296.38	29.40	17.99	11.41
COD 排放 (10^4t)						
1987	116.52	109.98	6.54	18.37	17.33	1.03
1992	187.45	146.88	40.57	22.52	17.65	4.87
2002	176.00	124.53	51.48	25.78	18.24	7.54
2003	181.60	126.15	55.45	27.26	18.93	8.32
2004	199.70	125.37	74.33	30.17	18.94	11.23
2005	219.54	136.40	83.13	31.63	19.65	11.98
2006	229.98	111.60	118.38	33.94	16.47	17.47
2007	243.45	115.77	127.68	26.92	12.80	14.12

资料来源：作者计算结果。

同样，1987—2007年各污染物的进口节污量也有不同程度的增加，但2005—2007年它们都呈现下降的趋势。其中，二氧化碳的进口节污量先从104.12Mt-c增加到2005年的339.57Mt-c，而后又逐步降至2007年的278.07 Mt-c。SO_2的进口节污量也是先从1987年的194.26万吨增加到2005年的578.35万吨，然后降至2007年的467.27万吨。而COD进口节污量的增长幅度虽然低一些，但其变化趋势也与前两者类似。各种进口节污量相当于全国生产部门能源消费和对应污染物排放总量中的比重也呈现先升后降的趋势。

进口节污量的不断增加表明，中国坚持对外开放，积极利用"（国际国内）两个市场、两种资源"的战略为中国的能源节约和环境保护作出了很大的贡献。不过，相对于当前中国面临的能源环境形势而言，进口节约的能源和减少的污染排放比重似乎还不够高。从缓解能源和环境约束的角度看，进口的潜力似乎还需要进一步发挥。

（3）中国的环境贸易形势：净贸易含污量与环境贸易条件

如果说出口增加了中国能源消耗和污染排放，是负面影响，而进口节约了能源消耗并减少了污染排放，是正面影响，那么出口的负面影响和进口的正面影响相抵所得到的净贸易含污量，就是贸易对中国能源消耗和污染排放的总影响。而这一总影响则反映了中国面临的环境贸易形势。80年代后期以来中国的环境贸易形势发生了怎样的变化呢？

①净贸易含污量及其变化。

如表2所示，1987年能源、CO_2和SO_2的出口含污量均小于相应的进口节污量。它们的净贸易含污量分别为 -52.82Mtce、-37.81 Mt-c 和 -65.60万吨；分别相当于当年全国生产部门能源消耗、CO_2和SO_2排放总量的7.74%、7.98%和6.26%。因而，总体上而言1987年贸易有效地节约了中国的能耗、CO_2和SO_2排放。

1987年后直至2002年，能源、CO_2和SO_2出口含污量的增长幅度与进口节污量的增长幅度比较接近，但出口含污量的增长速度要略高一些，因而两者的差距不断缩小，即相应的净贸易含污量虽然仍为负值，但绝对值却在逐渐下降。到2002年时，出口含能量和含碳量与进口节能量和节碳量已经非常接近；而出口含硫量已经大于进口节硫量。

而2003年开始，由于能源、CO_2和SO_2出口含污量的增长速度仍明显高于进口节污量，因而其相应的净贸易含污量迅速增大。2007年时，这三种物质的净贸易含污量相当于全国生产部门能源消耗或相应污染物排放总量的比重都超过了十分之一。

而自1987年以来，COD的出口含污量一直明显高于其进口节污量，因而其净贸易含污量也一直维持在较高的水平。且2004年以来其净贸易含污量也呈现明显的增长态势。2007年时，其净贸易含污量相当于全国生产部门能源消耗或相应污染物排放总量的比重为14.12%。

2003年以来，上述四种物质的出口含污量都明显高于其进口节污量，无论是其净贸易含污量的绝对值还是相当于全国生产部门能源消耗或相应污染物排放总量的比重都快速上升。这意味着，近两年来贸易对环境的综合影响是不利的。

②CO_2的净贸易含污量与碳排放量核算原则。

当前，有关温室气体排放权的谈判正成为国际社会关注的焦点。不少发达国家指责近年来包括中国在内的发展中国家二氧化碳排放太多。而实际上，正如高广生（2006）所指出的："在目前的国际贸易秩序下，发展中国家的二氧化碳排放有相当一部分通过国际贸易而为发达国家的人消费使用。"因此，贸易成为碳排放权分配谈判的一个重要因素。

考虑到这一问题，Munksgaard 和 Pedersen（2001）提出了有关温室气体排放核算的"生产核算原则（production accounting principle）"和"消费核算原则（consumption accounting principle）"。所谓生产核算原则是指全部按实际产生二氧化碳的各生产过程中二氧化碳的排放量进行核算。所谓消费者核算原则是指根据最终使用的（包括进口的）各种产品或服务进行二氧化碳排放量的核算。

Peters 和 Hertwich（2006）指出，依据生产核算原则，一个国家的污染排放量等于该国最终使用的国产品或服务所引起的污染排放量。而如果依据消费核算原则，一个国家的污染排放量等于该国国内最终使用的国产品所引起的污染排放量加上该国使用的进口产品或服务所引起的污染排放量。因此，生产核算原则下与消费核算原则下二氧化碳排放量的差异实际上就是二氧化碳的净贸易含污量。

Peters 和 Hertwich（2006）进一步认为，尽管消费核算原则也面临数据可获得性和一些技术上的难题，但坚持消费核算原则更有利于控制全球二氧化碳排放量。因为伴随进口品的形成而产生的污染排放如果被分配给进口国而不是出口国的生产者，那么进口国为了有效控制其二氧化碳排放量，就要选择那些碳密集程度低的同类产品予以进口。在一定程度上这可以有效遏制肮脏行业向发展中国家的无限度转移，因为这些国家生产的这些产品的碳密集程度一般都会更高。而发达国家从这些发展中国家进口产品显然会增加其二氧化碳排放量，不利于减缓其减排温室气体的压力。因此消费核算原则有利于使环境因素成为各国考虑的一个重要比较优势因素，使各国在成本和减排压力的权衡中逐渐改善全球环境质量。

而 2003 年以来，中国二氧化碳的净贸易含污量一直为正值且持续增加，2007 年已经达到 199.50Mt-c。这意味着中国排放的二氧化碳有相当大一部分通过贸易而被世界其他国家消费了。也就是说，如果采用消费核算原则，中国的二氧化碳排放量要比按生产核算原则核算的排放量低 199.50Mt-c。

③环境贸易条件及其变化。

进一步从中国的环境贸易条件来看（如表 3 所示），1987 年除 COD 的贸易条件高于 1 外，能源、SO_2 和 CO_2 的贸易条件在 0.70 左右。这说明中国每出口价值一元的产品所引致的能源消耗以及 SO_2 和 CO_2 的排放量，相当于每进口价值一元的产品所节约的能源或减少的污染排放的 70% 左右。显然，当时中国的环境贸易条件总体上是具有明显优势的。

表 3   环境贸易条件：1987—2007 年

年份	能源	CO_2	SO_2	COD
1987	0.69	0.68	0.73	1.17
1992	0.81	0.80	0.85	1.29
2002	0.82	0.82	0.87	1.17
2003	0.84	0.84	0.89	1.20
2004	0.88	0.88	0.91	1.21
2005	0.87	0.88	0.90	1.14
2006	0.96	0.96	0.95	1.27
2007	0.94	0.95	0.90	1.16

资料来源：作者计算结果。

到 1992 年时，能源、CO_2、SO_2 和 COD 的贸易条件值都有明显的增加，分别达到 0.81、0.80、0.85、1.29。这意味着 1987—1992 年中国的环境贸易条件发生了明显的恶化。1992—2002 年，能源、CO_2 和 SO_2 的贸易条件值有所增加；COD 的贸易条件值略有下降。因而，总体上这一时期中国的环境贸易条件仍在恶化。

而 2002—2007 年，能源、CO_2、SO_2 的贸易条件值则呈现不断增加的发展态势；到 2007 年时都已超过 0.90。这意味着中国出口单位价值产品或服务所包含的能耗、SO_2 和 CO_2 排放量与进口单位产品或服务已经比较接近。2007 年，COD 的贸易条件值也上升到 1.16，即，单位货币价值出口产品或服务的 COD 含量仍明显高于进口产品或服务。因而可以说，1987 年以来中国的环境贸易条件总体上在不断恶化，而入世以来恶化得更快。

那么，80 年代后期以来，造成中国环境贸易条件明显恶化的原因又是什么呢？或者环境贸易条件的恶化意味着什么呢？由于本研究假定同部门同等价值的进出口产品的含污量相同，因此，中国环境贸易条件的变化只可能是进出口产品或服务的结构变化造成的。所以环境贸易条件的恶化意味着，相对于进口产品或服务而言，中国出口产品或服务中能源和污染密集型产品或服务的比重整体上有所上升。

综上所述，2004 年以来中国的净贸易含污量不断扩大，因而贸易对中国环境的综合影响是不利的。这意味着中国目前属于能源与环境的净输出国，且目前这一发展势头还很强。同时，1987 年以来中国的环境贸易条件则呈现不断恶化的发展趋势，多数物质的贸易条件的明显优势已逐渐消失。中国目前所面临的这种环境贸易形势及其发展态势值得重视。

2. 贸易增长带来的环境影响变化分解——规模、结构和技术效应

前面的分析表明，80 年代后期以来，随着贸易的不断增长，贸易对中国环境的影响程度在不断增强。那么，贸易规模的扩大、贸易产品结构的变化还是贸易产品能源或污染密集程度变化在贸易环境影响的变化中产生了怎样的作用呢？为了澄清这一问题，本研究利用第二部分介绍的方法和数据对 1987 年以来的贸易含污量进行了分解（如表 4 所示）。由于 2003 年、2004 年、2006 年的投入产出表是本研究根据 2002 年的投入产出基本表并应用 RAS 方法估计得来的，将它们用于结构分解不是特别适合，因而本研究只报告了 1987—1992 年、1992—2002 年、2002—2005 年以及 2005—2007 年这四个时期的分解结果。

结果表明，1987—1992 年出口所含的能源、CO_2、SO_2 和 COD 的增加主要是出口规模的扩张引起的。出口结构的变化对这些指标的影响都相对较小，但其影响方向则是导致能耗和各种污染物排放略有增加。这意味着出口产品中能源密集型产品的比重总体上略有上升。投入结构变化的影响也远小于规模效应，但明显大于出口结构的影响。强度效应是唯一有助于减少能源消耗和污染物排放的效应，且其影响力超过了投入结构效应。因而，技术效应（投入结构效应和强度效应合计）总体上对规模效应产生了一定的抑制作用。不过，技术效应只相当于规模效应的6%—30%，因而这种抑制作用还太弱，根本改变不了出口含污量的增加趋势。

1992—2002 年，出口对能源消耗、CO_2 和 SO_2 排放的影响方式与前一时期类似：规模效应导致能耗和污染排放大幅度增加。不过，这一时期投入结构效应和强度效应都有所加强，尤其是强度效应明显增大。且投入结构效应也有利于减少能耗和两种污染物的排放。因此，技术效应对规模效应的抑制作用增大；前者相当于后者的60%—80%，明显高于前一时期。而这一时期结构效应仍然非常小，但它也是有利于减少能耗和上述两种污染物排放的。与前三种出口含污量变化不同的是，出口所含的 COD 在这一时期略有下降。这主要是因为，对 COD 排放而言，技术效应高达出口规模效应的86.19%，加之结构效应也比较显著（相当于规模效应的17.18%）且有利于减少 COD 排放，因而它们的影响力合起来超过了规模效应。总的来看，这一时期技术的变化，特别是各部门

直接能源和污染密集程度的下降强有力地抵消了出口规模对能源消耗和各种污染物排放的影响。

2002—2005 年，出口所含的能源、CO_2 和 SO_2 的变化非常巨大，甚至明显高于前两个时期变化的累计值。出口所含的 COD 在这一时期也有所增加，而不是像上一时期那样继续下降。出口含污量的这一变化主要还是规模效应带来的。这一时期恰好是中国加入了 WTO（于 2001 年底）后的一个时期，中国的贸易在这一时期发展十分迅速。尽管在这短短几年中的规模效应并没有超过前一时期（1992—2002 年），但强度效应在这一时期显著下降，加之投入结构变化也导致出口含污量有大幅度的增加，因而技术效应对规模效应的抑制作用明显下降，出口含污量最终表现为大幅度的增加。此外，这一时期结构效应仍然很小，且除 COD 外，出口结构变化的趋势是不利于降低能耗和减缓 CO_2 和 SO_2 排放量的。

2005—2007 年，出口所含的能源、CO_2 和 SO_2 继续增加，但增加幅度明显小于 2002—2005 年。一方面这是因为出口所带来的规模效应远小于前一个时期，另一方面则是因为技术效应要明显强于前一个时期。尤其是相对于规模效应而言，技术效应的影响力明显增强。其中的重要原因可能是 2006 年以来中国大力实施的各项节能减排政策措施发挥了巨大作用，从而使技术效应大大加强。不过，结构效应仍然使出口所含的能源、CO_2 和 SO_2 增加，且这一影响呈现加强的趋势。此外，出口所含的 COD 在这一时期也继续增加，但增加幅度有所下降。而出口对 COD 产生的各种效应则与前一时期类似。

进口节污量变化的分解情形与出口含污量相似（如表 4 所示）。这主要表现为各种进口节污量的变化也是由进口规模的变化决定的。不同的是，技术变动对各种进口节污量的影响相对规模效应而言较大。而且各种进口节污量的变化中，结构效应虽然较小，但在各个阶段均为负值。这意味着改革开放以来，中国进口产品中能源、CO_2、SO_2 和 COD 密集型产品的比重一直呈现下降趋势。而出口产品中能源、CO_2 和 SO_2 密集型产品的比重只在 1992—2002 年间表现为下降，在另三个阶段则没有这样的良好表现。正是进口节污量与出口含污量变化的上述差异导致中国的环境贸易条件呈现持续恶化的趋势。此外值得指出的是，由于技术效应在 2005—2007 年超过了进口的规模效应，从而使各种进口节污量在这一时期呈现下降的变化趋势。

表4 贸易增长引起的贸易含污量变化分解

年份	出口含污量变化的分解						进口节污量变化的分解					
	规模效应	结构效应	技术效应			总效应	规模效应	结构效应	技术效应			总效应
			投入结构效应	强度效应	合计				投入结构效应	强度效应	合计	
能源消耗(Mtce)												
1987—1992	84.64	14.50	21.47	-28.40	-6.94	92.21	97.64	-9.31	18.58	-42.21	-23.64	64.70
1992—2002	413.53	-15.74	-50.38	-208.38	-258.76	139.03	382.67	-4.39	-55.75	-224.33	-280.08	98.20
2002—2005	364.56	3.65	6.60	-37.77	-31.17	337.04	259.59	-42.70	18.94	-27.22	-8.28	208.61
2005—2007	206.46	31.16	-5.19	-208.74	-213.93	23.69	24.29	-11.77	-3.34	-147.51	-150.84	-138.33
CO_2排放(Mt-c)												
1987—1992	53.90	10.76	17.07	-35.54	-18.48	46.18	63.72	-6.08	16.05	-47.34	-31.29	26.36
1992—2002	247.88	-2.99	-45.03	-112.48	-157.51	87.38	232.45	-7.01	-53.67	-117.89	-171.56	53.88
2002—2005	230.15	3.00	72.36	-84.01	-11.65	221.50	161.84	-27.33	74.69	-66.18	8.51	143.02
2005—2007	135.69	21.01	-6.95	-93.54	-100.49	56.20	15.95	-4.04	-1.32	-73.41	-74.73	-62.82
SO_2排放(10^4t)												
1987—1992	107.91	18.15	34.32	-41.53	-7.21	118.85	121.93	4.82	34.42	-61.14	-26.72	100.03
1992—2002	502.80	-8.59	-70.89	-319.56	-390.45	103.76	444.90	-16.52	-87.12	-301.50	-388.62	39.76
2002—2005	401.25	1.59	139.54	-160.41	-20.87	381.96	271.47	-49.62	140.69	-118.24	22.45	244.30
2005—2007	227.94	26.91	-6.52	-217.90	-224.42	30.43	26.80	-3.16	7.31	-142.02	-134.71	-111.08
COD排放(10^4t)												
1987—1992	88.99	6.52	10.89	-35.47	-24.58	70.93	64.99	-6.32	11.58	-33.35	-21.77	36.90
1992—2002	339.59	-58.33	2.41	-295.11	-292.70	-11.44	211.01	-7.58	-8.79	-217.00	-225.79	-22.36
2002—2005	157.76	-15.31	-3.42	-95.50	-98.92	43.53	81.60	-9.63	1.04	-61.13	-60.09	11.88
2005—2007	70.16	-10.06	10.13	-46.32	-36.19	23.91	6.47	-7.37	3.62	-23.36	-19.73	-20.63

资料来源：作者计算结果。

总的来看，能源效率的提高和污染强度的下降有效抑制了中国出口规模迅速扩张造成的环境影响。相对来说，结构效应较小，这意味着80年代后期以来中国的贸易结构变化不大。然而需要注意的是，尽管结构效应较小，近年来其影响方向则是增加能耗以及 CO_2 和 SO_2 的排放。

六 讨论：如何看待贸易对中国的环境影响

1987 年以来贸易对中国的环境影响不断增强，已经到了不可忽视的地步，同时环境贸易条件也不断恶化，那么我们应当如何看待和应对贸易对中国环境的影响及其变化呢？

首先，贸易对中国环境影响的不断增强主要是因为贸易在国民经济中的影响不断增强。经济全球化程度的不断深化是当今世界经济发展的一个不争事实。面对这一世界经济发展趋势，坚持对外开放是中国的基本国策，"充分利用国际国内两个市场、两种资源"是中国实现经济良好发展的正确战略选择。事实上，随着中国融入世界经济的程度日益加深，出口在中国最终需求中的比重（按 2002 年价格计算）已经从 1987 年的 13.34% 上升至 2007 年的 30.92%（如表 5 所示）。贸易已经成为影响中国经济发展的十分重要的因素。因而，贸易对中国环境影响不断增强是伴随着中国贸易的快速增长而来的。在经济发展方式没有发生重大转变之前，这是不可避免的。

表5　　　　　　　　　出口含污量与出口值的比较　　　　　　　（单位：%）

年份	出口含污量相当于全国生产部门能耗或污染排放总量的比重				出口占最终需求的比重
	能源	CO_2	SO_2	COD	
1987	14.07	13.07	12.28	18.37	13.34
1992	20.30	20.31	17.88	22.52	14.70
2002	25.00	25.07	24.07	25.78	21.77
2003	26.77	26.84	24.10	27.26	24.43
2004	30.22	30.36	28.12	30.17	28.15
2005	33.40	33.59	31.30	31.63	30.19
2006	33.48	33.64	30.98	33.94	31.95
2007	31.88	32.04	29.40	26.92	30.92

资料来源：作者计算结果。

其次，出口对中国环境影响的持续增强并不是因为出口产品或服务的能源或污染密集程度高于内需，出口并不必然导致中国经济增长方式粗放。对此，我们可以进行简单的比较分析。如表 5 所示，各种物质的出口含污量相当于全国生产部门能耗或污染排放总量的比重与其出口占最终需求的比重都非常接近。这意味着，尽管出口含污量在全国生产部门能源消耗或污染排放总量中的比重持续上升，但出口与整个内需的能源和污染密集程度没有显著差异①。因而，出口对中国环境影响的持续增强主要是因为出口在最终需求中的比重持续上升，而不是因为出口产品或服务的能源或污染密集程度高于内需。

再次，环境贸易条件恶化并不是中国比较优势的发挥，而是中国的环境规制力度不够强，以及利用贸易促进环境保护的意识不够。必须清醒地认识到这样一个事实，即中国并不拥有能源和环境容量的比较优势，尤其是考虑到中国巨大的人口因素时，我们甚至可以说中国在能源和环境容量方面是相当匮乏的。中国的环境贸易条件恶化，表面来看是出口产品结构中能源和污染密集型产品的比重相对于进口产品有所上升，而更深层原因则在于中国的环境规制力度还不够，与环境影响相关的市场外部性成本还不是生产者决策的有效约束条件。

具体来说就是以往的经济决策因为主观和客观的种种原因而呈现"重经济增长轻环境保护"的特点，决策过程中环境因素没有得到充分重视。因而相关的环境规制力度不够，并导致环境要素十分低廉甚至是免费的。这便使中国的能源和污染密集型产品在国际市场具有价格竞争优势。于是能源和污染密集型产品在出口中的比重相对进口不断上升，并最终导致中国环境贸易条件恶化。另外，决策部门利用贸易改善本国环境质量的意识还不够强烈，相关市场机制和政策体系尚未建立健全，使贸易促进环境保护的潜力没有充分发挥出来。这也从另一个角度反映了环境规制力度不够强。

最后，在当前全球环境意识不断高涨，资源和环境约束日趋紧张的背景下，中国通过进口实现节能减排固然有潜力可挖，但面临的挑战和压力则极大。目前，主要工业化国家已经拥有比较完整的基础设施，并积累了雄厚的资本。而在这一过程中，全球廉价的矿产资源和环境要素已经被大

---

① 尽管作为一个整体，内需的能源或污染密集程度与出口很接近，但如果分别比较出口与消费和固定资本形成的能源或污染密集程度，我们将发现，出口的能源或污染密集程度远远高于消费，但低于固定资本形成。

量消耗，如今已成为十分稀缺的资源。发展中国家已经不能像这些工业化国家当年那样轻易获得发展所需的资源和环境容量了。而且，这些先行发展了的工业化国家还动辄以环境保护向发展中国家（包括中国）施加压力。因而，中国"充分利用两种资源"，通过贸易促进环境保护的潜力固然不小，但不得不说，其中的挑战和压力也是极其巨大的。

七 结论

本文编制了1987—2006年可比价格补充性投入产出表，在此基础上估算了贸易对中国能源消耗和 SO_2 排放的影响。并对贸易增长带来的环境影响变化进行了分解。估算的结果表明，1987年以来中国的贸易含污量增长迅速。与此同时，各种出口含污量在全国生产部门能源消耗总量和相应污染物排放总量中的比重也持续上升，目前都已达到三分之一左右。这意味着出口造成的环境影响是不容忽视的，而这也印证了人们的直觉。

在出口含污量快速增长的同时，中国进口贸易含污量也增长迅速。这在很大程度上节省了中国的能源消耗，并促进了污染物排放的减少。但近年来后者远没有前者的增长幅度大。因而，中国的出口含污量一直高于进口节污量，中国的净贸易含污量呈现不断扩大的发展态势。这意味着目前中国属于能源和环境的净输出国或污染的净输入国。而1987年以来中国的环境贸易条件也有明显恶化。

贸易对能源消耗和环境影响程度的不断增强与贸易的增长密不可分。贸易增长对贸易含污量变化的影响主要表现为规模效应和技术效应。如果技术效应不存在，规模效应将使出口含污量远远超过目前的水平，而由能源效率提高和污染强度下降引起的技术效应有效抑制了中国出口规模迅速扩张造成的环境影响。相对来说，结构效应较小，这意味着80年代后期以来中国的贸易结构对能源消耗和污染排放的影响不大。

需要特别指出的是，中国当前面临的环境贸易形势具有一定的客观原因，贸易并不必然导致中国的经济发展方式粗放。要改善贸易对中国环境的影响，长远来看要加强环境规制，短期内则应注意采取综合措施协调贸易、环境与经济发展之间的关系。

限于篇幅，本文没有充分分析贸易对环境影响的深层原因；对于中国与各国之间的贸易流向没有进行分析；对于如何转变贸易增长方式，如何制定改善贸易与环境关系的政策也没有展开充分的讨论。这些都需要在以后的研究中进一步加强。

附录

投入产出表基本部门划分

农业	造纸印刷及文教用品制造业	通信设备、计算机及其他电子设备制造业
煤炭开采和洗选业	石油加工、炼焦、核燃料及煤气加工业	仪器仪表及文化办公用机械制造业
石油和天然气开采业	化学工业	其他工业
金属矿采选业	非金属矿物制品业	电力、热力的生产和供应业
非金属矿采选业	金属冶炼及压延加工业	建筑业
食品制造及烟草加工业	金属制品业	交通运输仓储及邮电业
纺织业	通用、专用设备制造业	批发和零售贸易\住宿和餐饮业
服装皮革羽绒及其制品业	交通运输设备制造业	非物质生产部门
木材加工及家具制造业	电气、机械及器材制造业	

参考文献

［1］陈丽萍、杨忠直：《中国进出口贸易中的生态足迹》，《世界经济研究》2005 年第 5 期。

［2］陈锡康：《中国 1995 年对外贸易投入产出表及其应用》，见许宪春、刘起运编：《2001 年中国投入产出理论与实践》，中国统计出版社 2002 年版。

［3］陈迎、潘家华、谢来辉：《中国外贸进出口商品中的内涵能源及其政策含义》，《经济研究》2008 年第 7 期。

［4］李刚：《中国对外贸易生态环境代价的物质流分析》，《统计研究》2005 年第 9 期。

［5］李景华：《SDA 模型的加权平均分解法及在中国第三产业经济发展分析中的应用》，《系统工程》2004 年第 9 期。

［6］马涛、陈家宽：《中国工业产品国际贸易的污染足迹分析》，《中国环境科学》2005 年第 4 期。

［7］彭海珍：《关于贸易自由化对中国环境影响的分析》，《财贸研究》2006 年第 4 期。

［8］齐晔、李惠民、徐明：《中国进出口贸易中的隐含能估算》，《中国人口·资源与环境》2008 年第 3 期。

［9］沈利生：《我国对外贸易结构变化不利于节能降耗》，《管理世界》2007 年第 10 期。

［10］沈利生：《对外贸易对我国污染排放的影响》，《管理世界》2008 年第 6 期。

［11］尹敬东：《外贸对经济增长的贡献：中国经济增长奇迹的需求解析》，《数量经济技术经济研究》2007 年第 10 期。

［12］张连众、朱坦、李慕涵、张伯伟：《贸易自由化对我国环境影响的实证分析》，《南开经济评论》2003 年第 3 期。

［13］郑玉歆、樊明太、张友国：《WTO 条件下中国贸易与环境的协调发展——基于 CGE 模型的总体分析》，研究报告，2005 年。

［14］Ahmed N. and A. Wyckoff. *Carbon Dioxide Emissions Embodied in International Trade*, DSTI/DOC （2003）15, Organisation for Economic Cooperation and Development （OECD）, 2003.

［15］Antweiler, W. The Pollution Terms of Trade, *Economic Systems Research*, Vol. 8, No. 4, 1996, 361—365.

［16］Beghin Jhon, Sébastien Dessus, David Ronald-Holst and Dominique van der Mensbrugghe. *General Equilibrium Modelling of Trade and The Environment*, Techinical Papers, No. 116, OECD Development Center, Paris, Sepetember, 1996.

［17］Copeland, Brian R., M. S. Taylor. Trade, Growth, and the Environment, *Journal of Economic Literature*, Vol. XLII, 2004, 7—71.

［18］Dietzenbacher Eric, Bart Los. Structural Decomposition Techniques：Sense and Sensitivity, *Economic System Research*, Vol. 10, No. 4, 1998, 307—323.

［19］Dietzenbacher, E. & Los, B. Structural Decomposition Analyses with Dependent Determinants, Economic *Systems Research*, Vol. 12, No. 4, 2000, 497—514.

［20］Fujimagari, D. The Sources of Change in the Canadian Industry Output, *Economic Systems Research*, Vol. 1, 1989, 187—202.

［21］Grossman Gene, Alan Kruger, Environmental Impacts of a North American Free Trade Agreement, In Garber, Peter M. （ed.）, *The Mexico—U. S. Free Trade Agreement*. Cambridge and London, MIT Press, 1993, 13—56.

［22］IPCC. *Revised 1996 IPCC Guidelines for National Greenhouse Gas Inventories：*

Workbook （ Vol. 2 ）， 1996， http：//www. ipcc-nggip. iges. or. jp/public/gl/ invs5a. html.

[23] Lee Hiro, David Roland-Holst. *International Trade and the Transfer of Environmental Costs and Benefits*, OECD Development Centre, Technical Paper No. 91, 1993.

[24] Lee Hiro, David Roland-Holst. Trade-Induced Pollution Transfers and Implications for Japan's Investment and Assistant, *Asia Economic Journal*, Vol. 14, No. 2, 2000, 123—146.

[25] Lenzen M. , L. -L. Pade, and J. Munksgaard. CO_2 Multipliers in Multi-region Input-output Models, *Economic Systems Research*, Vol. 16, No. 4, 2004, 391—412.

[26] Li You, C. N. Hewitt. The Effect of Trade between China and the UK on National and Global Carbon Dioxide Emissions, *Energy Policy*, Vol. 36, 2008, 1907—1914.

[27] Machado, Giovani, Roberto Schaeffer, and Ernst Worrel. Energy and Carbon Embodied in the International Trade of Brazil: An Input-output approach, *Ecological Economics*, Vol. 39, No. 3, 2001, 409—424.

[28] Mukhopadhyay Kakali. Impact on the Environment of Thailand's Trade with OECD Countries, *Asia-Pacific Trade and Investment Review*, Vol. 2, No. 1, 2006, 25—46.

[29] Munksgaard Jesper, Klaus Alsted Pedersen, Mette Wier, Impact of Household Consumption on CO_2 Emissions, *Energy Economics*, Vol. 22, 2000, 423—440.

[30] Munksgaard J. and K. A. Pedersen. CO_2 Accounts for Open Economies: Producer or Consumer Responsibility?, *Energy Policy*, Vol. 29, 2001, 327—334.

[31] Pan J. Phillips J. , Chen Y. China's Balance of Emissions Embodied in Trade: Approaches to Measurement and Allocating International Responsibility, *Oxford Review of Economic Policy*, Vol. 24, No. 2, 2008, 354—376.

[32] Peters Glen P. , Hertwich E. G. *Energy And Pollution Embodied In Trade: The Case Of Norway*, Technical Report, Industrial Ecology Programme, Norwegian University of Science and Technology (NTNU), Trondheim, Norway, 2005.

[33] Peters Glen P. , Hertwich E. G. Pollution Embodied in Trade: the Norwegian Case, *Global Environmental Change*, Vol. 16, No. 4, 2006, 379—387.

[34] Rhee, H. -C. , Chung, H. -S. Change in CO_2 Emission and its Transmissions between Korea and Japan Using International Input – output Analysis, *Ecological Economics*, Vol. 58, 2006, 788—800.

[35] Runge, C. F. Trade Pollution and Environmental Protection, In Bromley, D. W. (ed.), *The Handbook of Environmental Economics*, Blackwell, Oxford, 1995.

[36] 30) Seibel, Steffen. Decomposition Analysis of Carbon Dioxide Emission Changes in Germany - Conceptual Framework and Empirical Results, *European Commission Working Papers and Studies*, 2003.

[37] Shui, B. , Harriss, R. C. The Role of CO_2 embodiment in US – China Trade, *Energy Policy*, Vol. 34, 2006, 4063—4068.

[38] Wang T. and Watson J, *Who Owns China's Carbon Emissions.* Tyndall Briefing Note No. 23, October, 2007.

[39] United Nations. Handbook of Input-Output Table Compilation and Analysis, Studies in Methods Series F, No. 74, *Handbook of National Accounting*, United Nations, 1999.

[40] Weber, C. L. , Peters, G. P. , Guan, D. , Hubacek, K. The Contribution of Chinese Exports to Climate Change, *Energy Policy*, Vol. 36, 2008, 3572—3577.

[41] Wyckoff A. W. and J. M. Roop. The Embodiment of Carbon in Imports of Manufactured Products: Implications for International Agreements on Greenhouse Gas Emissions, *Energy Policy*, Vol. 22, 1994, 187—194.

贸易自由化对中国可持续发展的影响①

——以中国在 WTO 后过渡期承诺为例的动态一般均衡分析

樊明太　郑玉歆

【内容提要】　　本报告在把握中国环境动态轨迹的基础上，通过拓展和应用中国可计算一般均衡模型（PRCGEM），就中国承诺在 WTO 后过渡期推进的贸易自由化，包括货物和服务贸易自由化、投资便利化等，对经济和环境的影响进行了模拟和分析。基本的结论是：在环境规制力度保持不变情景下，中国在 WTO 后过渡期承诺推进的贸易自由化会导致污染排放的进一步增长。由贸易自由化导致的规模效应和结构效应共同主导了污染排放的进一步增长，与环境规制相联系的技术效应尽管可以对环境改善具有显著性影响，但并不能完全抵消规模效应和结构效应的共同作用。根据国际经验研究和中国现实，贸易自由化与环境规制的结合一般会促进中国经济发展和环境保护的和谐一致；如果与有效的环境规制结合，贸易自由化可以成为实现经济增长和环境保护的一个必要手段，促进中国可持续发展。因此，在科学发展观意义上，中国的贸易自由化进程必须与环境规制进行协调和综合决策：一方面，中国不能过分追求贸易自由化，而忽略其环境代价；另一方面，中国的贸易自由化进程也必须有利于中国的环境保护和可持续发展。

---

①　本报告根据 2005 年完成的国家社会科学基金项目"WTO 条件下中国的贸易与环境政策"（00BJY083）报告之二进行了修改。感谢张晓等人的修改建议。

一 引言

20 世纪后期，中国在加快经济体制改革、促进经济转型的同时，也加快了对外开放的步伐，积极推进贸易自由化进程，并在 2001 年 12 月加入世界贸易组织（WTO），成为世界贸易体系中的重要一员。加入 WTO 以来，开放的中国面临世界贸易自由化和环境保护国际化的双重挑战，既要切实履行承诺，促进贸易自由化，又要在 WTO 规则的框架内，积极参与环境保护的国际协调机制，因此需要在可持续发展框架内协调中国的贸易自由化和环境保护政策。一方面，伴随着中国经济的快速增长，中国生态和环境的承载压力越来越大，迫切需要中国在 WTO 规则框架内，将环境因素纳入贸易战略中，充分利用贸易机制，帮助推进我国的环境保护和可持续发展；另一方面，由于发达国家和发展中国家在环境问题上处于不同的阶段，发达国家在通过贸易机制向中国等发展中国家进行污染产业转移的同时，又通过国际贸易中的产品质量标准和技术限制等绿色壁垒，限制中国等发展中国家有效地参与国际竞争和国际合作，因此中国也不得不主动借鉴发达国家保护环境的经验和管理机制，推进贸易自由化进程。从中国的现实情况和国际经验出发，在中国加入 WTO 后，贸易与环境之间的相互作用机制和安排已成为促进可持续发展政策协调的重要组成部分。

贸易与环境之间的相互作用关系是一个国际性的课题。在贸易自由化进程中，环境问题及其与贸易的关系是逐步引入并得到强调的。1947 年的关贸总协定（GATT）只是间接提到为了保护人类或动植物的生命或健康并保护耗竭自然资源，在不造成进口歧视和贸易限制的条件下，可以允许相关国家偏离正常的贸易规则。1972 年在瑞典斯德哥尔摩召开的联合国人类环境会议首次将环境与贸易关系提上日程，建议成立环境措施和国际贸易组，根据请求处理任何事关控制污染、保护人类环境的贸易政策。该小组直到 1994 年才向关贸总协定第 49 次会议进行报告。1995 年 WTO 正式成立，环境问题真正进入贸易制度中，贸易与环境委员会（CTE）正式成立并开展工作。WTO 的成立是关贸总协定成员国经过 8 年谈判的成果，其规则由于具有超越国家主权的效力而被称为"全球的经济宪法"。WTO 规则的核心是贸易自由化，其中与环境相关的规则包括《技术堡垒协定（TBT）》、《卫生与检验检疫措施协定（SPS）》、

《与贸易有关的知识产权协定（TRIPs）》等；但这些规则与环境目标并非总是一致。从法律角度看，WTO规则限制了多边环境协定（MEAs）的作用空间；WTO规则也为国际社会提供了挑战与贸易权利相互作用的国内环境政策的法律依据。从政治角度看，环境标准会影响一国在国际市场上的竞争力，因此在推进贸易自由化进程中强调环境问题往往可能得不到国内必要的政治支持。由于法律和政治方面的考虑，贸易与环境之间的相互作用关系一直是一个敏感问题。从经济方面看，关于贸易与环境关系的研究是随着对环境保护和可持续发展问题的关注而逐步进入经济学家的视野的。Dean（1992）、Cropper and Oates（1992）、Beghin, Roland-Holst, and Mensbrugghe（1994）等评述了相关的研究。一般的结论认为：① 贸易自由化对环境有两方面的影响（Dean, 2002），一是通过改善贸易条件促进经济发展及由传统模式经济发展所导致的环境恶化，这里所谓的传统模式指不引入环境规制；二是贸易自由化在促进经济发展和收入增长的同时，也会促进环境标准的提高和支付意愿（willingness to pay）的增强，从而间接减轻环境恶化，这隐含着贸易自由化会强化环境规制效应。② 与环境政策比较而言，贸易政策不是实现环境目标的有效手段（Anderson and Blackhurst, 1992），因为一般而言环境恶化主要是由于与外部性相关的市场失灵而非由于贸易，当然贸易等经济政策的失灵也对环境恶化负有一定的责任；即使在一个次优的框架内，减少污染排放的最优政策也是实施环境税，通过环境税而直接抑制污染排放。

但是，两个基本的问题仍然困扰着人们，即：第一，与推进贸易自由化而伴随的比较优势会导致污染产业的专业化、从而对环境产生不利的影响吗？第二，实施国内环境税会影响一国的国际竞争力、进而不利于贸易增长吗？由于缺乏有影响的理论支持，国外的学者近年来一般都转向实证分析贸易与环境的相互作用程度；而且，由于可计算一般均衡（CGE）模型的理论特点和技术发展，一般都选择CGE模型作为典型的分析工具，应用于进行关于贸易自由化对环境影响或关于环境政策方对贸易影响的定量分析。Perroni and Wigle（1994）应用CGE模型进行模拟和分析的结论是标准性的，即：如果不解决环境外部性，没有将污染排放税引入，贸易自由化会恶化环境质量；由于在福利函数中环境质量没有价值化，贸易自由化会有利于改善福利。不过，如果通过引入污染排放税解决环境外部性，贸易自由化则会既改善环境，又改善福利，从而促进可持续发展。

近年来，伴随着中国扩大对外开放，特别是加入 WTO 并加快推进区域贸易自由化的进程，关于中国的贸易与环境之间的相互作用关系的研究也开始出现。例如，OECD（1994）研制了用于贸易与环境项目的 CGE 模型并将其应用于中国。世界银行（1994）则进行了关于中国未来（2020）温室气体排放的研究。在中国国内，总的来讲大多数研究侧重于定性分析或案例研究；虽然应用 CGE 模型就贸易或环境政策进行定量模拟和比较分析近几年已经开展，但基本上处于起步阶段，目前的大部分研究在理论上缺乏战略高度，在技术上数据比较粗糙，缺乏关于非贸易壁垒的量化机制并引入 CGE 模型，缺乏对模型和数据的及时更新和对新贸易与环境机制的跟踪和实证研究。比较例外的，如郑玉歆、樊明太、张友国（2002）、李善同、翟凡（2002）等。

本文将集中研究中国贸易自由化对可持续发展的影响。这里的贸易自由化，以中国在 WTO 后过渡期（2006—2010）要履行的承诺为例；这里的可持续发展，主要包括经济和环境两方面，尽管中国作为发展中国家在关注贸易与环境关系的同时，还有其他优先领域（如贸易与消除贫困问题）需要综合考虑。为了定量研究中国贸易自由化对可持续发展的影响，我们先综合考察中国在加入 WTO 后过渡期承诺的贸易自由化。然后，在拓展中国可计算一般均衡模型（PRCGEM）中关于贸易与环境的一般均衡联系以及贸易自由化影响环境的机制的基础上，根据 2006—2010 年期间基准情景和中国贸易自由化情景的设计，应用拓展后的PRCGEM 模型，模拟和分析了中国在 WTO 后过渡期承诺的贸易自由化对可持续发展的影响或效应，探讨了贸易自由化影响经济和环境等可持续发展的作用机制。最后是相关分析的结论及政策含义。

二　中国在加入 WTO 后过渡期承诺的贸易自由化

中国自 1994 年 WTO 成立后开始申请成为 WTO 创始成员国，但直到 2001 年底才正式加入 WTO。WTO 最根本的任务是促进贸易自由化，因此，中国以申请加入 WTO 为契机，积极调整贸易等政策，推动贸易自由化进程。贸易自由化进程也就是对货物贸易进行关税削减、减少货物和服务贸易的非关税壁垒、促进投资便利化的过程。关税和非关税措施是贸易政策的两大工具。关税调整通过影响商品和服务的进口价格相对于国内价格的变动，来影响贸易双方在消费、生产、贸易、就业等方面的调整。非关税壁垒包括进口配额、进口许可证等以及出口自动限制等措施。只有少部分非关税壁垒可以量化为关税等值。如 Anderson，Martin and Van der Mensbrugghe（2006）所指出，虽然中国直到2001年才正式加入WTO，但中国为加入WTO而进行的贸易自由化事实上自1995年就已经开始。据 Ianchovichina and Martin（2004）测算，1995—2001年期间，中国法定关税简单平均水平由1994年的36.3%削减为2001年的16.6%，中国法定关税贸易加权平均水平由1994年的35.5%削减为2001年的12.0%；根据中国加入WTO议定书，中国加入WTO后承诺的法定关税水平到2010年将进一步削减到简单平均9.8%、加权平均6.8%。

1. 货物贸易的关税和关税配额壁垒

中国施行三类进口税率：即一般税率、最惠国（MFN）税率和优惠税率。对产自与中国缔结了互惠税率协议的国家和地区的进口品施行优惠税率，MFN税率适用于WTO成员，从其他地区进口的商品则适用一般税率。2005年，在协调编码制度（HS）8位税号水平上，除了46种商品实施从量税率（其中包括8项农产品）、7种商品实施复合税率外，其他均为从价税。

自2001年中国加入WTO起，中国政府已经根据其承诺逐渐降低关税税率。中国的简单平均关税税率，在加入WTO之前的2001年是15.3%；在加入WTO后按照承诺削减到2002年的12.4%、2003年的11.3%、2004年的10.4%；2005年进一步削减到9.9%。2005年在HS8位税号上中国关税税率的分布情况显示：在HS8位税号共7750种货物中，68.8%的货物的进口关税介于0—10%，包括大部分的石油、金属等资源类产品与化工和照相器材、非电机产品、电机产品等制造品；6.4%的货物的进口关税税率高于20%，包括部分农产品、运输设备、制造品、电机产品等产品。将HS8位7750种货物归并为13类，计算其平均关税税率和免税比率。

图1显示：简单平均关税高于全部货物平均关税（9.9%）的包括农业（15.3%）、运输设备（13.3%）、皮革等（13.1%）、制造品（11.8%）、纺织（11.4%）、渔业（10.5%），免税比率比较高的有木材纸浆、电机产品等。

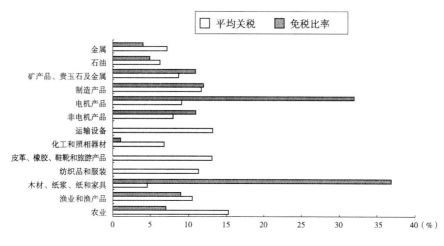

图1 2005年13类货物的平均关税和免税比率

农产品、畜牧产品关税 2002年以来，中国履行加入WTO承诺，继续降低农产品、畜牧产品的关税。2005年，农产品算术平均税率（MFN）减少到15.3%，远低于大部分WTO会员；渔业和林业产品的平均关税分别是10.5%和4.6%。在HS8位税号水平上，中国进口的1611项农产品中，1554项是从价税率，8项从量税，其他49项施行关税配额。在农产品的全部税目中，81项免税，最高税率是65%。73%的进口农产品实施的税率幅度是5%—20%。三类主要农产品的平均税率，即活动物及动物产品（第1—5章，除了鱼和鱼产品）、生皮和皮（第41—43章，除了皮革制品和皮料）以及蔬菜产品（第6—14章），分别是13.6%、11.5%和14.4%。

中国在加入WTO时承诺对九类农产品，包括小麦、谷物、大米、大豆油、棕榈油、菜子油、糖、羊毛和棉花，以关税配额（TRQ）方式开放进口，并设定每年的配额量上限。根据WTO于2005年4月6日公布的中国关于2004年农业关税配额（TRQ）产品的进口执行率（见图2）的通告，实际配额执行率除棉花进口超过百分之百外，小麦、玉米、稻米、大豆油、棕榈油、菜子油、糖以及木材等八大类农产品的配额执行率都低于中国加入WTO时承诺的配额量上限，尤其是玉米进口量还不到0.5万吨。一些国家对中国配额执行率低落问题表示关切。但是，具体分析中国配额执行率低、TRQ产品进口量偏低，可以发现这主要是由于国内市场需求偏低的现实；而且，动态观察，中国TRQ产品进口量逐年增加，2004年已较2002年提高26.83%，尤其是棉花、棕榈油、大豆油等的执行率都超过八成，表明中国切实履行着在加入 WTO 时关于提高配额的承诺。

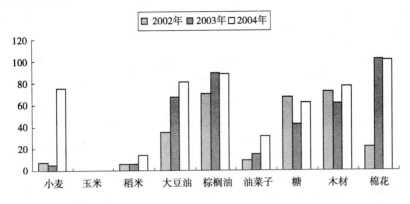

图2 中国 2002—2004 年农产品进口关税配额执行率

工业产品关税 2001 年工业产品的平均关税水平是 14.8%，2003 年是 10.3%，2004 年是 9.5%，2005 年进一步削减到 9.0%。2005 年，中国对焦炭煤和其他种类煤征收的进口关税为 3%—6%；作为铁矿石和石油的净进口商，中国对铁矿石、原油和天然气免税；对铝征收 8% 的关税；绝大多数机械产品的税率下降到 5%，部分免税。2005 年，中国对非农产品适用的平均进口税率是 9.3%。2006 年 6 月 1 日，车辆及汽车配件的税率将分别削减到 25% 和 10%（平均水平）。到 2008 年底，将完成对化工产品关税的 WTO 削减义务。

2. 贸易和投资方面的非关税壁垒

货物贸易 货物贸易方面的非关税措施包括：动植物卫生检验检疫措施、产品技术规范和标准、海关管理、估价和港口清关、知识产权、管理的透明度和上诉及争端解决、进口许可登记程序、省级行政管理安排、国营贸易等。

服务贸易 服务贸易通过四种模式，即跨境交付（模式1）、境外消费（模式2）、商业存在（模式3）和自然人流动（模式4）实现。中国在加入 WTO 时对服务部门分类表（W/120）中的 10 个部门，包括 97 个子部门作出了实质性承诺；《中国加入 WTO 议定书》中的有关规定，为中国服务部门的立法工作提供了基本原则，其中包括商业存在和自然人流动的具体规则。在服务贸易方面的非关税堡垒，包括所有权限制、许可证限制、知识产权、管理透明度、国民待遇等。

加入 WTO 以来，中国在服务贸易自由化方面已经采取了许多措施，加紧执行入世承诺，继续以渐进的和有管理的方式进一步实现服务贸易自由化。近年来，中国服务贸易以年均15%的速度稳步增长。根据2003年 WTO 统计数据，中国服务贸易总额达到1020亿美元，其中，出口467亿美元，进口553亿美元。

服务贸易的自由化，会通过现代化的跨境交易和支付等而提高生产率、降低服务成本，进而促进商业存在、自然人流动和境外消费，并对制造业带来溢出效应。

投资便利化 在货物和服务领域的双边投资存在许多非关税壁垒，包括兼并限制、知识产权和其他财产权保护的实施、股权和其他合资要求、利润汇回以及相关税收和外汇管理规则、审批程序透明度、制度和标准的确定性、投资审批过程中的各级政府责任、职责及与中央政府的一致性问题、商务人员流动以及获得及时审议和修正政府行政行为的国内程序。通过废除某些具体的外商投资规定和简化外商投资的审批程序，建立更好的保护、透明度和争端解决机制，为双边投资提供更好的保护。由于投资往往伴随着大量资本货物的进口关税降低，将会导致资本回报率提高。

三 贸易自由化影响可持续发展的定量分析工具：中国动态 CGE 模型 PRCGEM 的基本结构及若干拓展

我们进行贸易自由化影响可持续发展的定量分析工具，是引入贸易和环境一般均衡联系及贸易自由化影响环境机制的中国经济动态 CGE 模型 PRCGEM。我们使用的中国可计算一般均衡模型（PRCGEM），基本结构来源于我们与澳大利亚蒙纳什大学政策研究中心的合作，见 Adams, et al.（1998）、郑玉歆、樊明太等（1999），但现在的模型在动态化和环境方面进行了许多扩展。

1. 基本结构

这个模型由两个部分构成：第一部分是静态部分，包括各经济主体和政府在一个时期内的行为方程设定；第二部分是动态组成部分，包括各类经济主体和政府的跨时决策方程设定，以投资和资本积累方程为主体。

像大多数应用型可计算一般均衡模型一样，PRCGEM 模型基本上是为比较静态分析设计的。静态模型本身是非时间性的，主要用于模拟一个或一些政策冲击的即时效应，并不能模拟相应的时间路径调整。不过，现在的环境版本可以启动动态组成部分，这使得它可以通过内含投资随预期收益实现资本积累机制而成为递推动态模型，以预测所有外生变量的时间路径效应。静态部分由以下八个方面构成。

第一是生产决策模块。分为投入决策和产出决策。图1揭示了相应的决策。

第二是国内最终需求模块。模型识别了四类国内最终需求，即投资需求、居民消费、政府支出和存货需求，并就其需求行为分别作了假设。模型假设投资商使用进口投资品和国产投资品生产合成资本品，假设投资商是价格接受者，在规模收益不变的列昂惕夫/CES二层嵌套的生产技术约束下使成本最小化。模型假设居民消费总需求按占 GDP 的固定比例确定；居民消费需求的合成商品构成，则由预算约束和效用最大化原则决定，且农村和非农村两类居民的效用函数分别采用 STONE-GEARY 效用函数，从而允许不同合成商品之间的不完全替代，使得居民最终需求是合成商品的线性支出函数。政府消费需求，既可以作为外生变量处理，也可以作为内生变量处理。大多数 CGE 模型都将政府购买作为外生变量处理。但本环境 CGE 模型则将政府需求作为内生变量处理，假设政府需求随居民总需求一起变动。

第三是国际贸易模块，分为进口供给和出口需求。本环境 CGE 模型接受 ARMINGTON 假设，承认国产品与进口品之间的差异和不完全替代。同时，模型假设：进口品的世界平均价格外在设定，中国处于价格接受者的地位；在该价格下，进口供给具有无限弹性，完全由国内需求和贸易平衡状况所确定。换言之，对于进口供给，本环境 CGE 模型采用小国假设。假设出口需求用固定价格弹性的向下倾斜曲线描述。

第四是价格模块。本环境 CGE 模型的价格体系基于如下两个假设，即：一是市场完全竞争，因此商品的生产和销售活动都是零纯利润的。二是每种商品的生产者价格是唯一的，不因该商品的生产部门或使用者不同而异，也不因进口者不同而异。这里的生产者价格，是国内品的生产者接受的价格或进口品的进口者接受的到岸价格加关税等费用之后的国内供给价格。这样，模型对生产活动的零纯利润条件和规模收益不变的假设，意味着生产者价格只是投入价格的函数；模型对销售活动的零纯利润条件假设，则意味着购买者价格是该商品的生产者价格、销售税和佣金之和。

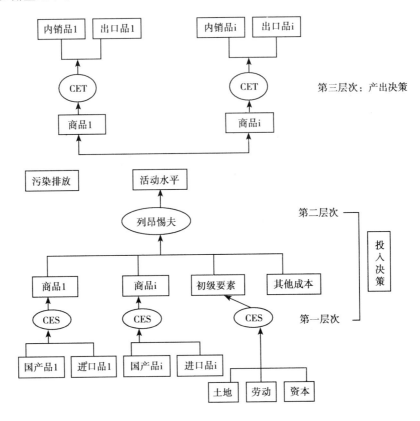

图 3　生产结构框图

第五是市场结清模块。在一般均衡条件下，商品和要素的最优供给、最优需求必须达到平衡。换言之，一般均衡要求商品市场结清、要素市场结清。需要特别指出的是，劳动市场的结清并不意味着本模型必然是充分就业模型，资本市场的结清也不意味着不存在资本闲置。要素供给行为假设，依要进行的模拟而定，因此，是模型闭合的一部分，而且与动态部分相关。

第六是必要的总量定义。从支出方面讲，包括：贸易总量及其平衡、国内吸收、GDP 总量及相应价格指数的定义等。根据投资、消费、出口和进口在部门或商品层次上的数量和价格，通过加总，可以得到投资、消费、出口和进口各自的总量和价格指数，进而可以得到国内吸收、GDP 及其相应的价格指数。居民名义收入，由工资、资本收益以及政府的转移支付和补贴等组成。模型假设劳动者的名义工资依消费者物价指数而指数化，假设政府收入主要来自对资本所得的税收和对国产品或贸易品的直接或间接税收。按照 1994 年之后中国实行的新税制，政府收入由居民和企业的资本所得税、企业的增值税、消费税和营业税以及进口关税和出口退税等组成。补贴或出口退税视作政府支出或政府负收入。根据模拟目标不同，在模型闭合中，可以选择将基本的税率作为参数外生给出，用政府储蓄或赤字来平衡政府预算；或者，选择基本的税率内生，在政府储蓄或赤字外生设定的情况下，用于平衡政府预算。

第七是要素供给。要素供给行为，依要进行的模拟而定，因此，是模型闭合的一部分。

第八是环境模块。该模块的产出涉及与环境相关的中间产品和服务。该模块中的投入涉及环境资本。该模块中的税收体制与补贴体制是与环境相关的税收体制与补贴体制。该模块中的价格机制也适用于与环境相关的物品与服务。

2. 关键拓展

为了定量分析贸易自由化对中国可持续发展的影响，我们现在的 PRCGEM 进行了一些关键性拓展，包括引入动态机制、贸易与环境一般均衡联系及贸易自由化影响环境机制。

（1）动态机制

模型假设：（1）劳动力在部门之间的流动与部门的相对工资率及其相对就业状况联系。（2）资本供给是通过将资本增长率作为资本预期收益率的逆逻辑函数而实现的。这里的预期收益率根据静态预期决定，因此意味着投资者形成其收益率预期时只考虑当期的租金和资产价格。物资资本的积累则通过投资扣除折旧实现，以确保资本供给。（3）增加了要素生产率的度量，以反映历史闭合中的技术和偏好变动。通过历史模拟、增长源泉分解模拟，我们先估计了相应的技术或偏好系数；然后利用这些技术或偏好系数进行情景再现，接着将模型基准时期由 1997 年外推到 2005 年，并进一步进行 2006—2010 年的基准预测。基准预测提供了关于基准情景的隐含假设。

（2）贸易与环境一般均衡联系及贸易自由化影响环境机制

模型假设污染排放通过污染排放系数而与经济活动联系起来。应用 CGE 模型进行贸易政策的环境影响估计，涉及环境污染效应在生产函数或效用函数中的内生化问题。有三种方式可以将环境因素纳入 CGE 框架

（Xie and Saltzman，1995）。第一种方式是拓展典型CGE模型，在不改变其核心结构的条件下，增设按单位部门产出或单位部门中间投入的固定系数估计的污染排放方程，或者增设与环境调控相关的价格或税收外生变动的方程。第二种方式是将环境反馈引入经济系统。这种环境CGE模型在生产函数中设定了污染控制成本，或者在效用函数中设定了环境的效应。第三种方式则在CGE模型中设定了污染处理活动或污染处理技术的生产函数。我们采用了第一种方式。环境污染强度系数，一般用单位产出（或GDP）相应的污染物排放量来度量。这种以产出（或GDP）为基础的环境污染强度系数意味着在给定技术条件下，减少环境污染的唯一途径是减少产出（或GDP）；而且，通过环境污染系数估计污染物排放量往往都忽略了生产过程之外的污染来源，比如生活消费。Dessus，et al.（1994）证明污染排放水平在计量回归估计意义上可以由投入产出表中少数几个行业的投入所解释。这种以中间投入为基础的技术允许生产者的污染投入替代，而且对最终消费也使用同样的污染系数。

关于污染物及其污染排放系数。Dessus，et al.（1994）根据世界银行（Martin，et al. 1991）关于美国污染系数的数据库估计了OECD发展中贸易和环境项目所需要的部门污染排放系数，污染排放用一个含有14类污染指标的向量来表示。这14类污染分别是：排放到水中、空气中和土壤中的有毒物质（1-TOXAIR，2-TOXWAT，3-TOXSOL）；排放到水中、空气中和土壤中的生物累积的有毒金属物质（4-BIOAIR，5-BIOWAT，6-BIOSOL）；大气污染物（7-SO_2，8-NO_2，9-CO，10-CO_2，11-VOC挥发性有毒化合物）；总悬浮颗粒（12-TSP）；水污染（13-BOD生化耗氧量）；总悬浮物（14-TSS）。Dessus，et al.（1994）的分部门污染排放系数提供了一种选择。

不过，由于Dessus, et al.（1994）的部门污染系数在行业分类上的差异和缺乏实证数据支持，我们根据中国环境统计的现状，选择废水、废气、固体废物作为污染物进行分析。由于数据的限制，在现阶段我们仍然只使用以产出（或GDP）为基础的污染强度系数。

随着中国的经济快速发展和生活水平提高，人们对环境质量的要求提高、支付意愿增强。但是，伴随着中国的工业化和城市化进程的快速推进，由于传统的利用资源和对待环境的经济增长模式、市场机制和制度安排，中国资源约束不断强化、生态环境承载力日益严峻。在水环境方面，中国水资源紧缺、时空分布极不平衡，生产、生活和生态环境用水量快速增长，废水、COD、氨氮等水资源相关污染排放量呈现快速上升趋势。研究表明，以氨肥、农药的大量使用以及动物粪便为主要内容的农业面源污染呈现快速上升趋势，成为水体中 COD 和氨氮排放量的主要来源。工业水污染主要来自化学工业、造纸印刷业、金属冶炼及压延加工业、电力工业以及在城乡结合处的农产品加工和食品工业等。自 1999 年开始，生活废水排放超过工业废水排放。在空气环境方面，中国的大气污染相当严重。工业废气排放量主要来源于化石能源的燃烧，燃料燃烧占比基本稳定在 59% 左右。化石能源以煤炭、石油为主，煤炭占一次能源消费总量的比重近 68%，因此中国大气污染是煤烟型污染。能源需求与用水量一样，都随经济快速增长和人们生活水平的提高而不断上升。随着能耗增加，排放到大气的污染也在增加。废气中 SO_2 排放量自 1997 年以来一直都远超过国家二级标准所限定的环境容量（1200 万吨/年），而且工业占比近 4 年来连续上升。由于二氧化硫的大量排放，致使我国出现大面积的酸雨，酸雨和二氧化硫污染造成农作物、森林和人体健康等方面的经济损失。大气污染未来的排放水平很大程度上取决于未来的能源消费的趋势。另外，有证据表明，伴随着汽车成为新的消费品之一，机动车开始成为主要城市的重要污染源，这显然也加剧了城市的大气污染状况。在陆地环境方面，固体废物产生量自 1999 年以来稳步增长。固体废物主要可分为生产固体废物和生活垃圾。有证据表明，固体废物排放也主要来源于工业和城市生活。

由于缺乏农业、服务业和生活方面的相关数据，我们这里只计算了中国工业部门的污染系数。其中，2002 年的工业污染系数按单位全口径工业增加值（1990 年不变价）所产生的污染排放量计算，而 2003 年的工业污染系数按单位调查口径工业总产值（当年价）所产生的污染排放量计算。可以发现：可能是由于时段不同，两种口径的工业污染系数存在一定的差异；但两种口径的工业污染系数反映的污染强度相对分布是基本一致的。比如，在工业废水排放中，两种口径的工业污染系数都表明自来水的生产和供给业是高排放行业；在工业废气排放中，电力蒸汽热水生产供应业是最高排放行业；在固体废物排放中，金属矿采选业是最高排放行业。

表 1　　　　　　　　　2002 年、2003 年中国工业污染系数

（单位：万吨/亿元、亿标立方米/亿元）

		2002 年工业污染系数（1990 年不变价）			2003 年调查工业企业污染系数（当年价）		
		废水	废气	固体废物	废水	废气	固体废物
02	#煤炭采选业	117.92	3.03	31.71	20.53	0.64	5.79
03	石油和天然气开采业	23.00	1.83	0.38	3.08	0.22	0.04
04	金属矿采选业	120.57	3.74	62.78	40.76	1.51	24.52
05	非金属矿采选业	28.43	1.17	3.25	47.92	1.94	6.08
06	食品饮料烟草业	13.87	0.29	0.18	17.55	0.41	0.24
07	纺织业	98.72	1.34	0.36	25.88	0.41	0.11
08	服装	8.34	0.13	0.06	10.85	0.21	0.05
09	木材家具	7.37	0.90	0.20	10.18	0.60	0.23
10	造纸印刷等	121.27	1.16	0.39	67.52	1.49	0.25
11	石油加工及炼焦业	138.52	10.66	3.13	6.41	0.01	0.20
12	化学工业	22.62	0.77	0.34	19.96	1.30	0.43
13	非金属矿物制品业	40.55	29.23	1.71	10.09	0.04	0.57
14	金属冶炼及压延加工业	67.20	10.18	5.09	14.08	4.35	1.38
15	金属制品业	19.77	0.98	0.14	7.84	4.54	0.05
16	普通专用设备制造业	7.84	0.26	0.11	4.08	0.13	0.07
17	交通运输设备制造业	11.98	0.80	0.16	3.78	0.04	0.04
18	电气机械及器材制造业	7.02	0.39	0.06	3.16	0.50	0.02
19	电子及通信设备制造业	5.23	0.22	0.02	2.32	0.10	0.01
20	仪器仪表文化办公用机械	8.23	0.23	0.03	3.74	0.25	0.03
21	其他制造业	90.33	3.44	1.15	5.79	1.79	0.03
22	电力蒸汽热水生产供应业	200.22	49.51	15.47	37.99	9.64	3.17
23	煤气的生产和供应业	133.86	13.37	4.23	13.47	1.70	0.50
24	自来水的生产和供应业	183.63	0.46	0.19	211.83	0.19	0.07

说明：2002 年工业污染系数按单位工业增加值（1990 年不变价）的污染排放量计算，而 2003 年工业污染系数则按所调查工业企业单位增加值（当年价）的污染排放量计算。

资料来源：根据《中国环境统计概要（2004）》和《中国统计年鉴（2004）》计算。

尽管中国的经济和环境统计存在严重的问题，比如，COD 和 SO_2 排放量在绝对水平上波动太大，但是，我们在模型中仍然使用了这里表 1 给出的工业污染系数。这也隐含着我们限定只考虑工业污染问题。当

然，这并非意味着可以忽略农业污染问题、生活污染问题和生态污染问题。事实上，现代农业由于广泛使用化肥、农药等化学品投入而对农产品和环境造成很大的污染，而且，在发达国家提高卫生及植物卫生措施（SPS 措施）与技术标准、增加农产品检测项目和标准的条件下，产品中农药和兽药残留超标已成为中国农产品出口受阻的重要原因。不过，根据对农户调查，近 5 年来各种农作物单位面积化肥、农药等化学品的施用量基本保持不变，农业生产中这些化学品投入的价格弹性并不显著。

（3）贸易扭曲按关税等值度量

贸易扭曲按关税等值代替关税度量，目的在于可以反映部分可定量化非关税壁垒的作用机制。

四 中国的贸易自由化进程：情景设计与模拟结果

中国贸易自由化的进程及中国环境污染的动态轨迹，为设计基准情景和贸易自由化模拟方案提供了重要的参考。我们的模拟以 2005 年为基年，估计贸易自由化在 2006—2010 年期间的影响。这里给出研究实验设计的基准情景和贸易自由化情景。

基准情景 一般代表没有政策变动的常态情景（business-as-usual scenario）。就基准情景而言，我们根据 1998—2004 年历史再现模拟决定的技术或偏好变动，隐含地先进行 2005 年的基年预测①，再进行 2006—2010 年期间 GDP、国民收入（GNP）、投资、消费、出口、进口、劳动力和资本等宏观经济指标的基准预测。图 4 显示了作为 2006—2010 年期间基准情景的宏观经济动态轨迹。

基准情景的设定，要以 1998—2004 年实现历史再现的历史模拟和增长源泉分解模拟所决定的技术变动和偏好变动为依据。如前所描述，我们根据 1998—2004 年历史数据，通过宏观经济实际变动率与相应技术或偏好变动率的外生/内生变换，进行了历史模拟和增长源泉分解模拟。关于外生/内生变换的一个比较典型的例子，是在 CD 生产函数条件下

---

① 换言之，我们在编制 1997 年基准均衡数据基础上，根据 2002 年投入产出和 1998—2004 年宏观数据等信息，将基准均衡数据外推到 2005 年。这种外推虽然不能确保 2005 年投入产出核算的真实性，但在尽可能地利用已知信息的前提下确保了基准数据的协调性。

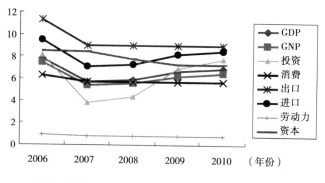

图4　2006—2010 年期间中国宏观经济基准预测

GDP 增长率与全要素生产率增长的变换。在历史模拟中，我们先假设 GDP 外生、全要素生产率内生，根据 GDP 增长率历史数据求出全要素生产率的增长率；在增长源泉分解模拟中，再假设全要素生产率内生、GDP 增长率外生，根据求出的全要素生产率的增长率来求解出 GDP 的增长率，从而通过这样两步实现历史再现。当然，在历史再现模拟过程中，由于函数设定的不同和一般均衡而非局部均衡机制的作用，GDP 增长源泉的分解并非只涉及全要素生产率的变动。通过关于1998—2004 年期间的历史模拟、增长源泉分解模拟，我们先估计了相应的技术或偏好系数，然后利用这些技术或偏好系数进行了1998—2004 年期间的历史再现模拟。

　　基准情景以 2005 年为基年，因此，首先根据1998—2004 年历史再现模拟所决定的技术变动和偏好变动来预测 2005 基年的情景。由于要估计贸易自由化在 2006—2010 年期间的动态影响，因此要进一步进行2006—2010 年的基准预测。

　　表3—表6 提供了 1998—2005 年期间宏观经济、分行业增加值、出口和进口的年平均增长率的历史再现模拟结果，提供了 2006—2010 年期间宏观经济、分行业增加值、出口和进口的年平均增长率的基准预测。其中，GDP 年均增长率在 1998—2005 年期间为 7.8%，在 2006—2010 年期间为 7.3%；居民消费年均增长率在 1998—2005 年、2006—2010 年期间分别为 7.5%、7.0%，投资年均增长率在 1998—2005 年、2006—2010 年期间分别为 8.77%、7.77%；出口年均增长率在 1998—2005 年、2006—2010 年期间分别为 11.3%、10.6%，进口年均增长率在 1998—2005 年、2006—2010 年期间分别为 10%、9.3%；劳动力年均增长率在 1998—2005 年、2006—2010 年期间分别为 0.90%、0.87%，资本年均增长率在

1998—2005 年、2006—2010 年期间分别为 8.29%、8.12%。总体看，2006—2010 年期间，也就是"十一五"计划时期，中国经济仍将保持高速增长，IT 相关的电气电子行业、现代服装业等仍然是中国经济的高增长行业。

贸易自由化情景 根据中国对 WTO 的承诺以及可能的双边自由贸易安排，我们考虑了三类贸易自由化情景，即货物贸易自由化（S1）、服务贸易自由化（S2）、投资便利化（S3）情景。

①货物贸易自由化情景（S1）。货物贸易壁垒按关税等值度量，反映关税和可量化非关税壁垒的综合保护水平。中国 2005 年分行业货物贸易的平均关税水平根据 2005 年关税税则计算；可量化非关税壁垒主要考虑中国加入 WTO 议定书承诺的关税配额，主要涉及农产品、羊毛和化肥。表 2 给出了我们在进行中国—澳大利亚自由贸易协定可行性研究时估计的中国 2005 年关税等值的水平。

表 2 显示：按关税等值度量，2005 年中国货物贸易保护程度较高的是小麦、饮料、糖、服装、汽车及其零件等。结合考虑中国加入 WTO 承诺及可能的双边自由贸易安排，在货物贸易自由化情景，我们假设到 2010 年，关税等值基本上按加入 WTO 承诺进行线性削减，总体水平平均年削减 1.31%。

②服务贸易自由化情景（S2）。服务贸易壁垒主要是非关税壁垒，如市场准入等。服务贸易壁垒的关税等值度量是一个广受争议的问题。由于模型的限制，我们关于服务贸易自由化的情景设计只限于对服务贸易的第三种模式，即商业存在模式进行考虑。这主要涉及政府对外商进入服务行业的诸多限制和干预。一般地，服务贸易自由化将通过增进贸易双方关于服务业投资规则的理解、简化外商投资程序、降低外商进入服务行业门槛等方式减少服务贸易障碍、允许外商适当程度的市场准入，从而极大地促进服务贸易，改善服务行业以及整个社会的生产率，降低投资预期收益率。因此，这里尝试通过按要素生产率提高程度、投资预期收益率降低程度来反映服务贸易自由化。根据相关研究，在服务贸易自由化情景，我们假设到 2010 年，与第三种方式服务贸易相关的自由化将使中国服务业的生产率年均增长 0.3%、投资预期收益率降低 1.5 个百分点。

③投资便利化情景（S3）。与第三种方式服务贸易的自由化类似，投资便利化也通过提高生产率、降低投资预期收益率来反映。根据 Mai， et al.（2005）等相关研究，在投资便利化情景中，我们假设到 2010 年，服务行业的要素生产率将提高 0.12%、外资在中国的预期收益率将降低 0.5 个百分点。

表 2 　　　　中国 2005 年货物贸易的关税等值水平 　　　　（单位：%）

农业、食品工业		制造业	
小麦	30.0	煤炭	4.7
其他谷物	3.0	天然气	6.0
蔬菜水果	5.9	其他矿业	3.0
油脂作物	15.0	纺织	9.7
纤维作物	3.0	服装	16.7
其他农作物	3.1	皮革业	9.0
其他畜产品	5.2	木制品及家具	6.6
羊毛	15.0	造纸印刷业	4.9
林产品	2.2	石油及煤制品	6.3
渔业	12.8	化学工业	9.1
屠宰生肉	12.0	非金属矿制品业	11.0
肉制品	14.0	金属冶炼及压延加工业	6.6
食用油脂	13.0	金属制品业	11.0
乳制品	9.9	汽车及零件	16.3
加工稻谷	10.6	其他运输设备业	7.5
糖	25.0	电气电子业	7.0
其他食品	15.8	机械设备业	8.8
饮料	26.0	其他制造业	13.5

资料来源：根据中国加入 WTO 议定书和 2005 年关税税则计算。

需要指出的是，我们这里关于贸易自由化的情景设计，并没有特别考虑环境规制的贸易自由化含义。如果将环境规制的贸易自由化含义引入情景设计，情况也许会发生很大的变化。

五　贸易自由化对可持续发展的数量影响及其作用机制

在设定 2006—2010 年期间的基准情景和贸易专业化的三个政策变动

情景后，我们应用关于环境的中国 CGE 模型——PRCGEM，就贸易自由化的经济、环境影响进行了模拟。需要强调的是，① 根据 Armington（1969，1970）的研究，贸易发生机制之一就是国内品、进口品和出口品具有异质性，因而具有不完全替代性。在环境经济领域，这种异质性从而不完全替代性的具体标志之一，就是国内品、进口品和出口品在清洁程度或污染程度方面具有差异，不同行业或产品具有不同的污染系数。② 在环境方面，外商投资和国内投资严格讲也具有异质性，外商投资既带来污染转移问题，也带来资源低耗技术和清洁技术。不过，由于数据的限制，我们在模拟中并没有对国产品、进口品和出口品引入不同的污染系数，也没有在关于服务贸易自由化和投资便利化的模拟中对外资引入不同的污染强度假设。

应用 PRCGEM 模型就 2006—2010 年期间贸易自由化对可持续发展影响的模拟结果，见表3—表9。表3给出了贸易自由化对宏观经济增长和相关价格指数的影响。表4、表5、表6分别给出了在行业或产品层次上贸易自由化对 GDP、出口、进口的影响，表7、表8、表9则分别给出了在行业或产品层次上贸易自由化对废水、废气和固体废物的排放量的影响。由于模型模拟结果高度依赖于基准数据和相关假设，因此必须联系假设来看待模拟结果。

1. 贸易自由化的经济影响

（1）宏观经济影响

2006—2010 年期间基准预测和贸易自由化情景的模拟结果（见表3）表明：

①贸易自由化将刺激实际经济活动，促进 GDP 增长，使 GDP 年平均增长率由基准情景的 6.61% 提高到货物贸易自由化情景下的 7.48%、服务贸易自由化情景下的 6.66%、投资自由化情景下的 6.64%，从而使 GDP 年平均增长率在三种情景下分别提高 0.87、0.06、0.04 个百分点。其中，投资年平均增长率在三种情景下分别提高 1.16、0.16、0.03 个百分点，居民消费年平均增长率在三种情景下分别提高 0.50、0.04、0.03 个百分点。

表3　　　　　　　　贸易自由化的宏观经济影响　　　　　　（单位:%）

	1998—2005年	2006—2010年			
	实际平均	基准情景	货物贸易	服务贸易	投资自由化
实际变动率					
GDP	7.80	6.61	7.48	6.66	6.64
GNP	7.45	6.23	6.70	6.28	6.26
投资	8.77	6.17	7.33	6.33	6.21
消费	6.30	5.82	6.32	5.86	5.85
出口	11.30	9.46	11.69	9.47	9.49
进口	9.98	8.12	10.27	8.18	8.13
劳动力	0.90	0.82	0.82	0.82	0.82
资本	8.29	7.86	8.55	7.93	7.88
价格变动率					
GDP缩减指数	-0.92	-0.85	-1.72	-0.85	-0.87
GNP缩减指数	-0.65	-0.53	-1.04	-0.53	-0.55
投资品价格	-0.54	-0.39	-0.85	-0.40	-0.40
CPI	-1.08	-1.00	-1.74	-0.98	-1.01
进口价格	-0.59	-0.35	-1.66	0.03	0.03
出口价格	-0.85	-0.83	-1.77	-0.83	-0.85
贸易条件	-0.92	-0.89	-1.85	-0.89	-0.90
平均工资	7.15	5.73	7.50	5.80	5.76

资料来源：模型基准假设和模拟结果。

②贸易自由化将改善国民福利，促进国民收入（GNP）增长，使GNP年平均增长率由基准情景的6.23%提高到货物贸易自由化情景下的6.70%、服务贸易自由化情景下的6.28%、投资自由化情景下的6.26%，从而使GNP年平均增长率在三种情景下分别提高0.47、0.05、0.03个百分点。

③贸易自由化将直接促进货物和服务的贸易。其结果，一是使出口年平均增长率由基准情景的9.46%提高到货物贸易自由化情景下的11.69%、服务贸易自由化情景下的9.47%、投资自由化情景下的9.49%，从而使出口年平均增长率在三种情景下分别提高2.23、0.01、0.03个百分点；二是使进口年平均增长率由基准情景的8.12%提高到货物贸易自由化情景下的10.27%、服务贸易自由化情景下的8.18%、投

资自由化情景下的 8.13%，从而使进口年平均增长率在三种情景下分别提高 2.15、0.07、0.02 个百分点。在现有的贸易格局下，这意味着货物贸易自由化和投资自由化将使贸易顺差有所扩大，而服务贸易的逆效应不足以改变贸易顺差扩大的趋势。

④贸易自由化将降低生产成本并使国内外消费者获利。贸易自由化使 GDP 缩减指数变动率由基准情景的 -0.85% 进一步下降到货物贸易自由化情景下的 -1.72%、服务贸易自由化情景下的 -0.85%、投资自由化情景下的 -0.87%，使国内消费品价格指数在三种情景下分别平均变动 -0.74、0.02、-0.01 个百分点，使贸易条件在三种情景下分别平均变动 -0.96、0.01、-0.01 个百分点。

（2）行业影响

由于不同的行业具有不同的比较优势，而贸易自由化影响又以比较优势为基础，因此，在贸易自由化进程中，并非所有行业都会获益。一般而言，具有比较优势的行业会获得更大的利益，而需要保护行业如果没有保护则会受损；正因为如此，贸易自由化意味着具有比较优势行业的自由化程度高、保护率变动小，而需要保护行业自由化程度低、保护率变动大。

2006—2010 年期间基准预测和贸易自由化情景分行业的模拟结果（见表 4、表 5、表 6）表明：

①以对 GDP 的影响度量，从贸易自由化中获利最大的行业包括服装业、纺织业、电子电气制造业、其他制造业和建筑业，而农业、食品饮料烟草业、交通运输设备制造业等收益相对小；如果进一步考虑扩大关税配额的影响，农业甚至会受损。

②就对出口的影响而言，服装业、纺织业、电子电气制造业、其他制造业由于比较优势而在贸易自由化进程中增长最快，而农业、采掘业等则在服务贸易进程中甚至会受损。

③就对进口的影响而言，贸易自由化会使初级农产品、食品饮料烟草业、金属制品业、交通运输设备业快速增长，对国内形成一定的冲击，而纺织和服装业由于取消"多纤维协定"也会进行结构转换，扩大现代纺织和服装进口，电力蒸汽热水业甚至出现负增长。

从模拟结果来看，贸易自由化对有些部门的影响与一般预期并不一致。这一方面可能是由于基准数据的问题，另一方面是由于动态效应。动态效应是反映资源配置的静态效应与反映经济规模增长的增长效应的综合，其中增长效应主要来源于投资—资本积累机制、劳动力在部门间转移机制和全要素生产率的变动。在动态效应主导的情况下，模拟结果更多地反映了现实中多因素作用的共同结果，而非如静态效应仅反映资源配置效应。

表4　　　　　　　　　贸易自由化对分行业增加值的影响　　　　　　（单位：%）

	1998—2005 年	2006—2010 年			
	实际平均	基准情景	货物贸易	服务贸易	投资自由化
农业	3.18	2.57	2.97	2.62	2.63
煤炭采选业	7.42	6.30	6.94	6.35	6.33
石油和天然气开采业	8.68	7.27	7.81	7.28	7.31
其他矿业	7.43	5.62	6.38	5.70	5.66
食品饮料烟草业	7.15	6.55	6.64	6.50	6.52
纺织业	8.61	7.39	9.54	7.38	7.42
服装业	10.08	8.11	11.11	8.08	8.13
木材加工业	9.88	8.41	9.46	8.45	8.45
造纸印刷业等	8.20	7.16	7.78	7.21	7.20
石油加工及炼焦业	7.94	6.81	7.33	6.86	6.85
化学工业	8.56	7.66	8.16	7.69	7.70
非金属矿物制品业	8.61	6.53	7.48	6.65	6.57
金属冶炼及压延加工业	8.62	6.90	7.56	6.98	6.94
金属制品业	9.09	7.35	8.28	7.42	7.39
交通运输设备制造业	7.95	6.76	6.91	6.85	6.80
电气电子制造业	12.46	10.63	12.53	10.61	10.67
普通专用设备制造业	7.72	6.02	6.71	6.11	6.06
其他制造业	11.05	9.01	11.23	9.02	9.05
电力蒸汽热水生产供应业	8.37	7.18	7.90	7.25	7.21
煤气的生产和供应业	8.61	7.34	7.99	7.39	7.38
自来水的生产和供应业	8.14	6.96	7.63	7.02	6.99
建筑业	8.76	6.23	7.37	6.39	6.26
贸易业	8.13	6.88	7.72	6.94	6.92
运输邮电业	9.17	8.27	9.06	8.33	8.32
金融业	7.95	6.81	7.50	6.87	6.84
保险业	8.22	7.09	7.89	7.19	7.13

续表

	1998—2005 年	2006—2010 年			
	实际平均	基准情景	货物贸易	服务贸易	投资自由化
公用事业	7.15	6.11	6.74	6.19	6.15
娱乐等服务业	7.91	6.66	7.51	6.74	6.70
房地产业	8.75	7.77	8.15	7.82	7.81
行政	6.47	5.82	6.26	5.87	5.85

资料来源：模型模拟结果。

表 5   贸易自由化对分产品出口的影响   （单位:%）

	1998—2005 年	2006—2010 年			
	实际平均	基准情景	货物贸易	服务贸易	投资自由化
农业	4.35	3.61	4.01	3.56	3.65
煤炭采选业	8.93	7.44	7.85	7.39	7.46
石油和天然气开采业	13.04	10.14	10.59	10.10	10.17
其他矿业	11.63	9.11	10.03	9.12	9.15
食品饮料烟草业	9.37	8.20	9.18	7.81	7.87
纺织业	7.91	6.37	8.01	6.34	6.38
服装业	11.70	8.68	12.38	8.64	8.70
木材加工业	12.96	10.77	12.11	10.76	10.82
造纸印刷业等	11.65	9.74	10.63	9.73	9.78
石油加工及炼焦业	4.84	4.06	4.36	4.06	4.07
化学工业	12.88	10.70	12.05	10.69	10.74
非金属矿物制品业	8.07	6.65	7.58	6.68	6.68
金属冶炼及压延加工业	10.38	8.53	9.53	8.55	8.56
金属制品业	11.93	9.64	11.12	9.67	9.68
交通运输设备制造业	10.68	8.79	9.71	8.81	8.83
电气电子制造业	14.83	11.96	14.37	11.93	12.00
普通专用设备制造业	6.93	5.77	6.53	5.78	5.79
其他制造业	13.69	10.30	13.40	10.28	10.33
电力蒸汽热水生产供应业	14.98	12.37	13.55	12.74	12.43
煤气的生产和供应业	12.81	10.48	10.90	10.46	10.54
自来水的生产和供应业	13.83	11.94	12.77	11.98	12.01
建筑业	11.49	8.81	9.89	8.93	8.86

续表

	1998—2005 年	2006—2010 年			
	实际平均	基准情景	货物贸易	服务贸易	投资自由化
贸易业	10.47	8.90	9.57	8.96	8.95
运输邮电业	11.99	10.68	11.48	10.77	10.73
金融业	11.17	9.59	10.42	9.72	9.65
保险业	11.88	10.25	10.85	10.39	10.31
公用事业	10.14	8.49	9.12	8.62	8.54
娱乐等服务业	10.69	8.85	9.82	8.99	8.89
房地产业	12.28	10.79	11.42	10.86	10.83
行政	8.91	7.46	7.41	7.49	7.50

资料来源：模型模拟结果。

表 6 贸易自由化对分产品进口的影响 （单位：%）

	1998—2005 年	2006—2010 年			
	实际平均	基准情景	货物贸易	服务贸易	投资自由化
农业	7.46	5.31	9.21	5.08	5.01
煤炭采选业	8.01	7.61	9.22	7.77	7.66
石油和天然气开采业	3.96	4.06	4.29	4.10	4.07
其他矿业	7.30	7.36	8.48	7.50	7.40
食品饮料烟草业	10.31	7.37	13.50	7.43	7.39
纺织业	11.99	9.45	12.63	9.47	9.48
服装业	10.40	8.04	10.64	8.13	8.06
木材加工业	11.02	8.20	10.86	8.32	8.22
造纸印刷业等	10.05	8.01	9.79	8.09	8.03
石油加工及炼焦业	9.91	9.11	10.06	9.17	9.14
化学工业	8.80	7.46	9.94	7.52	7.48
非金属矿物制品业	11.48	9.08	11.62	9.17	9.10
金属冶炼及压延加工业	9.67	7.82	9.58	7.92	7.85
金属制品业	9.70	7.78	11.15	7.89	7.80
交通运输设备制造业	10.57	7.21	11.02	7.34	7.22
电气电子制造业	10.61	8.86	10.69	8.91	8.89
普通专用设备制造业	10.20	7.96	9.62	8.08	7.99
其他制造业	9.35	7.23	9.96	7.35	7.25

续表

	1998—2005 年	2006—2010 年			
	实际平均	基准情景	货物贸易	服务贸易	投资自由化
电力蒸汽热水生产供应业	8.22	7.36	7.11	7.00	7.34
煤气的生产和供应业	11.05	9.75	10.05	9.89	9.74
自来水的生产和供应业	9.31	7.62	7.75	7.69	7.60
建筑业	11.09	8.61	9.25	8.73	8.61
贸易业	9.89	8.51	8.70	8.54	8.51
运输邮电业	8.19	6.97	7.26	6.98	6.98
金融业	10.18	8.77	8.98	8.74	8.77
保险业	9.16	7.71	8.42	7.70	7.72
公用事业	10.22	8.98	9.49	8.97	8.99
娱乐等服务业	10.84	9.48	9.87	9.45	9.49
房地产业	16.45	13.96	14.61	14.03	14.00
行政	7.33	6.86	7.34	6.90	6.88

资料来源：模型模拟结果。

2. 贸易自由化的环境影响

在环境污染意义上，不同行业也具有不同的比较优势，即具有不同的污染系数；一般地，资本密集性行业往往也是高污染行业，而劳动密集型行业则相对自然和清洁。而且，出口品、进口品和国产品在环境污染意义上具有异质性，因此不同行业的进口品、出口品和国产品应该也具有不同的污染系数。由于资源禀赋、技术水平和发展阶段的差异，有的国家和地区（主要是发达国家和地区）在资本密集的同时也是高污染行业具有比较优势，而其他一些国家（主要是发展中国家和地区）在劳动密集的同时也是相对清洁行业则具有比较优势。为了提高效率和实现规模经济，具有不同比较优势的国家和地区在国际贸易格局中将逐步实现专业化分工，从而通过国际贸易实现具有不同污染程度的货物在国家之间的流动和转移。从国际贸易和产业转移来看，一般的趋势是发达国家将资本密集的高污染产业转移到劳动密集的发展中国家，并向发展中国家提供相应的环境不友好的过时技术；同时，由于发达国家收入高、环境支付意愿强，因此环境标准也高，从而导致发展中国家在环境产品和服务的贸易和投资上处于不利地位。总之，研究贸易自由化的环境影

响，应该承认并非所有国家都能同样地专业化于清洁货物生产以及绿色
服务和投资。不过，我们这里进行的模拟先没有考虑贸易品与国产品在
环境标准和服务上的异质性，没有考虑外资和内资在环境污染强度上的
异质性。

2006—2010 年期间基准预测和贸易自由化情景分行业环境影响的模
拟结果（见表7、表8、表9）表明：

①就对废水排放量的影响而言，货物贸易自由化将引致自来水生产
和供给业、服装业、其他制造业、木材家具业的排放状况进一步加剧，
而非金属矿采选业、化学工业、造纸印刷业、石油加工炼焦业等高污染
行业的污染状况略有改善。比如，与基准情景比较，货物贸易自由化使
自来水生产和供给业的废水排放增长率由增长469%加速到平均增长
514%，提高45个百分点，服装业、其他制造业、木材家具业废水排放
量平均增长率分别提高28.22、21.09、9.88个百分点；同时，货物贸易
自由化使非金属矿采选业、石油加工炼焦业、造纸印刷业、化学工业的
废水排放量平均增长率分别降低5.25、0.66、0.49、0.47个百分点。服
务贸易自由化和投资便利化情景并没有使这种格局发生逆转。

②就对废气排放量的影响而言，货物贸易自由化将引致服装业、电
气机械及器材制造业、仪器仪表文化业、自来水的生产和供应业的废气
排放量增长率加快，使其他制造业、非金属矿采选业、非金属矿物制品
业、金属制品业的排放状况略有改善。与基准情景比较，货物贸易自由
化使服装业的废气排放由增长96.60%加速到平均增长132.46%，提高
35.86个百分点，电气机械及器材制造业、仪器仪表文化业、自来水的
生产和供应业的废气排放量平均增长率分别提高31.47、17.63、12.14
个百分点；同时，货物贸易自由化使其他制造业、非金属矿采选业、非
金属矿物制品业、金属制品业的废气排放量平均增长率分别降低25.78、
5.09、3.36、2.74个百分点。服务贸易自由化和投资便利化情景没有使
这种格局发生逆转。

表7　　　　　　　　　　废水排放量变动率　　　　　　　（单位：%）

		2002—2003 年	2006—2010 年			
			基准情景	货物贸易	服务贸易	投资自由化
02	#煤炭采选业	-7.96	-1.98	-2.18	-1.99	-1.99
03	石油和天然气开采业	2.92	0.91	0.98	0.91	0.92

续表

		2002—2003 年	2006—2010 年			
			基准情景	货物贸易	服务贸易	投资自由化
04	金属矿采选业	-18.83	-2.89	-3.28	-2.93	-2.91
05	非金属矿采选业	114.69	-38.78	-44.03	-39.35	-39.05
06	食品饮料烟草业	26.12	8.32	8.44	8.26	8.28
07	纺织业	33.87	11.64	15.01	11.62	11.68
08	服装	236.66	76.01	104.23	75.75	76.21
09	木材家具	255.12	79.45	89.33	79.85	79.83
10	造纸印刷等	-15.90	-5.70	-6.19	-5.73	-5.73
11	石油加工及炼焦业	-35.56	-8.58	-9.23	-8.64	-8.62
12	化学工业	-24.81	-7.15	-7.62	-7.18	-7.19
13	非金属矿物制品业	13.47	3.13	3.58	3.18	3.15
14	金属冶炼及压延加工业	-24.56	-3.16	-3.46	-3.20	-3.18
15	金属制品业	89.49	6.02	6.79	6.08	6.05
16	普通专用设备制造业	30.57	5.37	5.98	5.44	5.40
17	交通运输设备制造业	53.35	10.91	11.14	11.05	10.97
18	电气机械及器材制造业	97.39	37.38	44.07	37.33	37.52
19	电子及通信设备制造业	91.93	31.49	37.14	31.46	31.62
20	仪器仪表文化办公用机械	157.54	21.60	26.91	21.62	21.68
21	其他制造业	-76.22	85.78	106.87	85.88	86.11
22	电力蒸汽热水生产供应业	10.33	5.33	5.86	5.38	5.35
23	煤气的生产和供应业	-18.25	-3.20	-3.48	-3.22	-3.22
24	自来水的生产和供应业	779.32	469.02	514.22	473.09	471.47
X	生活	6.33	1.70	1.74	1.55	1.54

资料来源：模型模拟结果。

表 8   **废气排放量变动率**   （单位：%）

		2002—2003 年	2006—2010 年			
			基准情景	货物贸易	服务贸易	投资自由化
02	#煤炭采选业	11.5	2.85	3.14	2.87	2.86
03	石油和天然气开采业	-6.7	-2.10	-2.26	-2.10	-2.11
04	金属矿采选业	-3.3	-0.50	-0.57	-0.51	-0.50
05	非金属矿采选业	111.2	-37.59	-42.68	-38.14	-37.85

续表

		2002—2003 年	2006—2010 年			
			基准情景	货物贸易	服务贸易	投资自由化
06	食品饮料烟草业	39.8	12.69	12.86	12.59	12.63
07	纺织业	57.5	19.76	25.48	19.72	19.82
08	服装	300.7	96.60	132.46	96.26	96.84
09	木材家具	72.9	22.71	25.53	22.82	22.82
10	造纸印刷等	94.0	33.66	36.58	33.87	33.85
11	石油加工及炼焦业	-99.2	-23.93	-25.76	-24.10	-24.06
12	化学工业	43.8	12.62	13.46	12.67	12.69
13	非金属矿物制品业	-99.4	-23.09	-26.45	-23.51	-23.22
14	金属冶炼及压延加工业	53.6	6.90	7.55	6.97	6.94
15	金属制品业	-45.2	-21.53	-24.26	-21.75	-21.64
16	普通专用设备制造业	27.7	4.86	5.41	4.93	4.89
17	交通运输设备制造业	-73.6	-15.05	-15.38	-15.25	-15.15
18	电气机械及器材制造业	457.8	175.70	207.17	175.49	176.38
19	电子及通信设备制造业	90.9	25.34	29.87	25.30	25.43
20	仪器仪表文化办公用机械	523.1	71.70	89.34	71.80	71.99
21	其他制造业	93.1	-104.82	-130.59	-104.95	-105.23
22	电力蒸汽热水生产供应业	13.2	6.81	7.50	6.88	6.84
23	煤气的生产和供应业	3.6	0.62	0.68	0.63	0.63
24	自来水的生产和供应业	209.4	125.99	138.13	127.09	126.65

资料来源：模型模拟结果。

表9　　　　　　　　　　　　固体废物产生量变动率　　　　　　　　　　（单位：%）

		2002—2003 年	2006—2010 年			
			基准情景	货物贸易	服务贸易	投资自由化
02	#煤炭采选业	-3.42	-0.85	-0.94	-0.86	-0.85
03	石油和天然气开采业	-10.70	-3.34	-3.59	-3.34	-3.36
04	金属矿采选业	-6.22	-0.96	-1.08	-0.97	-0.96
05	非金属矿采选业	138.34	-46.78	-53.11	-47.46	-47.10
06	食品饮料烟草业	33.84	10.79	10.93	10.70	10.73
07	纺织业	48.65	16.72	21.57	16.69	16.77
08	服装	129.32	41.54	56.96	41.39	41.64

		2002—2003 年	2006—2010 年			
			基准情景	货物贸易	服务贸易	投资自由化
09	木材家具	195.17	60.78	68.34	61.08	61.07
10	造纸印刷等	-2.35	-0.84	-0.91	-0.85	-0.85
11	石油加工及炼焦业	-12.06	-2.91	-3.13	-2.93	-2.92
12	化学工业	6.25	1.80	1.92	1.81	1.81
13	非金属矿物制品业	53.24	12.36	14.16	12.59	12.43
14	金属冶炼及压延加工业	-2.11	-0.27	-0.30	-0.27	-0.27
15	金属制品业	58.25	27.74	31.27	28.03	27.89
16	普通专用设备制造业	64.95	11.40	12.70	11.56	11.47
17	交通运输设备制造业	15.68	3.21	3.28	3.25	3.23
18	电气机械及器材制造业	64.86	24.89	29.35	24.86	24.99
19	电子及通信设备制造业	122.03	33.99	40.08	33.95	34.13
20	仪器仪表文化办公用机械	409.20	56.10	69.89	56.17	56.32
21	其他制造业	-89.96	101.24	126.14	101.37	101.64
22	电力蒸汽热水生产供应业	19.17	9.89	10.89	10.00	9.94
23	煤气的生产和供应业	-4.33	-0.76	-0.83	-0.76	-0.76
24	自来水的生产和供应业	193.55	116.48	127.71	117.49	117.09

资料来源：模型模拟结果。

③就对固体废物排放量的影响而言，货物贸易自由化将引致其他制造业、服装业、仪器仪表文化办公用机械业、自来水的生产和供应业的固体废物排放量增长率加快，使非金属矿采选业、石油和天然气开采业、金属矿采选业的固体废物排放状况略有改善。与基准情景比较，货物贸易自由化使其他制造业、服装业、仪器仪表文化办公用机械业、自来水的生产和供应业的固体废物排放量平均增长率分别提高 34.90、15.42、13.79、11.22 个百分点；同时，货物贸易自由化使非金属矿采选业、石油和天然气开采业、石油加工及炼焦业、金属矿采选业的固体废物排放量平均增长率分别降低 6.33、0.25、0.22、0.13 个百分点。服务贸易自由化和投资便利化情景没有使该格局发生逆转。

正如前面所指出，由于没有考虑外商投资与国内投资在环境污染强度方面的差异，因此这里进行的关于第三种模式服务贸易自由化和投资便利化对环境影响的估计是非常保守的。不过，夏友富（1999）的相关研究提供了一个很好的起点。

3. 贸易自由化对可持续发展影响的作用机制

关于贸易自由化对经济影响的作用机制，普遍的共识是贸易自由化导致贸易条件改善，贸易自由化诱发了更充分的竞争并且利于在更大的市场上实现规模经济和生产率水平提高，比较优势将促使产业进一步提高专业化水平、实现资源更有效配置。严格的数学推理可以将贸易自由化的影响分解为国内需求、进口渗透和出口扩张的综合效应。基本的结论是，贸易自由化在促进经济发展的同时，也由于促进专业化而有可能诱致收入差距扩大。不过，这里不准备就此展开；相反，我们将集中研究贸易自由化对环境影响的作用机制。

自 Grossman & Krueger（1993）进行的关于北美自由贸易协定（NAFTA）的环境影响的研究开始，一般把贸易作用于环境的机制分解成三个互相作用的组成部分，即：结构效应、规模效应和技术效应。

结构效应　源于国际贸易引致的专业化和结构调整，指贸易自由化通过影响经济结构调整而造成的环境影响。贸易自由化促进专业化分工，导致各国更依赖于自己的禀赋优势参与国际竞争，从而推动各国经济结构的调整。贸易自由化既可能加速一个国家的产业结构由污染严重的资本密集型第二产业主导向污染较轻的第三产业主导转变，对其环境带来巨大的改善；也可能促使一个国家过度地发展资源出口产业和污染严重的产业，造成环境的恶化。许多发展中国家为了发展而扩大其自然资源出口，但国际贸易小国行为决定了其原材料价格不可能充分考虑其环境成本。如果一个国家或地区扩大比较清洁或"绿色"货物的出口，抑制污染相对严重货物的进口，那么贸易自由化将对当地环境产生净正面效应；反之，如果一个国家或地区不能扩大比较清洁或"绿色"货物的出口，但同时又不得不扩大污染相对严重货物的进口，那么贸易自由化将对当地环境产生净负面效应。结构效应反映了贸易自由化通过引致具有不同环境含量因而具有不同比较优势的行业或产品进行结构调整而导致环境变动这样一种机制。

规模效应　源于在给定生产结构和污染系数情况下经济活动的增长，指由于贸易自由化导致的经济规模的变化所造成的环境影响。一般认为，贸易自由化会促进经济增长和经济规模扩大。在生产结构和污染系数不变情景下，经济增长既会导致资源的过度开发和污染的过度排放，从而对环境造成更大压力；也会带来国民财富的增加，使得人们生活水平提高，改善环境的意识和努力程度增加。规模效应反映了贸易自由化通过引致总体经济增长而导致环境变动这样一种机制。

技术效应 源于随收入增长和环境规制增强而引致的每单位产出污染产生量（即污染系数）的变动。在生产结构和污染系数不变情景下，经济增长总会导致污染物产生量增长这样的规模效应是很令人沮丧的；但现实中令人乐观的另一面则是由经济增长引致的收入增长会促进对更清洁环境的需求。一般地，随着收入的增长，经济主体对更清洁产品的支付意愿会提高。因此，如果政治决策没有被污染产业所俘获，政府没有与污染产业的不作为进行妥协，那么一般可以预期，随着收入增长，环境标准和税收政策会强化，以降低单位产出的污染物。贸易自由化加速了各国间的技术流动。新技术往往带来生产效率的提高，使得在同样产出的情况下，使用更少的投入和排放更少的污染；但贸易自由化同时也拓宽了过时、有害技术和工艺的转移渠道，这样的例子在发达国家向发展中国家的技术转移中并不鲜见。技术效应反映了贸易自由化通过引致收入增长而导致污染系数变动这样一种机制。

另外，贸易自由化还通过产品效应和规制效应而影响环境。贸易自由化可以促进创新品的流动和垃圾转移，发生产品效应；同时，贸易自由化也可以对一国的环境规制造成影响，既推动一国改善环境管理、加强环境措施和提高环境标准，增强其改善环境的效果，又以国际贸易规则限制一国根据本国情况实施环境政策的自由和能力。

贸易作用于环境的最终影响取决于结构效应、规模效应和技术效应的组合而非任何单独效应。任何环境污染物的产生量 QPE 都可以数学方式表示为如下数学形式：

$$QPE = \sum_i QPE_i = \sum_i Y * \left(\frac{Y_i}{Y}\right) * \left(\frac{QPE_i}{Y_i}\right) = Y \sum_i (SY_i * EC_i) \qquad (1)$$

其中，Y 表示总产出（增加值）、$SY_i\left(-\dfrac{Y_i}{Y}\right)$ 表示为分行业或产品 i 产出（增加值）的结构比重、$EC_i\left(=\dfrac{QPE_i}{Y_i}\right)$ 表示为分行业或产品 i 的污染系数，即行业或产品 i 单位产出产生的污染量。由此不难推导出相应环境污染物的产生量的变动率 QPE 为：

$$QPE = y + \sum_i SE_i * (y_i - y) + \sum_i SE_i * (QPE_i - y_i) \qquad (2)$$

其中，y 表示总产出（增加值）的变动率、$SE_i \left(\dfrac{QPE_i}{QPE} \right)$ 表示为分行业或产品 i 的环境污染物的结构比重、y_i 表示分行业或产品 i 的总产出（增加值）的变动率，QPE_i 表示分行业或产品 i 的环境污染物产生量的变动率。显然，贸易自由化引致的环境污染物产生量的变动率，是规模效应（y）、结构效应（$\sum_i SE_i * (y_i - y)$）、技术效应（$\sum_i SE_i * (QPE_i - y_i)$）的组合。

根据环境污染物产生量变动率的分解方程（2），我们就 2006—2010 年期间基准情景和货物贸易自由化情景两种情况下中国工业污染排放量的变动率进行了分解，分解结果见表 10。

表 10   **2006—2010 年工业污染排放量变动率的分解**

	变动率及分解	废水排放量	废气排放量	固体废物排放量
基准情景	变动率（%）	3.58	0.28	1.89
	规模效应	7.44	7.44	7.44
	结构效应	− 0.70	− 0.87	− 1.31
	技术效应	− 3.17	− 6.29	− 4.24
贸易自由化影响	变动率（%）	5.01	0.58	2.64
	规模效应	8.31	8.31	8.31
	结构效应	− 0.37	− 0.54	− 1.04
	技术效应	− 2.93	− 7.19	− 4.63

资料来源：模型模拟结果。

分解结果表明：

①货物贸易自由化导致废水排放量年均增长率由基准情景的 3.58% 提高到货物贸易自由化情景下的 5.01%，提高 1.44 个百分点。其中，规模效应贡献 0.87 个百分点，结构效应贡献 0.33 个百分点，技术效应贡献 0.24 个百分点。因此，由货物贸易自由化导致的规模效应、结构效应、技术效应共同加剧了废水排放量的增长；由货物贸易自由化导致的废水排放量年均增长率提高的百分点大于导致的 GDP 年均增长率提高的百分点，因此意味着单位 GDP 废水排放边际强度增强。

②货物贸易自由化导致废气排放量年均增长率由基准情景的 0.28% 提高到货物贸易自由化情景下的 0.58%，提高 0.30 个百分点。其中，规模效应贡献 0.87 个百分点，结构效应贡献 0.33 个百分点，技术效应

贡献 -0.90 个百分点。因此,在货物贸易自由化情景下,尽管技术效应可以全部对冲规模效应,但并不能对冲规模效应和结构效应的共同作用;与由货物贸易自由化导致 GDP 提高 0.87 个百分点比较,废气排放边际强度下降。

③货物贸易自由化导致固体废物排放量年均增长率由基准情景的 1.89% 提高到货物贸易自由化情景下的 2.64% ,提高 0.75 个百分点。其中,规模效应贡献 0.87 个百分点,结构效应贡献 0.27 个百分点,技术效应贡献 -0.39 个百分点。因此,在货物贸易自由化情景下,尽管技术效应可以全部对冲结构效应,但并不能对冲规模效应和结构效应的共同作用;与由货物贸易自由化导致 GDP 提高 0.87 个百分点比较,固体废物排放边际强度略微下降。

因此,基本结论可以概括为:a. 在环境规制力度不变条件下,贸易自由化会在规模效应和结构效应的共同作用下导致环境污染排放增强。其中,规模效应是影响环境退化的根本因素,结构效应对环境变化起辅助作用,规模效应和结构效应共同主导了贸易自由化通过促进经济增长而使废水、废气和固体废物排放量进一步增长。b. 技术效应是促进环境改善的主导因素,可以对冲规模效应或结构效应从而对环境变动发挥积极作用,但技术效应并不足以抵消规模效应和结构效应的共同影响。在贸易自由化情景下,虽然与环境规制密切关联的技术效应没有扭转规模效应和结构效应对废气、固体废物排放量的影响,但却在相当程度上遏制了废气、固体废物排放量的增长;如果没有环境规制的配合使技术效应对冲规模效应和结构效应,贸易自由化就会在古典比较优势居主导地位的情况下导致环境进一步退化。

这一结论似乎具有一定的普遍性意义。Copeland & Taylor (1994) 在研究具有不同污染强度的南北两组国家的贸易自由化的环境影响时证明:在环境只是国内问题的条件下,如果环境质量需求较收入增长快,技术效应理论上是可以抵消规模效应的,但不可能抵消规模效应和消极的结构效应。Copeland & Taylor (1995) 进一步研究指出:在环境是全球性而非只是国内问题的条件下,贸易自由化会导致全球污染排放进一步增长。Chichilnisky (1994) 进一步将产权与资源管理和环境标准联系起来,解释为什么南北两方在环境方面具有不同的比较优势。WTO 在其专题研究"贸易与环境"中因此概括说:贸易自由化可以使发达国家的环境改善,但却会使发展中国家的环境问题进一步恶化;这一结果几乎是定义性的（definitional）。因为关于贸易与环境关系的相关研究都基于环境标准和资源管理方面的比较优势理论，假设不同行业、地区或国家在环境方面具有异质性，或者说具有不同的污染系数，这与古典关于劳动和资本方面的比较优势有异曲同工之妙。

六　若干政策含义

本研究在把握中国在 WTO 后过渡期的贸易自由化承诺的基础上，通过拓展和应用中国 PRCGEM 模型，就贸易自由化对可持续发展的影响进行了模拟和分析。由于数据的可得性和 CGE 模型本身的局限性，我们关于贸易自由化对可持续发展影响的估计和分析必须谨慎对待。尽管如此，研究结果还是具有一定的政策含义。

第一，在环境规制力度保持不变条件下，中国在 WTO 后过渡期承诺推进的贸易自由化会导致环境污染排放增强。一方面，规模效应和结构效应共同主导了贸易自由化通过经济增长和结构调整而使废水、废气和固体废物排放量进一步增长。其中规模效应起决定性作用，而结构效应起辅助性或几乎是中性的作用。另一方面，与环境规制相联系的技术效应尽管可以对环境改善具有显著性影响，可以对冲规模效应或结构效应从而对环境变动发挥积极作用，但技术效应并不足以抵消规模效应和负面结构效应的共同影响。因此，如果不与环境规制相结合，中国在 WTO 后过渡期承诺推进的贸易自由化有可能会导致污染排放进一步增长。

需要强调的是，在贸易自由化情况下，如果环境规制力度保持不变，贸易自由化中古典比较优势较环境比较优势居主导地位，环境污染问题会进一步恶化；这只是贸易与环境"故事"的一个方面。问题的另一方面是，如果结合考虑环境规制，贸易自由化还会导致环境污染问题进一步恶化吗？就中国现实情况而言，正如中国环境变动和工业污染强度系数的动态趋势所表明，伴随着中国经济的发展和改革开放，中国环境规制增强，工业污染强度系数下降。Dessus & Bussolo（1998）的经验研究表明：如果通过环境规制将环境外部性内在化，贸易自由化就既可以改善环境，又可以增进经济增长和社会福利。Lee & Roland-Holst（1997）的经验研究则进一步表明，由贸易自由化引致的收入增长在支付环境规制费（如环境税）后还有剩余，因此，贸易自由化与环境规制的合理协调原则上完全可以既促进经济增长、又改善环境质量。郑玉歆、樊明太、张友国（2002）关于环境规制对贸易影响的研究表明，如果与有效的环境规制结合，贸易自由化可以成为实现经济增长和环境保护、促进可持续发展的一个必要手段。

第二，贸易自由化与环境规制结合包括两层含义。一是要强化贸易自由化中的环境因素，在WTO规则和多边环境协议中强化环境相关的贸易机制，促进环境产品和服务的贸易自由化。特别地，为了维护国内市场秩序，保护人民健康和环境，应参考国际规范，建立自己的环境壁垒体系。坚决禁止严重污染环境产品包括危险废弃物和国外淘汰的严重污染环境的产品、技术和设备的进口，加强进口商品检验和检疫力度，防止危害人民安全的产品进入中国市场。二是要加强环境规制中贸易自由化的作用，在WTO规则和多边环境协议中，既坚持自主制定和实施环境规制政策的权利，坚持发达国家向发展中国家提供可持续发展的财政和技术援助的义务，又积极主动地在推进环境规制的国际合作中参与贸易自由化进程。

第三，在科学发展观意义上，中国的贸易自由化进程必须与环境规制进行协调和综合决策。在环境规制力度保持不变条件下贸易自由化会导致污染排放扩张这一结果表明，中国不能过分追求贸易自由化，而忽略其环境代价；中国的贸易自由化进程必须有利于中国的环境保护和可持续发展。同时，环境规制不仅是保护环境和可持续发展的需要，也是国际贸易自由化的一个重要组成部分。在中国加入WTO以来，中国面临着日益增加的与环境有关的技术性贸易壁垒。如果不实施适宜的环境政策和可持续发展战略，贸易自由化就会成为政策和市场失败的放大器；而且，中国的对外开放也会因此受到限制。为了在对外贸易的增长中实现环境保护的目的，中国需要不断提高环境标准，完善环境法规，加强环境管理。

第四，为了推进贸易自由化进程，中国需要跟踪国外环境壁垒动态，加强贸易自由化环境影响的能力建设和信息共享。

参考文献

[1] 李善同、翟凡等：《加入WTO对中国环境的影响》，第三届中国环境与发展国际合作委员会第一次会议"世贸组织与环境"课题组2002年报告。

［2］林汉川、田东山：《国际绿色贸易壁垒及其突破对策探析》，《经济研究参考》2002 年版。

［3］［瑞典］托马斯·安德森等著：《环境与贸易——生态、经济、体制和政策》，清华大学出版社 1998 年版。

［4］夏友富：《外商投资中国污染密集型产业现状、后果及其对策研究》，《管理世界》1999 年第 3 期。

［5］郑玉歆、樊明太等著：《中国 CGE 模型及政策分析》，社会科学文献出版社 1999 年版。

［6］郑玉歆、樊明太、张友国：《WTO 条件下中国贸易与环境的协调发展：基于中国 CGE 模型的总体分析》，国家社科基金项目（00BJY083）研究报告 2002 年。

［7］郑玉歆、马纲：《环保目标对经济发展影响一般均衡分析》，郑玉歆主编：《环境影响的经济分析——理论、方法与实践》，社会科学文献出版社 2001 年版。

［8］国家统计局人口和社会科技统计司：《中国环境统计概要》，中国统计出版社 2004 年版。

［9］国家统计局工业交通统计司：《中国工业经济统计年鉴》，中国统计出版社 2003 年版。

［10］国家统计局：《中国统计年鉴》，中国统计出版社 1998、2003、2004 和 2005 年版。

［11］Adams, Philip, Mark Horridge, Brian R. Parmenter and Xiao-Guang Zhang, Longrun Effects on China of APEC Trade Liberalisation, *Pacific Economic Review*, Vol. 5（1）, February 2000, 15—48.

［12］Anderson, K., and R. Blackhurt. *The Greening of World Trade Issues*, Ann Arbor: University of Michigan Press. 1992.

［13］Anderson, K., Will Martin and Dominique Van der Mensbrugghe, China, the WTO and the Doha Agenda, University of Adelaide Center for International Economic Studies Discussion Paper No. 0702, 2007.

［14］Anderson, K. and Martin, W. eds. *Agricultural Trade Reform and the Doha Development Agenda*, Palgrave Macmillan and the World Bank, 2006.

［15］Beghin, John, David Roland-Holst and Dominique vander Mensbrugghe, A Survey of the Trade and Environment Nexus: Global Dimensions, *OECD Economic Studies* 23, 1994, 167—192.

［16］Beghin, John, David Roland-Holst, and Dominique van der Mensbrugghe, Trade Liberalization and the Environment in the Pacific Basin: Coordinated Approaches to Mexican Trade and Environment Policy, *American Journal of*

Agricultural Economics, 77 (3), 1995, 778—785.

[17] Beghin, John, Sébastien Dessus, David Roland-Host and Dominique vander Mensbrugghe, General Equilibrium Modelling of Trade and The Environment, Technical Papers, No. 116, OECD Development Centre, Paris, September. , 1996.

[18] Beghin, John, Brad Bowland, and Sébastien Dessus, David Roland-Holst, and Dominique van der Mensbrugghe, Trade Integration, Environmental Degradation and Public Health in Chile: Assesing the Linkages, *Environment and Development Economics*, 2002.

[19] Chichilnisky, G. , North-South Trade and the Global Environment, *American Economic Review*, Sep. , 1994, pp. 851—874.

[20] Copeland, B. and Scott Taylor, North-South Trade and the Environment, *Quarterly Journal of Economics*, Aug. 1994, pp. 755—787.

[21] Copeland, Brian and Scott Taylor, Trade and Transboundary Pollution, *American Economic Review*, Vol. 85 (4), 1995, pp. 716—737.

[22] Cropper, Maureen, and Wallace Oates, Environmental Economics: A Survey, *Journal of Economic Literature*, June 1992.

[23] Dean, Judith M, Trade and the Environment: A Survey of the Literature, in Low, Patrick, ed. , *International Trade and the Environment*, World Bank Discussion Papers, No. 159, WorldBank, 1992, . pp. 15—28.

[24] Dean, Judith, Does Trade Liberalization Harm the Environment? A New Test, *Canadian Journal of Economics*, Vol. 35, 2002, 819—842.

[25] Dessus, Sébastien, David Roland-Holst, and Dominique Vander Mensbrugghe, Input-Based Pollution Estimates for Environmental Assessment in Developing Countries, Technical Papers No. 101, OECD Development Centre, Sep. , 1994.

[26] Dessus, Sebastien and Maurizio Bussolo, Is there a trade-off between Trade Liberalization and Pollution Abatement? A Computable general equilibrium assessment applied to Costa Rica, *Journal of Policy Modeling*, Vol. 20, 1998.

[27] Fan, Mingtai and Yuxin Zheng. China's tariff reductions and WTO accession: A computable general equilibrium analysis, in Llyod, Peter and Xiaoguang Zhang, Models of the Chinese Economy, Edward Elgar Publishing, 2001.

[28] Grossman, Gene, and Alan Krueger, Environmental Impacts of a North American Free Trade Agreement, in Garber, Peter M. , ed. , *The Mexico-U. S. Free Trade Agreement*, Cambridge and London: MIT Press, 1993, pp. 13—56.

[29] Ianchovichina, Elean and Will Martin, Trade Impacts of China's World Trade Organization Accession, *Asian Economic Policy Review*, Vol. 1, 2006,

pp. 45—65.

[30] Lee, Hiro and David Roland-Holst, The environment and welfare implications of trade and tax policy, *Journal of Development Economics*, Vol. 52 (1), 1997, pp. 65—82.

[31] Mai, Yinhua, P. Adams, Mingtai Fan, et al, Modelling the potential benefits of an Australia-China Free Trade Agreement, the official document to the Australia Department of Foreign Affairs and Trade and the China's Ministry of Commerce, 2005, see http：//www. dfat. gov. au/geo/china/fta/modelling_ benefits. doc。

[32] Martin, Paul, et al, The Industrial Pollution Projection System：Concept, Initial Development, and Critical Assessment, Mimeo, The World Bank, 1991.

[33] OECD, *The Environmental Effects of Trade*, Paris：OECD, 1994.

[34] Perroni, Carlo and Randall M. Wigle, 1994. International Trade and Environmental Quality：How Important Are the Linkages?, *Canadian Journal of Economics*, Canadian Economics Association, Vol. 27 (3), pp. 551—567.

[35] World Bank, *China：Issues and Options in Greenhouse Gas Emission Control*, 1994.

[36] WTO, *Trade and Environment*, World Trade Organization, 1999.

[37] Xie, Jian, and Sidney Saltzan, An Environmental Computable General-Equilibrium Approach for Developing Countries , *Journal of Policy Modeling*, Vol. 22, No. 4, 2000, pp. 453—489.

全球化：中国林产品的国际贸易与生态环境保护

孙昌金　陈立桥　陈立俊

【内容提要】　随着经济全球化的发展，中国的林产工业与贸易得到了前所未有的迅猛发展，现已成为世界林产工业制造大国和林产品贸易大国，年进出口贸易额超过 600 亿美元。在全球范围内，一个以中国为加工环节、以木材生产国为木材提供者、以西方发达国家为最终消费者的商品链业已成型。

对该林产品商品链的研究表明，林产品国际贸易给全球和中国的环境带来了重要的机遇，也带来了巨大的挑战。过去十年中，中国依靠进口木材满足了庞大的木材出口加工业需求，支撑了 1998 年以来严格实施的天然林保护政策，对于保护国内森林资源、发挥森林生态效益具有重要意义。与此同时，林产品贸易给中国国内带来了新的环境风险，给全球森林资源和环境带来了巨大压力。特别是随着全球环境的持续恶化，发展中木材生产国因贸易而加剧的森林退化、环境破坏和当地生计问题日益严重，已成为当前中国林产工业和贸易面临的全球挑战。

表面看来，导致环境风险和挑战的原因在于，全球林产品商品链的高度融合打破了个体国家的界限，使经济水平较高国家的木材需求得到放大，进而给贫穷国家带来了森林砍伐的压力。而从深层次探究，则是链条上多方参与者并未从可持续发展的角度，采取切实有效的行动。如：西方发达国家是终端消费者，塑造了驱动整个链条的市场力量，但他们的消费者在选择产品时，普遍倾向于物美价廉，而不关心木材的来源是否不可持续。中国是中间环节的加工者，其数量庞大的生产商通过

"低价策略"占领国际市场，以"大量倾销"来赚取利润，对于进口来的木材是否可持续很难给予实质的关注。木材生产国经济落后，迫切希望通过出口木材来获得资金，现阶段无论是制度安排上，还是实际行动上，都难以对本地森林的可持续经营予以重视。

良好的制度安排和森林治理，可以使林产品贸易成为积极力量，不良的政策和森林治理则会加剧森林滥伐和负面影响。中国作为负责任的重要参与方，应从全球视野出发，积极采取有效措施，解决木材贸易的不可持续问题，努力成为有效管理商品链、改善全球环境的积极力量；这对于重塑国际林产品贸易的未来，促进全球迈向可持续经营极其重要。同时，中国应抓住历史机遇，深化国内林业改革，加速国内林业资源的培育与保护，缓解全球森林资源压力。

【关键词】 林产品贸易；商品链；环境影响；对策

一 引言

经济全球化是当今世界发展的趋势。作为世界上最大的发展中国家，改革开放的中国积极加入 WTO，主动融入世界经济体系之中，取得了巨大的成就。中国已建成门类齐全的工业体系和丰富的配套链条，产量居世界第一位的工业品已有 210 余种[1]，被国际舆论称为"世界工厂"。中国 2007 年对外贸易额超过 2 万亿美元[2]，并在 2009 年上半年成为全球第一大出口国[3]。中国已成为世界经济一体化进程中一支不可忽视的力量。

在林业领域，中国同样发展迅猛。中国已成为世界林产工业制造大国。大部分劳动密集型木制品加工工业，由西方发达经济体向中国转移，中国林产工业从主要产品产量，市场辐射面，品牌建设，主流企业的规模、装备水平、工艺技术，都已经或正在和国际接轨。2006 年，中国林业产业总产值高达 10652.22 亿元，其中林产制造业为 5198.40 亿元

---

[1] http://www.chinanews.com.cn/cj/news/2009/08－22/1830300.shtml。

[2] http://news.steelhome.cn/2008/01/11/n1293565.html。

[3] http://news.163.com/09/1228/07/5RJSCOIP000120GR.html。

（张森林，2007）。中国木质林产品①国际贸易出现了高速增长。一方面，它是世界上最大的工业原木进口国家，每年从 80 多个国家进口木材（森林趋势组织，2005），2007 年进口木质林产品 15520.69 万立方米（折合原木体积 RWE），价值 323.60 亿美元；另一方面，它又是全球二次木材加工品的最大出口国，2007 年出口木质林产品 6888.49 万立方米，价值 319.31 亿美元（国家林业局，2008）。

中国林产工业的崛起和林产品国际贸易的爆炸性增长，受到国际社会的广泛关注，特别是对于中国木材贸易造成环境问题的非议也不绝于耳。一些激进的观点认为，中国从森林"罪恶产业链"中获得了经济与生态上的双重收益，却把森林破坏问题留给了世界；他们指责"中国盗伐世界森林"，"中国是世界森林的黑洞"，认为"中国的木材进口需求催生了猖獗的非法交易"，称中国为"世界上最大的非法盗砍木材的销赃地"②；有些人认为在中国对木材需求有增无减的情况下，非法砍伐的现象不会消失，中国的发展"对他国环境、全球环境构成了严重威胁"③。

而站在中国一方的观点认为，在现有国际经济贸易分工中，中国是资源消耗和污染的主要场所及主要受害者④。随着经济全球化发展，大量劳动密集型、资源密集型和污染密集型的产业由发达国家和地区转移到中国，尽管中国获得了一定的国际资本和先进技术，增加了收入，却付出了环境污染的巨大代价，导致国内生态环境问题日益突出。就林业来说，中国扮演的是全球林产品制造者的角色，大部分进口木材经过再加工之后，销往欧美等发达国家和地区。通过这种产业转移，发达国家和地区享受了物美价廉的产品，并将资源和环境压力转嫁给了中国等发展中国家，"毁坏世界森林"的根本源头是发达国家和地区庞大的木材产品需求，中国不过是为他们背了黑锅。而且，中国在全球森林产业链中处于低端，在关键技术和服务方面居于劣势，真正能影响和控制整个产业链的是欧美发达国家。因此，应是欧美而不是中国，更多地担当责

---

① 《中国林业发展报告》将木质林产品划分为 8 类：原木、锯材（包括特形材）、人造板（包括单板、刨花板、纤维板、胶合板等）、木制品、纸类（包括木浆、纸和纸制品、印刷品等）、家具、木片和其他（薪材、木炭等）。

② http://info.bm.hc360.com/zt/heiguo/。

③ http://news.qq.com/a/20061113/000227.htm。

④ http://news.qq.com/a/20061113/000227.htm。

任、采取行动。此外，这种产业转移还给中国带来了其他负面的问题，例如林产加工业的大规模发展伴生了一系列环境污染问题，木材高度依赖进口引发了中国木材供应安全问题。

这些声音，与其说是对中国木材贸易的关注，不如说是在全球化背景下，对林产品国际贸易触发的环境问题的关注。不同的是，前者集中关注全球环境问题，特别是木材贸易给发展中木材生产国带来的负面冲击，而很少注意到加工环节产生的后果；他们的视角聚集在与木材贸易直接关联的中国，将其看做森林破坏的罪魁，而很少关注到木材贸易链中其他环节的关键力量。后者虽然认识到木材贸易给全球带来的环境影响，但更多地关注国内的产业安全和环境问题；他们强调产业转移造成的不公，而未将视角扩散到整个木材贸易链及其可持续性上面。

但值得期盼的是，一种超越了狭隘主义、强调共同责任的全球视野正在形成。一些国际组织和学者力图传达客观的信息，而不是仅仅强调某一个环节的责任。他们指出"发达国家对中国廉价产品的需求带动了中国的林产品生产，驱使中国进口更多木材。如果说中国对木材的需求加深了全球的森林危机，欧美日等地区同样有不可推卸的责任"（怀特等，2007）；认为"没有任何一个国家可以单独解决这些（环境）问题"，"加强全球环境管理、克服全球层次的市场失灵才是解决问题的根本途径"①。国际社会正在认识到"共同的责任"，并采取共同行动。一些木材生产国正在出台限制非法木材贸易和森林腐败的法律，意图塑造良好的森林治理秩序；欧美发达国家在采取行动打击非法木材贸易，打造"绿色标签"；一些国际组织，如 FSC（Forest Stewardship Council，森林管理委员会）、PEFC（Programme for the Endorsement of Forest Certification，森林认证认可计划）组织等，正在采取积极行动推动全球森林的可持续管理，帮助发展中国家改善森林治理；中国政府和企业也逐渐认识到自身担负的道义和责任，并在一些领域开展了行动，比如：签订双边或多边协议打击非法木材贸易，出台经营指南规范中国海外林业企业的经营行为，推进与国际组织的合作促进林业可持续发展，为木材生产国提供发展援助和森林培训。这些都是积极的趋势。

可以预见，中国对于木材进口的需求仍将长期持续。那么，在这个过程中，木材贸易到底给全球和中国的环境带来何种机遇和挑战？中国

---

① http://news.qq.com/a/20061113/000227.htm。

作为负责任的参与方，应如何协调自己的政策安排和国际干预？这是当前面临和亟待解决的课题。我们将运用全球商品链理论对上述问题开展研究。全球商品链理论将价值创造看做一个流动的过程，强调投入产出结构、空间布局、治理结构、体制框架等四个维度，为研究贸易和环境问题提供了良好工具和全球视野。它有助于超越贸易的孤立环节，将视角扩大到贸易链的多个关联环节；从而更全面深刻地认识贸易带来的环境影响及其产生的深刻原因，并为改善治理和协调干预提供良好框架。

二　林产品贸易文献综述

随着林产品国际贸易的发展和全球环境的日益恶化，林产品贸易触发的环境问题备受国际关注，逐渐成为学术研究的热点问题。20 世纪 60 年代，东南亚热带雨林的改变引起了初步关注，20 世纪 70 年代对于林产品国际贸易与环境问题的研究逐渐兴起（曹玉昆等，2008），进入 21 世纪，贸易与环境成为国际社会和场合的重要议题，协调林产品国际贸易与环境关系、促进森林可持续经营成为空前共识，相关研究愈加活跃，特别是贸易加剧的森林破坏问题日益引起关注。

许多研究证明了贸易导致的商业采伐是森林破坏的重要原因。Dauvergne 和 Taylor 通过研究证明林产品国际贸易与东南亚地区的热带雨林毁林高度相关（Dauvergne，1997；Taylor，1999）；Nectoux 和 Kuroda 认为，日本对热带木材的需求是东南亚森林遭到明显破坏的原因（Nectoux and Kuroda，1990）。Angelsen 和 Kaimowitz 研究证实，林产品国际贸易是导致毁林的重要原因，但在不同国家和地区，毁林原因存在明显差异（Angelsen and Kaimowitz，2001）。Sierra 通过研究发现，厄瓜多尔 1983—1992 年热带雨林退化与商业性采伐密切相关，但国内需求也是热带雨林减少的关键因素，较低的木材价格鼓励了对森林的非持续掠夺（Sierra，2001）。Simula 分析了不同贸易方式对环境和林业发展的影响，评估了对拉美林产品实行森林认证和生态标签的可行性（Simula，1999）。Menotti 以自由贸易协议、金融市场整合、国际借贷制度结构调整计划等"全球化"的影响为例，证明"全球化"导致发展中国家和发达国家森林丧失（Menotti，1999）。Nakazawa 研究发现，木材贸易自由化加剧了木材出口国对高附加值森林的采伐，并导致木材进口国中小森林经营者的经营困难，认为应当禁止非法木材贸易，限制木材贸易自由化，除非环境和社会价值被计入成本（Nakazawa，2005）。Duery 和 Vlosky 分析了硬木及产品的贸易状况和对于环境的影响，认为导致热带木材滥发的内因主要在于采伐、能源开发、毁林开荒、过度攫取等，外因主要在于经济和消费增长、人口和土地需求增长、落后的经济政策和短视的行政决定（Duery and Vlosky，2006）。

中国由于林产品贸易迅速增长，也日益成为国际社会和学术研究关注的焦点。一些激进的观点指责中国林产品贸易对全球环境造成了威胁。例如，Eastin 认为，中国进口了大量非法采伐木材，对供应国环境造成了冲击，破坏了国际社会推进森林可持续经营的努力；而中国对本国木材加工业的间接补贴则摧毁了公众对于可持续木材贸易的信心（Eastin，2005）。国内一些学者也试图从各种角度探讨中国林产品贸易与环境的影响：宣琳琳等分析了远东地区以资源禀赋为基础林产品贸易的不可持续性，认为应走生态型发展道路（宣琳琳等，2005）；牟万龙等通过对国际贸易和环境因素辩证的论证，阐述了忽视环境对中俄贸易带来的危害（牟万龙等，2005）；缪东玲等人针对中国林产品贸易与环境的关系进行了相关实证研究（缪东玲等，2004）；朱春全等分析了中国的林产品需求及其生态足迹，并针对减少中国木材需求的环境影响提出了建议（朱春全等，2005）；孙秀芳分析了中国和相关国家的林产品贸易状况，并特别对非法木材采伐问题进行了研究（xiufang sun，2008）；吴国春等在森林资源环境效益评价基础上，探讨了中国林产品进口贸易与环境保护的关系（吴国春等，2008）。

此外，一些国际组织和学者对中国林产品贸易进行专题研究，力图传达客观公正的信息，强调国际社会的共同责任。例如，森林趋势组织《中国和国际林产品贸易对森林保护和人民生计的影响》对中国林产品进出口的总量、结构、变化、增长趋势及对相关国家和地区人民生计的影响进行了分析，提出了进口国消费国、生产国和加工国各自应采取的措施。研究认为，中国迅速增长的林产品贸易对国际社会也有消极影响，导致不可持续采伐、非法采伐等问题，但中国只是全球产业链上的一环，来自美国、欧盟和日本的购买者和零售商也负有不可推卸的责任。中国应认清其在国际林产品贸易中的关键地位，加快其林业部门的改革步伐，推动本国的林产品生产和供给，实现可持续的林业发展。

综合来看，多数研究采用的分析模型基于过于简化的框架，按照其中包含的简单因素得出影响程度；一些激进观点对于中国林产品贸易评价缺乏严密逻辑；对于林产品贸易和环境关系的认识仍待深化。一些研究虽然认识到了中国林产品贸易对环境的影响和国际社会的共同责任，但对贸易与环境本质关系及治理框架尚未深入论证。

我们将运用全球林产品商品链理论，对整个木材贸易链的各个相关环节及其治理结构进行分析，确定中国林产品贸易给全球和中国环境带来的机遇和挑战，在此基础上针对涉及商品链可持续性的关键层面提出政策建议。

三　全球林产品商品链研究

1. 全球林产品商品链构成

全球商品链理论将价值创造看做一个流动的过程，强调投入产出结构、空间布局、治理结构、体制框架等四个维度。根据木材供应来源地和产品消费目的地的不同，以中国为加工环节的全球林产品商品链可以分为四种类型：

表 1　　　　　　　　以中国为加工环节的全球林产品商品链

商品链类型	木材来源	产品加工	产品消费
1	国外	中国	出口市场
2	国外	中国	国内市场
3	国内	中国	出口市场
4	国内	中国	国内市场

我们将选择第一种类型的商品链进行深入分析：进口木材经过二次加工，然后再出口，这类链条最典型地展示了全球联系，为协调国际干预提供了线索。在这类商品链中（见图 1）木材生产国扮演着初级木材提供者的角色，欧美等西方发达国家扮演了最终消费者的角色，中国则作为中间的木材加工者，三者通过贸易联系在一起。

2. 初级木材提供环节：莫桑比克和俄罗斯案例

在中国众多的木材供应国中，我们选择莫桑比克和俄罗斯进行具体案例分析，主要基于以下原因：

＊ 两国都有丰富的森林资源，特别是原始森林（俄罗斯森林覆盖率

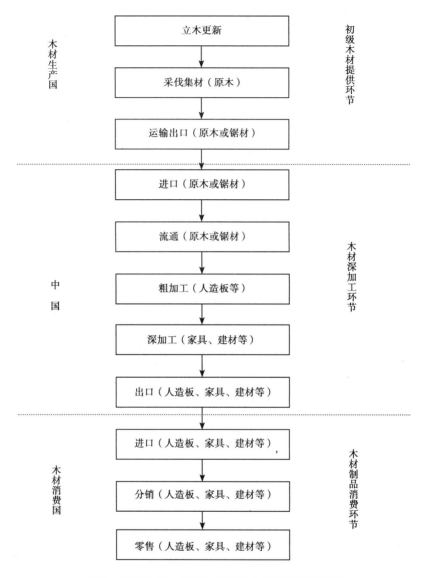

图1 典型的以中国为加工地的全球林产品商品链

达到 45%，莫桑比克为 25%）。林业出口对于两国都相当重要，林产品
出口额在俄罗斯各种工业品出口中占第 4 位，在莫桑比克占第 4 位（张
昱琨等，2007）。

  * 两国都大量出口初级木材，主要是原木和锯材（俄罗斯出口软
木，莫桑比克出口珍贵硬木）。

  * 中国已迅速成为两国最重要的林产品出口市场，2002 年俄罗斯

25% 的林产品销往中国，莫桑比克则达到 85%（陆文明等，2005）。

　　* 这两个国家的社会制度、林业制度都不太完备，存在着非法采伐和不可持续经营的严重问题。

　　（1）莫桑比克

　　在莫桑比克，土地和森林归国家所有，由其出租。长期特许经营者、短期简单执照持有者和当地常住居民可获取森林经营权。尽管有经营行为良好的个别公司，通过了 FSC 的三个资格认定，并且为经合组织目标市场提供木材。但总体来看，莫桑比克森林经营处于无序和过度采伐的状态，比如：多数商业采伐不科学；采伐缺少计划；集材道路缺乏维护；使用重型机械往往碾坏土壤；很少有定向砍伐；几乎未采取任何措施支持树木的更新。之所以出现这些问题，主要在于：森林权属不明，社区利益得不到保障；交通不便、投入不足、效率低下，导致不可持续的作业方式；企业员工缺乏培训，森林经营者缺乏约束和社会责任感，无法有效实施森林可持续经营；寻租和索贿的腐败行为盛行，木材采伐许可管理混乱，助长了非法采伐；政府对促进当地森林可持续经营缺乏有效作为，森林投入规定①仅存在于理论层面，而未有效实施。

　　在加工出口方面，莫桑比克出台了多种鼓励政策，如林木分级制度、财政补偿政策、出口加工政策。② 这些政策在一定程度上促进了莫桑比克的木材粗加工。但由于受制于以下因素，木材加工的规模和质量仍待提高：一是落后的工业体系和治理制度不足以支撑工业发展，审批、检查等各个环节存在的人为障碍，甚至寻租索贿，严重影响了产业投资环境；二是落后的技术造成质量和浪费问题，以及产品附加值低，阻碍了加工业发展；三是中国对原木和初级木材产品实施的零关税进口政策，也打击了莫桑比克试图发展木材加工的努力。

　　目前莫桑比克生产的大部分原木、锯材和制成品，被出口到国外。2005 年，莫桑比克将近 60% 的原木用于出口，在加布德尔加度省，这个比例达到了 80%。中国是莫桑比克木材的最重要出口目的国。在过去 6 年中，莫桑比克估计出口木材 429710 立方米，其中 85% 输往中国

---

① 例如：薪材采伐每立方米征税 0.4 美元；珍贵木材每立方米征税 120 美元；50% 的罚金分配给森林管理部门；20% 的森林开采税收用于当地社区的再投资。

② 例如：将 118 种主要商品林木分为五级，第一级必须优先国内加工，其余可凭特殊配额执照出口少量原木；加工木材可享受 40% 税收优惠，首次进口木材及供给期实行免税；产品出口率达到 85%，企业进口货物免税，企业免税 60%。

（包括输往香港的 25%），价值达到 6840 万美元，其余 15% 的出口木材主要输往南非和欧洲一些国家[1]。特别值得注意的是，其中相当一部分木材被非法出口了，因为从各种资料来看，实际采伐量和许可采伐量并不一致。

采伐活动对于供应链的主要影响在于环境问题（破坏性采伐、生物衰减、森林火灾、无计划开采和选择性开采）、经济问题（木材浪费、附加值不高、森林经营缺乏投入）、社会问题（工人健康和安全、脆弱的劳工关系）：

- 破坏性采伐：比如采用择伐方式破坏森林生态。Mu Upua 河边的采伐活动已导致洪水的泛滥，阻碍了森林更新。
- 野生动植物衰减：林地宿营的操作工人经常猎食森林野生动物，并将其肉食在城镇出售。
- 森林火灾：德布加尔德度森林全年发生的火灾已失去控制，导致了严重的生态和经济影响。
- 林区开放：雨季采伐和集材活动损坏了道路，某些地方采伐制造了空旷地带，并随之被农场占据。
- 选择性开采：大量有疤或虫洞、小径林木被丢弃；径级规定未严格执行，小径材砍伐频繁。
- 木材浪费：通常砍伐后留下了大多枝杈，造成了资源浪费和火灾隐患。
- 附加经济价值不高：采伐活动和木材出口的增长对国民经济很少有积极作用。木材贸易的多数利润并未被用于莫桑比克的再投资。林业部门的财政和税收流失。低工资和违犯国家社会保障规定，无助于提升工人的生活水平和促进消费、提高储蓄。
- 健康和安全问题：工人工作条件极为恶劣，安全和健康缺乏保障。
- 落后的劳工关系：国际社会标准（Organization for Economic Co-operation and Development 经济合作与发展组织，FSC，International Labour Organization 国际劳工组织）、莫桑比克劳工法、国家社会保障规定完全被忽视。工人的权利和福利没有任何保证。

总而言之，莫桑比克供应链表现为不可持续经营。脆弱的治理结

---

[1]　Germizhuizen etc.，2007（draft）.

构，使得非法采伐和腐败贯穿了其链条的所有环节，包括生产、运输和出口。中国的卷入同样影响了可持续经营，加剧了莫桑比克极度落后的治理状况。然而，中国公司的活动对莫桑比克也具有潜在的作用——具有较先进的市场、技术和投资，并且，当前中非政府间的关系日益增进。新的伙伴关系有助于认识莫桑比克在种植高质量硬木方面的相对优势，有助于支撑中国的长期需求。

（2）俄罗斯

俄罗斯联邦森林资源丰富，占有量居世界第一；远东地区和西伯利亚的森林资源在俄罗斯占据重要地位，在对中国的贸易中也极为重要。但值得注意的是，俄罗斯的森林更新同样依赖天然生长（仅一个多百分点为人工林），并且在很大程度上由于林权制度和管理的不完善，森林的可持续经营远未实现。

20 世纪 90 年代初以来，非法采伐现象在俄罗斯一直盛行，年非法采伐量达 1900 万立方米，占其合法征购量的 10%—15%，每年给国家带来的损失达 5 亿美元[①]。小规模的非法采伐不用贿赂政府官员就可以直接通过盗伐完成，大中规模的非法采伐则必须通过贿赂拥有审批权的森林部门官员以获得许可。因此事实上，非法采伐的主要问题不是盗伐，而在于腐败。

从成本和收入结构上看，非法商人不用承担基础设施成本、税收和社会责任，只需支付非法木材通过市场合法化的交易费用，所需费用现在正逐渐标准化（非法经营的费用构成为"成本 + 运费 + 贿赂"）。2003年在哈巴洛夫斯克边疆区（Khabarovsk），非法经营者为一立方米非法木材平均支付 3 美元的税款、15 美元的贿赂；而合法经营者约支付 16 美元用于税款、6 美元用于社会保障（孙昌金等，2008）。

在某些地区，非法采伐已发展为有高度组织的犯罪活动。硬木贸易的情况可以更清楚地说明这种趋势，因为硬木的价格是软木价格的 1.5倍甚至更多，利润率可以达到 100% 或以上。根据 BROC（Bureau for Regional Outreach Campaigns，Vladivostok）的估计，一个俄罗斯非法采伐商人采伐 1 立方米的硬木，那么在中国绥芬河市场上可以卖到 140 美元，其中相当一部分交易费用被用于贿赂有关当局和犯罪团伙

---

① http://paper.clii.com.cn/news/show.asp?InfoName = % E7% 94% AF% E5% 82% 9A% E6% BA% A2% E3% E6% B7% 87% E2% 84% 83% E4% BC? InfoType = 0102&ShowID = 161088.

（Sheingauz etc. ，2005）：

- US ＄70——给中国批发商（中间人）；
- US ＄4——给地方政府官员；
- US ＄5——给市政管理官员以获取较好的地段；
- US ＄5——给环境监管员避免出森林时遭到没收、充公；
- US ＄3——给森林服务官员避免没收；
- US ＄5——给军方以避免没收；
- US ＄5——给海关官员；
- US ＄10——给木材仓库以获取文件；
- US ＄5——给森林出租商以便争取下次机会；
- US ＄5——给当地的黑帮头领保证安全；
- US ＄5——燃油费；
- US ＄18——伐木工、保安、卡车司机每人均摊 US ＄6。

在加工出口方面，俄罗斯相关产业已陷入严重不景气，远东的许多村庄、城镇都丧失了曾经赖以为生的产业。木材加工业几乎全部成为出口拉动－55% 的出口林产品是原木等初级林产品，成品出口极少。事实上俄罗斯必须进口木制成品以满足国内需求，2003 年深加工林产品进口额达 22.7 亿美元。加工产业的衰败可能源于一系列的因素，包括缺乏投资、国内市场对加工品的需求下降、过期的机器设备、政府津贴减少，特别是中国关税和来自中国的竞争。

木材贸易由此带来的双面影响包括以下方面：

- 就业增加：森林部门为林区居民提供了就业机会，随着边远落后地区林地的衰竭，当地的熟练工人转而被其他省份的采伐公司雇用。

- 林业工人收入增加：据专家估计，采伐部门的真实月收入平均约为 780 美元（中高层管理人员除外，其薪水更高），但工资差异幅度较大（哈巴洛夫斯克月均 1100 美元，滨海边疆区月均 350 美元）。

- 地方财政税收增加：商品链的所有阶段都须纳税或向政府支付费用①。2003 年，列入哈巴洛夫斯克统一预算、由林业部门征收的商业采伐税收，为每立方米 3.8 美元。

- 社会援助：采伐公司和林业部门担负了提供社会援助的巨大义

---

① 合法采伐主要支付以下税种：收入税；增值税（VAT）；基金税；土地税；社会劳动成本费；污染税；其他主要地方税种。

务。据专家估计，采伐公司的额外社会支出平均占到生产成本的 5%，在边疆区每年达到 1200 万美元，相当于每年为林区居民人均支出 40 美元。

● 森林破坏：由于采用择伐、皆伐等破坏性采伐方式，导致了珍贵树种和当地生态破坏。

● 木材浪费：多达 40%—60% 的木材被弃置在采伐点，造成的浪费相当于其他国家的 4 倍（孙昌金等，2008）。

● 森林火灾：采伐活动加剧了森林火灾的发生。仅在 2007 年上半年，俄罗斯远东就总计发生了 560 起森林火灾，对当地生态造成了严重损害①。

● 利润分配不均：收入的有效部分被分配给公司老板、中国商人和管理人员以及联邦官僚，当地社区和贫困居民收入较低。

● 税收流失：多数移民工资和公司利润被汇回国外，多数税收被转为联邦预算。

● 制度不力：脆弱的联邦法律，衰减的财源，联邦和地方机构的争斗，寻租腐败和偷漏税行为盛行，削弱了政府对森林管理的控制力。

僵化的林权制度，低效的管理能力，森林部门的腐败，以及技术、资金、人力和基础设施方面的限制，极大地阻碍了俄罗斯森林经营和产业的可持续发展。然而，与莫桑比克相比，俄罗斯拥有特别丰富的森林资源，需要探索更具成效的道路以发展森林工业和加工业。而且中俄的贸易伙伴关系更富潜力，为俄罗斯构建良好的森林产业提供了潜在途径。

3. 木材加工环节——中国

进口木材在再次离开中国以前，要经过四个基本的阶段：进口、流通、加工和再出口。其中，对于我们关注的增值和可持续性来说，木材加工阶段最为重要，因为物理加工改造了木材并产生了副作用。

中国的木材进口程序相对透明和标准，所需费用比较清楚，无须支付多余的交易费用，从而推动了中国木材进口贸易的迅速发展。但随着众多企业的介入，无序竞争导致了利润的大幅降低，不少实力薄弱的进口商退出了这一行业。例如，进口俄罗斯木材的中小型企业，每立方米

---

① 新华网莫斯科 6 月 10 日电，http://news.qq.com/a/20070610/001487.htm。

木材的利润仅为 35.78 人民币（宋维明，2007）。

中国国内木材的流通有正式或非正式的交易市场。2001 年，中国木材市场已达 995 个，其中包括 344 个批发市场和 651 个零售市场。然而只有不到 10%（82 个）的木材市场建设得比较好，其他大部分都是非正式的木材市场（Foreign Agricultural Service，2001）。口岸附近的大型木材交易市场，是进口木材的重要集散地，管理比较规范。目前，排在前三名的交易市场年交易量都达到了 100 万立方米之上，其中，张家港木材贸易市场最大，年交易量达 200 多万立方米，约占全国四分之一①。

在木材加工业方面，中国凭借丰富的廉价劳动力、较强的工业基础（包括加工业及其支撑系统，如设备、维修、胶水、打包、硬件、油漆，等等）、便利的物流业（运输、道路网络、港口设施和相关服务）和较好的商业环境，打造了一个包括锯材工业、人造板工业、家具工业在内的颇具规模的产业，在珠三角、长三角、环渤海等重要区域形成了产业集群。目前，已成为中密度纤维板生产第一大国和家具出口第一大国。但在快速发展的同时，木材加工行业也存在不少问题：企业规模过小、资金不足、技术水平不高，产品结构不合理、质量不高，知名品牌不多，产品附加值低。

从出口来看，作为全球新兴的林产品制造基地，中国林产品出口市场相当活跃。专业的国际贸易公司仍然是中国木制林产品出口的主要渠道，但生产企业自营出口也不断增加。中国举办的大型木制品展会或交易会，被视作世界家具的采购中心。但总体来看，木材制品出口市场仍处于一种无序状态，价格竞争激烈，行业利润偏低。以山东家具业为例，尽管出口价值不断增加，但行业利润仅能维持在 3%—6% 的危险水平，出口值不足 100 万美元的企业占 9 成②。这往往引发中国的主要贸易伙伴国对中国进行反倾销诉讼。

中国所取得的成就，在极大程度上归功于已实施的林产品贸易自由化政策：加入 WTO 之后，对初级产品实行了零关税——与 1998 年以来实施的天然林保护工程紧密相关。这促进了中国的木材贸易和相关林产加工业。然而，中国政府逐步升级的关税结构也鼓励了原木的过度进口，在损害供应国森林的情况下，反过来满足了中国木材加工业的扩张

---

① http://218.94.123.54:8081。

② http://furniture.clii.com.cn/news/show.asp?Showid=142964。

需求。近年来，外汇储备的不断增加和国际社会对中国大量进口木材问题的关注，促使中国政府开始采取行动减少资源性商品的出口，比如降低出口退税率，将一批木制林产品列入加工贸易禁止和限制商品目录。这些政策总体上鼓励资源性商品的进口，限制资源性商品的出口，也有可能有助于减少中国的木材进口。中国的企业将被迫面对非价格关系的竞争，例如增加产品的附加值，提高产品的设计和质量，进而推进中国木制品加工业的升级。

4. 产品消费环节——美国

中国的木制品主要出口到了美国、欧盟、日本等国，其中美国是过去十年中最大的购买者，特别就家具而言。我们以美国为例，对整个供应链的消费环节进行描述。

美国具有相当成熟的家具营销网络，包括批发商（wholesaler）、贸易商（trader）和零售商（retailers）。进口商/批发商从中国采购家具，然后转卖给国内的分销商和零售商。主要的零售商包括百货公司（department store）、大型连锁商店（large chain stores）、家居中心（home centers）、家具专卖店（specialty furniture stores），以及室内装修公司（interior renovation companies）。它们现在往往直接从中国采购，随着商业的网络化，甚至小规模的美国零售商也改变了只在美国本土采购的传统做法，越来越多通过网络询价在中国直接采购。此外，还有品牌进口商往往以 OEM（Original Equipment Manufacturer 贴牌生产）方式定购中国制造商的产品。

以下几个因素影响着美国对中国木制品的需求：

● 产品设计是最关键的市场要素，特别是对于家具产品而言。这一环节一般被美国的中间商或零售商控制，中国工厂按其订单生产。

● 产品价格在多数产品市场极为重要。大型销售商对市场价格的敏感度很高，它们将价格压得很低，但量很大。大批发商在美国国内有自己的货仓（warehouse），对价格和质量比较苛求。品牌进口商付价较高，但它们只找有规模、质量好的工厂，直接以 OEM 方式下单。

● 源于特殊木制品精确成产中的社会和环境问题，正迅速成为许多零售商考虑的关键问题。例如，属于北美林业贸易网成员的美国公司承诺，分阶段撤销来源不明、非法、有争议来源的木材贸易，而采购以下指定来源的产品：可循环、获得许可、政策允许、合法、可查证、已认

证的木材。尽管这只占小部分市场，但正在增长，据北美财富针对 100
个公司的一项调查表明，50% 的公司表示将剔除不符合可持续性标准的
供应商（Kearney，2007）。相比之下，欧盟国家尚未出台通过政府采购
政策驱动零售商的政府鼓励政策。

这种购买者—驱动的过程很大程度上规定了中国工厂应如何经营生
意。随着制造业正向中国转移，它也给美国的小型家具制造商带来了巨
大冲击。

四　全球林产品商品链带来的环境影响

林产品商品链体现了木材贸易的全球联系，揭示了它给各参与国带
来的环境影响。这些影响既有正面的，也有负面的。在全球环境持续恶
化的背景下，后者正日益引起国际社会的广泛关注。链条上各参与国同
时面临重要的机遇和严峻的挑战。

1. 对中国的环境影响

对于中国来说，木材进口的替代效应使得大幅削减国内木材采伐成为
可能。在中国，因 1998 年实施的天然林保护政策，国土的大部分特别是
东北地区对森林采伐进行了严格限制，中国国内木材采伐量减少了一半，
从而使得亚洲森林面积在 2000—2005 年间获得了净增长（刘建国，
2005）。1998—2008 年，黑龙江省森工林区累计调减木材产量 2277 万立方
米，减少森林资源消耗量超过 3600 万立方米，相当于少砍 6800 余万株胸
径 30 厘米的大树①。东北地区很多的制材和加工厂陷于原料不足，但现在
可跨国获得类似树种的木材。而且，俄罗斯木材在中国东北以外的地区的
利用也有所增加，还被运往沿岸地区的广东省（白秀萍，2007）。同时，
中国有更多的动力和精力在国内采取积极措施以恢复森林和植被。在世界
森林资源总体下降的同时，中国从 20 世纪 90 年代初消灭了森林资源赤
字，开始走向（森林面积和森林蓄积量）"双增长"。到目前为止，人工
林营造面积已达 0.62 亿公顷，森林覆盖率达到 20.36%②。

图 2 进一步表明了中国木材进口对国内森林采伐和森林增长的正效

---

① 王希、刘景洋，新华社哈尔滨 8 月 4 日电，www. gov. cn。
② 第七次森林资源清查结果，http://home. hebei. com. cn/xwzx/jypd1/jd/200911/
t20091117 _ 70 6597. html。

应。1997 年以前，中国木材生产与木质林产品进口的增减趋势大体一致，维持在一个较为稳定的比例，说明当时影响两者的主要因素是国内经济的发展和市场对木材的需求。1997 年以后，中国的木质林产品进口与国内木材生产形成明显的互补关系，说明在国内木材需求不断增长的情况下，中国大规模开展生态建设是以增加木材进口为前提的。森林覆盖率的增长趋势和木质林产品进口的增长趋势保持一致，说明木质林产品进口有利于中国的森林保护，而森林资源保护也必须有进口木质林产品作支撑。

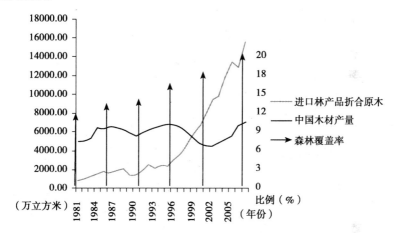

图 2 中国木材生产、进口林产品折合原木、森林覆盖率之间的关系
资料来源：根据历年《中国林业发展报告》、《中国林业统计年鉴》以及森林
资源清查结果整理。

由此带来的生态环境效益是极其可观的。仅以 2007 年为例，全国木材产品市场总供给量为 38273.80 万立方米，木材产品消耗总量为 38249.42 万立方米。其中，进口原木及其他木质林产品折合木材 15520.69 万立方米，扣除出口原木和木质林产品折合木材 6888.49 万立方米后，实际净进口木材量为 8632.19 万立方米（国家林业局，2008）。按照用材林每公顷蓄积量 72.50 立方米和商品材出材率 61% 计算（WTO 与环境课题组，2004），2007 年净进口木材量相当于少砍伐国内森林 195.19 万公顷。根据江泽慧对国内森林资源生态功能的研究结果（江泽慧，2000）计算，这些少消耗的森林，可涵养水源 42.16 亿吨，可减少土壤侵蚀量 2.99 亿立方米，即减少土地废弃面积 5.97 万公顷，可固定

二氧化碳 52.79 万吨。按照森林环境效益评价中值①计算，相当于产生环境效益 338.71 亿元，其中涵养水源效益为 44.60 亿元，保育土壤 30.15 亿元，固碳制氧 159.51 亿元，净化大气 73.63 亿元，保田增产 18.64 亿元，森林游憩 10.01 亿元，生物保护 2.15 亿元。

此外，产业转移和外国资本的流入，使得中国加工业有可能进行技术升级和发展高附加值产业。这种升级为中国发展带来了广泛益处：比如在可持续能源和水供应、环境管理方面建立良好体制，进行广泛实践。

林产品贸易给中国带来的环境风险主要在于物种入侵和加工污染。中国每年因少数外来入侵生物种所造成的经济损失就达 500 多亿元人民币。据统计，入侵我国的外来有害生物已有 400 多种，包括杂草、害虫、病原菌等。其中危害严重的有：杂草 107 种，害虫 32 种，病原菌 23 种②。仅 2003 年，中国口岸就从进境木材中截获各类有害生物 186 种 7058 批次③。这些有害外来物种已入侵了我国大多数生态系统，成为我国可持续发展的心腹之患。例如，松材线虫是影响生态安全、危害极大的外来有害生物。松材线虫病自 1982 年在南京中山陵发现以来，已累计给中国造成直接和间接损失上千亿元。浙江省是受松材线虫病危害最严重的省份，自 1991 年发病到 2005 年，累计发病面积 34 万余公顷，造成 3300 多万株松树死亡，3400 公顷林地因为松材线虫病连续危害而退化为荒山，疫区相关农副产品和林产品的流通与出口受到严重影响（李兰英，2007）。

在进口林产品中还容易夹带污染物，以废纸进口为例：废纸进口是纸品进口的最主要种类，进口量占我国纸品进口量的 65%，但由于来源复杂，被列入高风险货物。海关检验时常发现夹藏医疗杂物以及其他污染物，一旦流入境内，将对环境造成极大污染，甚至会传入不明病毒。

同时，国内许多工厂规模小，污染处理设备少，工厂的粉尘、噪声

---

① 根据田明华《中国主要木质林产品进口贸易的环境影响评价》：森林环境效益评价中值为 17352.69 元/hm²，其中涵养水源为 2285.20 元，保护土壤 1544.60 元，固碳制氧 8171.94 元，净化大气 3772.45 元，保田增产 955.03 元，森林游憩 513.08 元，生物保护 110.40 元。

② http://news.sciencenet.cn/html/showsbnews1.aspx?id=174064。

③ http://tieba.baidu.com/f?kz=214368800。

和化学污染、粘胶和油漆相当普遍，也加剧了污染风险。废纸加工过程中也易产生"二次污染"，排放的废水包含多种有害物质，如处理不当，极易对周边环境产生污染。在木材加工相对集中的东北某地区，2003年分布有木材加工企业40余家，各类木材烘干窑400多个，常年产生了大量烟尘污染；当地政府先后取缔60余家工厂①，但到目前，粉尘、噪声和甲醛污染仍然是影响当地环境质量的突出问题。

2. 对全球的环境影响

由于非法采伐和非法木材贸易的增加，全球林产品商品链在很大程度上被作为负面看待。它给其他参与国带来的机遇很少被主流媒体承认，但这种机遇确实存在而且极其重要。

对于木材生产国来说，木材贸易为改善森林经营提供了潜在可能。美国和新西兰鼓励森林可持续经营的良好管理环境，明显得益于中国的木材进口需求。随着伙伴关系的巩固，中国的发展中伙伴国有潜力建立强大的自然资源经济，获得更多改善森林治理的机会，以及经验、技术和资金，从而为整个木材商品链的供应提供支撑。

对于木材消费国来说，多数为西方发达国家，由于中国的作用，商品链使得这些消费国能够减少国内木材生产，减轻国内环境压力，发挥生态系统的其他多种功能（特别是保持、涵养和保护水源）。消费国在体验全球公共产品的政策和消费优惠的同时，可以建立和发展本国的良好森林经营秩序。

林产品贸易给木材生产国带来了最严重的挑战，特别是对于那些尚未建立完善制度结构的国家而言，海外需求尤其能加剧非法采伐，破坏治理。尽管商业采伐只是热带森林滥伐的一个因素（毁林开荒和薪柴砍伐是主要原因），但它往往放开林区，诱使森林住民为林地过伐辩护。而且由于来自中国的旺盛需求，这种趋势仍在加剧。目前，全球12%—17%的原木贸易、23%—30%的硬木及人造板贸易和2%—4%的软木及人造板贸易可能是非法的（孙秀芳等，2008）；全球每年木材非法贸易额高达100亿—150亿美元，全球每年因非法采伐导致的经济损失约1500亿美元（李剑泉等，2009）。部分木材生产国的非法采伐率居高不下，一些最严重的国家，如柬埔寨、缅甸，非法采伐率高达80%以上

① http://www.syepb.gov.cn/data/2003_09_23/2003923104222.html。

（见表 2）。

表 2　　　　　　　一些热带木材生产国木材采伐中非法所占比例　　　　（单位：%）

国家	非法采伐木材比例	资料来源
玻利维亚	80	Contreras-Hermosilla，2001
巴西	85	绿色和平组织（Greenpeace），2001
柬埔寨	90	世界雨林运动和森林监测组织（World Rainforest Movement and Forest Monitor），1998
喀麦隆	50	全球森林观察组织（Global Forest Watch Cameroon），2000
哥伦比亚	42	Contreras-Hermosilla，2001
加纳	34	Glastra，1995
印度尼西亚	51	Scotland，2000
缅甸	80	Brunner，1998

资料来源：ITTO　Tropical Forest Update，2002.

　　中国由于进口木材的一半以上来自存在过度采伐和非法采伐的国家，被指责为非法采伐木材的主要集散地①。2000 年，中国从印度尼西亚进口原木数据是该国向中国出口原木数据的 102 倍，中国从缅甸进口原木是缅甸向中国出口原木的 26.9 倍，表明绝大部分木材被非法出口（见表 3）。CIFR（Center for International Forestry Research 国际林业研究中心）的研究也证明了中国进口马来西亚、印度尼西亚和俄罗斯木材的双边数据之间存在巨大差距。由于来自中国的木材需求，俄罗斯从 20世纪 90 年代初，对远东人迹罕至的原始森林进行大量非法采伐，一些地区在集材和运材过程中大量丢失原木，造成巨大浪费，采伐后的永久冻土地带出现不可弥补的生态系统退化。印度尼西亚实际采伐量高出其林业部允许采伐的 75%②，绝大部分未申报的出口木材是在没有监督或不符合可持续采伐水平或违反森林保护区、河岸保护区和陡坡禁止采伐的情况下进行的非法采伐。其中，每年有 200 多万立方米林产品未经申报而出口到中国（朱春全等，2005）。中国从中西非进口的木材中，也存在严重的非法采伐问题，几年中进口的非法木材和锯材分别超过 800万和 1400 万立方米（Eastin，2005）。

---

①　http：//www.xici.net/main.asp? at = 1&url = /b566764/d31837444.htm。

②　http：//tech.163.com/05/0323/10/1FH97DHE00091537_2.html。

表3 中国（进口）和主要热带木材出口国（出口）之间木材贸易
报告数据及差别 （单位：千立方米、%）

出口国及产品	1998 年			1999 年			2000 年		
	出口	进口	差别	出口	进口	差别	出口	进口	差别
喀麦隆（原木）	192	240	25	171	216	26	0	220	
印度尼西亚（原木）	28	35	25	88	382	334	6	618	10200
印度尼西亚（锯材）	52	317	510	77	580	653	20	931	4555
马来西亚（锯材）	265	399	51	140	552	294	116	495	327
缅甸（原木）	40	186	365	24	335	1296	20	558	2690

资料来源：ITTO Tropical Forest Update，2002.

非法采伐等问题加剧了全球森林资源的丧失。近一个世纪以来，非洲的森林覆盖率从20世纪初的60%减少到目前的10%；南美洲的热带雨林2/3已经消失，亚马逊河流域原有的世界上最大的原始森林一半以上已被砍伐（李良厚，2007）。1990—2005年，全球森林面积约减少1.3亿公顷，总面积缩减3%，平均每天减少2万公顷；其中，1990—2000年年均减少约889万公顷，2000—2005年年均减少约732万公顷。中国主要木材供应国的森林资源消耗速度也非常惊人。从表4可以看出，1990—2005年，除美国、德国和新西兰等少数发达国家外，中国的主要木材供应国森林面积均呈现不同程度的缩减（联合国粮食及农业组织，2006）。

表4 1990—2005 年中国主要木材供应国的森林面积变化 （单位：千公顷）

国家	森林面积		
	1990 年	2000 年	2005 年
俄罗斯	808950	809268	808790
马来西亚	22376	21591	20890
印度尼西亚	116567	97852	88495
泰国	15965	14814	14520
巴布亚新几内亚	31523	30132	29437
缅甸	39219	34554	32222
刚果民主共和国	140531	135207	133610

续表

国家	森林面积		
	1990 年	2000 年	2005 年
苏丹	76381	70491	67546
莫桑比克	20212	19512	19262
加蓬	21927	21826	21775
巴拉圭	21157	19368	18475
尼日利亚	17234	13137	11089
柬埔寨	12946	11541	10447
美国	298648	302294	303089
德国	10741	11076	11076
新西兰	7720	8226	8309

资料来源：联合国粮食及农业组织，2006 年。

由于森林资源减少，许多贫困地区的发展中国家，已经遭遇了极为严重的问题，不仅导致大量的环境恶果，并正在损耗可以为农村地区提供长期就业和经济可持续增长的资源。尤其在热带木材国家，可能意味着当地居民将失去生计来源。我们在莫桑比克和俄罗斯案例中，已对这些问题进行了研究。

总体来看，商品链上效率低下和不可持续的经营给全球带来了一系列冲击。这种经营一味着眼于木材获取数量，以牺牲森林更新和森林的"供给、调节、文化和支持功能"为代价，往往导致短期内对森林木材的"资产剥夺"。最基本的挑战是与商品链相关的木材供应和不可持续问题，以及由此引起的生存条件和生态系统退化，特别是对于林区贫困居民而言。表 5 列出了从森林到终端利用的整个木材产品供应链带来的不同环境问题：

表 5　　　　　　　　　林产品供应链和环境问题

环节	环境问题 黑体字 = 极为严重的典型问题
森林种植	非法改变天然林 **破坏土壤和水体** **破坏生物多样性** 使当地人民群众失去可利用的土地（农场）和水
森林管理	**减少生物多样性（物种）**

续表

木材采伐	**非法采伐，包括偷窃** **破坏土壤和水体** 减少生物多样性（物种和基因） 局部山泥倾泻
木材贸易	珍贵/濒危木材 **非法木材** 物种入侵/垃圾
锯材/木材制浆	水污染（悬浮固体，氯） 空气污染（二噁英，呋喃） 使用能源/气候变化排放量 高耗水每立方米 **采用旧工艺**
加工和制造	空气和水污染 使用能源/气候变化排放量 **采用旧工艺**
包装产品	固体废物负担
零售产品	
消费产品	**不可持续地滥用** **产品浪费**
处置或回收产品	从填埋场等产生的甲烷 日益匮乏的安全废物处置场址
交通 （贯穿整条链）	非法贸易［出口无视管制（例如原木出口禁令、 濒危物种公约），逃税等］ 空气和水污染 使用能源/气候变化排放量

五 结论与对策探讨

1. 结论

全球林产品商品链对于全球可持续发展具有极其重要的意义，它从世界上环境脆弱的森林吸收庞大的物资流，雇用了中国及一些贫困国家的廉价劳力。良好的森林和社会治理，可以使商品链成为积极的力量，尤其对于贫困国家而言——可以通过森林资本化，增加就业，创造税收，促进产业升级。

然而，现阶段集中于木材生产国的一些负面问题日益突出，譬如森林资源破坏、生态环境恶化、居民生存权利受到侵害、腐败盛行等，引起了国际社会的特别关注。通常的观点认为：是中国向贫穷的木材供应

国 "输出了森林滥伐"，以保护本国森林、建立森林加工业和进口木材。

但我们的研究表明，这些问题的产生，表面是由于全球林产品商品链的高度融合打破了个体国家的界限，使经济水平较高国家的木材需求得到放大，进而给贫穷国家带来了森林砍伐的压力，而从深层次来看，则是链条上多方参与者并未从可持续发展角度采取切实有效行动的结果。

西方发达国家是终端消费者，塑造了驱动整个链条的市场力量，是推动商品链可持续发展的关键因素。问题在于，发达国家究竟在多大程度和力度上塑造和引导国内健康的绿色消费。从理论上讲，要确保产品可持续性必须将环境成本计入产品价格，综合反映可持续木材产品的价值。目前，终端消费国的绿色消费政策有了一定进展①，但多数缺乏全面深入的政府和社会支持②；他们甚至更多表明了保护国内木材加工业和同时享受低价林产品的目的，而不是从根本上解决环境成本和可持续性问题；消费者在选择产品时，普遍倾向于物美价廉，而不关心木材的来源是否不可持续。

中国是中间环节的加工者，是对接国际木材需求与供给的桥梁，是推动商品链可持续发展的重要力量。现实的情况是，中国经济高速增长，人民生活水平不断提高，国内木材消费需求旺盛，而国内森林资源严重不足；1998 年发生历史罕见的洪涝灾害后，中国政府对国内森林采取了严格的保护政策。与此同时，通过关税等政策，中国政府对木材进口、林产品加工与出口给予了鼓励，促进了木材加工业的迅猛发展。中国充足的劳力供应使得其劳力雇用成本低于木材供应国；薄弱的知识产权及其保护力度，使得低成本复制设计和技术成为可能。因此，中国木材加工企业普遍采取低价竞争策略。由此带来的结果是，当价格降低（利润率随之摊薄）时，要维持企业运转就必须扩大产品数量。这就导致了中国对于进口木材需求的膨胀，以及在国际市场倾销林产品的行为。这往往意味着中国生产商不能倾注于可持续木材，并且尽量忽视加工过程中造成的污染（产业规模庞大和技术水平低下也是造成加工污染的重要原因），即使面临木材长期供应安全、原材料价格高企、市场信

---

① 英国 67% 的进口木材已被认证，另外 5 个欧盟国家，以及美国、日本、新西兰等国建立了木材采购政策，宜家等一些跨国公司也承诺使用合法木材。

② 比如：公共采购政策不完善，私营采购政策未形成，未严格区分可持续木材与其他合法木材。

誉降低等严重威胁。

俄罗斯、莫桑比克等国家是木材供应国，他们的森林与社会制度安排从根本上决定了这条商品链的可持续性。理论上，只要木材供应国的森林治理是好的，那么外界的消费需求只会给其带来更多正面的作用。譬如中国也从美国和新西兰进口木材，给这两个国家带来的环境和社会影响，与给莫桑比克、俄罗斯带来的影响相比，完全不同。现实在于，现阶段这些木材生产国森林制度安排完全不尽如人意，许多制度和政策甚至可引起以农业开发和获取薪柴为目的的森林滥伐。我们的研究表明：在莫桑比克和俄罗斯，森林和林地缺乏明晰产权和促进森林长期健康经营的动力，特许经营体系导致短期的森林"采掘"；腐败现象在以出口为导向的木材生产中尤其猖獗和严重，并将依赖森林为生的贫困居民的利益排除在外；政府有时容忍甚至鼓励皆伐以获取外汇和收入，收入转投向高增长部门而不是返回森林更新环节；森林采伐和经营缺乏资金、设备、技术和高素质专业人员，导致破坏性的采伐作业。这些是导致森林破坏和解决可持续性所面临的首要问题。

总之，当前商品链的运行，受到欧美国家的消费方式，中国实施的贸易政策，一些中国公司缺乏社会责任感的行为，以及木材供应国森林与社会制度安排的深刻影响。增强这条商品链的可持续性，是各参与方共同的责任。相互指责，并无多大的裨益。真正有意义的在于，各方应从全球视野出发，各自担负起应尽的责任，采取切实的措施来实现这一链条的可持续发展，达到"共赢"的理想局面。

2. 对策探讨

对于中国来说，继续进口木材符合自身利益，同时在某种程度上，也确保了其贸易伙伴国供应木材的稳定性和可持续性。中国得以发展强大的国内木材加工业，而更有效地保护国内森林以发挥其多种用途。如果停止进口木材，按照当前的木材消费水平和价格，中国在70年内就会将国内森林砍伐殆尽（WTO与环境课题组，2004）。但如果采购原料时不考虑其合法性和可持续性，将给中国带来一系列严重问题：原料供应不稳定、原料价格高昂、产品信誉不高、海外投资信誉降低。

实现全球森林产品商品链可持续性的关键是改善森林治理。各个利益参与方的共同合作相当重要。对于中国来说，可以沿着两条思路应对这种不可持续性，完成产业升级。一是由行为全球化走向思维全球化，直面国际批评，采取有效政府干预措施减少非法木材贸易，同时，鼓励国内企业延伸产业链，到海外去投资建立人工林以减少对天然林木的依赖。二是对国内的林权制度包括国有林权制度实行革命性的改革，大幅度提高国内森林的生产力。如此，一个可持续的、在全球范围内配置资源的中国林产工业和贸易将可期待，中国的木材供应安全可以得到保障。我们在下面列出了政策选择：

建议1：立足国内解决木材供应安全。通过深入推进国内林权制度包括国有林权制度改革，从根本上解放林地生产力，大幅提升国内森林产出率，努力提高国内木材自给率。立足于国内森林资源，通过全球范围内的资源配置，保障长期原料供应，满足可持续的中国林产工业和贸易需求。

建议2：建立可持续林产品市场。采取有效的政府干预措施减少非法木材贸易，建立可行的原木追踪系统，建立核查和控制机制，加强双边与多边合作，切实履行已签订的打击非法木材贸易协定，加强区域海关协作，对木材出口进行监督。实施可持续森林采购计划，鼓励国内企业和个人采购可持续林产品，为那些购买可持续产品或本身符合国际公认的森林可持续经营实践的中国公司提供税收优惠政策。同时，鼓励国内企业延伸产业链，到海外去投资建立人工林以减少对天然林木材的依赖，为遵守投资指南的海外投资提供税收和信贷激励，建立和强化可持续行动守则，引导在海外经营的中国公司。

建议3：促进产业升级。修改促使木材不可持续和低效率利用的中国贸易和财税政策，防止木材加工业的低水平膨胀，促使中国木材加工业转向高价值生产，减少木材加工业对于进口木材的需求数量，最终造就一个更有竞争力、更健康、更可持续和升级的木材加工业。同时，致力于提高中国产品的附加值，以可持续生产为目标，打造高质量、内含环境和社会价值的"中国品牌"。这要求中国工厂发展高附加值产品，最经济地利用木材，开展更多的服务导向型活动，比如产品设计、品牌和针对性营销。

建议4：帮助发展中木材生产国构建森林可持续经营能力。应加入促进森林可持续经营的新的国家或区域伙伴关系，向作为对象的供应国提供财政和技术援助，通过共同合作，以及投资于当地公共行业的森林改革和利益相关方的参与过程、管理结构、生产能力，来构建森林治理和经营能力。中国的支持应着重于提升原料国的守法能力和遵守"可持续经营实践"国际公认标准①。

建议 5：成为关键的国际林业可持续倡议的主动参与者。加入为改善森林经营而实施的国际碳汇行动，在减少森林滥伐和退化所导致的碳排放方面成为积极参与者。在监督、加强国际木制品来源和贸易的合法性方面参与国际合作，在为中国进口木质品寻求一种正规 FLEGT（Forest Law Enforcement，Governance and Trade 森林执法与管理许可计划）应用机制的同时，成为 FLEGT 计划的正式成员。

参考文献

［1］张森林：《林产工业当前面临问题的思考》，见《第六届全国人造板工业科技发展研讨会论文集》2007 年。

［2］森林趋势：《中国及全球林产品市场：有益于森林和生计的贸易转换》，2005 年。

［3］国家林业局：《中国林业发展报告》，中国林业出版社 2001—2008 年版。

［4］安迪・怀特、孙秀芳、克斯汀・坎比、徐晋涛、克里斯朵夫・巴：《中国和国际林产品贸易对森林保护和人民生计的影响》，《林业经济》2007 年第 1 期。

［5］曹玉昆、朱江梅：《林产品国际贸易与环境关系研究进展》，《世界林业研究》2008 年第 3 期。

［6］宣琳琳、蒋敏元：《生态环境要素禀赋论对远东林产品贸易的启示》，《中国林业企业》2005 年第 4 期。

［7］牟万龙、宣琳琳、杨菊红：《浅论环境问题对中俄林产品贸易的影响》，《北方经贸》2005 年第 6 期。

［8］缪东玲、张民照、党凤兰：《林产品贸易与环境实证研究综述》，《世界林业研究》2004 年第 4 期。

［9］朱春全、罗德内・泰勒、奉国强：《中国木材市场、贸易和环境》，2005 年，http://www.wwfchina.org/wwfpress/publication/forest/Chinawood _ cn.pdf。

［10］吴国春、孙小蕾：《林产品进口贸易与环境保护问题研究》，《林业经济问题》2008 年第 4 期。

---

① 例如：森林管理委员会 Forest Stewardship Council，森林认证签署计划 Programme for Endorsement of Certification ，可持续森林倡议 Sustainable Forest Initiative。

[11] 张昱琨、李淑华：《俄罗斯林产品进出口结构和特征》，《俄罗斯中亚和东欧市场》2007 年第 2 期。

[12] 陆文明、李坚全：《俄罗斯林产品贸易状况和展望》，《世界林业状况》2005 年第 16 期。

[13] 孙昌金、陈立桥、陈立俊、韩璐、Steve Bass：全球林产品商品链：通过商品链可持续性分析确定中国面临的机遇与挑战，2008，http://www.iisd.org。

[14] 宋维明：《俄罗斯原木在中国：软木商品链和中国经济发展》，华盛顿特区：森林趋势，2007 年。

[15] 刘建国：《全球化下的中国环境：中国与世界各地如何相互影响》，《世界环境》2005 年第 4 期。

[16] 国家林业局：《中国林业统计年鉴》，中国林业出版社 2008 年版。

[17] 白秀萍：《俄罗斯对华木材贸易的课题与展望》，《世界林业动态》2007 年第 1 期。

[18] WTO 与环境课题组：《中国加入 WTO 环境影响研究》，中国环境科学出版社 2004 年版。

[19] 江泽慧：《现代林业》，中国林业出版社 2000 年版。

[20] 李兰英：《松材线虫病对浙江省环境影响经济评价及治理对策研究》，中国林业出版社 2007 年版。

[21] 海关统计资讯网：2007 年中国纸及纸制品年度进出口报告，http://www.haiguan.info/UserFiles/File/fenxibaogao/zzp.pdf。

[22] 李剑泉、陆文明、李智勇、段新芳：《打击木材非法采伐的森林执法管理与贸易国际进程》，《世界林业研究》2007 年第 6 期。

[23] 李良厚：《森林植被构建的有关理论与技术研究》，黄河水利出版社 2007 年版。

[24] 联合国粮食及农业组织：《2005 年全球森林资源评估》，2006 年，http://www.fao.org。

[25] Peter Dauvergne. *Shadows in the Forest：Japan and the Politics of Timber in Southeast Asia*，MIT Press，1997.

[26] Jonathan Taylor. Japanese Global Environmentalism：Rhetoric and Reality，*Political Geography*，1999，18（5）.

[27] Francois Nectoux，Yoichi Kuroda. *Timber from the South Seas：An Analysis of Japan's Tropical Timber Trade and its Environmental Impact*，AWWF International Publication，1990.

[28] A. Angelsen，D. Kaimowitz. *Agricultural Technologies and Tropical Deforestation*，CABI Pub.，2001.

[29] Rodrigo Sierra. The Role of Domestic Timber Markets in Tropical Deforestation and Forest Degradation in Ecuador: Implications for Conservation Planning and Policy, *Ecological Economics*, 2001, 36 (2).

[30] Markku Simula. Trade and Environmental Issues in Forest Production *Environment Division Working Paper*, 1999, http: //www. iadb. org/sds/doc/1306eng. pdf.

[31] Menotti, 1999. http: //gogobendigo. blogspot. com/2008/06/impact-of-globalization-on. html.

[32] Kenichi Nakazawa. Timber Trade & Environment Effects, ENA-FLEG Preparatory Conference, 2005.

[33] Shadia Duery, Richard P. Vlosky. An Overview of World Tropical Hardwood Resources, *Forest Products Trade and Environmental Issues*, 2006. http: //www. lfpdc. lsu. edu/ publications/ working papers/wp74. pdf.

[34] Ivan Eastin. *Testimony Before the U. S. -China Economic and Security Review Commission*, 2005. http://www. uscc. gov/hearings/2005hearings/written testimonies/05_ 01_ 04wrts/ eastin_ ivan_ wrts. htm.

[35] Xiufang Sun. *Global Forest Products Trade Chain: Challenges & Opportunities*, 2008.

[36] Alexander S. Sheingauz, Anatoly V. Lebedev, Natalia Ye Antonova. *China Soft Wood-log Commodity Chain and Livelihood Analysis: From the Russian Far East to China*, 2005. http: //www. forest-trends. org/documents/files/doc_ 101. pdf.

[37] FAS(Foreign Agricultural Service). *Timber Markets in China*, GAIN Report # CH1071, 2001, http: //www. fas. usda. gov/gainfiles/200111/135682796. pdf.

[38] AT Kearney, 2007, www. globe-net. ca.

中国对外贸易的虚拟水资源
含量及其政策含义

张　晓

【内容提要】　　本文的目的，利用投入产出分析方法，针对中国日益增长的贸易量分析其中的虚拟水资源流出、流入量，从而认识我国对外贸易规模的水资源代价。通过模型估计，在 1995 年、2002 年和 2005 年这 3 个时点，中国贸易的直接和总的虚拟水净出口（出口—进口）量呈现逐渐增长趋势，特别是总虚拟水净出口量几乎呈现成倍增加的趋势，这一增长态势超过了同期净出口额占当年 GDP 份额的增长。其中，2005 年中国贸易直接虚拟水净出口 80 亿立方米，总虚拟水净出口 433 亿立方米，通过贸易隐含出口了大量的宝贵水资源。对于像中国这样一个"贫水"国家，外贸出口政策应充分考虑自身的水资源约束，及世界资源的战略利用，以有利于国家的资源的可持续利用和长期可持续发展。

【关键词】　虚拟水贸易；投入产出分析；水资源利用；国际贸易

一　引言

水作为自然资源，与石油、天然气以及煤等一样，参与生产过程；不仅如此，水作为维持生命的要素，支撑着地球上所有生物的生存。尽管在一般意义上，水在自然界总存量多于其他自然资源，然而在有些地方有些时候，仍然存在少水（缺水）、低质水（水污染）等问题。缺水和水污染问题已经而且今后将继续成为困扰中国发展的重大问题。

如果我们不仅仅视水为一般的自然资源，而是视其为人类社会以及所有生物赖以生存的重要支撑资源和国家发展的战略资源，那么，对于水资源的研究，就应该涉及政治学、社会学、人类学、经济学、环境科学、气象学等不同学科，从而形成对水资源的交叉研究和跨学科的深刻认识。

改革开放三十年来，中国的对外贸易一直是中国经济增长的重要"引擎"和支柱。表1和图1显示出30年来中国进、出口贸易占GDP份额的态势。数据表明，30年来，中国对外贸易占GDP的份额呈现不断增长的趋势；进入21世纪，中国对外贸易占GDP的份额更呈现快速增长趋势，贸易出口额占GDP比重为20%—40%，进口则占20%—30%。

这样的贸易规模，特别是出口规模，无疑增加了国内的就业和国民收入，带来了经济上的巨大收益。然而，另一方面，应该注意到，伴随着出口贸易的还有资源消耗和环境污染。贸易对资源环境的影响，越来越成为研究者和决策者关注的问题对象。Kando等人（1998）分析讨论了二氧化碳排放对日本进出口的影响，Hayami等人（2002）则集中讨论了二氧化碳减排技术对日本加拿大两国贸易的影响，Ackerman等（2007）讨论了日本美国之间贸易隐含二氧化碳问题，Shui和Harriss（2006）讨论了中国美国贸易中隐含二氧化碳的作用，而Muradian等（2002）、齐晔等（2008）、张友国（2009）、Machado等（2001）、Sánchez-Chóliz和Duarte（2004）以及Peters和Hertwich（2006）则分别给出了部分发达国家（工业化国家）以及中国、巴西、挪威、西班牙等国的贸易影响环境的案例分析。还有一批学者分析讨论了粮食贸易对区域或全球水资源安全以及粮食安全的影响（Hoekstra and Hung, 2002；马涛、陈家宽, 2006；Velázquez, 2007；Novo et al., 2009）。

在国民经济体系中，农产品生产是消耗水资源的大户；工业产品的生产过程也要消耗水资源，因此，出口产品结构和数量也决定了隐含在其中的水资源出口量。本文试图对近年来中国对外贸易中隐含的水资源量进行数量分析，以此作为深入理解伴随着出口贸易的隐含水资源输出的变动情况，从而进一步认识我国对外贸易规模所付出的水资源代价。

在方法上，本文利用投入产出模型，估计隐含在进出口商品与服务中的总虚拟水量，即：不仅估计隐含在农产品中的虚拟水量，还估计了非农产品及服务产品的虚拟水含量；此外，还估计了通过中间使用（投入）转移隐含在产品及服务中的虚拟水含量。

表1　　　　　　改革开放以来中国进、出口贸易占 GDP 份额的变化

年份	贸易出口额 （亿元）	贸易进口额 （亿元）	GDP （亿元）	出口/GDP （%）	进口/GDP （%）
1978	167.6	187.4	3645.2	4.60	5.14
1980	271.2	298.8	4545.6	5.97	6.57
1985	808.9	1257.8	9016.0	8.97	13.95
1990	2985.8	2574.3	18667.8	15.99	13.79
1991	3827.1	3398.7	21781.5	17.57	15.60
1992	4676.3	4443.3	26923.5	17.37	16.50
1993	5284.8	5986.2	35333.9	14.96	16.94
1994	10421.8	9960.1	48197.9	21.62	20.67
1995	12451.8	11048.1	60793.7	20.48	18.17
1996	12576.4	11557.4	71176.6	17.67	16.24
1997	15160.7	11806.5	78973.0	19.20	14.95
1998	15223.6	11626.1	84402.3	18.04	13.77
1999	16159.8	13736.4	89677.1	18.02	15.32
2000	20634.4	18638.8	99214.6	20.80	18.79
2001	22024.4	20159.2	109655.2	20.09	18.38
2002	26947.9	24430.3	120332.7	22.39	20.30
2003	36287.9	34195.6	135822.8	26.72	25.18
2004	49103.3	46435.8	159878.3	30.71	29.04
2005	62648.1	54273.7	183217.4	34.19	29.62
2006	77594.6	63376.9	211923.5	36.61	29.91
2007	93455.6	73284.6	249529.9	37.45	29.37

资料来源：《中国统计年鉴（2008）》，www. stats. gov. cn/tjsj/ndsj。

二　人类社会的水危机及"水足迹"与"虚拟水"概念

如今，对于全球至少三分之一的地区而言，是水而不是土地，已经成为制约生产力发展的主要因素。自农业"绿色革命"始，全球的粮食增长超过了人口增长。然而，伴随着全球粮食生产量比一代人以前增长

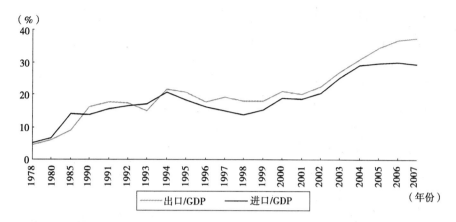

图 1 改革开放以来中国进、出口贸易占 GDP 份额变化趋势

资料来源：表 1。

一倍的现实，是从河流及地下抽取的水量增长了两倍以上。地下水实际上是不可再生的资源：雨水每年仅能补充全世界地下水储量的千分之一。在一些较为干旱的国家，如：埃及、墨西哥、巴基斯坦、澳大利亚以及中亚地区，从自然环境中取得水量的 90% 以上用于灌溉①。而它们的人均水资源消耗量比有些欧洲国家高几倍，例如，巴基斯坦人均取水量是爱尔兰的 5 倍，埃及是英国的 5 倍，墨西哥是丹麦的 5 倍。可以这样说，农业"绿色革命"所取得的粮食产量成倍增长的成绩，很可能随着河流干涸、地下水耗尽、土地盐碱板结而丧失殆尽（Pearce，2006，pp. 24—25）。

人类社会因争夺水资源而引发冲突也已经成为事实。20 世纪 60 年代，以色列与其阿拉伯邻国爆发了战争。之后一个简单的事实是，战后，以色列的用水量远远大于其降水量。这是由于，其对约旦河西岸的占领，使其可以控制西部地下含水层；其对戈兰高地的占领，使其可以控制约旦河，几乎整个约旦河流域都被以色列所控制了。实质上，以色列打响了人类社会第一场现代水资源战争（Pearce，2006，p. 168）。

长期以来，我国是"贫水"国家。尤其是我国北方地区，随着全球气候变化的影响进一步加剧，干旱化、荒漠化等生态环境问题连同缺水，已经成为影响区域工农业生产和当地人民群众生存的重要因素。表 2 给出了我国近年来水资源总量的变化量，表 3 列出了我国南北方水资源利用的结构情况。数据显示，1999 年至 2007 年间，除 1999 年和 2002

---

① 在我国缺水的北方地区，水资源的 75%—90% 被用于农业，参见表 3。

年外，在其余年份，我国的水资源总量均少于多年平均值（见表2）。数据进一步显示，我国北方地区工业和生活用水量均少于南方地区（见表3）。据估计（刘昌明、陈志恺，2001），我国人均水资源量为2220立方米，北方为747立方米，南方为3481立方米；而世界平均值为6981立方米（Guan和Hubacek，2007）。据此可以得出，我国人均水资源量仅为世界平均量的31.8%；而在北方地区，这一数字仅为10.7%，我国北方地区水资源的匮乏程度已经十分严峻。

如何衡量人类社会对水资源的需求和消耗程度？地球上不同地区人均水资源的占有情况到底怎样？仿照20世纪90年代"生态足迹"①的概念，有学者于2002年提出了"水足迹"（Hoekstra and Hung，2002；Hoekstra and Chapagain，2007）。水足迹（water footprint）是指个人或社区在生产产品和服务过程中使用和消耗的水资源量。已经有学者计算了棉花（Chapagain等，2006）、咖啡和茶叶（Chapagain and Hoekstra，2007）的水足迹；还有学者计算了年度我国全国和各省市人均水足迹（王新华等，2005）。实际上，水足迹与20世纪90年代Allan提出的"虚拟水（virtual water）"概念都是要揭示隐含在产品和服务中的水资源量。英国学者Allan（1993，1994，1998）提出的虚拟水是指内含在某种产品中所使用和消耗的水。Allan（1996，2002，2003）还因其具有多年研究中东地区水问题和水资源冲突的背景，而提出了出口虚拟水或虚拟水贸易，以此作为解决区域性水资源匮乏和水资源争端的途径之一。

水足迹和虚拟水的概念以及虚拟水贸易的贸易模式，这些对于进一步加深人类对于水资源功能的认识、深刻揭示水资源对于人类社会生产和生活的影响产生了深远的影响。

据估计（Pearce，2006，p.5），每年全球虚拟水贸易接近1万亿立方米（9868亿立方米），其中：三分之二存于农作物中，四分之一存于肉奶制品中，十分之一存于工业制品中。表4给出了世界虚拟水进出口居前5位的国家。数据显示，美国是最大的虚拟水出口国，日本是最大的虚拟水进口国。

---

① "生态足迹"（ecological footprint）是一个标识人类社会可持续发展的指标（Rees，1992，1996；Rees和Wackernagel，1994）。它是指个人或社区（可以是村庄、城市、国家）平均拥有的"生物生产性空间"，其衡量为面积单位"公顷"。总生态足迹由6部分组成：可耕地面积、草原面积、林地面积、建设用地面积、生产性海洋面积、吸纳人类排放的二氧化碳的森林面积（Hoekstra，2009）。

在国际贸易中，看不见的水正以巨大的、令人震惊的数量进行着国家之间的转移。作为一种稀缺的、生命基本支撑资源和战略资源，面对水资源的这种流动，我们应该密切关注并加强监控。

在方法上，本文利用投入产出模型，估计隐含在进出口商品与服务中的总虚拟水量，即：不仅估计隐含在农产品中的虚拟水量，还估计了非农产品及服务产品的虚拟水含量；此外，还估计了通过中间使用（投入）转移隐含在产品及服务中的虚拟水含量。

表2   中国水资源总量变化（1999—2007）

年份	水资源总量（亿立方米）	与多年平均值[1]相比变化[2]	
		绝对量（亿立方米）	百分比（%）
1999	28196	+71.6	+0.25
2000	27701	-423.4	-1.51
2001	26868	-1256.4	-4.46
2002	28255	+130.6	+0.46
2003	27460	-664.4	-2.36
2004	24130	-3994.4	-14.2
2005	28053.1	-71.3	-0.25
2006	25255	-2869.4	-10.2
2007	25330	-2794.4	-9.9

注：① 水资源总量的多年平均值取为28124.4亿立方米（中国自然资源丛书编撰委员会，1995，第166页）。② 标识符号：增+，减-。

资料来源：《中国水资源公报》，1999—2007，www.mwr.gov.cn。

表3   中国南北方水资源利用结构变化   （单位:%）

年份	区域	农业	工业	生活
1980 a	南方	80.1	12.1	7.8
	北方	86.7	8.5	4.8
1993 a	南方	68.1	22.0	9.9
	北方	79.3	12.4	8.3
1997 a	南方	63.1	25.6	11.3
	北方	78.7	13.9	7.4
2000	南方	62.4	25.5	12.0
	北方	76.3	15.1	8.6

年份	区域	农业	工业	生活
2001	南方	61.3	26.2	12.6
	北方	77.4	13.9	8.7
2002	南方	59.4	27.5	13.2
	北方	78.0	13.0	9.0
2003	南方	56.5	28.8	13.2
	北方	74.7	13.7	10.1
2004	南方	55.8	29.5	13.3
	北方	75.8	12.9	9.8
2005	南方	54.8	30.3	13.7
	北方	74.6	13.4	9.9

注：a 数据来源于刘昌明、陈志恺（2001，第11页）。

资料来源：作者根据历年《中国水资源公报》计算。

表4　　　　　　世界虚拟水进出口前5位的国家（1995—1999）

名次	国家	净进口量（10亿立方米/年）	国家	净出口量（10亿立方米/年）
1	日本	59	美国	152
2	荷兰	30	加拿大	55
3	韩国	23	泰国	47
4	中国	20	阿根廷	45
5	印度尼西亚	20	印度	32

资料来源：Hoekstra and Hung, 2005。

三　分析模型和数据处理

1. 模型方法

本文试图估计隐含在我国对外贸易额中的水资源量。实际上，之前已经有一些研究对此进行了基本估计。但是，在目前文献中所见的一些工作仅限于对实物型农产品的虚拟水估计和计算，如刘幸菡、吴国蔚（2005）；Hoekstra, A. Y. and P. Q. Hung（2005）；马涛、陈家宽（2006）；Velázquez（2007）；Novo 等（2009）；Chapagain and Orr（2009）等研究。事实上，非农产品，如工业产品和服务产品，在其生产过程中也使用或消耗大量的水资源。项学敏等人（2006）对石油产品虚拟水含量进行了计算，结果表明，我国每进口 1 吨石油制成品，至少可以相当于进口 5 吨以上水资源。

特别地，在生产产品和服务过程中，除了"直接"使用和消耗水资源外，还有"间接"用水，即：通过国民经济各部门之间的中间材料和设备的投入，也形成了水资源的转移。Kondo（2005）提出了"总用水"的概念，它是指直接用水与间接用水之和。

本文不仅要估计隐含在农产品中的虚拟水量，还要估计非农产品及服务产品的虚拟水含量，另外，还要估计通过中间使用（投入）转移隐含在产品及服务中的虚拟水含量。投入产出模型为此类研究提供了较为合适的分析框架和方法。

对于标准的投入产出模型如（1）式，我们进一步定义了各部门的直接用水向量 ω（n×1），表示单位价值产出（x）的用水量。这一思路源于 Miller and Blair（1985）。

$$x = (I-A)^{-1}f \qquad (1)$$

然后，我们定义各部门用水乘数（w（n×1））如（2）式，表示各部门总用水（直接+间接）强度。

$$w' = \omega'(I-A)^{-1} \qquad (2)$$

（2）式中，令列昂惕夫逆矩阵为 $L = (I-A)^{-1}$（n×n），向量 w 不仅包括了各部门自身的直接用水量，也包括因其他部门的中间投入而间接使用用的用水量。向量 ω 以实物单位表示：立方米或亿立方米。ω' 为 ω 的转置向量（1×n）。

我们定义公式（3）和（4），用来计算各部门虚拟水的直接出口量（$DVWE$）和进口量（$DVWI$）。

$$DVWE' = \omega'\hat{\varepsilon} \qquad (3)$$

$$DVWE' = \omega'\hat{\lambda} \qquad (4)$$

（3）式和（4）式中，$\hat{\varepsilon}$ 和 $\hat{\lambda}$ 分别表示各部门出口价值量和进口价值量的对角矩阵（n×n）。

假定各部门用水量与产出量的比例保持不变，由（1）式和（2）式，我们可以进一步定义各部门总用水量（W）如（5）式（Miller and Blair, 1985）。

$$W' = \omega'Lf = \omega'L(f^{do}+f^{ex}) \qquad (5)$$

（5）式中，f^{do} 和 f^{ex} 分别表示国内最终需求和出口向量。

则隐含在各部门出口额中的总虚拟水量（*TVWE*）及各部门进口额中的总虚拟水量（*TVWI*）定义如（6）式和（7）式。

$$TVWE' = \omega' L \hat{\varepsilon} \qquad (6)$$

$$TVWE' = \omega' L \hat{\lambda} \qquad (7)$$

最后，进出口全部净直接虚拟水量（*NDVW*）和全部净总虚拟水量（*NTVW*）定义如（8）式和（9）式。

$$NDVW = \sum DVWE - \sum DVWI \qquad (8)$$

$$NTVW = \sum TVWE - \sum TVWI \qquad (9)$$

2. 数据

（1）中国17个部门投入产出表

本文在实证分析中关注3个时间点（1995年、2002年和2005年），使用了3年的中国投入产出表，部门数是17，部门名称见表5。表5还列出了2002年各部门单位增加值的直接用水量（部门用水定额）。使用17个部门的投入产出表，因其部门划分过粗、将一部分部门合并为一个较大的部门，而无法深入分析一些影响进出口贸易和用水量的特殊部门的情况，如"造纸"部门被合并至"其他制造业"，发电（特别是用水大户火力发电）部门被合并至"电力及蒸汽、热水生产和供应业"等。此类问题可以通过今后使用部门划分更细的投入产出表来解决。

表5　　　　　　　　　　　投入产出表部门清单

部门	2002年直接用水量 [a]（立方米/10^4元增加值）
农业	2246.588
采掘业	45.943
食品制造业	53.343
纺织、缝纫及皮革产品制造业	35.133
其他制造业	61.514
电力及蒸汽、热水生产和供应业	1470.990
炼焦、煤气、煤制品及石油加工业	545.378
化学工业	308.840
建筑材料及其他非金属矿物制品业	47.528

续表

部门	2002 年直接用水量[a] （立方米/10⁴元增加值）
金属产品制造业	292. 319
机械设备制造业	14. 895
建筑业	8. 643
运输邮电业	112. 820
商业饮食业	297. 694
公用事业及居民服务业	188. 550
金融保险业	16. 691
其他服务业	44. 768

注：[a] 部门直接用水量也被称为"部门用水定额"（intensity quota）。

资料来源：国家统计局，http：//www. stats. gov. cn。

（2）部门用水定额估计

我们仅有 2002 年各部门实际用水数据（中国投入产出学会，2005），以此为基础，计算了各部门总产出用水定额。其余年份的工业部门用水数据用污水排放数据估计，表 6 列出了 2005 年工业部门污水排放状况。农业部门用水量来源于各年度《中国水资源公报》，服务部门用水定额根据 2002 年数据调整估算。

表6　　　　　　　　　部门工业污水排放[a]（2005 年）

部门	污水排放量（10⁴吨）
农业	—[b]
采掘业	116741
食品制造业	86234
纺织、缝纫及皮革产品制造业	199755
其他制造业	501436
电力及蒸汽、热水生产和供应业	274063
炼焦、煤气、煤制品及石油加工业	68122
化学工业	436024
建筑材料及其他非金属矿物制品业	48248
金属产品制造业	224725
机械设备制造业	85723
建筑业	118708

续表

部门	污水排放量（10^4吨）
运输邮电业	—
商业饮食业	—
公用事业及居民服务业	—
金融保险业	—
其他服务业	—

注：[a] 作者根据 40 个部门数据整合处理为 17 个部门数据。[b] 缺乏数据，下同。

资料来源：中国统计年鉴 1996，2003，2006，http：//www.stats.gov.cn。

（3）中国进出口贸易数据

中国进出口贸易数据来源于《中国对外统计年鉴》和《中国贸易外经统计年鉴》。原数据按进出口商品分为 22 类，作者经整理、合并后得到 17 个部门分部门进出口贸易数据如表 7 所示。

表 7　　　　　　　　　　　中国进出口贸易额　　　　　　（单位：亿元）

部门	1995 [a]		2002		2005	
	出口	进口	出口	进口	出口	进口
农业	2509225.56	93119.04	2390397.60	102634.80	2818763.97	175302.38
采掘业	2147557.86	222820.56	1796936.70	392329.80	2872829.19	1209094.92
食品制造业	1544778.36	74827.8	2289418.20	74493.00	3592879.62	100757.91
纺织、缝纫及皮革产品制造业	9405854.46	2807705.34	12470955.90	2718994.50	16372750.79	3162815.37
其他制造业	821442.96	313445.34	1113256.50	547109.70	1671925.97	1033792.54
电力及蒸汽、热水生产和供应业	—	—	—	—	—	—
炼焦、煤气、煤制品及石油加工业	—	—	—	—	—	—
化学工业	1346900.4	2964843.72	2056834.50	6110909.10	4569330.26	12301475.89
建筑材料及其他非金属矿物制品业	540423	240280.38	705200.40	538832.70	1034611.71	873235.22
金属产品制造业	1197244.8	2946552.48	1619808.90	4955439.90	4502158.32	9562990.58
机械设备制造业	5275359.9	14394374.46	14023721.10	28637592.30	28340824.49	53175601.38
建筑业	—	—	—	—	—	—
运输邮电业	—	—	—	—	—	—
商业饮食业	880473.78	206192.16	1624775.10	179610.90	3024375.64	656155.17
公用事业及居民服务业	—	—	—	—	—	—

部门	1995 [a]		2002		2005	
	出口	进口	出口	进口	出口	进口
金融保险业	—	—	—	—	—	—
其他服务业	—	—	—	—	—	—
总额	12576.43	11557.43	26947.87	24430.27	62648.09	54273.68

注：[a] 1996 年数据。

资料来源：《中国对外统计年鉴》1998 年、2004 年和《中国贸易外经统计年鉴》2006 年。

四　估计结果讨论

我们利用模型估计的 1995 年、2002 年和 2005 年中国通过对外贸易转移的水资源量如表 8 所示。估计结果表明，中国作为一个"贫水"国家，水资源严重匮乏，然而，通过对外贸易，中国向世界输出了大量的虚拟水，其直接净流量每年达几十亿立方米，其总净流量每年达几百亿立方米（详见表 8）。这样的贸易进出口模式，显然在水资源方面并不具有比较优势。

据 Hoekstra and Hung（2005）报告，在仅包括粮食贸易虚拟水、不包括工业和总虚拟水的前提下，美国和日本同样作为"富水"国家，美国是全球最大的虚拟水输出国，日本是最大的虚拟水输入国（表 4）。这表明，日本在有效地利用国际水资源方面取得了长期的战略性收益。这一点值得中国借鉴。

中国对外贸易（直接和总）虚拟水含量变动趋势如图 2。结果显示，在 1995 年至 2005 年期间，不论净直接量（不含部门间的间接转移量），还是净总量（包括部门间间接转移量），都呈现逐渐增加趋势。特别是总虚拟水净出口量，10 年增长了 2.8 倍（即 280%），超过了净进出口额占当年 GDP 份额的同期增长（98%），呈现较大的增长态势（参见表 1 和表 8 数据）。这一强劲增加趋势表明，我国近年来的贸易出口是建立在大量内含水资源的基础之上的，并且这一内含水资源量由于对外贸易的结构、规模等因素，还在不断地增长。

如本文第二部分所述，我国人均水资源量不到世界平均值的 32%，北方地区甚至不到 11%。以这样的水资源禀赋，中国应该考虑更有效地充分地利用世界水资源，而不是有形地或无形地出口水资源。在自由贸易框架下，无论以看得见的形式还是以看不见的形式，中国开发、消费和出口水资源，成本都较高。因而，除了在国内坚决地实行节约水资源的政策之外，中国的对外贸易政策也需要充分考虑水资源的约束。在中国对外贸易模式改革方面，应该本着充分利用双边、多边资源（包括水资源）优势互补的国际贸易基本原则，调整既往的贸易结构和规模，以有利于中国和世界的可持续发展。

表 8　　　　　　　　中国对外贸易虚拟水含量估计　　　　　（单位：亿立方米）

	1995	2002	2005
DVWE（中国→世界）	193.89	188.75	282.14
DVWI（世界→中国）	130.90	137.52	201.76
贸易隐含净直接虚拟水量（中国→世界）	62.98	51.22	80.38
TVWE（中国→世界）	780.26	987.35	1847.60
TVWI（世界→中国）	666.72	761.86	1413.93
贸易隐含净总虚拟水量（中国→世界）	113.55	225.49	433.67

资料来源：作者估计。

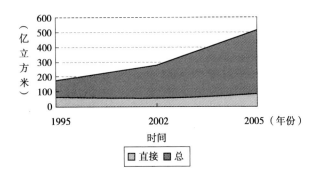

图 2　中国对外贸易（直接和总）虚拟水含量变动趋势

参考文献

[1] 刘昌明、陈志恺主编：《中国水资源现状评价和供需发展趋势分析》，中国水利水电出版社 2001 年版。

[2] 马涛、陈家宽：《虚拟水贸易在解决中国和全球水危机中的作用》，《生态经济》2006 年第 11 期。

[3] 刘幸菡、吴国蔚：《虚拟水贸易在我国农产品贸易中的实证研究》，《国际贸易问题》2005 年第 9 期。

［4］齐晔、李惠民、徐明：《中国进出口贸易中的隐含碳估算》，《中国人口·资源与环境》2008 年第 3 期。

［5］王新华、徐中民、龙爱华：《中国 2000 年水足迹的初步计算分析》，《冰川冻土》2005 年第 10 期。

［6］项学敏、周笑白、周集体：《工业产品虚拟水含量计算方法研究》，《大连理工大学学报》2006 年第 2 期。

［7］张友国：《中国对外贸易中的环境成本——评估与对策研究》，中国社会科学院重点课题（编号：0700000470）研究报告，2009 年 3 月。

［8］中国投入产出学会：《2002 年中国水资源投入产出表》，2005 年（内部交流）。

［9］中国自然资源丛书编撰委员会：《中国自然资源丛书（水资源卷)》，中国环境科学出版社 1995 年版。

［10］Allan, J. A. 1993. Fortunately There Are Substitutes for Water Otherwise our Hydro-political Futures Would Be Impossible. ODA, Priorities for Water Resource Allocation and Management. ODA, London, 13—26.

——1994. Overall Perspectives on Countries and Regions. In Rogers, P. and P. Lydon. (eds.). *Water in the Arab World*：*Perspectives and Prognoses*. Harvard University Press, Cambridge, Massachusetts, 65—100.

——1996. Water, Peace and the Middle East：Negotiating Resources in the Jordan Basin. Tauris Academic Publication.

——1998. Virtual Water：Strategic Resource Global Solutions to Regional Deficits. Groundwater 36, 545—546.

——2002. The Middle East Water Question：Hydropolitics and the Global Economy. I. B. Tauris Publication.

——2003. Virtual Water Eliminates Water Was? A Case Study from the Middle East. In Hoekstra, A. Y. (eds.). Virtual Water Trade—Proceedings of the International Expert Meeting on Virtual Water Trade. *Research Report Series*12, IHE, Delft, 137—145.

［11］Ackerman, F., M. Ishikawa and M. Suga. 2007. The Carbon Content of Japan-US Trade. *Energy Policy* 35 (2007), 4455—4462.

［12］Chapagain, A. K., A. Y. Hoekstra. 2007. The Water Footprint of Coffee and Tea Consumption in the Netherlands. *Ecological Economics* 64 (1), 109—118.

［13］Chapagain, A. K., A. Y. Hoekstra, H. H. G. Savenije, R. Gautam. 2006. The Water Footprint of Cotton Consumption：An Assessment of the Impact Worldwide Consumption of Cotton Products on the Water Resource in the Cotton Producing Countries. *Ecological Economics* 60 (1), 186—203.

[14] Chapagain, A. K. , S. Orr. 2009. An Improved Water Footprint Methodology Linking Global Consumption to Local Water Resources: A case of Spanish Tomatoes. *Journal of Environmental Management* 90 (2009), 1219—1228.

[15] Guan, D. , Klaus Hubacek. 2008. A New and Integrated Hydro-economic Accounting and Analytical Framework for Water Resource: A Case Study for North China. *Journal of Environmental Management* 88 (4), 1300—1313.

[16] Hayami, Hitoshi. and M. Nakamura. 2002. CO_2 Emission of an Alternative Technology and Bilateral Trade between Japan and Canada: Relocating Production and an Implication for Joint Implementation. *KEO Discussion Paper* No. 075. Keio Economic Observatory (KEO) . Keio University.

[17] Hoekstra, A. Y. 2009. Humam Appropriation of Natural Capital: A Comparison of Ecological Footprint and Water Footprint Analysis. *Ecological Economics* 68 (2009), 1963—1974.

[18] Hoekstra, A. Y. and A. K. Chapagain. 2007. Water Footprints of Nations: Water Use by People as a Function of Their Consumption Pattern. *Water Resource Management* 21 (1), 35—48.

[19] Hoekstra, A. Y. and P. Q. Hung. 2002. Virtual Water Trade: A Quantification of Virtual Water Flow between Nations in Relation to International Crop Trade. *Research Report Series* 11, UNESCO-IHE, Delft.

[20] Hoekstra, A. Y. and P. Q. Hung. 2005. Globalisation of Water Resource: International Virtual Water Flows in Relation to Crop Trade. *Global Environmental Change*, 15 (2005), 45—56.

[21] Kondo, Y. , Y. Moriguchia, H. Shimizu. 1998. CO_2 Emission in Japan: Influences of Imports and Exports. *Applied Energy* 59 (2—3), 163—174.

[22] Kondo, Kumiko. 2005. Economic Analysis of Water Resources in Japan: Using Factor Decomposition Analysis Based on Input-output Table. *Environmental Economics and Policy Studies.* 7 (2005), 109—129.

[23] Machado, G. , R. Schaeffer and E. Worrell. 2001. Energy and Carbon Embodied in the International Trade of Brazil: an Input-output Approach. *Ecological Economics* 39 (2001), 409—424.

[24] Miller, R. and P. Blair. 1985. *Input-Output Analysis: Foundations and Extension.* Prentice Hall, Englewood Cliffs, USA.

[25] Muradian, R. , M. O'Conner, and J. Martinez-Alier. 2002. Embodied Pollution in Trade: Estimating the ' Environment Load Displacement ' of Industrialized Countries. *Ecological Economics* 41 (1), 51—67.

[26] Novo, P. , A. Garrido and C. Valera-Ortega. 2009. Are Virtual Water "Flow"

in Spanish Grain Trade Consistent with Relative Water Scarcity? *Ecological economics* 68 (2009), 1454—1464.

[27] Pearce, Fred. 2006. When the river s rundry: water——the ditining crisis of the twenty – first century. Beacon Press, Boston, USA.

[28] Peters, G. P., E. G. Hertwich. 2006. Pollution Embodied in Trade: the Norgwegian Case. *Global Environmental Change*, 16 (2006), 379—387.

[29] Rees, W. E. 1992. Ecological Footprint and Appropriated Carry Capacity: What Urban Economics Leaves out. *Environment and Urbanization* 4 (2), 121—130

[30] Rees, W. E. 1996. Revisiting Carry Capacity: Area-based Indicators of Sustainability. *Population and Environment* 17 (3), 195—215.

[31] Rees, W. E., M. Wackernagel. 1994. Ecological Footprint and Appropriated Carry Capacity: Measuring the Natural Capital Requirements of the Human economy. In Jansson, A. M., M. Hammer, C. Folke, and R. Costanza (eds.) *Investing in Natural Capital: The Ecological Economics Approach to Sustainability*. ISEE/Island Press, Washington, D. C., 362—390.

[32] Sánchez-Chóliz, J., R. Duarte. 2004. CO_2 Emissions Embodied in International Trade: Evidence for Spain. *Energy Policy* 32 (18), 1999—2005.

[33] Shui, B. and R. C. Harriss. 2006. The Role of CO_2 Embodiment in US-China Trade. *Energy Policy* 34 (2006), 4063—4068.

[34] Velázquez, Esther. 2007. Water Trade in Andalusia. Virtual Water: An Alternative Way to Manage Water use. *Ecological Economics* 63 (2007), 201—208.